Computergrafik für Ingenieure

Hans-Günter Schiele

Computergrafik für Ingenieure

Eine anwendungsorientierte Einführung

Hans-Günter Schiele
Wilhelmshaven
Deutschland

ISBN 978-3-642-23842-0   ISBN 978-3-642-23843-7 (eBook)
DOI 10.1007/978-3-642-23843-7

Die Deutsche Nationalbibliothek verzeichnet diese Publikation in der Deutschen Nationalbibliografie; detaillierte bibliografische Daten sind im Internet über http://dnb.d-nb.de abrufbar.

Springer Vieweg

Einbandentwurf: WMXDesign GmbH

Gedruckt auf säurefreiem und chlorfrei gebleichtem Papier

Springer Vieweg ist eine Marke von Springer DE. Springer DE ist Teil der Fachverlagsgruppe Springer Science+Business Media
www.springer-vieweg.de

Vorwort

Dieses Buch vermittelt in 12 Kapiteln Grundlagen zur dreidimensionalen Computergrafik. Das Thema wird aufbereitet aus der Sicht von Technikern und Ingenieuren, deren Verständnis vor allem mit ausgefeilten Skizzen befördert wird. Für Studenten einschlägiger Fachrichtungen ist das Buch aus dem gleichen Grunde hilfreich. Aber auch dem interessierten Laien wird ein verständlicher Einblick in die Computergrafik gegeben.

Es werden die gängigen Projektionsarten behandelt, das Farbmanagement erläutert und diverse Verfahren zur Visualisierung beschrieben. In den betreffenden Kapiteln sind jeweils kleine Beispiele durchgerechnet und die Ergebnisse dargestellt. Die hierzu erforderliche Mathematik beschränkt sich auf Grundkenntnisse der Matrizenrechnung und der Analytischen Geometrie und ist in einem separaten Kapitel zusammengefasst.

Hinweise zur Programmierung werden für Visual-Basic.NET gegeben (als Untermenge von Visual-Studio.NET von Microsoft), das im technischen Bereich weit verbreitet ist. Für dieses Buch genügt eine Visual-Studio Express Edition, die man kostenfrei herunterladen kann. Der Übergang zu C++ oder C# ist damit problemlos möglich. Für Programmierneulinge werden Hilfen zur Erstellung eines gleichermaßen lesbaren wie effektiven Codes bereitgestellt.

Die Motivation zu diesem Buch entwickelte sich vor allem aus der Einsicht, dass die Darstellung der Grafikmethoden in einer ingenieurgerechten Form sicher für viele Techniker hilfreich ist. Dies einerseits, weil mit bekannter Mathematik der Einstieg leichter fällt und dadurch andererseits die Hemmschwelle zur detaillierten Beschäftigung mit Computergrafik abgebaut wird. Spezielle Literatur ist in den einzelnen Kapiteln angegeben mit der Prämisse, dass diese schnell erreichbar ist (Internet) und ihr Umfang nicht ausufert. Quellen in Wikipedia sind zu finden unter [„Suchbegriff"/Wiki]. Für die Fachbegriffe werden die Definitionen aus dem „Lexikon der Computergrafik und Bildverarbeitung" von Iwainsky/Wilhelm (Vieweg-Verlag 1993) herangezogen; diese sind im Text mit [Lexi] gekennzeichnet.

Der Text ist kurz und sachlich abgefasst, verzichtet auf eine ausschweifende Lyrik und vermeidet kryptische Beschreibungen. Die behandelten Themen sind nicht bis ins feinste Detail aufbereitet, sondern beschränken sich auf das für eine Einführung Wesentliche.

Wilhelmshaven, im Herbst 2011   *Hans-Günter Schiele*

Inhaltsverzeichnis

Übersicht

Computergrafik ist das Fachgebiet, das sich mit der Erzeugung, Beschreibung und Manipulation von Bildern mittels Rechner und grafischer Geräte beschäftigt. Die angewendeten Methoden und Hilfsmittel werden häufig ebenfalls unter dem Begriff Computergrafik zusammengefasst. [Lexi]

Computergrafik begegnet uns auf Schritt und Tritt in vielerlei Ausprägung. Das beginnt morgens mit der grafischen Darstellung statistischer Daten in der Zeitung, gefolgt von den Hinweisen unseres Navigationssystems im Auto und endet im Fernsehen mit der Wetterkarte der Spätnachrichten. Rechnerbasierte Anwendungen präsentieren heute ihre Ergebnisse mittels grafischer Darstellungen in vielfältiger Form.

1.1 Rückschau

Die Anfänge der Computergrafik liegen schon ein halbes Jahrhundert zurück: Mitte der 1960-er Jahre hatten wir in der Luftfahrttechnik bei Dornier einen Forschungsauftrag des Bundesministeriums der Verteidigung (BMVg) abzuwickeln mit dem futuristischen Namen „Elektronische Straakung von Flugzeug-Systemmaßen“. Dahinter verbarg sich nichts Geringeres, als einen harmonischen Verlauf der Außenkonturen von Rumpf und Flügel mit gegebenen Randbedingungen elektronisch zu berechnen. Diese und andere Arbeiten waren Vorläufer vom heutigen **CAD**; allerdings war dieser Begriff noch nicht geboren.

Mit den ersten „leistungsfähigen“ Computern wurden dann CAD-Programme entwickelt und damit in der Luftfahrt- und Automobiltechnik erste Konstruktionszeichnungen – teilweise sogar im Maßstab 1 : 1 – elektronisch erstellt und auf überdimensionalen Plottern (1,80 · 6,00 m) gezeichnet. Diese Programme lösten nach und nach die Zeichenbretter ab, aber ihre Arbeitsweise war mit den alten Techniken nahezu identisch: Sie übernahmen die Methoden der darstellenden Geometrie

H.-G. Schiele, *Computergrafik für Ingenieure*,
DOI 10.1007/978-3-642-23843-7_1, © Springer-Verlag Berlin Heidelberg 2012

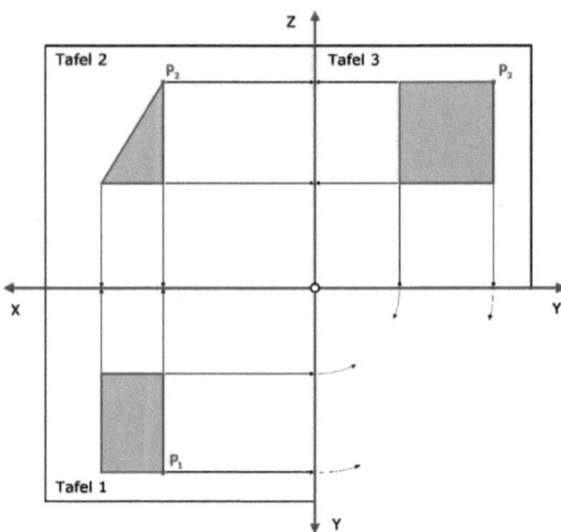

Abb. 1.1 2-Tafel-Projektion

auf den Computer und stellten weiterhin Objekte in 2- oder 3-Tafel-Projektionen
dar, wie in Abb. 1.1.

Nur ein geübter Konstrukteur wird in dieser zweidimensionalen Zeichnung ein
dreidimensionales Objekt erkennen. Diese wenig anschauliche Darstellung hat aber
(für die Mechaniker in der Werkstatt) den Vorteil, dass sie maßstäblich ist. Man
nimmt den Nachteil der schlechten Anschaulichkeit bewusst in Kauf, um den Maßstab zu erhalten. Andere Darstellungsarten verbessern ggf. die Anschaulichkeit auf
Kosten des Maßstabs, der dabei ganz oder teilweise verloren geht. Für „Tafel" sind
in den unterschiedlichen Berufsgruppen diese Bezeichnung üblich: Grundriss, Ansicht, Draufsicht, Seitenriss, Ansicht-XZ und weitere.

Erst in einer „dimetrischen" Projektion des Prismas wird sofort erkennbar, wie
das Objekt aussieht (Abb. 1.2).

Wie schwer manche grafische Darstellung zu interpretieren ist, wird an Abb. 1.3
deutlich.

Wie schwerwiegend der Verlust der 3. Dimension beim Zeichnen auf einem
ebenen, 2-dimensionalen Blatt ist, zeigt Abb. 1.4. Die Gerade liegt im linken Teil
zweifelsfrei vor dem Kreis. Oder ist der Kreis vielleicht eine Kugel, ein stehender
Zylinder? Im rechten Teil ist nicht klar, ob die Gerade hinter dem Objekt liegt, oder
durch dieses hindurch geht.

Auch die Treppe in Abb. 1.5 ist nicht eindeutig in ihrer Darstellung: Fixiert man
lange genug links unten, dann ist es eine Draufsicht auf die Treppe. Fixiert man
rechts oben, wird es eine Untersicht; beides ist möglich.

Die folgende ganz unsinnige „Konstruktion" in Abb. 1.6 lässt sich zwar zeichnen, ist aber sonst nicht brauchbar.

Diese Beispiele machen deutlich, dass man 3-dimensionale Objekte nicht mit
ihrem vollen Informationsgehalt auf einer 2-dimensionalen Fläche darstellen kann.

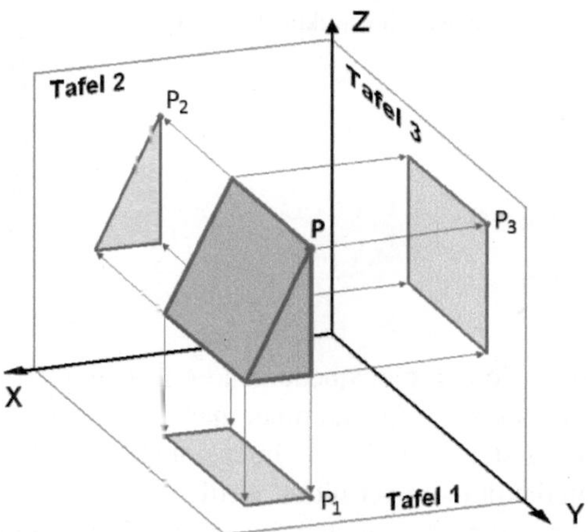

Abb. 1.2 Dimetrische Projektion des Prismas

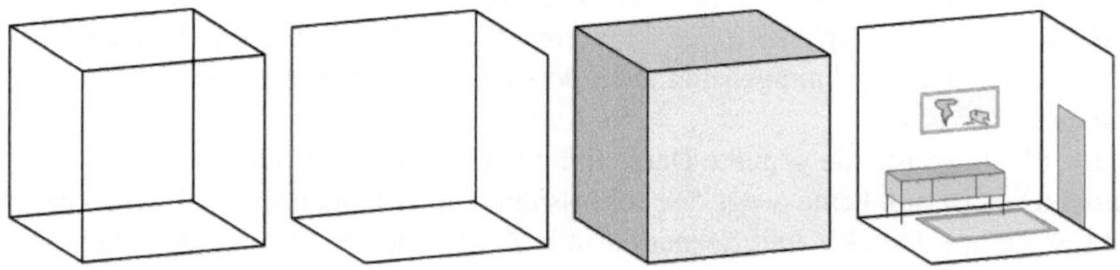

Abb. 1.3 Interpretation grafischer räumlicher Darstellungen. *Von links nach rechts*: Alle 12 Kanten eines Würfels sind sichtbar – hat dieser Würfel Oberflächen oder handelt es sich nur um ein Drahtgestell? Wenn er Oberflächen hat, sind einige Kanten nicht sichtbar (es sei denn, die Oberflächen wären durchsichtig). Mit 9 Kanten wird daraus eine Ansicht von rechts unten, oder eine Ansicht von links oben, beide mit erkennbaren Oberflächen. Oder ist das gar keine Würfelansicht sondern die offene Ecke eines Raumes mit Blick von links oben?

Abb. 1.4 Grafische räumliche Darstellung 2-dimensional

Abb. 1.5 Beispiel Treppe

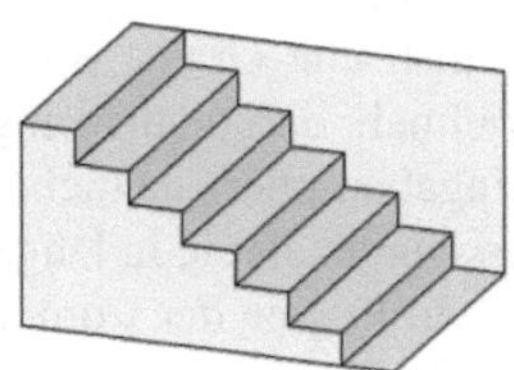

Abb. 1.6 Grafische Darstellung einer „Konstruktion" ohne Gebrauchswert

Der Verlust einer Dimension ist gleichbedeutend mit dem Verlust von Informationen des dargestellten Objekts. Wie auch immer man dieses auf die Projektionsfläche transformiert, es kommt stets nur eine 2-dimensionale Ansicht dabei heraus. Ein Gesamteindruck kann damit nicht vermittelt werden.

Eine gewisse Verbesserung bieten stereoskopische Projektionen. Die damit erreichte „Rückgewinnung" der 3. Dimension erfordert allerdings spezielle Hardware, mit der die Projektion betrachtet wird. Eine 2-dimensionale Kopie solcher Projektionen ist nur sehr begrenzt möglich. Den vollen 3-dimensionalen Informationsgehalt eines Objekts bietet nur der Modellbau, z. B. mit der Anfertigung eines maßstäblichen Prototyps. Hilfreich ist hierbei die CAD-Technik, wobei einige Programme aus den Zeichnungsdaten auch perspektivische Darstellungen generieren können.

Im 19. Jh. wurde die gemalte Darstellung von der fotografischen Abbildung abgelöst. Dies ist nun keineswegs der Schlusspunkt einer langen Entwicklung. Heute geht es darum, Objekte und Szenerien in realitätsnahen Bildern darzustellen, die noch gar nicht existieren und folglich auch nicht fotografiert werden können.

Im Großen betrifft dies z. B. die Neukonstruktion eines Flugzeugs. In der Luftfahrttechnik werden schon von den ersten Entwürfen mittels 3D-Computergrafik fotorealistische Darstellungen (und Animationen) erzeugt, um potenzielle Kunden zu gewinnen und sie von Anfang an mit dem Produkt vertraut zu machen. Ein weiteres Beispiel: eine neue Brücke, deren optische Wirkung in der Landschaft mittels Fototechnik und Computergrafik sichtbar gemacht wird, lange bevor mit deren Bau begonnen wird. Im Kleinen ist dies beispielsweise der Küchenplaner, mit dem man eine neue Küche planen und auch (fast) fotorealistisch betrachten kann.

Es ist naheliegend, die Eigenschaften und Leistungen eines neuen Modells erst durch numerische und grafische Simulationen weitestgehend zu überprüfen, bevor ein teurer Prototyp gebaut wird. Die hierzu erforderliche Software hat allerdings eine lange Entwicklungsgeschichte.

Anfangs war es gar nicht vordringlicher Wunsch der Ingenieure, eine möglichst realistische Grafik von ihrem Berechnungsobjekt in Händen zu halten. Es ging vielmehr darum, die Eingabedaten für die Berechnungsprogramme zu prüfen. Fehleingaben oder sachliche Fehler lassen sich anhand einer Grafik natürlich leichter erkennen, als sie in langen Zahlenkolonnen zu finden.

Zu Beginn der Computerei fehlte es sowohl an grafikfähiger Hardware als auch an Grafik-Software, die über eine 3-Tafel-Projektion hinausging. Das einzige Gerät,

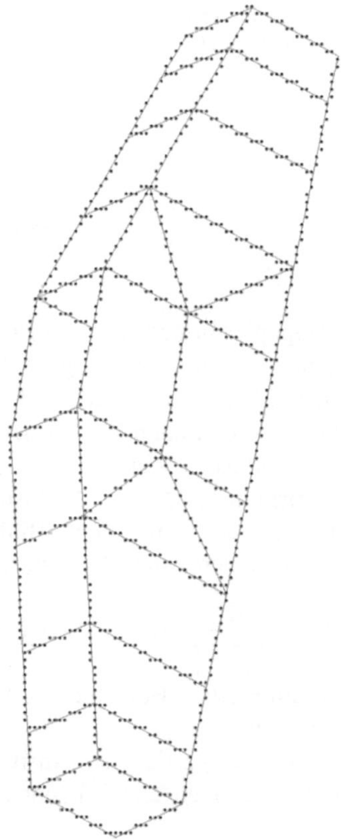

Abb. 1.7   Printer-Plot

das in jedem Rechenzentrum zur Verfügung stand, war ein (Schnell-)Drucker, der mit gefaltetem Endlospapier gefüttert wurde. Mit dieser Hardware-Ausstattung und mit der FORTRAN-Sprache zum Programmieren machten wir uns Mitte der 1960-er Jahre an die Arbeit. Das Ergebnis waren sogenannte Printer-Plots, von denen einer hier wiedergegeben ist (Abb. 1.7). Das Bild ist nachträglich noch geschönt mit den hinterlegten „wahren" Konturen.

Die stufige Darstellung der Linien kennen wir von unseren heutigen Geräten. Ein Zeichen auf dem Drucker wird prinzipiell genauso behandelt wie ein Pixel auf dem Bildschirm. Bei den Bildtransformationen musste man tunlichst darauf achten, dass sich die lange Seite des Bildes in Druckrichtung orientierte, damit überhaupt in der Größe etwas Wahrnehmbares dabei heraus kam.

Die Auflösung wurde trickreich noch dadurch verbessert, indem das Bild auf die doppelte Druckerbreite angelegt, gedanklich der Länge nach (in Druckrichtung) aufgeschnitten wurde und beide Hälften nacheinander gedruckt und dann zusammengeklebt wurden.

Abb. 1.8 Dünnwandiger Trägerquerschnitt, erstellt ca. 1964 (S = Schwerpunkt, M = Schubmittelpunkt)

Betrachten wir dieses „Klopapierformat" etwas genauer: Der Schnelldrucker schrieb horizontal 10 und vertikal – in Druckrichtung – 6 Zeilen/Zoll. Daraus folgen zwei unterschiedliche Maßstäbe für die horizontale und vertikale Auflösung. Dies ist zwar kein prinzipielles Problem und kann bei den Bildtransformationen leicht berücksichtigt werden, aber störend ist es doch.

Bei einem $17''$-TFT-Bildschirm mit z. B. einer Auflösung von 1024 Pixeln horizontal und 768 Pixel vertikal wäre die vergleichbare Bildbreite der 132 Druckzeichen des Schnelldruckers auf einem vertikalen Bildschirmstreifen von

$$17'' \cdot 0{,}8 \cdot \frac{132\ \mathsf{P_x}}{1024\ \mathsf{P_x}} = 1{,}75'' \;\hat{=}\; 4{,}45\ \mathsf{cm}$$

darstellbar (von 34,5 cm Gesamtbreite). Bei einer Auflösung von $1280 \cdot 1024$ schrumpft der Streifen auf 3,5 cm Breite.

Aus heutiger Sicht und mit unseren gestiegenen Ansprüchen an Computergrafik kann man dieses Vorgehen als „Irrungen und Wirrungen" eines Jung-Ingenieurs ansehen.

Mit Anleihen bei der Fernsehtechnik wurden die ersten Bildschirme für den Computer entwickelt. Für die Computergrafik hat sich damit zunächst nichts Wesentliches verbessert, weil diese Bildschirme leider nur Buchstaben, Zahlen und Sonderzeichen darstellen konnten (alpha-numerischer Zeichensatz), und der nutzbare Darstellungsbereich beschränkte sich auf 80 Zeichen pro Zeile mit maximal 24 Zeilen auf dem ganzen Bildschirm. Auch diese Zeichen hatten ein Seitenverhältnis $\neq 1 : 1$.

Die bis dahin schon erreichten Ergebnisse der Grafikprogrammierung – die erwähnten Printer-Plots – ließen sich auf diese Bildgröße natürlich nicht übertragen. Für einige Sonderaufgaben, z. B. der Querschnittsberechnung im Bauwesen, wurden Teillösungen umfunktioniert, um zumindest ebene Darstellungen von Bauteilen zu ermöglichen.

So relativ bescheiden die grafischen Ergebnisse (Abb. 1.8) mit der gegebenen Hardware auch waren, der Anfang war gemacht. Die gleiche Aufgabenstellung wird heute so gelöst wie in Abb. 1.9.

Ein weiterer Schwerpunkt besteht heute darin, die großen Datenmengen grafisch zu aufzubereiten, die überall in Industrie, Wirtschaft, Wissenschaft und Forschung durch Computer generiert werden. Durch Übergabe dieser Daten an geeignete Gra-

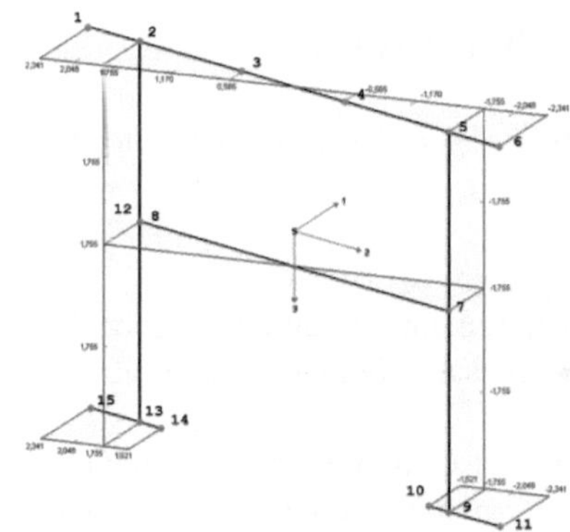

Abb. 1.9 Dünnwandiger Trägerquerschnitt mit Ergebnisdarstellung

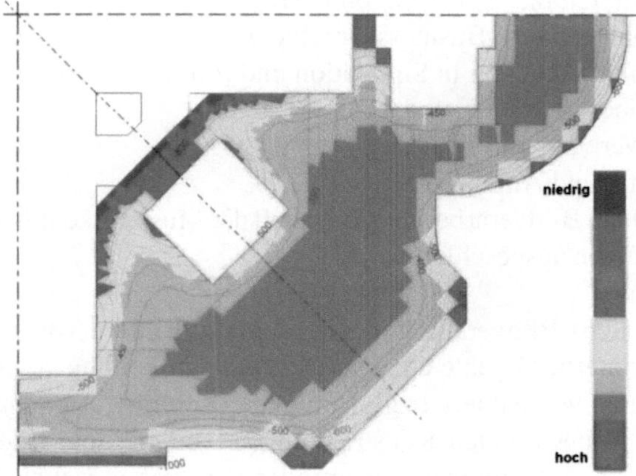

Abb. 1.10 Frauenkirche Dresden, Bodenpressungen $\frac{1}{4}$ Fundament (Die Dresdner Frauenkirche, Jahrbuch 1997)

fikprogramme ist es möglich, kompakte grafische Darstellung auch von mehrdimensionalen komplexen Ergebnisstrukturen zu erstellen.

Abbildung 1.10 ist viel anschaulicher und informativer als die zugehörige Tabelle (hier nicht aufgelistet). Die Quintessenz lässt sich mit einem Blick erfassen; die Tabellenwerte müssen Seite für Seite mühsam durchforstet werden. Diese Darstellungsform kommt außerdem der physiologischen Leistungsfähigkeit des Betrachters entgegen und wird als „Visualisierung von Ergebnissen" bezeichnet.

Besonders anschaulich wird die räumliche Konzeption eines Entwurfes durch ein Modell zum Ausdruck gebracht. Seit den 1990-er Jahren kann das Modell auch 3-dimensional im virtuellen Raum erzeugt werden. Dabei werden die einzelnen Elemente aus den Zeichnungen maßstabsgetreu in ein geeignetes Material übertragen und daraus ggf. unmittelbar eine perspektivische Projektion generiert.

1.2 Einteilung und Abgrenzung

Die Computergrafik als Teilbereich der Informatik gliedert sich im Wesentlichen in diese Hauptgebiete: [Lexi]

- Grafische Datenverarbeitung
  Diese schließt alle Verfahren ein, die durch Eingabe, Übernahme oder Generieren von Daten zur Objektbeschreibung diese in grafische Darstellungen umwandeln.
  Mit dem Begriff „Generative Computergrafik" wird Grafik umschrieben, die ausdrücklich aus rechnerinternen Modellen unmittelbar und interaktiv durch den Anwender generiert wird. Das ist unser Thema! Damit sind folgende Themen für uns nicht relevant:
  - computerunterstützte Konstruktion CAD
  - Präsentationsgrafiken (Business Graphics)
  - Echtzeit-Bilddarstellung in Simulation und Prozesssteuerung
  - Grafik in Überwachungs- und Leitsystemen
  - Grafik in Werbung und Design
  - Videotechnik und Animation

  Ebenfalls sind die Bildverarbeitung und auch die Mustererkennung von den weiteren Erörterungen ausgeschlossen.
- Bildverarbeitung
  Bei der (digitalen) Bildverarbeitung werden aus Bildern von natürlichen Objekten rechnerinterne Objekte erzeugt. Die Bildverarbeitung beschränkt sich auf das Manipulieren von Bildern bzgl. Helligkeit, Kontrast, Ausschnitt usw. In der Werbung und in bestimmten Kunstrichtungen werden viele Bilder inzwischen vollständig mit dem Computer erzeugt oder Fotografien mittels Techniken der Computergrafik überarbeitet oder verfremdet. In der Kartografie wird Computergrafik genutzt beim Hinzufügen weiterer Darstellungsebenen mit speziellen Inhalten z. B. für Navigationszwecke, in der Kriminalistik beispielsweise mit dem „biometrischen"Personalausweis.
- Mustererkennung
  Dies ist der Oberbegriff für alle Prozesse der automatischen Analyse, Beschreibung und Klassifikation von Mustern. Ziel der Mustererkennung ist entweder, ein gegebenes Muster einer bestimmten Musterklasse zuzuordnen (Klassifikation), oder eine sinnvolle Beschreibung des Musterinhaltes zu liefern (Bildbeschreibung).
  Praktische Anwendungsgebiete der Mustererkennung sind zum Beispiel:
  - Schriftzeichenerkennung mittels OCR (Optical Character Recognition), um den Text eines gescannten Dokumentes in editierbaren Text umzuwandeln oder mittels spezieller Lesegeräte handschriftlichen Text unmittelbar weiter zu verarbeiten.

– Spracherkennung, z. B. der Sprachcomputer eines beliebigen Kunden-„Services", der uns mit einer Warteschleife nervt.
– Medizin, z. B. Mikroskop-Bildanalyse, EKG-Auswertung, Auswertung von Röntgenbildern, allgemeine Diagnostik, rechnerunterstützte Tomografie.
– Kriminalistik, z. B. Vergleich von Fingerabdrücken, Personenfahndung anhand biometrischer Daten und Videobildern.

Eine grundsätzliche andere Unterteilung folgt aus der jeweiligen Aufgabenstellung. Dabei geht es einerseits um hohe Bildqualität, andrerseits um die computertechnische Verarbeitung in „Echtzeit". Damit sind folgende Grafikaspekte gemeint:

- (Foto)-realistische Bildsynthese: ermöglicht die detailgetreue Nachbildung einer Szenerie mit entsprechend aufwendigen 3D-Modellen einschließlich Beleuchtung. Darin wird eine möglichst große Detailtreue verlangt; Echtzeitfähigkeit ist dafür nicht erforderlich.
- Animationen in Echtzeit: Diese geht noch einen Schritt weiter, indem auf Grundlage von Modelldaten Filme erstellt werden. Die Grenzen der Darstellung sind heute nicht mehr handwerklich bedingt, sondern eine Frage des effektiven Einsatzes der richtigen Mittel und somit letztendlich auch eine Kostenfrage. Deswegen werden meist Abstriche bei der 3D-Modellbildung hingenommen, weil eine hohe Komplexität der 3D-Modelle nur kostspielig in Echtzeit umzusetzen ist. Die Bilder erreichen daher meist nicht die Qualität der realistischen Bildsynthese. Verwendung finden Animationen in der Werbe- und Filmindustrie und zur Erzeugung von hochwertigen Spezialeffekten.

1.3   Vorschau

Bevor überhaupt etwas auf dem Bildschirm dargestellt werden kann, muss zuerst ein 3D-Modell verfügbar sein, entweder

- manuell erstellt durch den Anwender/Entwickler, oder
- generiert durch marktgängige Modellierungsprogramme, oder
- automatisch abgeleitet aus Messdaten, oder
- ergänzt/modifiziert aus Datensätzen von Berechnungsprogrammen.

Eine realistische Darstellung von 3D-Modellen auf einer 2D-Projektionsfläche erfordert außerdem geeignete Beleuchtungs- und Reflexionsmodelle. Darin können diverse Komponenten einfließen, wobei jede zusätzliche die Modellierungsgenauigkeit verbessert und die Rechenzeit erhöht. Die wesentlichen Komponenten sind:

- ambiente Lichtquellen für indirekte Beleuchtung.
- Richtungslichtquellen leuchten in eine bestimmte Richtung, z. B. Sonne.

- Punktlichtquellen sind mehrfach im Raum platziert, strahlen in alle Richtungen.
- Spotlichtquellen mit einem beschränkten Abstrahlwinkel.
- Lichtquellen allgemein,
  fest angeordnet ergeben feste Schatten,
  bewegliche Lichtquellen ergeben bewegliche Schatten.

Licht aus einer Richtung erzeugt Schatten hinter beleuchteten Objekten, Streulicht kommt aus allen Richtungen. Die zunehmende Entfernung zwischen beleuchtetem Objekt und Lichtquelle sowie zwischen Objekt und Betrachter führt zur Abnahme der Lichtintensität.

Für die Lichtverteilung sind zum Teil auch die Eigenschaften der Facetten-Oberflächen verantwortlich, sie haben u. a. Einfluss auf:

- diffuse Reflexion
- Spiegelung
- Transparenz und Transmission

Von der Qualität der Modellierung und dem gewählten Beleuchtungsmodell hängt die erreichbare Qualität der Grafik ab. Der numerische Aufwand zu ihrer Erzeugung reicht von „einfach und gering" bis „kompliziert und rechenintensiv", wobei die Rechenzeiten durchaus zwischen dem 1- bis 100-Fachen liegen in der Abfolge dieser Modelle:

- Liniengrafik oder Drahtmodell: Hier werden nur die Kanten der Facetten dargestellt. Die zwischen den Kanten liegenden Oberflächen werden ignoriert, sodass man im gleichen Bild sowohl ‚vordere' als auch ‚hintere' Kanten sieht. Die aufwendige Lösung der Verdeckung von Teilbereichen durch Facetten entfällt.
- Facettenmodell ohne Beleuchtung: Wie oben; zusätzlich wird die Verdeckung von Teilbereichen durch Facetten ermittelt. Nur die sichtbaren Facetten werden dargestellt und eingefärbt.
- Facettenmodell mit punktförmiger Beleuchtung (Sonne, Scheinwerfer): Wie oben; zusätzlich sind die Koordinaten der Lichtquelle und die Grundfarben der Facetten erforderlich. Damit wird die Farbintensität der Oberflächen abhängig von der Beleuchtungsrichtung berechnet. Ermittlung der Schattenbereiche.
- Facettenmodell mit gemischter Beleuchtung (Radiosity): Wie oben; zusätzlich sind Daten über die Oberflächen der Facetten erforderlich und Angaben zu ambienten Lichtquellen und Streulicht. Berechnet werden die Lichtverteilung und Farbintensität der Oberflächen, der Verlauf des reflektierten Lichtes, die Schattenbereiche.
- Facettenmodell mit gemischter Beleuchtung als Reflexionsmodell (RayTracing): Wie oben; zusätzlich sind Daten zum Reflexionsvermögen der Facetten-Oberflächen erforderlich. Berechnet werden: die Farbintensität der Oberflächen, Verlauf und Verteilung des reflektierten Lichtes, die Schattenbereiche. Hinzu kommen ggf. noch Spezialeffekte wie Nebel oder Rauch.

Abb. 1.11 Grafische Animation von
Ballflug und Abdruck beim Tennis

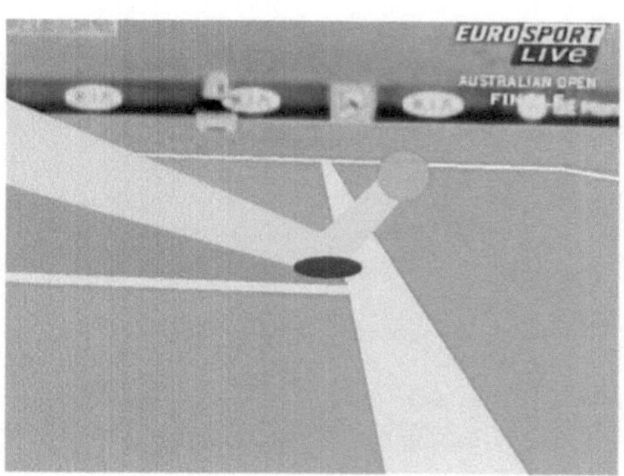

Abschließend sei nochmals auf das Thema **Animationen** eingegangen: In der Videotechnik bei Film und Fernsehen werden zunehmend reale Bilder mit Elementen der Computergrafik verbunden. Seit ca. 2005 laufen bei einigen TV-Anbietern Versuche, Produktionen aus mehreren Kameraperspektiven aufzunehmen, von denen der Betrachter zu Hause sich interaktiv selbst eine auswählen kann. Die Kamerapositionen sind dabei allerdings schon während der Aufnahme festgelegt, der Betrachter hat darauf keinen Einfluss. Im Grunde werden also nur zwei oder drei zwar unterschiedliche aber ansonsten herkömmliche Videobilder gesendet, die man sich mit einem zugehörigen Decoder auswählen kann.

Einen großen Schritt weiter in kombinierter Videotechnik und Computergrafik ist man im Tennis. Bei strittigen Entscheidungen besteht auf einigen großen Tennisanlagen seit ca. 2007 die Möglichkeit, den Ball-Flug grafisch zu überprüfen. Hierzu erfolgen Bildanalysen der Aufnahmen von bis zu 10 Videokameras die dann mittels Computergrafik beim Sender zu einer einzigen Animation synthetisiert werden und den Ballflug sowie seinen Abdruck an der ‚Aus'-Linie zeigt. Die fertige Animation wird als ganz normale, herkömmliche Videosequenz gesendet.

Angesichts solcher Möglichkeiten und bei der heutigen digitalen Fernsehtechnik wird sicher auch bald der Wunsch des Fernsehzuschauers (oder der Fernsehmacher) realisiert, jede Szenerie aus seinem individuellen Standpunkt zu betrachten. Richtet man beim Tennis das Augenmerk nur auf den Ball, so müssen bei einer TV-Produktion die Videobilder aller Kameras gesendet werden, um daraus die zum individuellen Standpunkt des Betrachters passende szenische Darstellung berechnen zu können, sofern das zum gewählten Standpunkt überhaupt möglich ist. Der rechentechnische Aufwand ist ganz erheblich und muss beim Betrachter vor Ort erbracht werden. Die für diese Technik erforderlichen neuen TV-Geräte mutieren dann zu leistungsstarken Grafik-PCs – oder auch umgekehrt: Ein PC wird zum Kern der Fernsehgeräte.

Perspektive und Projektion

2

Wir sehen mit beiden Augen und unser Gehirn verarbeitet beide leicht versetzte Bilder zu einem einzigen. Mit diesem räumlichen Eindruck sind wir in der Lage, den Abstand von Objekten mühelos einzuschätzen. Ist jedoch ein Auge abgedeckt, ist es viel schwerer, die Entfernung richtig einzuschätzen. Nur unsere Erfahrung über die ungefähren Abstände zu den Dingen verhindert dann größere Fehler, z. B. beim Greifen einer Tasse.

Die bildliche Darstellung von Szenerien ist so alt wie die Menschheit. Schon die Künstler der Antike bemühten sich, mittels Raumtiefe und Verkürzungen die Szenerien realistisch darzustellen, doch ohne bis ins letzte Detail ausgeführte Perspektivkonstruktionen. In Pompeji fand man Wandfresken mit Darstellungen, in denen die Wohnräume mit einem gemalten Garten verbunden waren. In der antiken Tafelmalerei gab es anfangs rein plakative szenische Darstellungen. Erst mit Giotto (G. di Bondone, 1266(?)–1337, italienischer Maler) setzte die räumlich-illusionistische Erfassung der Realität ein.

In der fünften Novelle des sechsten Tages rühmt Giovanni Boccaccio (1313–1375) in seinem „Decamerone" die malerischen Fähigkeiten Giottos:

„Giotto [...] war mit so vorzüglichen Talenten begabt, daß die Natur [...] nichts hervorbringt, was er mit Griffel, Feder oder Pinsel nicht dem Urbild so ähnlich darzustellen gewußt hätte, daß es nicht als Abbild, sondern als die Sache selbst erschienen wäre, weshalb denn der Gesichtssinn der Menschen nicht selten irregeleitet ward und für wirklich hielt, was nur gemalt war. Er ist es gewesen, der die Kunst wieder zu neuem Lichte erhoben hat, nachdem sie Jahrhunderte lang wie begraben unter den Irrtümern derer lag, die durch ihr Malen mehr die Augen der Unwissenden zu kitzeln, als der Einsicht der Verständigen zu genügen, bestrebt waren."

Mit Anwendung der Zentralprojektion durch Brunelleschi (ca. 1420) und Masaccio wurde diese Entwicklung fortgesetzt. Leonardo da Vinci (1452–1519) und Al-

H.-G. Schiele, *Computergrafik für Ingenieure,*
DOI 10.1007/978-3-642-23843-7_2, © Springer-Verlag Berlin Heidelberg 2012

brecht Dürer (1471–1528) haben die Zentralprojektion – auch Zentralperspektive genannt – später angewandt und beschrieben. Leonardo untersuchte erstmals die Ursachen der Nah- und Fernwirkung von Farben und die Auflösung der Konturen. Heute sind beide Aspekte als Luft- und Farbperspektive bekannt.

2.1 Perspektive

Perspektive ist eine Technik zur Vermittlung eines räumlichen Eindrucks durch ein Bild auf einer Fläche, in dem dreidimensionale Objekte und Szenen so dargestellt werden, wie sie beim natürlichen Sehvorgang wahrgenommen würden. [Lexi]

Die gesamte Computergrafik basiert im Grunde auf dem Sehen mit nur einem Auge. Dass dabei Informationen verlorengehen – siehe oben – ist leicht nachvollziehbar. Alle Bemühungen laufen darauf hinaus, den Informationsverlust für den Beobachter so gering als möglich zu halten. Die Einbeziehung von Perspektive gehört zu den wichtigsten Hilfsmitteln zur Vermittlung eines räumlichen Eindrucks.

Im Zusammenhang mit grafischen Darstellungen werden die Bezeichnungen „Perspektive" und „Projektion" häufig gleichbedeutend verwendet. In ihrer anderen Bedeutung beschreibt „Perspektive" die Lebenssituation, Zukunftsaussicht oder Betrachtungsweise einer Sache. In diesem Sinne wurde in der Malerei der Antike die „Bedeutungsperspektive" angewandt; s. u.

Die nachfolgende Übersicht ist kurzgefasst, Details werden anschließend bei den Projektionen nachgeliefert.

- Bedeutungsperspektive
  Die Bildkomposition wurde derart vorgenommen, dass die wichtigen Personen zentral und überproportional groß dargestellt wurden. Weitere Personen wurden gemäß ihrer Bedeutung in der Größe gestaffelt um die Obrigkeit herum platziert. Dies wurde auch dann angewendet, wenn ein Untergebener vor der Obrigkeit angeordnet ist und deshalb eigentlich größer als diese erscheinen müsste. Heute findet man diesen Begriff nur noch in der Kunstgeschichte.
- Zentralperspektive
  Bei der Zentralperspektive treffen sich parallele Kanten scheinbar in einem fernen Punkt am Horizont, dem Fluchtpunkt (Abb. 2.1). Nach der Anzahl der Fluchtpunkte unterscheidet man Einpunkt-, Zweipunkt- und Dreipunkt-Perspektiven.

Ein schönes Beispiel einer Perspektive mit einem Fluchtpunkt in der Raumtiefe hat Leonardo da Vinci gezeichnet (Abb. 2.2).

Und auch im Kunsthandwerk der alten Meister findet man Beispiele mit perspektivischen Darstellungen, wie z. B. die schmiedeeiserne Tür aus dem Jahre 1664 im Dom St. Peter zu Osnabrück (Abb. 2.3).

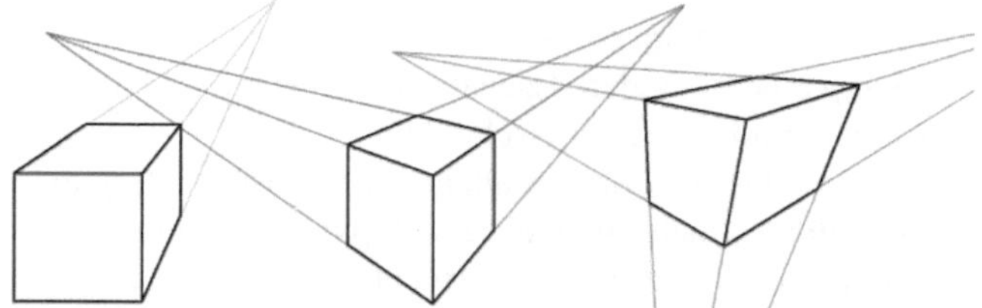

Abb. 2.1 Einpunkt-, Zweipunkt- und Dreipunkt-Perspektive

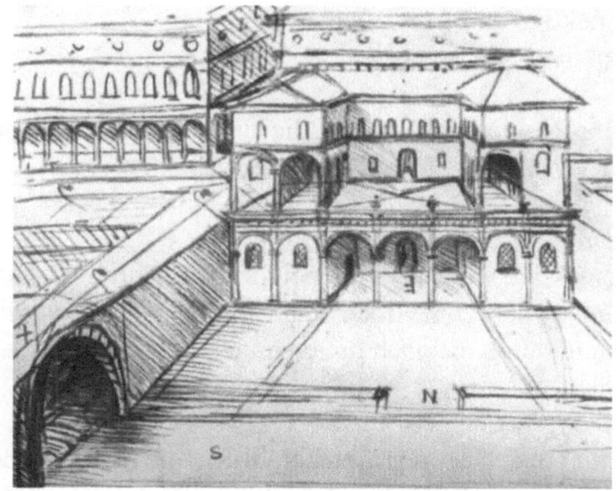

Abb. 2.2 Beispiel einer Perspektive mit einem Fluchtpunkt in der Raumtiefe

Abb. 2.3 Schmiedeeiserne Tür aus dem Jahre 1664 im Dom St. Peter zu Osnabrück

- Froschperspektive und Vogelperspektive
  Ergeben sich durch eine besondere Lage des Horizonts.
- Parallelperspektive (ein Begriff der Architektur)
  Parallele Kanten verlaufen in der parallelperspektivischen Darstellung gleichfalls parallel, laufen also nicht in einem Fluchtpunkt zusammen. Es wird unterschieden, ob die Projektionsstrahlen senkrecht oder schief auf die Projektionsfläche treffen.
- Zu den parallelperspektivische Darstellungen gehören die isometrische, die dimetrische und die trimetrische Darstellung.
- Kavalierperspektive,
  - Kabinettperspektive und
  - Militärperspektive

sind allesamt schiefe Parallelprojektionen, die sich nur durch unterschiedliche Projektionswinkel und Verkürzung ihrer Seiten unterscheiden.

- Luftperspektive
  Bei der Luftperspektive wird der Tiefeneindruck dadurch verstärkt, indem man den Kontrast vom Vorder- zum Hintergrund abschwächt, die Helligkeit aber steigert. Dabei entsteht durch die nach hinten undeutlicher werdenden Konturen ein Scharf/Unscharf-Effekt.
- Farbperspektive
  Sorgt ebenfalls für einen besseren Tiefeneindruck, indem im Vorder-, Mittel- und Hintergrund unterschiedliche Farbtöne dominant eingesetzt werden.
- Umgekehrte Perspektive (inverse perspective mapping)
  Bei fotografischen Abbildungen kann man die dort vorhandene Perspektive – z. B. die „stürzenden Linien" in der Architektur – durch eine mathematischen Transformation kompensieren, sodass parallele Linien wieder parallel erscheinen und die ursprünglichen Proportionen wieder zurückgewonnen werden.

Einige dieser Perspektiven resp. Projektionen sind eher „Konstruktionen" für den Zeichentisch und können auch ohne Computerprogramm mühelos mit den üblichen Zeichenwerkzeugen nach gegebenen Normen erzeugt werden.

2.2 Projektion

Projektion ist die Abbildung eines geometrischen Objektes auf ein Gebilde niedrigerer Dimension. [Lexi]

In der Computergrafik sind die am häufigsten benutzten Projektionsarten die Zentral- und die Parallelprojektion. Die Zentralprojektion entspricht eher dem natürlichen Sehen, weil die Objekte mit zunehmender Entfernung immer kleiner dargestellt werden. Nachteilig ist, dass Winkel nicht erhalten bleiben und folglich die

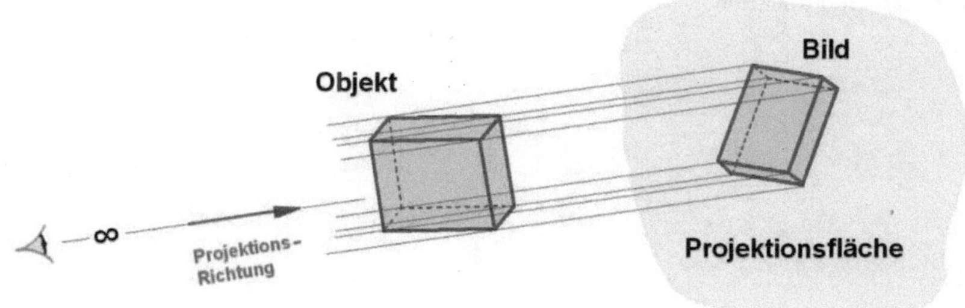

Abb. 2.4 Projektionsstrahlen bei der Parallelprojektion

Maßhaltigkeit nicht stimmt. Diese Projektionsart eignet sich besonders für Simulationsanlagen und für Computerspiele. Die Parallelprojektion hat den Vorteil, dass sie Winkeltreu ist, dass also die Winkel auch in der Projektion erhalten bleiben. Nachteilig ist, dass man im fertigen Bild nicht unterscheiden kann, ob ein Gegenstand in der ursprünglichen 3-D-Welt weiter vorne oder weiter hinten lag.

2.2.1 Parallele oder Parallelprojektion

Spezielle Form der Projektion, bei der die Projektionsstrahlen aus einem im Unendlichen liegenden Projektionszentrum kommen und deshalb parallel verlaufen. Bei der Parallelprojektion liefern parallele Kanten im Original auch parallele Kanten im Bild. Durch entsprechende Wahl der Beobachterposition ergeben sich spezielle Darstellungen wie die Isometrie oder Dimetrie. [Lexi]

Man unterscheidet bei der Parallelprojektion wie die Projektionsstrahlen auf die Projektionsebene treffen (Abb. 2.4):

- *Schiefe Projektion*
  Die Projektionsstrahlen treffen in einem beliebigen Winkel auf die Projektionsebene, d. h., der Normalenvektor $\{N\}$ der Projektionsebene ist nicht parallel zur Projektionsrichtung (Abb. 2.5).
  Würde man dieses Viereck noch etwas drehen, ließe sich auch mit einer orthografischen Projektion das gleiche Bild erzeugen. Interessant wird diese Projektionsart in Zusammenhang mit Lichtquellen, die die Szenerie beleuchten. Die daraus entstehenden Schatten sind dann für jede Lichtquelle gesondert zu berechnen und im Gesamtbild darzustellen.
  Neben dieser allgemeinen Projektion gehören hierher zwei weitere, die in der Computergrafik allerdings wenig gebräuchlich sind (Abb. 2.6). Beide werden bevorzugt beim technischen Zeichnen angewandt.
  - *Kavalierprojektion*
    Belegt wurde diese Art der Darstellung durch den Mathematiker Bonaventura Francesco Cavalieri (1598–1647, italienischer Mönch, Mathematiker und

Abb. 2.5 Schiefe Projektion

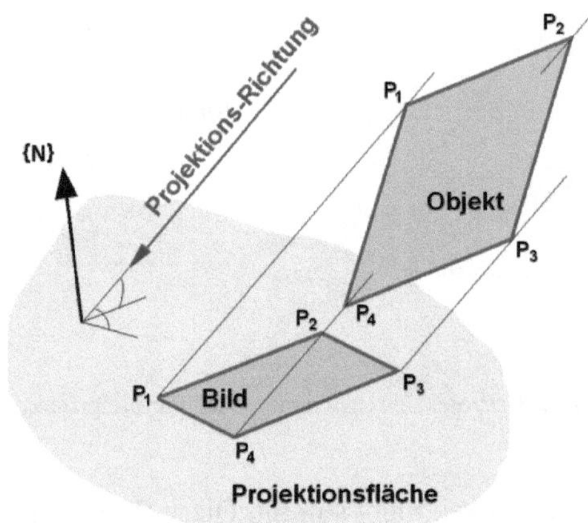

Abb. 2.6 Kavalier- und Kabinettprojektionen

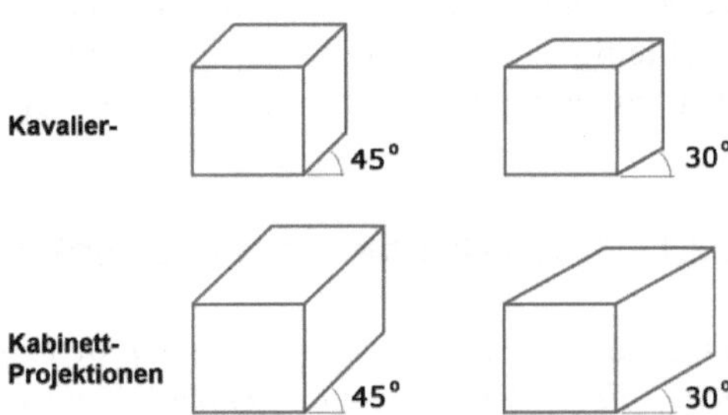

Astronom). Er arbeitete auf dem Gebiet der Geometrie und lehrte in Bologna. Seine Berechnungen von Oberflächen und Volumina nahmen Methoden der Infinitesimalrechnung voraus.

Die Kanten der Flächen, die parallel zur Projektionsebene liegen, bleiben unverkürzt. Nur die in die Tiefe verlaufenden Kanten verkürzen sich um die Hälfte. Es gelten somit die Seitenverhältnisse 1 : 1 : 0,5.

– *Kabinettprojektion*

Die senkrecht zur Projektionsebene verlaufenden Strecken werden unverkürzt dargestellt.

- *Senkrechte bzw. orthografische Projektion*

  Die Projektionsstrahlen treffen senkrecht auf die Projektionsebene, der Normalenvektor {*N*} der Projektionsfläche ist also parallel zur Projektionsrichtung. Die orthografische Parallelprojektion liefert absolut maßgetreue Bilder von räumlichen Objekten (Abb. 2.7).

- *3-Tafel-Projektionen*

  Die Projektionsstrahlen sind parallel zu den 3 Koordinatenrichtungen. Die 3 Zeichenebenen werden von jeweils 2 Koordinatenachsen gebildet, z. B. Tafel 2 von der Y-Z-Ebene. Die Tafeln 1 und 3 werden gedanklich aufgeklappt und

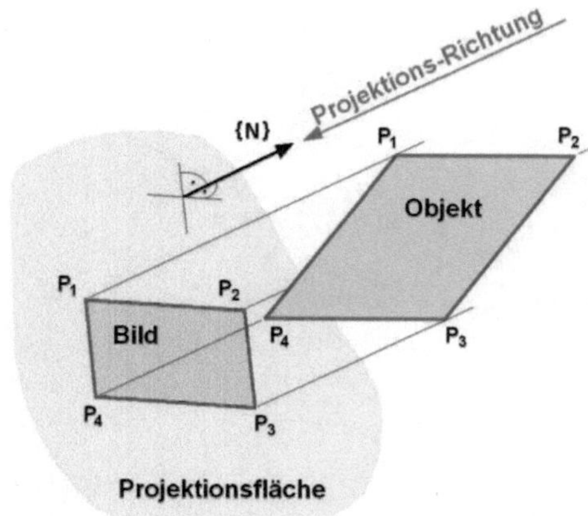

Abb. 2.7 Senkrechte bzw. orthografische Projektion

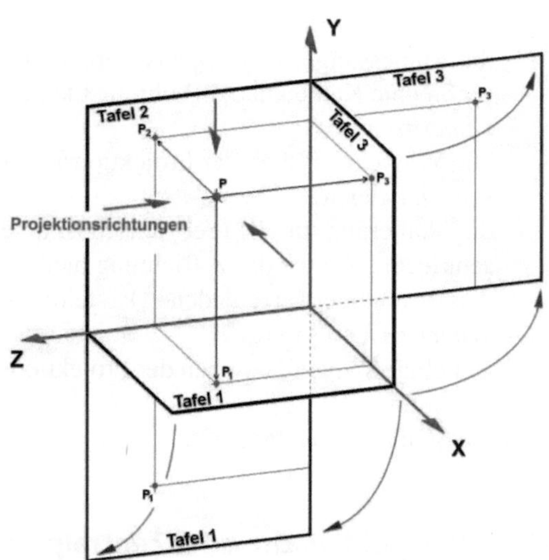

Abb. 2.8 3-Tafel-Projektion

zusammen mit Tafel 2 in einer Zeichenebene dargestellt (Abb. 2.8). Dies ist gängige Praxis im technischen Zeichnen; sowohl manuell als auch mit CAD-Programmen.

- *Axonometrische Projektionen*
  Die Zeichenebene ist nicht parallel zu einer der 3 Koordinatenebenen. Hier wird weiter in drei Kategorien bezüglich der Projektionswinkel mit den Koordinatenachsen differenziert:
  - *Isometrisch*
    Die Winkel zwischen der Projektionsrichtung und den drei Koordinatenachsen sind gleich,
    die Skalierung für alle drei Achsen ist einheitlich, d. h.,

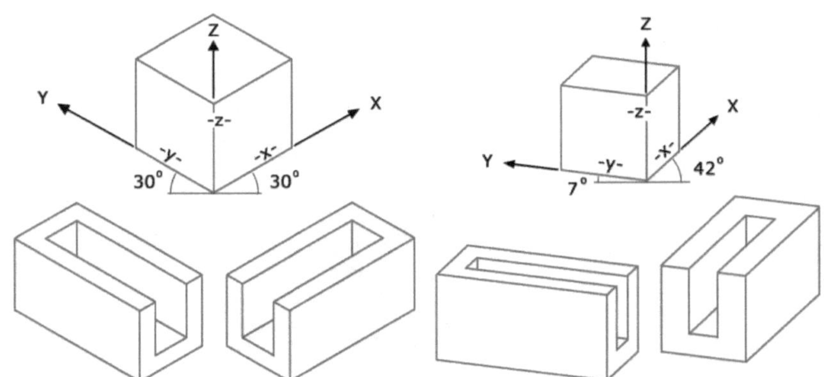

Abb. 2.9 Isometrische und dimetrische Darstellung

die Abmessungen des Objekts werden im gleichen Maßstab dargestellt und senkrechte Kanten der Z-Richtung bleiben senkrecht (Abb. 2.9).
– *Dimetrisch*
  Die Winkel zwischen der Projektionsrichtung und nur zwei Koordinatenachsen sind gleich,
  die Skalierung für alle drei Achsen ist unterschiedlich,
  senkrechte Kanten der Z-Richtung bleiben senkrecht und
  dies ermöglicht verschiedene Darstellungsvarianten (Abb. 2.9).
– *Trimetrisch*
  Beliebige Winkel zwischen der Projektionsrichtung und den Koordinatenachsen und
  die Skalierung ist beliebig.

2.2.2 Perspektivische oder Zentralprojektion

Projektion, bei der die Projektionsstrahlen von einem endlichen Projektionszentrum in Form eines Geradenbüschels ausgehen und ein Bild auf der Projektionsebene an den jeweiligen Durchstoßpunkten erzeugen. Auch Zentralperspektive oder nur Perspektive genannt. [Lexi]

Das am häufigsten genutzte Element der Perspektive sind Fluchtpunkte, in denen sich in der zweidimensionalen Darstellung solche Geraden schneiden, die in der dreidimensionalen Szene parallel verlaufen. Damit verbunden ist, dass Objekte mit wachsender Entfernung von der Beobachterposition in der Darstellung immer kleiner werden (perspektivische Verkürzung).

Bei der einfachsten Perspektive laufen alle Projektionsstrahlen in einem Punkt zusammen. Dieser Fluchtpunkt ist der Standpunkt des Beobachters resp. das Projektionszentrum. Weil dieses in endlicher Entfernung vom Objekt liegt, sind die Projektionsstrahlen nicht parallel (Abb. 2.10).

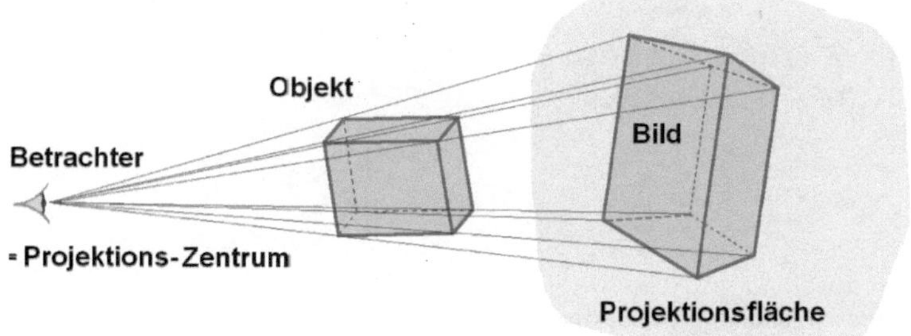

Abb. 2.10 Perspektivische oder Zentralprojektion

Wenn der Abstand der Bildebene vom Projektionszentrum vergrößert wird, vergrößert sich auch die Abbildung maßstabsgerecht. Bei Punkten, die auf dem gleichen Projektionsstrahl liegen, wird nur der dem Projektionszentrum nächst gelegene gesehen. Alle anderen sind hinter diesem verdeckt.

Diejenige Senkrechte auf der Bildebene, die gleichzeitig durch das Projektionszentrum geht, ist die Bildachse. Auf der Bildachse ist das Bild unverzerrt. Je weiter Projektionsgeraden von der Bildachse abweichen, desto größer wird die Verzerrung, d. h., Kanten werden verkürzt und Oberflächen verzerrt dargestellt.

Typische Anwendungen finden sich z. B.

- in der Fotografie beim Entzerren von Schrägaufnahmen (stürzende Linien in der Architektur),
- in der Fotogrammetrie bei der Auswertung und Ausmessung von Luftbildern und
- in der Kartografie für Kartennetzentwürfe (gnomonische Projektion).

Besonders in der Architektur werden beide Perspektiven eingesetzt. Hierbei spielen die waagerechten, zur Grundebene parallelen Ebenen (Höhenebenen) eine besondere Rolle. Die durch das Projektionszentrum verlaufende Höhenebene schneidet die Bildebene im Horizont. Liegt der Horizont der Bildebene relativ zum Objekt sehr tief, so spricht man von einer *Frosch*perspektive, liegt er sehr hoch, von einer *Vogel*perspektive (Abb. 2.11).

2.2.3 Zusammenfassung der Projektionsarten

- Parallele oder Parallelprojektion.
  - Senkrechte bzw. orthografische Parallelprojektion: Die Projektionsstrahlen treffen senkrecht auf die Projektionsebene.
    * 3-Tafel-Projektion: Die Zeichenebene ist parallel zu einer der Koordinatenebenen.

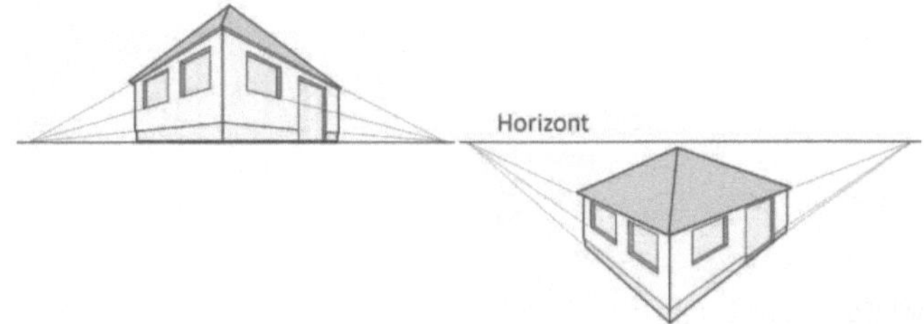

Abb. 2.11 Frosch- und Vogelperspektive

* Allgemeine Projektionen.
* Axonometrische Projektionen: Die Zeichenebene ist nicht parallel zu einer der drei Koordinatenebenen.
    · isometrisch,
    · dimetrisch und
    · trimetrisch.
  – Schief: Die Projektionsstrahlen treffen schief auf die Projektionsebene.
    * Allgemeine Projektionen,
    * Kavalierprojektion und
    * Kabinettprojektion.
• Perspektivische oder Zentralprojektion: Die Projektionsstrahlen konvergieren und laufen zusammen in
  – 1, 2 oder 3 Fluchtpunkten,
    * Frosch- und
    * Vogelperspektive.

2.3 Stereoprojektion

Eine grundlegend andere Methode, dem Beobachter die räumliche Darstellung zu vermitteln, ist die Stereoskopie. Dabei werden zwei nahezu gleiche Bilder erzeugt („stereo pairs" = stereoskopische Halbbilder), deren Projektionen sich nur durch das leicht horizontal verschobene Projektionszentrum – dem Auge – unterscheidet. Diese Verschiebung entspricht dem durchschnittlichen Augenabstand eines Menschen. Jedes Auge nimmt jeweils ein geringfügig unterschiedliches Bild auf, die erst im Gehirn zu einem einzigen dreidimensionalen Bild verschmolzen werden und erst dann die Tiefenwahrnehmung ermöglicht.

Aus Sicht der Computergrafik bedeutet dies nur, dass dieselbe Szene mit zwei leicht unterschiedlichen Projektionszentren berechnet werden muss. Außer einem größeren Rechenaufwand ergibt sich daraus nichts prinzipiell Neues. Das eigentliche Problem ist, wie man beiden Augen gleichzeitig unterschiedliche Bilder präsentiert. Hierzu Weiteres im Abschn. 8.7.

Raster- und Vektorgrafik 3

Eine Rastergrafik ist aus einzelnen kleinen Flächenelementen (Bildelementen) zusammengesetzt, die ihrerseits unterschiedlich gefärbt bzw. mit verschiedenen Grauwerten belegt sein können und ein Raster bilden.

Eine Vektorgrafik ist aus grafischen Primitiven wie Linien, Kreisen, Polygonen oder allgemeinen Kurven (Splines) zusammengesetzt. [Lexi]

3.1 Rastergrafik

Rastergrafiken werden in einem Raster aus einzelnen Bildpunkten (Pixel) erzeugt, von denen jedes einzelne unterschiedlich gefärbt sein kann, z. B. Bitmaps und digitale Bilder. Mit dem Betriebssystem wird die Größe der Pixel-Matrix für den ganzen Bildschirm – im Rahmen seiner technischen Möglichkeiten – ein- oder umgestellt. Je feiner diese Einstellung gewählt wurde (je mehr Pixel auf der verfügbaren Fläche vorhanden sind), umso kleiner werden vorgefertigte Grafiken dargestellt, beispielsweise die Icons in Abb. 3.1.

Bezüglich seiner Größe ist eine Rastergrafik daher an diejenige Pixelmatrix gebunden mit der sie erstellt wurde; in obigen Beispielen jeweils in einer 32^2 Pixelmatrix. Bei Darstellung auf einem anderen Ausgabegerät mit einer anderen Auflösung können sich merkliche Unterschiede ergeben.

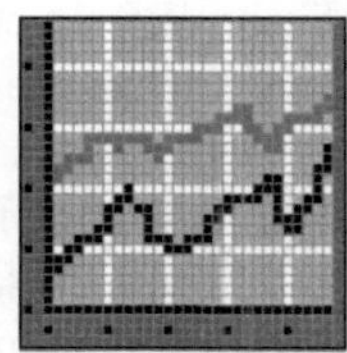

Abb. 3.1 Beispiele für Icons

H.-G. Schiele, *Computergrafik für Ingenieure*,
DOI 10.1007/978-3-642-23843-7_3, © Springer-Verlag Berlin Heidelberg 2012

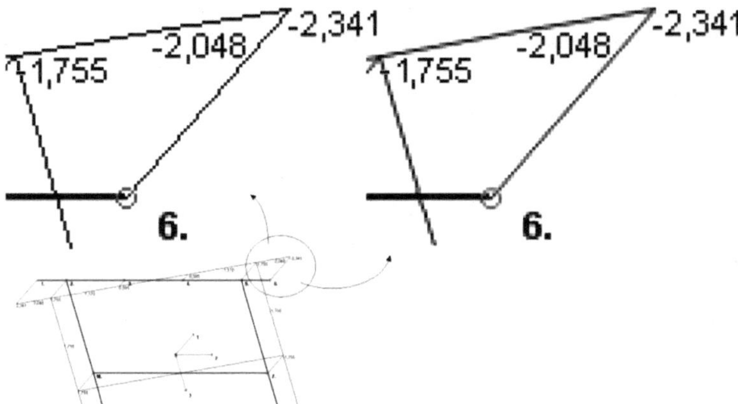

Abb. 3.2   „Treppeneffekt" bei Vergrößerung

Der große Vorteil von Rastergrafiken besteht darin, dass flächenhafte Darstellungen viel leichter erzeugt werden können. Dies geschieht durch Einfärben aller Pixel innerhalb einer Berandung. **GDI+** stellt hierfür verschiedene grafische Grundobjekte zur Verfügung, wie Linien, Polygone, Kreise, Ellipsen und andere Kurven. Zur Füllung der Flächen werden **Floodfill**-Algorithmen verwendet. Eine realistische Darstellung von komplexen Szenerien lässt sich nur durch farbliche Differenzierung ihrer Oberflächen (Facetten) erreichen, mit denen die Szenerie modelliert wurde. Die Vektorgrafik ist hierfür nicht besonders gut geeignet.

Allerdings leiden Rastergrafiken an Darstellungsproblemen wie dem Treppeneffekt, der ein Ergebnis der begrenzten Bildauflösung (Pixelanzahl) ist. Dieser Nachteil ist prinzipiell nicht zu vermeiden. Besonders bei kleinen Schriftzeichen ist dies ein Problem. Methoden, die die als Folge der Rasterung auftretenden unerwünschten Effekte abzuschwächen suchen, werden **Antialiasing** genannt. Der Treppeneffekt lässt sich deutlich reduzieren, wenn auch die ein Pixel umgebenden Bildregion in die Rasterung mit einbezogen wird. Selbst kleine Details fließen so in die Farbe eines Pixels ein, auch wenn diese zwischen zwei Pixeln liegen sollten.

In Abb. 3.2 ist der eingekreiste Ausschnitt in zwei Vergrößerungen dargestellt: links ohne, rechts mit Aktivierung der Antialiasing-Funktion. Die Linien sind nicht glatt durchgezogen, sondern punktweise aneinander gereiht. Durch eine höhere Auflösung, also kleinere und mehr Pixel im Darstellungsbereich, kann die Grafik soweit verbessert werden, dass dieser Nachteil optisch kaum noch sichtbar ist. In der Vergrößerung sieht die Grafik mit Antialiasing-Effekt eher noch unruhiger aus als ohne diesen. Bei normaler 1 : 1-Betrachtung wirken die geraden Linien jedoch wesentlich glatter.

Auch zur Ausgabe von Computergrafiken auf Papier oder Folie kommen hauptsächlich Rastergrafik erzeugende Geräte zum Einsatz, wie z. B. Nadel-, Tintenstrahl- oder Laserdrucker. Für die Ausgabe von mittels CAD erstellten technischen Zeichnungen, die ausschließlich aus Linien bestehen (Liniengrafik) werden hauptsächlich Flachbett- oder Trommelplotter verwendet.

3.2 Vektorgrafik

Manche Arten von Bildern, etwa Strichzeichnungen oder Diagramme, werden besser als Vektorgrafiken gespeichert. Eine Vektorgrafik ist die praktische Umsetzung der analytischen Geometrie, mit der ausnahmslos Linien auf dem Ausgabegerät gezeichnet werden. Die Linien werden wie Vektoren behandelt (daher die Bezeichnung), mit einem Anfangs- und einem Endpunkt und Koordinaten für diese Punkte. Diese Art der Repräsentation ist unabhängig von der Bildauflösung und erlaubt die verlustfreie Bearbeitung der Bildinhalte.

Vektorgrafik findet man heute nur noch ausgeprägt bei Flachbett- und Trommelplottern (siehe Abb. 3.3) sowie Tintenstrahlplotter. Auch die Röhrenbildschirme früherer Jahre arbeiten nach dem Vektorprinzip. Das Zeichnen eines Vierecks und eines Dreiecks auf einem Plotter könnte folgendermaßen aussehen: Der Zeichenstift steht in Ruhestellung oben links und ist vom Papier abgehoben. In verkürzter Form sind die weiteren Plotkommandos die Schritte 1–7 in Abb. 3.4.

Das Zeichnen von Vektorgrafiken hat den Vorteil exakter Linienführung im Gegensatz zur Rastergrafik. Allerdings bereitet das Einfärben von Facetten erhebliche Schwierigkeiten. Auch aus diesem Grunde wurden die Röhrenbildschirme in der Computergrafik sehr schnell ausgemustert; wir werden uns mit diesen nicht weiter beschäftigen.

Um eine Vektorgrafik auf Rasterbildschirmen anzeigen zu können, muss sie zunächst in eine Rastergrafik umgewandelt werden. Dieser Vorgang wird Rasterung genannt. Vektorgrafik ist nicht möglich bei allen Geräten, die auf Rastertechnologie beruhen. Bei diesen sind keine ,genauen' Koordinaten einstellbar, sondern alles basiert auf ganzzahligen Adressen, was zu treppenförmigen Linienzügen führt.

Abb. 3.3 Trommelplotter

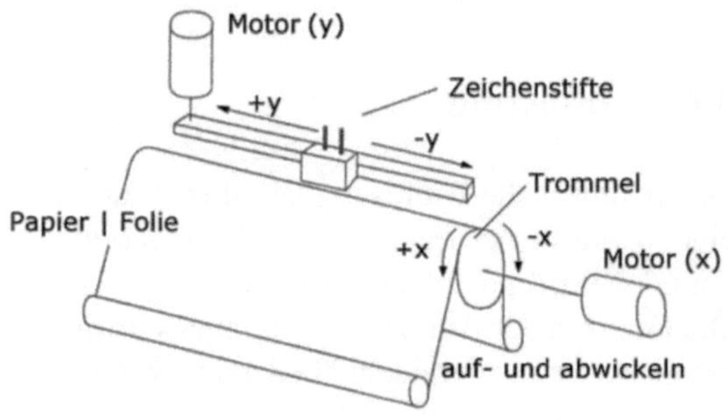

Abb. 3.4 Plotkommandos zum Zeichnen von Formen

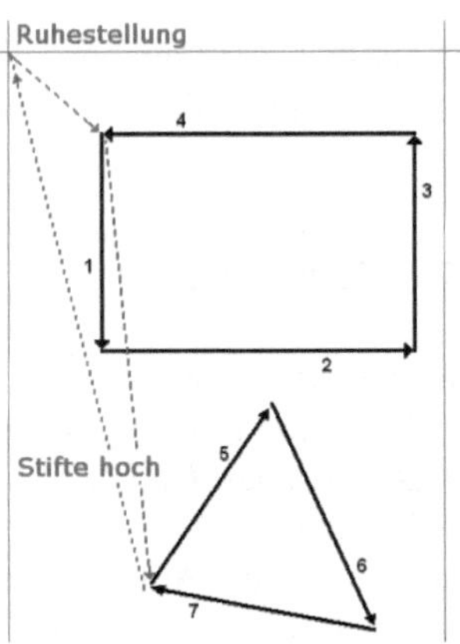

3.3 Vektor | Raster ?

Die gesamte Mathematik in der Computergrafik basiert auf Vektoren- und Matrizen-Operationen. Insofern ist naheliegend, auch die Grafik als ,Vektorgrafik' zu bezeichnen. Im **GDI+** von Microsoft wird tatsächlich so verfahren.

Eine Vektorgrafik aus grafischen Grundobjekten (Primitiven: Linien, Kreise, Ellipsen, Polygone usw.) muss erst gerastert werden, um sie auf einem Rasterbildschirm darstellen zu können. Dabei müssen die Pixel-Farbwerte der resultierenden Rastergrafik ermittelt und auch Parameter wie Füll- und Linienfarben, Linienstärken und Linienstile berücksichtigt werden. Diesen Prozess nennt man **Scan Conversion**, der naturgemäß mit einem hohen Rechenaufwand verbunden ist. Schon bei der bescheidenen Auflösung von 800×600 Pixeln müssen für rund eine halbe Millionen Pixel deren Farbwerte ermittelt werden.

Rastergrafiken können sowohl von Software erzeugt werden als auch das Ergebnis einer Digitalisierung sein, beispielsweise durch Scannen einer Vorlage.

3.4 Auflösung

Die erforderliche Auflösung ist direkt proportional zum qualitativen Anspruch an eine realitätsnahe Grafik. Die Auflösung ist eine bezogene Größe und wird in Punkten oder Pixel pro Länge angegeben, also Dot/Inch = **dpi** oder Pixel/Inch = **ppi**. Die Grenzen der Auflösung sind einerseits durch die technischen Daten der Geräte festgelegt und andererseits fließend wegen des erforderlichen Speicherbedarfs und wegen des Rechenaufwandes.

Tab. 3.1 Auflösungsvermögen von TFT-Bildschirmen (Stand 2010)

Größe [Zoll]	Seitenverhältnis	Pixelmatrix [Pixel]	Anz. Pixel $\times 10^6$	Auflösung [ppi]	Icon (32/32) Größe [cm]
15	4 : 3	800 × 600	0,480	67	1,22
15	4 : 3	1024 × 768	0,786	85	1,05
17	5 : 4	1280 × 1024	1,310	96	0,86
19	5 : 4	1280 × 1024	1,310	86	1,04
20	8 : 5	1680 × 1050	1,764	99	0,83
22	8 : 5	1680 × 1050	1,764	90	0,90
24	8 : 5	1920 × 1200	2,304	94	0,86
TV-Gerät (full-HD)	16 : 9	1920 × 1080	2,074	84	–

Betrachten wir die technischen Daten der heute angebotenen TFT-Bildschirme bzgl. ihres Auflösungsvermögens etwas genauer. Tabelle 3.1 gibt den aktuellen Stand (2010) wieder, wobei es sich um Durchschnittsdaten handelt.

Die ersten 15″-Bildschirme haben sich nur relativ kurz am Markt gehalten. Die neueren Entwicklungen nähern sich im Format langsam dem TV-Format an und sind in der Auflösung [ppi] dem TV-Standard mindestens gleichwertig. Womit wir wieder beim Fernsehen sind: Mit den 8 : 5-TFT-Bildschirmen lassen sich TV-Programme in gleicher Qualität betrachten wie mit einem ‚full-HD'-Fernseher. Für professionelle CAD-Anwendungen sind mittlerweile die alten Röhrenbildschirme ersetzt worden durch TFT-Rasterdisplays ab einer Größe von 20 Zoll.

In der Bildverarbeitung wird unter Auflösung auch nur die Anzahl der Bildpunkte des Bildformats verstanden, z. B. 10 Megapixel bei einer digitalen Kamera. Ein gesundes menschliches Auge hat ein Gesichtsfeld von ca. 4000 × 4000 Bildpunkten, also etwa 16 Megapixel.

Die Auflösung der Drucker und Scanner ist meist einstellbar und stets besser als die der Bildschirme.

Farben

Gamut (englisch Tonleiter, Skala, Farbpalette) bezeichnet die Menge aller Farben, die ein Gerät (z. B. ein Monitor, Drucker, Scanner, Film) darstellen, wiedergeben oder aufzeichnen kann. [Lexi]

Schon lange vor dem Computerzeitalter hat 1931 die „Commission Internationale de l'Eclairage" (CIE) ein Farbmodell entwickelt, mit dem jede Farbe als gewichtete Summe dreier *künstlicher* Grundfarben Rot, Grün und Blau dargestellt werden kann. Diese Dreifarbentheorie oder trichromatische Theorie beschreibt einen Farbraum mit drei Grundfarben, den Primärvalenzen, die den Ecken eines Dreiecks zugeordnet sind; in Abb. 4.1 schwarz markiert. Alle anderen Farben werden als Linearkombination aus den Grundfarben bestimmt.

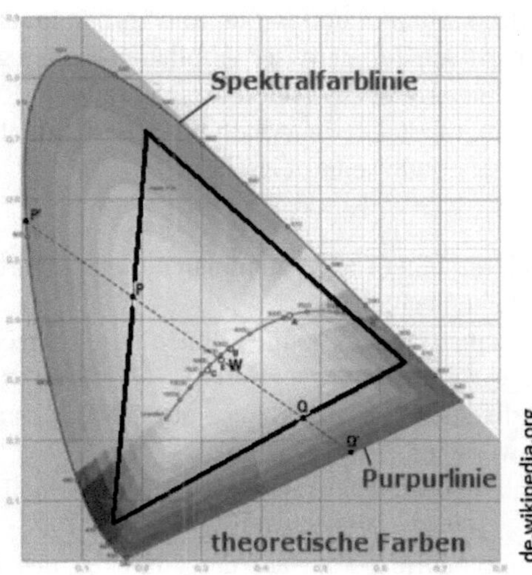

Abb. 4.1 Dreifarbentheorie

H.-G. Schiele, *Computergrafik für Ingenieure,*
DOI 10.1007/978-3-642-23843-7_4, © Springer-Verlag Berlin Heidelberg 2012

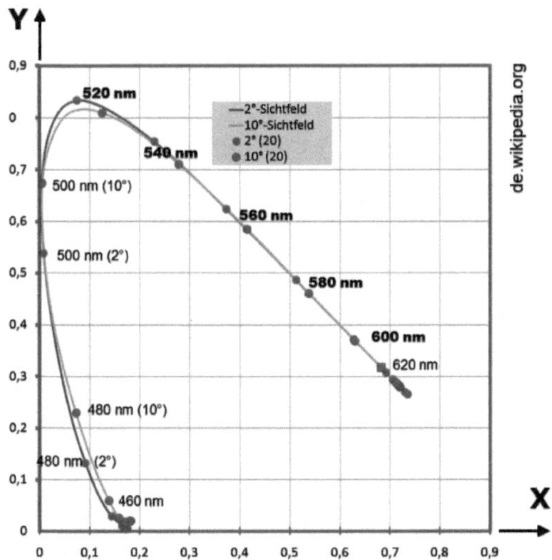

Abb. 4.2 Verschiebung der Wellenlängen – und damit der Farbe – auf der Spektralfarblinie in Abhängigkeit vom Sichtfeld

Im Jahr 1964 wurde für einige Farbmodelle ein CIE-Normvalenzsystem entwickelt, das das Sichtfeld von 2° auf von 10° vergrößert und damit das Weitwinkelsichtfeld des Menschen besser berücksichtigt (Abb. 4.2).

Im RGB-Farbmodell sind die Farben der drei Eckpunkte festgelegt durch monochromatisches Licht mit den Wellenlängen für rot = 700, grün = 546,2 und blau = 435,8 nm. Diese Spektralfarben werden hauptsächlich verwendet, weil sie in Experimenten am ehesten zu einer physiologisch akzeptablen Farbwahrnehmung führen. Ein so definierter Farbraum umfasst nur die Farben innerhalb des Farbdreiecks, enthält also einen großen Teil der wahrnehmbaren Farben gar nicht. So fehlen die kräftigen, satten Grünwerte ebenso wie das spektralreine Rot. Farben, die ein Gerät nicht darstellen kann bzw. die innerhalb eines Farbmodells nicht dargestellt werden können, liegen außerhalb seines Gamuts.

Es gilt:

- In einem Farbmodell mit einer Farbe kann man nur *einen* Farbeindruck in unterschiedlichen Helligkeiten erzeugen.
- Alle Farben entlang einer Dreieckskante können durch Mischen der Eckfarben hergestellt werden.
- Alle Farben innerhalb eines Dreiecks können durch Mischen der Farben der drei Eckpunkte erzeugt werden.
- Jeder Punkt innerhalb des Dreiecks repräsentiert genau eine Farbe.

Die trichromatische Farbtheorie beruht auf der Fähigkeit des Auges, in gleicher Weise auf zwei oder mehr Stimulanzien unterschiedlicher Wellenlängen zu reagieren. So erzeugt ein Licht mit einer Wellenlänge von 580 nm Gelb. Diese Farbe kann

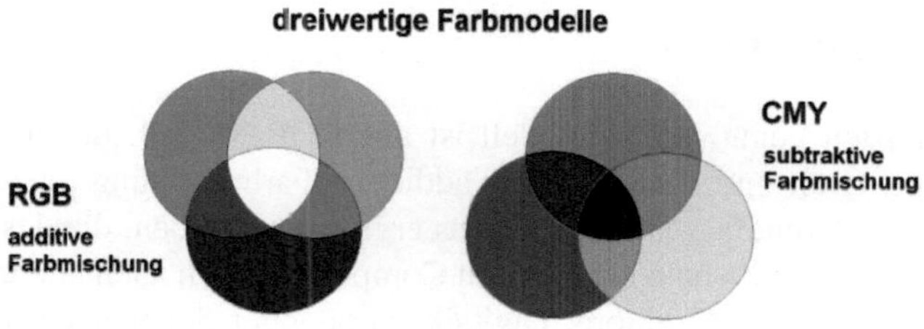

Abb. 4.3 Mischung farbigen Lichts bei dreiwertigen Farbmodellen

auch von zwei Lichtquellen mit den Wellenlängen 700 nm (Rot) und 520 nm (Grün) erzeugt werden. Es gibt also zwei oder mehr sichtbare Wellenlängen, die das Auge als gleiche Farbe wahrnimmt.

Bei dieser additiven Farbmischung wird farbiges Licht gemischt. Je größer die hinzugemischten Farbanteile sind, umso heller erscheint die sich ergebende Mischfarbe. Soll auf dem Bildschirm ein Punkt beispielsweise in Weiß erscheinen, so leuchten alle drei Grundfarben in gleicher Intensität auf; etwa die Bildmitte im Diagramm Abb. 4.3. Bei Gelb leuchten nur Rot und Grün (rechter Rand) und bei Schwarz sind alle Farben inaktiv.

Bei der subtraktiven Farbmischung wird nichts subtrahiert! Wir erinnern uns an den Umgang mit Wasserfarben. Je mehr Grundfarben zusammengemischt werden, umso dunkler wird die Mischfarbe. Durch Auftragen von Farbpigmenten auf das Druckmedium (Papier oder Folie) verändern sich Anteile des reflektierten Lichts, das wir sehen können. Wenn also ein Teil des Farbspektrums nicht mehr reflektiert wird (heraussubtrahiert wird), dann wird die Mischfarbe zunehmend dunkler bis hin zu schwarz. Schon Goethe untersuchte diese Form der Farbmischung und veröffentlichte 1810 seine „Farbenlehre".

In der grafischen Datenverarbeitung haben sich mehrere dreiwertige Farbmodelle herausgebildet, die für ganz unterschiedlichen Zwecke verwendet werden:

- **RGB**
  Beim RGB-Modell handelt es sich um ein sogenanntes additives Farbmodell mit den Primärfarben Rot, Grün und Blau. Es wird hauptsächlich für Röhren- und TFT-Bildschirme verwendet. Auch Windows verwendet das RGB-Modell, auf das wir uns weiterhin ausschließlich konzentrieren werden.
- **CMY**
  definiert mit den Primärfarben Cyan, Magenta und Yellow ein subtraktives Farbmodell, das vor allem für farbauftragenden Geräte verwendet wird.
- **HSV**
  basiert auf den drei Primärkomponenten Farbton (Hue), Sättigung (Saturation) und Intensität (Value).
- **HLS**
  anstatt der Intensität wird bei diesem Farbmodell die Helligkeit (Lightness) zusammen mit dem Farbton und der Sättigung verwendet.

4.1 RGB-Farbmodell

Das am häufigsten genutzte Farbmodell ist das RGB-Modell, mit den drei Primärfarben Rot, Grün und Blau. Bei der additiven Farbmischung im RGB-Raum addieren sich die Grundfarben zu Weiß, das ergibt stets Farben, die das menschliche Auge sehen kann. Deshalb basieren im Computerbereich auch alle technischen Anzeigegeräte, wie z. B. Monitore, Digitalkameras oder Scanner auf dem RGB-System.

Ein RGB-Farbraum ist ein auf wenige definierte Parameter begrenzter Ausschnitt der Wirklichkeit. So könnte die Definition einer Farbe durch drei Zahlen die falsche Erwartung wecken, die Farbe wäre in ihrer Wahrnehmung völlig absolut, genaugenommen ist sie kaum vorhersagbar. Tatsächlich ist ihre Farbwirkung vom konkreten technischen System abhängig. Viel schwerer wiegt noch, dass die Änderung der Helligkeit einer Farbe eine nichtproportionale Änderung der anderen Farbkomponenten erfordert.

Eigentlich hat jedes Gerät seinen eigenen Geräte-RGB-Farbraum, der üblicherweise innerhalb des genormten Farbraums liegt. Individuelle Farbdifferenzen sind bedingt durch Gerätetyp, Hersteller, Verarbeitungs- und Produktionseinflüsse und durch Alterung. Soweit sich die Geräteparameter nachstellen lassen ist eine Anpassung an die genormten Größen möglich; siehe auch Abschn. 4.6.

Sowohl RGB als auch CMY lassen sich geometrisch im kartesischen Koordinatensystem als Einheits- bzw. Farbwürfel veranschaulichen:

Jede beliebige Farbe kann innerhalb des Würfels anhand ihrer R-G-B-Koordinaten festgelegt werden. So steht beispielsweise (0,0,0) für Schwarz, (1,1,1) für Weiß, (1,1,0) für Gelb usw. Für jeder der Primärfarben R,G,B kann ein Intensitätswert zwischen 0 und 1 festgelegt werden, wodurch eine Vielzahl von Farben möglich ist. Die drei Farbkomponenten werden in einem Farb-Vektor zusammengefasst.

Abb. 4.4 Einheits-/Farbwürfel

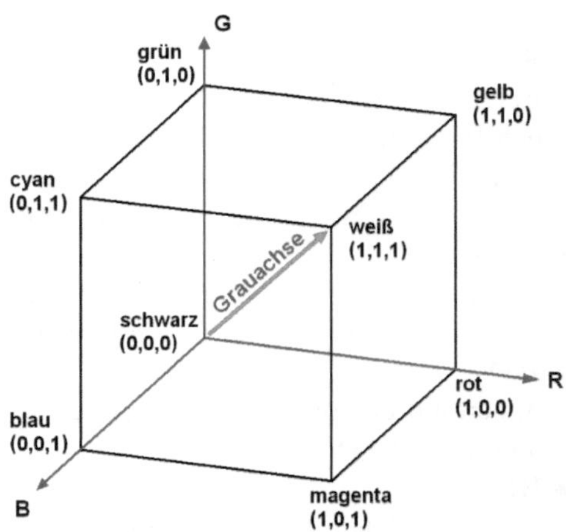

Der Ursprung des RGB-Koordinatensystems mit den Intensitäten (0,0,0) entspricht der Farbe Schwarz. Die Raumdiagonale zur gegenüberliegenden Ecke mit der Farbe Weiß (1,1,1) repräsentiert alle zwischen Schwarz und Weiß liegende Grautöne, man bezeichnet sie als „Grauachse". Die Farbe (c,c,c) mit $0 \leq c \leq 1$ beschreibt einen Punkt auf der Grauachse und ergibt einen mehr oder weniger hellen Grauton.

4.2   CMY-Farbmodell

Zur Ausgabe von Farbinformationen auf Farbdrucker eignen sich keine additiven Farbmodelle, da das Auge von der bedruckten Fläche nur die reflektierten Anteile des weißen Lichtes empfängt. In diesem Fall sind subtraktive Farbmodelle zu verwenden. Abbildung 4.5 zeigt den Einheitswürfel für das CMY-Farbmodell, in dem die Komplementärfarben der drei Primärfarben verwendet werden: Cyan, Magenta und Yellow. Die im Koordinatenursprung befindliche Ecke entspricht Weiß (0,0,0), während die diagonal gegenüberliegende Würfelecke Schwarz (1,1,1) darstellt.

Beim CMY-Modell wird von Weiß ausgehend eine oder zwei der Primärkomponenten (partiell) entfernt, um die gewünschte Farbe zu erzeugen. Wenn wir zum Beispiel Rot von Weiß subtrahieren, besteht die verbleibende Farbe aus Grün und Blau und nennt sich Cyan. Cyan ist die Komplementärfarbe von Rot. Die folgenden Formeln fassen die Umrechnung zwischen den beiden Farbmodellen zusammen:

$$\begin{Bmatrix} R \\ G \\ B \end{Bmatrix} = \begin{Bmatrix} 1 \\ 1 \\ 1 \end{Bmatrix} - \begin{Bmatrix} C \\ M \\ Y \end{Bmatrix} \qquad \begin{Bmatrix} C \\ M \\ Y \end{Bmatrix} = \begin{Bmatrix} 1 \\ 1 \\ 1 \end{Bmatrix} - \begin{Bmatrix} R \\ G \\ B \end{Bmatrix}$$

Abb. 4.5   Einheitswürfel für CMY

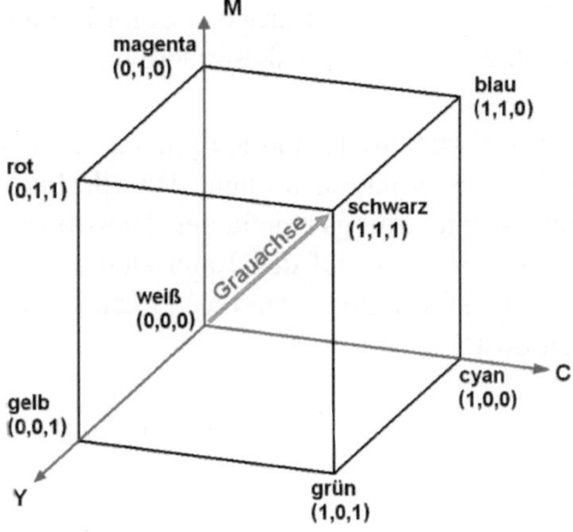

4.3 Adobe-Farbmodell

Dieses Farbmodell wurde 1998 von Adobe Systems entwickelt. Das Ziel war es, eine maximale Anzahl von Farben eines CMYK-Druckers auf einer RGB-Farbquelle, wie z. B. einem Computerdisplay, wiederzugeben. Das Adobe RGB kann etwa die Hälfte der sichtbaren Farben aus dem Lab-Farbraum darstellen, entspricht aber immer noch nicht den gesteigerten Anforderungen der Praxis. Deshalb wurde der sogenannte „Wide Gamut" entwickelt.

Das **Adobe Wide Gamut RGB** wurde als direkte Alternative zum Standard-RGB entwickelt und kann einen größeren Bereich als sRGB speichern. Der Wide-Gamut-Farbraum ist eine nochmals erweiterte Version des Adobe-RGB. Zum Vergleich: Mit Wide Gamut lassen sich 77,6 % der sichtbaren Farben des Lab-Raums bestimmen, mit dem Standard-Adobe-RGB sind es nur 50,6 %. Unbefriedigend ist allerdings, dass etwa 8 % dieses Farbraums in einem Wellenlängenbereich liegt, dessen Licht wir gar nicht mehr sehen können.

Im Prinzip kann man nahezu jeden beliebigen Farbraum festlegen. Hierzu ist lediglich die Definition der Primärvalenzen, des Weißpunkts und der Gradationskurve (Gamma) erforderlich. Die Primärvalenzen legen das Farbdreieck der bei geringen Helligkeiten darstellbaren Farben fest, der Weißpunkt das Intensitätsverhältnis für Farbtripel mit drei identischen Komponenten, damit indirekt auch das Verhältnis von maximalem Rot zu maximalem Grün und Blau. Die folgende Aufstellung gibt einen unvollständigen Überblick:

CIE-XYZ	erster Normierungsversuch aus dem Jahr 1931
CIE-RGB	entsteht durch die Umrechnung des CIE-XYZ
NTSC-RGB	NTSC-Farbfernsehens im Jahre 1953, USA
PAL und SECAM	europäisches Farbfernsehen, später auch für NTSC
sRGB	Kooperation von Hewlett-Packard und Microsoft
eciRGB	European Color Initiative
ProPhoto	insbesondere für die Digitalfotografie.

Die Farbmodelle sind lediglich *eine* Darstellungsform für Farben. Durch geeignete Transformationen kann man alle Farbmodelle ineinander überführen. Dabei stellt sich allerdings bei einigen Transformationen heraus, dass Teilbereiche großer Farbsysteme nur auf den Rand kleinerer Farbsysteme abgebildet werden können Die Transformationen sind also nicht immer umkehrbar, was auch Abb. 4.6 erkennen lässt.

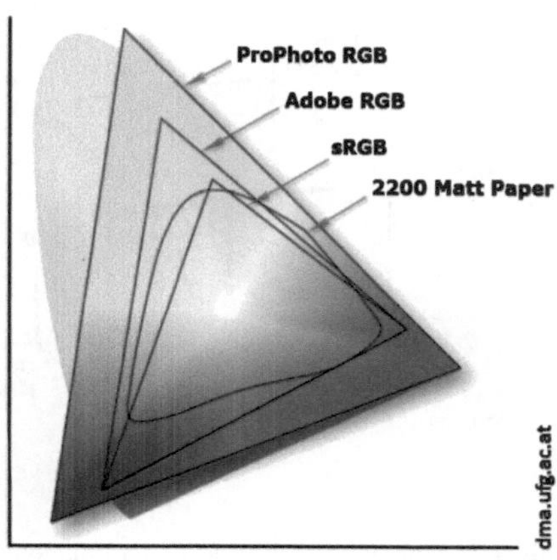

Abb. 4.6 Überschneidungen verschiedener Farbsysteme

4.4 Farbnuancen

Wir kommen zurück zum RGB-Farbmodell. Wie oben schon erwähnt kann jede beliebige Farbe zusammengesetzt werden aus den drei Komponenten Rot, Grün und Blau, indem man deren Anteile zwischen 0 und 1 festlegt, also beispielsweise eine beliebige Farbe $\rightarrow$ (0,4623, 0,29573, 0,16). So zu verfahren ist ebenso unsinnig wie unökonomisch, denn:

- da für jede Dezimalzahl beliebig viele Nachkommastellen möglich sind, ergeben sich rein rechnerisch auch beliebig viele Farbnuancen.
- um den Farb-Vektor zu speichern sind drei Gleitkommazahlen (12 Byte) erforderlich, was speichertechnisch schnell ausufert.

Aus diesen Gründen ist das RGB-Farbmodell so normiert, dass nur ganzzahlige Farbanteile zwischen 0 und 255 verwendet werden können. Diese Werte kann man in 8 Bit speichern; bei drei Farben also 24 Bit bzw. 3 Byte. Mit jeweils 256 Tonwerten pro Kanal (die 0 ist auch ein Wert) kommt man auf $256^3 = 16\,777\,216$ unterschiedliche Farbwerte, die dargestellt werden können. Diese Darstellung wird als True-Color bezeichnet; siehe auch Abschn. 4.7 Farbtiefe.

Betrachten wir noch einmal einen heutigen 24″-Computerbildschirm mit 1920×1200 Pixeln. Dieser kann nur $1920 \times 1200/16\,777\,216 \sim 13,7\,\%$ aller möglichen Farbnuancen des 24-Bit-Farbmodells darstellen; das 26″ full-HD TV-Gerät nutzt gerade mal 12,4 %. Die gesamte Farbvielfalt nach dem RGB-Modell ist mit unseren heutigen Geräten weder nutzbar noch zwingend erforderlich. Die noch feinere Abstufung nach dem High-Color-Modell hat wenig praktischen Nutzen bzgl. der wahrnehmbaren Farbgenauigkeit, erhöht aber den Aufwand bzgl. Speicherbedarf und erfordert erheblich mehr Rechenleistung.

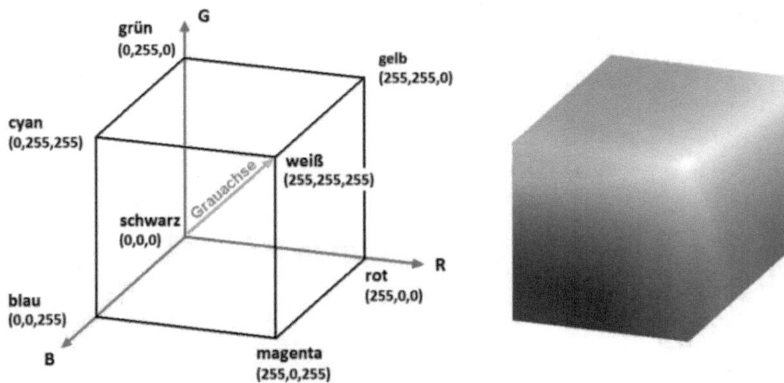

Abb. 4.7 Einheitswürfel für RGB-Farbmodell

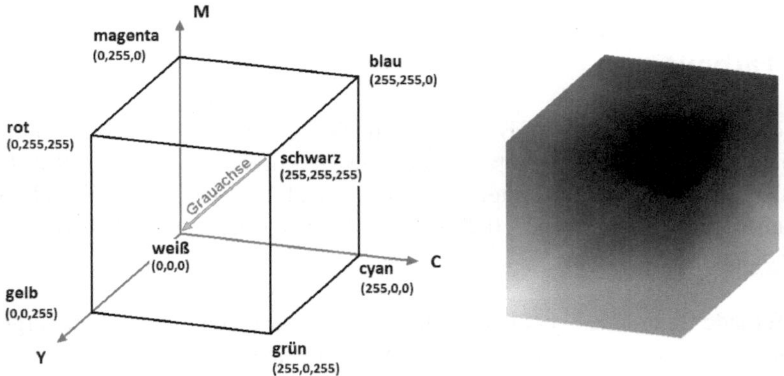

Abb. 4.8 Einheitswürfel für CMY-Farbmodell

Zur Darstellung von Grautönen ist dieser Aufwand allerdings gar nicht nötig. So erfordert ein Schwarzweißbild nur 1 Bit pro Pixel (0 = schwarz, 1 = weiß). Für abgestufte Graubilder genügen schon 4 Bit, um 16 Graustufen darzustellen.

Mit dem 24-Bit-Farbmodell haben die Ecken des Einheitswürfels jetzt die Koordinaten 255 anstatt 1. Die Abb. 4.7 und 4.8 zeigen, wie der Würfel inklusive zugehöriger Farben jetzt aussieht.

Beim 24-Bit-Farbmodell wird der hohe Wert 255 mit 8 Bit in einem Byte verschlüsselt:

$$255_{10} \rightarrow 11111111_2$$

Auf diese Weise können alle 3 Farbwerte in 3 Bytes einer 4 Byte langen ganzzahligen Variablen gespeichert werden, z. B.:

$$\text{Farbwert} \cong \boxed{00000000\,\,00011001\,01101101\,00001110} \cong (25, 109, 14)$$
$$\phantom{\text{Farbwert} \cong }\;\text{frei}\qquad\text{rot}\qquad\text{grün}\qquad\text{blau}\qquad\quad\text{r}\quad\text{g}\quad\text{b}$$

In Visual-Studio.Net wird der Farbwert in einer speziellen Variablen der „Color"-Klasse gespeichert:

```
Dim Farbwert As Color
```

Aus speichertechnischen Gründen ist es gelegentlich sinnvoll, die Anzahl verschiedener Farben (z. B. eines digitalen Bildes) auf 32 Kilobyte zu begrenzen. Hierzu wird zunächst die Gesamtzahl aller Farbnuancen ermittelt und dann nahe beieinanderliegende Farbwerte durch einen einzigen ersetzt. Auf der anderen Seite erlauben einige Grafikformate, die Farbwerte mit einem hohen Helligkeitsumfang anzugeben; ‚High Dynamic Range Images' HDRI. Hierfür ist allerdings eine höhere Qualitätsstufe bei den Bildschirmen erforderlich.

4.5 RGBA-Farbmodell

Das RGBA-Farbmodell ist im eigentlichen Sinn kein eigenständiges Farbmodell, sondern eine Erweiterung des RGB-Modells durch den 4. Kanal α. Die α-Komponente bestimmt die Transparenz eines Pixels, die für Überblendeffekte eine Rolle spielt. Wird ein Bild mit einem neuen Bild überschrieben, fließen die Informationen des Urbildes auf diese Art mit in das neue Zielbild ein. Die α-Komponente bestimmt daher, wie durchsichtig das entsprechende Pixel des Bildes sein soll: $\alpha = 0$ steht für völlige Transparenz, $\alpha = 1$ bezeichnet völlige Undurchlässigkeit.

In VB.Net wird diese neue Funktion als *Alphablending* bezeichnet (ist nicht in VB-6.0 enthalten). Da das erste Byte des Farbwertes noch frei ist, hat man jetzt den α-Wert dort untergebracht. Dieser ist ebenso wie die Farbanteile normiert zwischen 0 und 255:

$$\text{Farbwert} \cong \boxed{01111111\,00011001\,01101101\,00001110} \cong (127, 25, 109, 14)$$
$$\phantom{\text{Farbwert} \cong }\;\text{alpha}\qquad\text{rot}\qquad\text{grün}\qquad\text{blau}\qquad\text{alpha}\;\text{r}\quad\text{g}\quad\text{b}$$

Jeder der drei Farbanteile (Rot, Grün, Blau) einer bestimmten Quellfarbe wird mit dem entsprechenden Anteil der Hintergrundfarbe pixelweise gemischt:

$$\text{Anzeigefarbe} = [\text{Quellfarbe} \times \alpha + \text{Hintergrundfarbe} \times (255 - \alpha)]/255$$

In Bereichen, in denen sich die Grafik über dem weißen Hintergrund befindet, wird sie mit der Farbe Weiß gemischt. Dort, wo sie auf dem schwarzen Balken liegt,

Abb. 4.9 Mischung von Quellfarbe/Hintergrundfarbe. *Links* $\alpha = 255$ undurchlässig; *rechts* $\alpha = 127$ halb transparent

wird sie mit der Farbe Schwarz gemischt. Farben mit Alphablending sind nützlich für eine Vielzahl von Schattierungs- und Transparenzeffekten.

```
Dim myFarbe As Color
myFarbe = Color.FromArgb(127, 23, 56, 78)
```

Im Beispiel wird ein Farbton „Blaugrau" definiert, der zu etwa 50 % transparent ist $(127 \sim 255/2)$. Die folgende Anweisung definiert einen undurchlässigen schwarzen Farbwert.

```
myFarbe = Color.FromArgb(255, 0, 0, 0)
```

4.6 Farbkorrektur

Wie schon erwähnt hat jedes Ausgabegerät seinen eigenen Geräte-RGB-Farbraum, der üblicherweise innerhalb eines genormten Farbraums liegt. Trotzdem führt die gleiche Darstellung auf verschiedenen Geräten zu unterschiedlich wahrgenommenen Farben.

Auch ist die Helligkeit der Bildschirmpixel leider nicht proportional zu den berechneten oder angegebenen Farbwerten. Ein Graustufenwert von 50 % wird auf dem Bildschirm nicht als Grau mit 50 % Helligkeit dargestellt, sondern dunkler.

Die Methoden zur Farbkorrektur werden als *Colormanagement* zusammengefasst. Seine wesentliche Aufgabe besteht darin, die Gamuts verschiedener Geräte so aufeinander abzubilden, dass möglichst wenige störende Farbverschiebungen und Abrisse entstehen. Diesen Vorgang nennt man Gamut-Mapping, und er erfolgt mittels Farbprofilen (Look-up-Table, LUT), mit deren Hilfe man jeden Geräte-Farbraum umrechnen kann von (RGB-)Quelle auf (RGB-)Ziel. Typische Farbprofile (Betriebs-RGB-Räume) sind sRGB oder Adobe-RGB für allgemeine Computerperipherie wie Monitore und Digitalkameras sowie ECI-RGB für den Einsatz im grafischen Gewerbe für professionelle Bildbearbeitung.

Für Transformation innerhalb des RGB-Farbraums, also zwischen Betriebs-RGB-Räumen oder auch zwischen Geräte-RGB-Räumen werden 3×3-Matrizen genutzt. Diese Matrizen stehen teils zur Verfügung oder müssen durch Messung der Geräte-Daten ermittelt werden.

4.7 Farbtiefe

Die Anzahl Bits, die für ein einzelnes Pixel reserviert wird, bestimmt die Anzahl der Farben, die diesem Pixel zugewiesen werden können. Tabelle 4.1 zeigt die historische Entwicklung der Farbtiefe.

Die meisten Computermonitore können nur 8 Bit pro Kanal darstellen. In der professionellen Fotografie und für medizinische Anwendungen werden auch 16 Bit pro Kanal benötigt. Extreme Helligkeitsbereiche (tiefschwarzer Schatten und gleißendes Licht) können mit 8 Bit nicht gespeichert werden. Hierzu ist eine drastische Reduzierung des Kontrastumfangs nötig. Dabei finden High Dynamic Range Images (Hochkontrastbilder) Anwendung, die dann per Tone-Mapping-Verfahren zur Darstellung auf 8 Bit heruntergerechnet werden.

Abschließend noch ein Blick auf einige Aufnahmegeräte: Bei digitalen Kameras, Scannern und Camcordern mit Bildwandlern in sogenannter 3-Chip-Technik wird bei der Erzeugung von RGB-Signalen für jede der drei Primärfarben ein eigener Chip eingesetzt. Für Geräte mit nur einem Bildwandler werden meist sogenannte Bayer-Sensoren verwendet, bei denen jeder Bildpunkt nur eine Farbe aufnimmt. Die beiden jeweils fehlenden Farben werden aus den Nachbarbildpunkten interpoliert.

Die von den Bildwandlern gelieferten RGB-Farben sind nicht notwendigerweise identisch mit den im Computer verwendeten RGB-Farben, womit wir wieder beim Thema Farbkorrektur wären.

Tab. 4.1 Historische Entwicklung der Farbtiefe

Farbtiefe [Bit]	Bezeichnung/Verwendung	Farbkanäle	Anzahl darstellbarer Farben
1	Monochrom		$2^1 = 2$
4	EGA-Grafikkarte		$2^4 = 16$
8	VGA, SVGA	3,3,2	$2^8 = 256$
15	Real Color	5,5,5	$2^{15} = 32\,768$
16	High Color	5,6,5	$2^{16} = 65\,536$
24	True Color	8,8,8	$2^{24} = 16\,777\,216$
(32)	Dieses Farbmodell zu verwenden macht derzeit wenig Sinn: Erstens sind von den bisherigen 16 777 216 RGB-Farben mit den heutigen Bildschirmen ohnehin nur ca. 12,4 % verwendbar, und zweitens kann man genau deswegen das 4. Byte freihalten für den α-Wert.		
30	PAL Fernsehnorm	10,10,10	$2^{30} = 1\,073\,741\,824$
36	hochwertige Fotografie	12,12,12	$2^{36} = 68\,719\,476\,736$
42	hochwertige Flachbild-TV	14,14,14	$2^{42} = 4\,398\,045\,511\,104$
48	hochwertige Flachbettscanner	16,16,16	$2^{48} = 281\,474\,976\,710\,656$

Weiterführende Literatur

http://de.wikipedia.org/wiki/RGB-Farbraum (letzter Zugriff 26.01.2012)
http://de.wikipedia.org/wiki/Farbtiefe (letzter Zugriff 26.01.2012)

Bevor etwas auf dem Bildschirm grafisch dargestellt werden kann, muss zunächst eine virtuelle dreidimensionale Welt der Szenerie im Rechner erzeugt werden. Deren Umsetzung in einen Datensatz zur Weiterverarbeitung mit einem Grafikprogramm nennt man Modellierung. Dabei stellt sich je nach Problemstellung die Frage, ob nur die sichtbaren Teile (die Objektoberflächen) oder das vollständige Objektvolumen in ein geometrisches Modell überführt werden müssen. Für eine realistische Darstellung muss zudem ein geeignetes Beleuchtungs- und Reflexionsmodell herangezogen werden.

Bei vielen Anwendungen sollen Objekte dargestellt werden, die in der Realität (noch) gar nicht vorhanden sind. Das gilt sowohl für die Fantasiewelten in Computerspielen als auch z. B. für Prototypen von Flugzeugen oder Autos, die sich in der Entwicklung befinden. Im Flugzeug- und Fahrzeugbau ist es gängige Praxis, den Prototyp möglichst früh dem Kunden grafisch zu präsentieren. Aber auch bei der Teileproduktion im Maschinenbau werden entsprechende Modelle verwendet, z. B. für Turbinenschaufeln, Gehäuseteile u. v. m. Im Bauwesen werden neue Gebäude oder Brücken im richtigen Maßstab grafisch in ein gegebenes digitales Bild der Szene montiert, um den Stadt- und Landschaftsplanern Entscheidungshilfen zu geben.

Für diese Aufgaben müssen dem Entwickler geeignete Methoden zur Modellierung dreidimensionaler Objekte zur Verfügung stehen. Selbst wenn reale Objekte abgebildet werden sollen, ist dennoch ihre Modellierung häufig unvermeidbar. Bei existierenden Objekten kennt man zwar die wesentlichen Abmessungen, diese reichen aber bei Weitem nicht aus für eine Modellierung, die zu einer annähernd realistische Computergrafik führt.

In der Computergrafik werden grundsätzlich drei verschiedene Modelltypen unterschieden:

- *Drahtmodelle* beschreiben Objekte nur durch Flächenkanten, die Flächen selbst werden nicht dargestellt. Diese Einschränkung beschleunigt alle Berechnungen

H.-G. Schiele, *Computergrafik für Ingenieure*,   41
DOI 10.1007/978-3-642-23843-7_5, © Springer-Verlag Berlin Heidelberg 2012

erheblich, aber die Darstellungen sind allenfalls zur Kontrolle der Modelltopologie geeignet. Die Darstellung von Drahtmodellen ist quasi eine simple Teillösung und wird hier nicht weiter verfolgt.

- *Oberflächenmodelle* beschreiben Objekte durch Randflächen, die aus Knoten, gerade und gekrümmte Kanten, ebene und gekrümmte polygonale Flächen bestehen.
- *Volumenmodelle* beschreiben Objekte als Körper, indem sie das Volumen durch dreidimensionale geometrische Primitive wie Quader, Zylinder, Kugel usw. modellieren.

Die Generierung von Modellen ist ein eigenständiges Gebiet innerhalb der Computergrafik und nicht Bestandteil der Grafikprogrammierung. Einerseits lassen sich die Modelldaten aus CAD- oder FEM-Programmen ableiten (besonders einfach bei Drahtmodellen), andererseits sind am Markt unterschiedlich leistungsfähige Modellierungsprogramme verfügbar. Für die dort installierten Techniken und Verfahren wird nachfolgend eine Übersicht gegeben.

5.1 Oberflächenmodelle

Oberflächenmodelle beschreiben nur die sichtbaren Teile von 3D-Objekten und lassen das Innere unberücksichtigt. Die Art, wie die Oberfläche mit den Mitteln der Geometrie dargestellt wird, ist ein wesentliches Unterscheidungskriterium:

- Polygonbasierte Software setzt die Oberfläche aus mehreren Hunderten bis Tausenden mehr oder minder kleinen Drei- und Vierecken oder anderen Polygonen zusammen. Je glatter das Modell werden soll, desto mehr und desto kleinere Polygone sind erforderlich.
- Parametrische Oberflächen lassen sich zwar mathematisch elegant beschreiben, sind schnell zu berechnen und benötigen wenig Speicherplatz, sie sind aber nicht universell einsetzbar.
- Splinebasierte Software bildet die Oberfläche mithilfe gekrümmter Teilflächen ab. Dreidimensionale Splineflächen entsprechen den zweidimensionalen Kurven. Abhängig vom Verfahren (Hermite, Bézier oder Spline) ergeben sich abweichende Oberflächenformen. Den momentanen Schlusspunkt in dieser Entwicklung stellt NURBS dar; Non-Uniform Rational B-Splines.

Mit 3D-Scanner lassen sich Oberflächen extrem genau vermessen und daraus Modelldaten ableiten. Diese Rohdaten werden in der Regel automatisch – ggf. mit manueller Korrektur – in einfachere Oberflächenmodelle überführt.

5.1.1 Kurven und gekrümmte Flächen

Die eingangs schon erwähnte „Elektronische Straakung von Flugzeug-Systemma-ßen" war eine neue Herausforderung in der damals noch jungen Computerei. Dahinter verbarg sich nichts Geringeres, als einen harmonischen Verlauf der Außenkonturen von Rumpf und Flügel mit gegebenen Randbedingungen elektronisch zu berechnen. Hierzu ist zwingend ein Werkzeug nötig, mit dem man beliebige Kurven und gekrümmte Flächen beschreiben kann.

Wir begannen zunächst mit Polynomen zu experimentieren. Durchläuft die Kurve alle Stützstellen, handelt es sich um Interpolation. Werden die Stützstellen durch die Kurve jedoch nur angenähert, handelt es sich um Approximation. Bei $n + 1$ Wertepaaren x_i, y_i ($i = 0, 1, 2, \ldots, n$) ergibt sich ein Interpolationspolynom n-ten Grades mit dem Ansatz:

$$y(x) = a_0 + a_1 \cdot x + a_2 \cdot x^2 + \cdots + a_n \cdot x^n$$

Hierin sind die a_0, a_1, a_2, $\ldots$, a_n die $n + 1$ unbekannten Polynomkoeffizienten. Um diese zu ermitteln sind folglich $n+1$ Gleichungen erforderlich, die man für jedes Wertepaar anschreiben kann; in Matrix-Darstellung also:

$$
\begin{bmatrix}
1 & x_0 & x_0^2 & \cdots & x_0^n \\
1 & x_1 & x_1^2 & \cdots & x_1^n \\
\cdot & \cdot & \cdot & \cdots & \cdot \\
\cdot & \cdot & \cdot & \cdots & \cdot \\
\cdot & \cdot & \cdot & \cdots & \cdot \\
\cdot & \cdot & \cdot & \cdots & \cdot \\
1 & x_n & x_n^2 & \cdots & x_n^n
\end{bmatrix}
\cdot
\begin{Bmatrix}
a_0 \\ a_1 \\ \cdot \\ \cdot \\ \cdot \\ \cdot \\ a_n
\end{Bmatrix}
=
\begin{Bmatrix}
y_0 \\ y_1 \\ \cdot \\ \cdot \\ \cdot \\ \cdot \\ y_n
\end{Bmatrix}
$$

Die Ermittlung der unbekannten Polynomkoeffizienten {a} erfolgte entweder mit der Cramer'schen Regel oder gleich durch Inversion der Koeffizienten-Matrix. Beides erfordert eine Menge Rechenzeit und liefert höchst unbefriedigende Ergebnisse. Dies ist nicht verwunderlich, wenn man sich den Aufbau der Koeffizienten-Matrix etwas genauer anschaut: Wegen der hohen Potenzen treten schnell Rundungsfehler auf und außerdem neigen die Polynome zu Oszillationen zwischen den Stützstellen. Auch sind sie gegenüber geringfügigen Änderungen sehr empfindlich. Veränderung an einer Stützstelle ändert die ganze Kurve, was ihrer Verwendung nicht förderlich ist.

Etwa zeitgleich mit unseren Bemühungen wurde in der französischen Autoindustrie an dem gleichen Problem gearbeitet. Unabhängig voneinander entwickelten Pierre Bézier (Renault) und Paul de Casteljau (Citroën) die Theorie der *Bézier-Spline*, mit deren Hilfe wurde es leichter, Kurven und gekrümmte Flächen zu beschreiben. Herr Casteljau ist Namensgeber eines gleichnamigen Algorithmus. Abbildung 5.1 deutet die Möglichkeiten an, die sich mit der neuen Technik eröffnen.

Der Begriff Spline ist vergleichbar mit unserem „straaken". Damit wird die Arbeit auf dem Schnürboden bezeichnet, durch manuelles Verschieben biegsamer Leisten eine möglichst glatte Kurve für einen (z. B. Schiffs-)Körper zu finden.

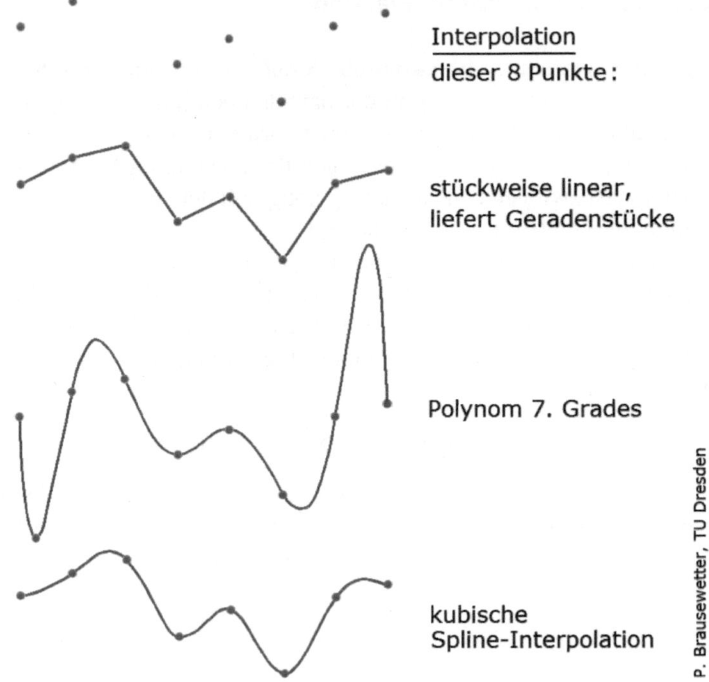

Abb. 5.1 Möglichkeiten der Interpolation

Wie schon erwähnt ist die detaillierte Beschreibung der Modellierungstechniken mit gekrümmten Kurven und Flächen an sich ein eigenständiges Gebiet innerhalb der Computergrafik. Hier wird deshalb nur ein Einblick in dieses Thema gegeben.

Polynome und Stetigkeiten

Bei n + 1 Stützstellen lassen sich n Polynome niedriger Ordnung für den Verlauf innerhalb der n Intervalle angeben. Kurven erster Ordnung (Geraden, siehe Skizze oben) ergeben lediglich den Linienzug. Dieser ist nur C0-stetig, da die einzelnen Linien an der jeweiligen Stützstelle gleiche x- und y-Werte haben.

Kurven zweiter Ordnung – Parabeln – kann man so wählen, dass sie an den Intervallgrenzen einmal stetig differenzierbar sind (C1-stetig). Dann stimmen sowohl die Orte als auch die Steigungen überein. Mit Parabeln lassen sich allerdings nur Kegelschnitte darstellen, was ihre Einsatzmöglichkeiten begrenzt.

Kurven dritter Ordnung – kubische Splines – mit stetigen ersten und zweiten Ableitungen (C2-stetig) an den Intervallgrenzen können zu einer Gesamtkurve mit weichen Übergängen an den Nahtstellen aneinandergefügt werden. Hier eine Zusammenfassung der funktionalen Stetigkeiten:

Tab. 5.1 Formen des Übergangs bei einer zusammengesetzten Kurve

Bedingung	Ergebnis des Übergangs
Endpunkt des einen Kurvenstücks fällt mit dem Startpunkt des zweiten zusammen	G0-stetig
Übergang ist G0-stetig, die beiden Kurvenstücke haben am Verbindungspunkt die gleiche Tangente	G1-stetig
Übergang ist G1-stetig, die beiden Kurvenstücke am Verbindungspunkt haben entweder beide die Krümmung Null oder gleiche Krümmung und gleiche Schmiege-Ebene	G2-stetig

- *Positionsstetigkeit (C0)* gilt, wenn die Endpunkte zweier Kurven oder Flächen zusammentreffen. Trotzdem können sie sich in einem Winkel berühren, der zu einer scharfen Kante oder Ecke an dieser Stelle führt.
- *Tangentiale Stetigkeit (C1)* erfordert parallele Endvektoren von Kurven oder Flächen und vermeidet so scharfe Kanten. Tangentiale Stetigkeit ist oftmals ausreichend, wenn die Beleuchtung derartiger Szenen einigermaßen gleichmäßig ist.
- *Krümmungsstetigkeit (C2)* ist gegeben bei parallelen Endvektoren von gleichem Betrag. Ein krümmungsstetiger Übergang zeigt keine optischen Störungen, sodass zwei verbundene Objekte als optisch perfekt und glatt wahrgenommen werden. Diese Stetigkeitsstufe ist sehr nützlich, wenn die zu realisierende kontinuierliche Oberfläche aus vielen bikubischen Flächenstücken besteht.

Daneben ist auch der Begriff der geometrischen Stetigkeit gegeben, der jedoch keine Funktionsparameter verwendet. Die geometrische Stetigkeit beschreibt bei einer zusammengesetzten Kurve, wie ein Kurvenstück ins nächste übergeht (Tab. 5.1).

Für praktische Belange sind geometrische Stetigkeiten ersten und zweiten Grads (G0 und G1) identisch mit Positions- und tangentialer Stetigkeit (C0 und C1). Geometrische Stetigkeit dritten Grades (G2) unterscheidet sich jedoch von Krümmungsstetigkeit, da die Parametrisierung in diesem Fall ebenfalls stetig ist.

Bézierkurven

Bézierkurven sind parametrische Kurven vom Grade **n**, die durch **n + 1** Kontrollpunkte definiert sind. Das Polygon, das alle Kontrollpunkte miteinander verbindet, wird als Kontrollpolygon bezeichnet. Eine Bézierkurve berührt tangential den ersten und letzten Kontrollpunkt, ansonsten approximiert sie an die restlichen Kontrollpunkte, d. h., alle dazwischen liegenden Kontrollpunkte ziehen die Kurve zu sich hin, ohne sie tatsächlich zu berühren (von Ausnahmefällen abgesehen). Dieser „Sog"-Effekt wird als proportional zum Abstand des Kontrollpunktes zur Kurve angenommen. Abbildung 5.2 zeigt drei Bézierkurven unterschiedlichen Grades **n**. [„Geometrische Modellierung"/Wiki]

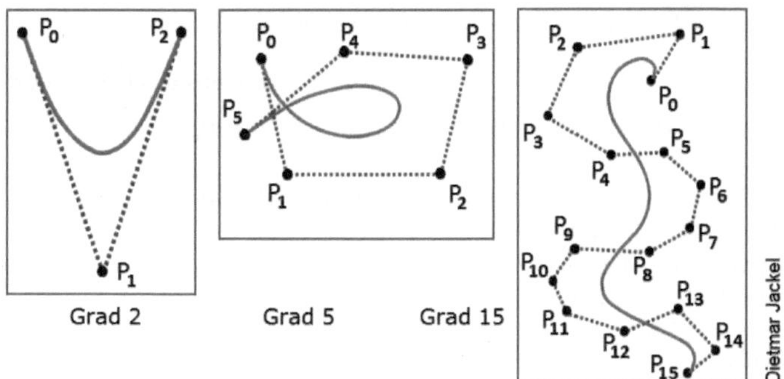

Abb. 5.2 Beispiele für Bézierkurven

Tab. 5.2 Bildungsgesetz für Bernsteinpolynome

$B_k^n(t)$	k=0	k=1	k=2	k=3	k=4
B_k^0	1				
B_k^1	1-t	t			
B_k^2	$(1-t)^2$	$2t(1-t)$	t^2		
B_k^3	$(1-t)^3$	$3t(1-t)^2$	$3(1-t)\,t^2$	t^3	
B_k^4	$(1-t)^4$	$4t(1-t)^3$	$6(1-t)^2t^2$	$4(1-t)t^3$	t^4

Der *De Casteljau-Algorithmus* zeichnet eine Bézierkurve, indem er diese durch einen Polygonzug annähert. Jeder Punkt der Bézierkurve liegt dabei in der konvexen Hülle ihrer Kontrollpunkte. Die Interpolation zwischen den Kontrollpunkten erfolgt mittels *Bernstein*polynomen.

Bézierkurven sind invariant unter affinen Abbildungen. Das bedeutet, dass eine affine Abbildung der Kontrollpunkte die gleiche Kurve ergibt wie eine affine Abbildung der Originalkurve. Lokale Änderungen an den Kontrollpunkten wirken sich zwar auf die gesamte Kurve aus, sind jedoch nur lokal von Bedeutung. Bei komplexen Formen wird eine größere Zahl von Kontrollpunkten benötigt. Mit jedem weiteren Punkt erhöht sich der Polynomgrad um 1.

VB.Net enthält einige Klassen, mit denen Bézierkurven erstellt werden können, wie z. B. `BezierSegment`, `PathGeometryPathFigure` und weitere.

Bernsteinpolynome

Bernsteinpolynome (Namensgeber ist Sergei Natanovich Bernstein) kommen aus der Approximationstheorie und bilden eine Familie reeller Polynome mit ganzzahligen Koeffizienten. Sie sind mathematische Grundlage zur Beschreibung von Bézierkurven. Bernsteinpolynome sind im Intervall $t = [0,1]$ definiert, ihr Bildungsgesetz zeigt Tab. 5.2 mit den Bernsteinpolynomen bis zum Grad $n = 0; 1; 2; 3; 4$ (s. a. Abb. 5.3). Die Konstanten bei den einzelnen Funktionswerten bilden sich gemäß dem Pascalschen Dreieck.

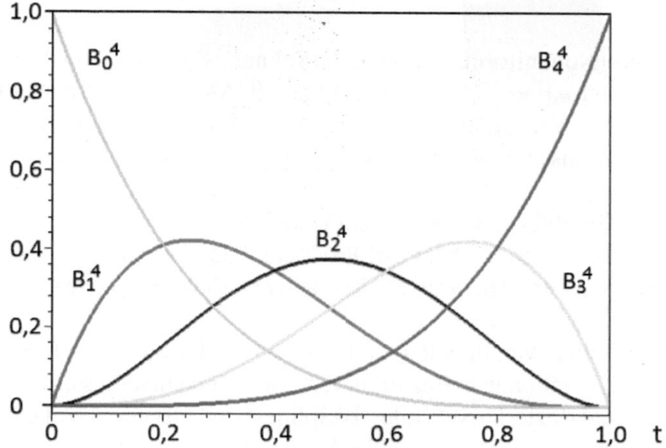

Abb. 5.3 Bernsteinpolynome vom Grad 4

Béziersplines

Béziersplines setzen sich aus einer größeren Anzahl von Bézierpunkten zusammen. Mit jedem zusätzlichen Punkt erhöht sich ihr Grad um 1. Um den Grad niedrig zu halten und ohne die Anzahl der Kontrollpunkte zu begrenzen, werden einzelne Bézierkurvenelemente aneinander gefügt. Benachbarte Splineelemente müssen dieselbe Ordnung haben und gewisse Anschlussbedingungen einhalten, um einen stetigen Übergang zu garantieren. Bei einer kollinearen Ausrichtung der Anschlusskanten der Kontrollpolygone ist ein C1-stetiger Übergang garantiert.

B-Splines

B-Splines sind den Bézierkurven sehr ähnlich, vermeiden jedoch deren Nachteile. Auch diese werden in Teilintervallen berechnet, nutzen aber nicht alle Kontrollpunkte für den gesamten Kurvenverlauf. Der Grad des Polynoms kann unabhängig von der Anzahl der Kontrollpunkte gewählt werden, sodass diese den Verlauf der Kurve nur in einem lokalen Bereich der gesamten Kurve bestimmen. Bei k Kontrollpunkten sind die einzelnen Polynome höchstens vom Grad k − 1 und bis zur (k − 2)-ten Ableitung stetig. In der Praxis werden meist kubische Polynome verwendet. Sind die Abstände t_j der Kontrollpunkte äquidistant, ist die Kurve *uniform, andernfalls nonuniform*. Dadurch können die einzelnen Kontrollpunkte unterschiedlich stark (nonuniform) auf den Kurvenverlauf einwirken. Auch bei B-Splines sind die Kontrollpunkte gewichtet wie bei den Bézierkurven. B-Splines liegen wie Bézierkurven immer innerhalb der konvexen Hülle, die durch die Kontrollpunkte gebildet wird.

NURBS-Kurven

NURBS-Kurven (Nonuniforme rationale B-Splines) sind im Bereich der computergestützten Konstruktion (CAD) und Fertigung (CAM) Teil zahlreicher Industriestandards, weil diese Verfahren in allen gängigen CAD-Systemen zur Beschreibung und zum Datenaustausch eingesetzt werden, beispielsweise bei:

- IGES (Initial Graphics Exchange Specification),
- STEP (Standard for the Exchange of Product model data) und
- PHIGS (Programmer's Hierarchical Interactive Graphics System).

NURBS-Kurven sind Verallgemeinerungen von nichtrationalen B-Splines und nichtrationalen und rationalen Bézierkurven. Der Umkehrschluss, dass NURBS-Kurven dann auch Bézierkurven oder B-Splines sind, ist nicht zulässig. Wegen seiner Überlegenheit wird NURBS in der Industrie mittlerweile fast ausschließlich eingesetzt, was der Vergleich mit den anderen Methoden belegt (Tab. 5.3).

Eine NURBS-Kurve C(u) ist definiert durch ihren Grad k, eine bestimmte Menge Kontrollpunkte P_i und einem Knotenvektor $\{u\}$. Der wesentliche Unterschied zu den anderen Splinearten ist die Gewichtung der Kontrollpunkte mit den Gewichten w_i. Durch diese werden NURBS-Kurven rational (nichtrationale B-Splines sind ein Spezialfall rationaler B-Splines; http://de.wikipedia.org/wiki/NURBS).

Eine NURBS-Kurve ist vollständig definiert über die Summe der mit rationalen B-Spline-Basisfunktionen $R_{i,p}$ gewichteten Kontrollpunkte P_i:

$$C(u) = \sum_{i=0}^{n} R_{i,p}(u)\, P_i$$

Die rationale B-Spline-Basisfunktion errechnet sich aus B-Spline-Basisfunktionen $N_{i,p}$ der Ordnung p des NURBS und den zu den Kontrollpunkten zugehörigen Gewichten w_i zu

$$R_{i,p}(u) = \frac{N_{i,p}(u)\, w_i}{\sum_{j=0}^{n} N_{j,p}(u)\, w_j}$$

Die Parameter $u \in [a,b]$ schalten die einzelnen Segmente der Splinekurve aktiv im Bereich der Länge r des Knotenvektors $\{u\}$.

$$\{u\} = \{\underbrace{a,...,a}_{p},\, u_{p+1},...,\, u_{r-p-1},\, \underbrace{b,...,b}_{p}\}$$

Die Elemente des Knotenvektors sind Parameter, die den Einfluss der Kontrollpunkte auf die NURBS-Kurve bestimmen. Die einzelnen Knotenwerte haben keine Aussage für sich selbst; lediglich die Verhältnisse der Differenzen zwischen den Knotenwerten sind von Bedeutung. Demzufolge ergeben z. B. die Knotenvektoren (0, 0, 1, 2, 3), (0, 0, 2, 4, 6), und (1, 1, 2, 3, 4) alle die gleiche Kurve. Die Anzahl der

Tab. 5.3 Vergleich zwischen NURBS und anderen Methoden

	Splines	Bézier	B-Splines	NURBS
konstanter Polynomgrad	*	–	*	*
lokaler Einfluss	–	–	*	*
effiziente Speicherung	*	*	*	*
Kreis möglich	–	–	–	*
invariant bzgl. Affine Abb.	*	*	*	*
invariant bzgl. Projektion	–	–	–	*

O. Vornberger

Knoten ist festgelegt durch die Anzahl der Kontrollpunkte plus dem Grad der Kurve plus eins. Beispielsweise hat eine Kurve dritten Grades mit vier Kontrollpunkten acht Knoten, nämlich $4 + 3 + 1 = 8$.

In der Praxis werden am häufigsten kubische Kurven verwendet. Kurven fünften oder sechsten Grades sind manchmal nützlich bei Ableitungen. Kurven höheren Grades aber werden in der Praxis nie genutzt, da sie zu numerischen Problemen neigen und ihre Berechnung unverhältnismäßig viel Rechenzeit erfordert.

NURBS-Flächen

NURBS-Flächen sind allgemein genug, um damit alle üblichen Kurven und Flächen beliebiger Formen zu beschreiben. Bei steigender Komplexität werden komplizierte Flächen durch mehrere aneinandergesetzte Patches modelliert. Die Darstellung der Geometrieinformation erfolgt dabei über stückweise funktional definierte Geometrieelemente.

Die Modellierung perfekt glatt aussehender Oberflächen erfordert NURBS-Flächen einer bestimmten Qualität, denn Fehler in den Oberflächen werden später durch Beleuchtung und Reflexion leicht sichtbar. Für die programminterne Repräsentation von Kurven und Flächen sind bei komplexer Modellierung deshalb drei Voraussetzungen zu erfüllen:

- der Grad der Kurve muss unabhängig sein von der Anzahl der Kontrollpunkte;
- Kontrollpunktverschiebungen haben auf die Geometrie nur lokale Auswirkungen;
- die Kurven und Flächen haben C2-Stetigkeit.

Abbildung 5.4 zeigt eine NURBS-Fläche (grün) vom Grad 4, definiert durch 36 Kontrollpunkte (rot) über einem zweidimensionalen Parametergebiet (unteres Gitter).

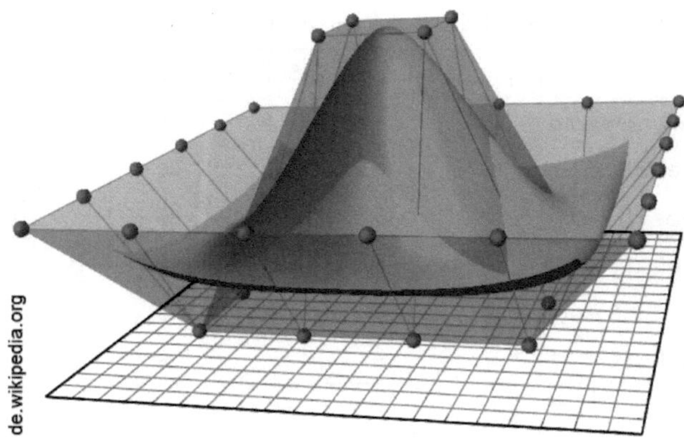

Abb. 5.4 NURBS-Fläche (*grün*) vom Grad 4

Während eine NURBS-Kurve ausschließlich in eine parametrische Richtung u aufgespannt ist, wird eine NURBS-Fläche durch zwei Parameter u, v aufgespannt:

$$S(u,v) = \sum_{i=0}^{n} \sum_{j=0}^{m} R_{i,j}(u,v)\, P_{i,j}$$

Sie ist definiert durch ein Kontrollgitter $P_{i,j}$ und die rationale Basisfunktion

$$R_{i,j}(u,v) = \frac{N_{i,p}(u)\, N_{j,q}(v)\, w_{i,j}}{\sum_{k=0}^{n} \sum_{l=0}^{m} N_{k,p}(u)\, N_{l,q}(v)\, w_{k,l}}$$

mit einer zweidimensionalen Gewichte-Matrix $w_{i,j}$. Die zweite Dimension der Fläche $S(u, v)$ mit dem Parameter v wird geschaltet durch den analog zu $\{\mathbf{u}\}$ aufgebauten Knotenvektor $\{\mathbf{v}\}$ mit der Ordnung q und der Länge s.

$$\{v\} = \{\underbrace{c,...,c}_{q},\ v_{q+1},...,\ v_{s\text{-}q\text{-}1}\,,\ \underbrace{d,...,d}_{q}\}$$

NURBS-Flächen werden in ganz unterschiedlichen Branchen verwendet (Abb. 5.5). NURBS-Kurven und -Flächen haben eine Reihe interessanter Eigenschaften:

- Sie sind invariant für projektive Transformationen.
- Sie bieten eine gemeinsame mathematische Darstellung für sowohl analytische Standardformen (z. B. Kegelschnitte) als auch Freiformflächen.
- Sie reduzieren den Speicheraufwand für geometrische Objekte (im Vergleich zu einfacheren Methoden).
- Sie können durch numerisch stabile und präzise Algorithmen verhältnismäßig schnell ausgewertet werden.

Abb. 5.5 Anwendungsmöglichkeiten für NURBS-Flächen

5.1.2 Freiformflächenmodellierung

Erzeugung rechnerinterner Modelle komplizierter (frei geformter) Flächen im drei-dimensionalen Raum. [Lexi]

In CAD und CAD/CAM wird zur Modellierung diffiziler Bauteile mit geschwungenen Oberflächen ein breites Spektrum mathematischer Verfahren eingesetzt, beispielsweise NURBS. Die so entwickelten Flächen haben alle eine analytische Basis und man müsste sie eigentlich als „analytische Flächen", besser gleich als „NURBS-Flächen" bezeichnen. Leider haben diese den Begriff *Freiformfläche* auch für sich vereinnahmt.

Eine *Freiformfläche* im Wortsinne kommt ohne die analytische Beschreibung ihrer Oberfläche aus. Solche Freiformflächen ergeben sich z. B. aus Triangulationen (oder Tesselierung) in der Geodäsie. Jeder Punkt ist in einer Ebene festgelegt, und zusätzlich ist noch seine Höhe (z. B. über NN) gegeben, d. h. ein Koordinaten-Tripel $P(x, y, z)$. Wenn x, y die Ebene aufspannt, stellen die z-Koordinaten die Höhe über diesem Punkt dar. Überdeckt man jeweils drei Punkte mit einem Dreieck, ergibt sich eine unregelmäßige Fläche, eine Freiformfläche. Die Aufteilung von Flächen in Dreiecke ist eine Kernaufgabe in der Computergrafik, da ein Dreieck durch seine drei Knoten eindeutig im Raum definiert ist.

Diese Visualisierung von Daten ist zwar nicht unser Thema, aber anhand der Freiformfläche und in Verbindung mit Bézierkurven lässt sich eine spezielle Aufgabenstellung erläutern (im Vorgriff auf andere Kapitel).

Im Abschn. 9.6.4 werden Verfahren zur „Schattierung" von Oberflächen beschrieben. Eine zentrale Rolle spielen dabei die Normalenvektoren der Facetten. Der Normalenvektor lässt sich aus der Ebenengleichung (Abschn. 11.3.5) leicht berechnen und ist jeweils gültig für die ganze Fläche der betreffenden Facette, d. h., für jede Facette gibt es nur eine Normale. Damit ist zugleich auch die Schattierung der Facette – also ihre Farbe – als konstant festgelegt. Dieser Umstand führt dazu, dass an den gemeinsamen Kanten zweier Facetten mehr oder weniger große, unerwünschte Farbunterschiede sichtbar sind, die sich infolge unterschiedlicher Richtungen beider Normalen ergeben.

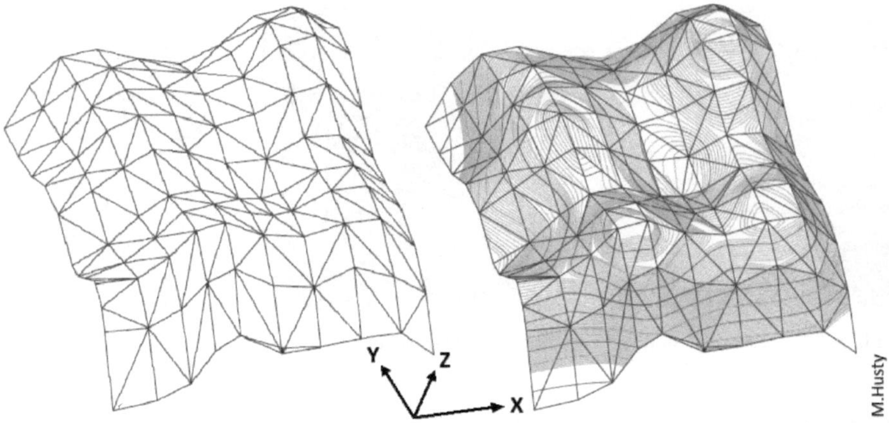

Abb. 5.6 Freiformfläche, *links* Triangulation eines Geländes. Mit den z-Koordinaten sind Höhen-
linien berechnet worden, die im *rechten* Bild dargestellt sind

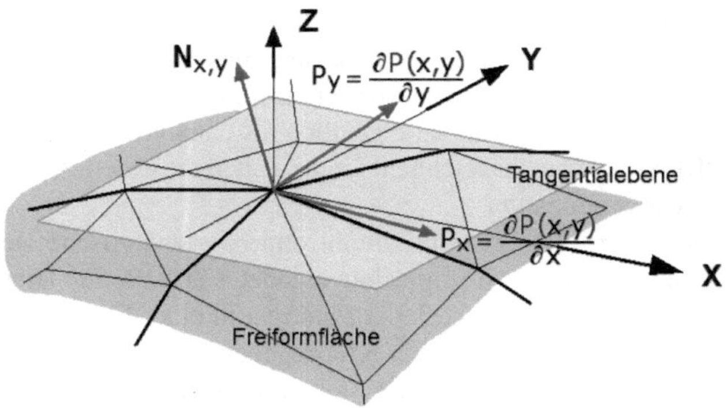

Abb. 5.7 Triangularisierte Freiformfläche

Entlang einer Kante treffen höchstens zwei Facetten zusammen, an ihren Knoten
können aber durchaus die Knoten mehrerer Facetten zusammentreffen. Für Interpolationen innerhalb der Facette (Abschn. 11.3.10) im Schattierungsprogramm ist es
zweckmäßig, für jeden Knoten einer Facette eine Normale vorzuhalten, die mit der
Flächen-Normalen nicht unbedingt identisch ist. Diese Normalen kann man einfach
als Mittelwerte der Flächen-Normalen aller angrenzenden Facetten bestimmen.

Bei triangularisierten Freiformflächen empfiehlt sich ein anderes Verfahren. Die
Normale an einem triangularisierten Knoten ist die Senkrechte auf der Tangentialebene an diesem Knoten. Zu ihrer Berechnung verwendet man Bézierkurven in zwei
orthogonalen Richtungen und ermittelt jeweils den Tangentenvektor in X- und Y-
Richtung; diese Situation ist in Abb. 5.7 dargestellt.

Verwendet man Bézierkurven mit vier Stützstellen (0-3), dann berechnen sich die beiden Tangentenvektoren zu

$$P_x = \frac{\partial P(x,y)}{\partial x} = \sum_{i=0}^{3} \sum_{j=0}^{3} B'_{i,3}(x) \cdot B_{j,3}(y) \cdot P_{i,j}$$

$$P_y = \frac{\partial P(x,y)}{\partial y} = \sum_{i=0}^{3} \sum_{j=0}^{3} B_{i,3}(x) \cdot B'_{j,3}(y) \cdot P_{i,j}$$

Der gesuchte Normalenvektor am Punkt (x, y) ergibt sich als Vektorprodukt zu $N = P_x \times P_y$. Sind die Normalenvektoren an den drei Knoten einer Facette in dieser Weise ermittelt, kann man für jeden Punkt innerhalb der Facette den dort gültigen Normalenvektor interpolieren, das Detail hierzu wird in Abschn. 11.3.10 beschrieben.

5.1.3 Boundary Representation (BR)

Boundary Representation (*b-rep* oder *brep*) ist eine Graphenstruktur, die begrenzende Oberflächenteile eines Körpers und ihre Lage zueinander topologisch beschreibt, es handelt sich also um ein indirektes Darstellungsschema. Im Gegensatz zu anderen Körpermodellen sind Flächen, Kanten und Punkte explizit im Modell vorhanden. In der BR werden Körper aus folgenden Elementen aufgebaut:

Schale (shell):	ist eine aus Einzelteilen (Facetten) zusammengesetzte, zusammenhängende Oberfläche;
Fläche (Facette):	ist begrenzt von einer oder mehreren Konturen;
Kontur (loop):	ist eine abgeschlossene orientierte Folge von Kanten;
Kante (edge):	ist ein orientiertes Geraden- (Kurven-) Stück;
Knoten (vertices):	begrenzen jeweils zu zweit eine Kante.

Zusätzlich zu diesen Daten sind topologische Informationen nötig, die die Verbindung der Elemente untereinander und mit den benachbarten shells beschreiben, also z. B.

- eine Knotenliste, welche die Koordinaten der Punkte enthält,
- eine Kantenliste, welche für jede Kante auf zwei Punkte referenziert, und
- eine Flächenliste, welche für jede Fläche eine geschlossene Kantenfolge besitzt.

Die Speicherung der Informationen geschieht mit einer Datenbank. Weitere Daten können hinzukommen z. B. für die Beleuchtungsrechnung usw. Der interaktive Aufbau derartiger Geometrien aus Punkten etc. für komplexe Körper ist extrem aufwendig, deshalb weicht man auf spezielle Konstruktionsmethoden aus, z. B. CSG.

5.2 Volumenmodelle

Volumenmodelle beschreiben 3D-Objekte durch die räumliche Komposition einzelner Teilvolumen, wobei sie den Vorteil besitzen, dass innenliegende Strukturen bei der Modellierung berücksichtigt werden. Hier sind im Wesentlichen die folgenden zu nennen:

- *CSG-Modelle* (CSG = constructive solid geometry) bestehen aus einfachen beschreibbaren Punktmengen, die mengentheoretisch zu Vereinigungs-, Durchschnitts- und Differenzmengen zusammengefasst werden. So können mit einem CSG-Modell unter Verwendung einfacher Körper komplexe dreidimensionale Körper im Raum beschrieben werden.
- *Verschiebegeometrie* generiert ihre Grundkörper zur Modellierung aus Flächen, die entlang einer Strecke verschoben werden.
- Die *Voxelmethode* repräsentiert das Objekt durch Anordnung von Würfeln in einem Raster. In Anlehnung an den 2D-Begriff Pixel (picture element) wird in 3D der Würfel als Voxel (volume element) bezeichnet.
- Mit dem *Dekompositionsmodell* werden die zu beschreibenden Körper aus vielen kleinen einfachen beschreibbaren Punktmengen zusammengesetzt. Diese „Element"-Punktmengen dürfen sich nicht durchdringen, d. h. sie sind entweder nicht miteinander verbunden oder sie haben einen gemeinsamen Rand.

5.2.1 Konstruktive Geometrie CSG

CSC engl. Abk. für Constructive Solid Ceometry, konstruktive Festkörpergeometrie. Bei der CSG-Modellierung werden Körper durch mengentheoretische Operationen aus Modellen einfacher Elementarkörper aufgebaut. [Lexi]

Zum Modellieren geometrischer Objekte kann man einfache Grundkörper verwenden und sie zu komplexeren Objekten zusammensetzen. Das Zusammensetzen dieser volumenorientierten Primitiven (Quader, Kugel, Kegel, Zylinder, Torus, ...) mithilfe logischer Operationen (AND, OR, NOT) wird als CSG-Modellierung bezeichnet. Für jeden Grundkörper ist ein eigenes lokales Koordinatensystem definiert, wie in Abb. 5.8 beim ersten Quader (links) angedeutet. Hinzu kommen seine spezifischen Abmessungen. Die Grundkörper mit ihren lokalen Koordinaten werden dann im globalen Koordinatensystem des 3D-Objekts positioniert und durch Boolsche Operationen miteinander verknüpft. Die Objekte selbst können wieder aus komplexen Grundobjekten zusammengesetzt sein.

Durch die Bildung von Schnittmengen lassen sich interessante Objektformen kreieren; auch solche mit Durchdringungen wie im ersten Schritt in Abb. 5.8.

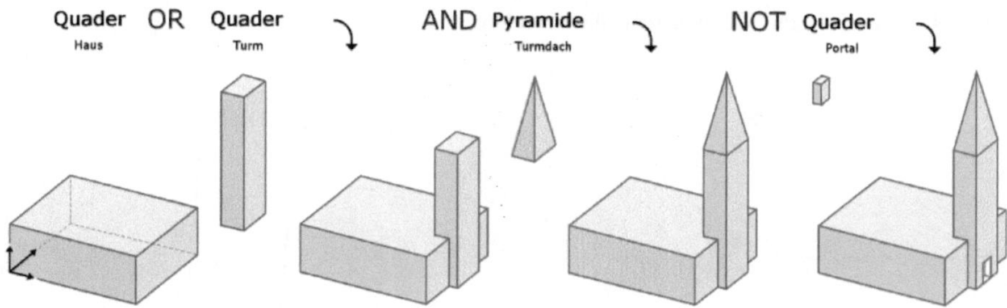

Abb. 5.8 CSG-Modellierung eines Gebäudes

5.2.2 Verschiebegeometrie

Bei der CSG-Modellierung sind bereits volumenorientierte Primitive (Quader, Kugel, Kegel, Zylinder) gegeben, mit denen man Modelle erzeugt. Bei der Verschiebegeometrie geht man noch einen Schritt weiter zurück und erzeugt die Grundkörper aus Flächen, die entlang einer Strecke verschoben werden. Verschiebt man z. B. einen Kreis entlang einer Strecke, so erhält man einen Zylinder. Rotiert der Kreis jedoch um eine Achse, dann erhält man einen Kreisring.

CSG-generierte Modelle lassen sich nicht ohne Weiteres visualisieren, weil im Grafikteil hauptsächlich Flächeninformationen für die Berechnungen erforderlich sind. Deshalb müssen CSG-Modelle vorher in ein Oberflächen- oder Voxelmodell überführt werden. Dabei geht das Innere des Modells vollständig und Informationen über den Zusammenhang teilweise verloren.

5.2.3 Voxelmethode

Als Vorlauf seien zwei Flächenberechnungen beschrieben, die uns der Voxelmethode näher bringen. Um die Fläche eines Grundstücks zu erfahren, gibt es mehrere Möglichkeiten:

- man informiert sich im Katasterauszug, das ist das Einfachste, oder
- man misst Seiten und berechnet, das ist das Genaueste, oder
- man legt die Fläche mit Quadraten aus und zählt, das ist das Abwegigste.

Trotzdem sei die zuletzt genannte Variante näher betrachtet (Abb. 5.9). Die Quadrate, mit denen wir die Fläche auslegen, seien je genau $1\,\text{m}^2$ groß. An den Rändern allerdings gibt es Probleme: Wenn sich keine ganzen Quadratmeter mehr einlegen lassen, greifen wir zum nächstkleineren Quadrat – sagen wir $10 \times 10\,\text{cm}^2 = 1\,\text{dm}^2$. Nachdem damit die Randbereiche ausgelegt sind verbleiben immer noch kleinere, unausgefüllte Bereiche, die mit dem nächstkleineren Quadrat $1\,\text{cm}^2$, dann mit

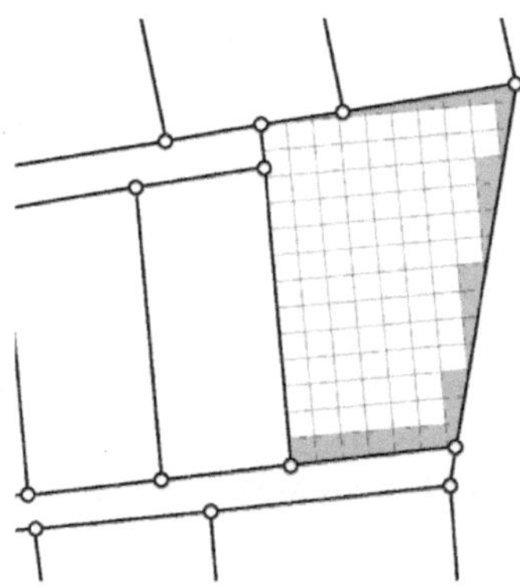

Abb. 5.9 Aufteilung einer Grundstücksfläche in Quadrate

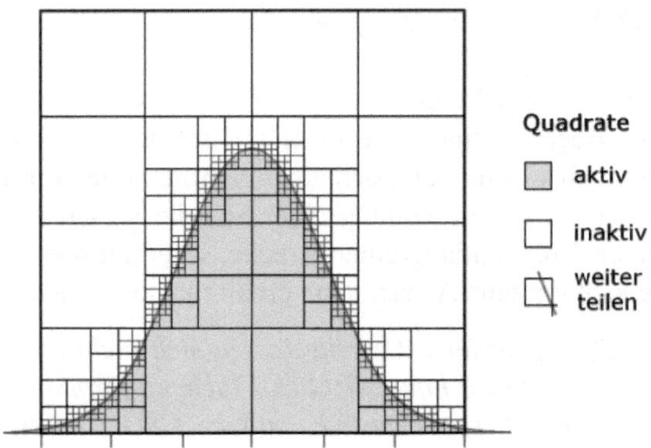

Abb. 5.10 Berechnung der Fläche einer Normalverteilung

1 mm^2 usw. ausgelegt werden. Auf diese Weise lässt sich die Fläche zwar nicht exakt, aber als Summe von Quadratmetern, -dezimetern, -zentimetern usw. beliebig genau ermitteln.

Diese Form einer Flächenberechnung hat eine Menge Unzulänglichkeiten, und so wird man sie sicher nicht auf den Computer bringen. Eine weitaus pfiffigere Variante ist die folgende, bei der die markierte Fläche einer Normalverteilung ermittelt wird (Abb. 5.10).

Man umschließt zu Beginn den betrachteten Kurvenbereich mit einem entsprechend großen Quadrat. Dieses Quadrat wird dann in beiden Richtungen halbiert, sodass sich vier gleichgroße neue Quadrate ergeben, wie in Abb. 5.10 dargestellt. Die neuen vier Quadrate werden nun wie folgt untersucht:

- liegt das Quadrat vollständig außerhalb des Rand-/Kurvenbereiches, wird es als inaktiv markiert und nicht weiter betrachtet;
- liegt es vollständig innerhalb des Kurvenbereiches, wird es als aktiv markiert und nicht weiter unterteilt;
- enthält das Quadrat einen Teil der Berandung, wird es wieder halbiert und die sich ergebenden vier neuen Quadrate wie oben weiter untersucht.

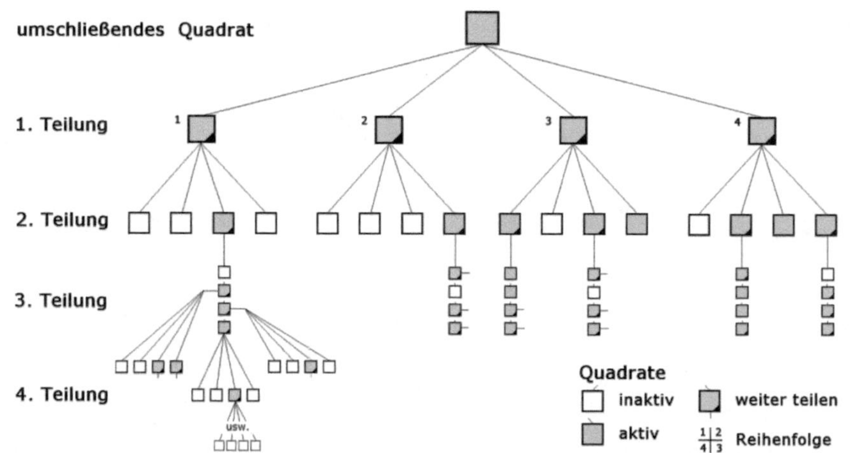

Abb. 5.11 QuadTree zur Veranschaulichung der rekursiven Teilung

Die weitere Teilung wird beendet, wenn das nächstkleinere Quadrat die vorgegebene Minimalgröße für Quadrate unterschreitet oder wenn die Fläche – als Summe
aller aktiven Quadrate – hinreichend genau ermittelt ist.

Die rekursive Teilung lässt sich als Baumstruktur darstellen und wird – in der
Ebene mit Quadraten – als ‚QuadTree' bezeichnet. Abbildung 5.11 veranschaulicht
dies für die ersten vier Teilungen obiger Kurve.

Für den dreidimensionalen Raum liegt es nahe, anstatt Quadrate Würfel zu verwenden. Die weitere Prozedur ist ganz analog zur Unterteilung einer zweidimensionalen Ebene in Quadrate. Im folgenden Beispiel umschließt zu Beginn ein entsprechend großer Würfel das ganze Objekt. Dieser Würfel wird dann in alle drei Richtungen halbiert, sodass sich acht gleichgroße Teilwürfel ergeben, wie in Abb. 5.12
dargestellt.

Alle acht Würfel werden nun wie folgt untersucht:

- liegt der Würfel vollständig außerhalb des Objektes, wird er als inaktiv markiert
  und nicht weiter betrachtet;
- liegt der Würfel vollständig innerhalb des Objektes, wird er als aktiv markiert
  und nicht weiter unterteilt;
- enthält der Würfel einen Teil der Berandung wird er wieder halbiert und die sich
  ergebenden acht Teilwürfel wie oben weiter untersucht.

Diese Unterteilung wird so lange fortgesetzt, bis die immer kleiner werdenden Teil-
würfel eine vorgegebene Minimalgröße unterschritten haben. Genau wie in der
Ebene führt das Verfahren zwangsläufig zu mehr oder weniger langen Teilungs-
ketten, bis die minimale Voxelgröße erreicht ist. Im Dreidimensionalen heißen die
Teilungsketten ‚OctTree' weil jetzt acht Würfel und nicht vier Quadrate entstehen.
Das ganze Objekt ist durch die Menge aller aktiven Voxel repräsentiert.

Abb. 5.12 Dreidimensionaler „Voxel"-Raum

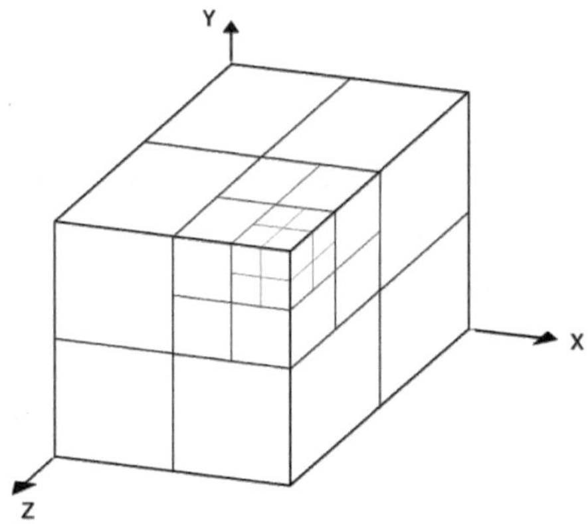

Eine einfachere Variante ist gegeben, wenn Voxel von einheitlicher Größe das Objekt in seinem Inneren derart füllen, bis diese an die äußere Hülle stoßen. Eine bekannte Anwendung kommt aus der Autoindustrie zur Vermessung des Kofferraumvolumens von PKWs. Man verwendet dazu eine konstante Würfelgröße von 10 cm Kantenlänge (1 Liter) und stapelt davon so viele als möglich in den Kofferraum, unausgefüllte Randbereiche bleiben unberücksichtigt. Im Autoprospekt oder im Testbericht liest sich das etwa als „Das Kofferraumvolumen beträgt 420 Liter" und was besagt, dass 420 1-Liter-Würfel im Kofferraum Platz finden.

Voxel einheitlicher Größe kommen auch zur Anwendung, wenn Daten direkt aus einem 3D-Scanner – beispielsweise einem Computertomografen – übernommen werden. Mit Röntgen-, Ultraschall- oder Tomografietechniken lassen sich zwar Informationen über unterschiedliche Gewebestrukturen gewinnen, aber es wird keine explizite Beschreibung der Oberfläche der Objekte geliefert. In diesen Fällen wird das Objekt daher häufig zuerst als dreidimensionale Punktmenge beschrieben, um daraus anschließend die Oberflächen des Objekts zu generieren. Anhand der Gewebedichte am jeweiligen Messpunkt kann man die Organe unterscheiden und zur Darstellung ausfiltern (Abb. 5.13); siehe auch Abschn. 10.2.6. Der erreichbare Detaillierungsgrad solcher Modelle ist abhängig vom Auflösungsvermögen der Hardware.

Die untere Grenze für die Größe darstellbarer Voxel auf dem Monitor ist identisch mit der Größe seiner Pixel. Der Speicher- und Rechenaufwand ist schon bei mittlerer Auflösung eines 17″-TFT-Monitors ganz erheblich: Angenommen das Bild hat – nach dem Rendern – eine Tiefe von 1000 Pixel, so sind bei einer Auflösung von 1280 × 1024 × 1000 ca. 1,3 Milliarden Pixel zu verarbeiten. Alle hierfür hinterlegten Datenfelder können nochmals bis um den Faktor 100 [Byte] größer werden.

Die hauptsächlichen Unterschiede beider Voxelmodelle sind:

- Bei Voxeln einheitlicher Größe gilt:
  – Deren Größe muss nur einmal gespeichert werden.
  – Das Datenvolumen ist sehr groß.

Abb. 5.13 MRT, Magnet-Resonanz-Tomografie

- Die Zusammenhangsbedingungen sind einfach: Jede Würfeloberfläche hängt höchstens mit *einer* anderen Würfeloberfläche zusammen.
- Die Unschärfe in den Randbereichen ist durch die Voxelgröße festgelegt.
- Bei Voxeln variabler Größe gilt:
  - Deren Größe muss zusätzlich gespeichert werden. Da es sich immer um Würfel handelt, genügt für seine Größenangabe die Anzahl von Unterteilungen die dieser bereits durchgemacht hat, also z. B. 2, 4 ... 16 Teilungen.
  - Das Datenvolumen ist geringer als bei Voxeln einheitlicher Größe.
  - Die Zusammenhangsbedingungen sind kompliziert, weil eine Würfeloberfläche mit vielen anderen Würfeloberflächen zusammenhängen kann.
  - Die Unschärfe in den Randbereichen ist mit variabler Voxelgröße leichter beherrschbar.

Zur realistischen Darstellung einer Szenerie sind Beleuchtungseffekte mit Reflexionen und Lichtverteilung erforderlich. Diese Effekte lassen sich mit Voxelmodellen nicht befriedigend lösen, weil die Würfeloberfläche stets in eine der Koordinatenrichtungen zeigt, also keine natürliche Oberflächenneigung gegeben ist. Diesen Nachteil kann man beheben, wenn man Voxelmodelle mit einer Freiformoberfläche überzieht – sofern die Anwendung das zulässt – und diese darstellt.

5.2.4 Dekompositionsmodell, Zerlegungsmodell

Beim Zerlegungsmodell wird nichts zerlegt, im Gegenteil: Ähnlich der CSG-Methode werden Grundkörper zu einem Volumenmodell zusammengesetzt, ohne dass diese sich überschneiden. Es gibt deshalb keine Schnittkörper oder abzuziehende Volumina wie bei der CSG-Methode. Die Grundkörper sind entweder nicht miteinander verbunden, oder sie haben eine gemeinsame Kante. Insofern ist die Bezeichnung Kompositionsmodell eher angebracht.

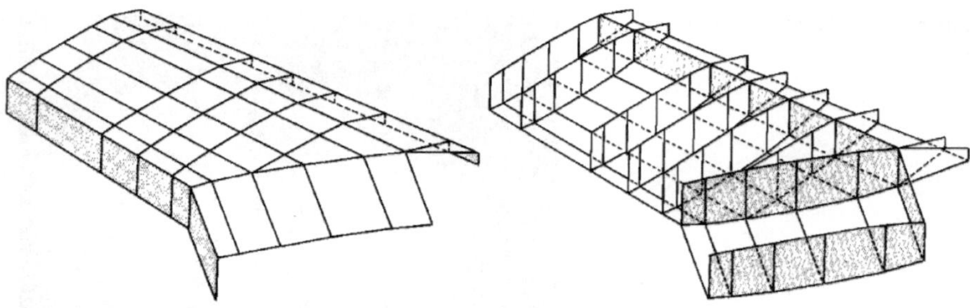

Abb. 5.14 Leitwerk eines Flugzeugs aus dünnen Blechfeldern

Abb. 5.15 Rohrverbindung aus Zylinder-
abschnitten

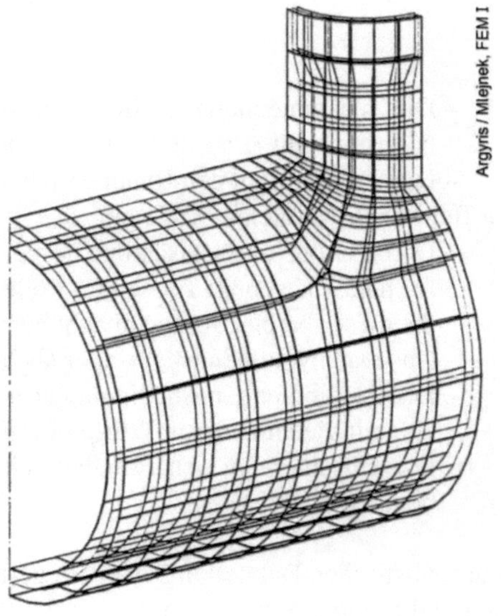

Ein bekannter Vertreter des Kompositionsmodells ist die Methode der Finiten
Elemente FEM, die zur rechnerunterstützten Analyse von Konstruktionen und Bauteilen eine breite Verwendung gefunden hat. Die FEM-Analyse erfordert die Zerlegung des zu untersuchenden Objektes in viele kleine zusammenhängende Elemente
geeigneter Form und physikalischer Eigenschaft. Damit ist die Modellierung des
Objektes bereits erledigt und das Grafikprogramm kann diesen Datensatz nutzen.

In Abb. 5.14–5.16 sind drei FEM-Beispiele aus ganz unterschiedlichen Fachgebieten dargestellt.

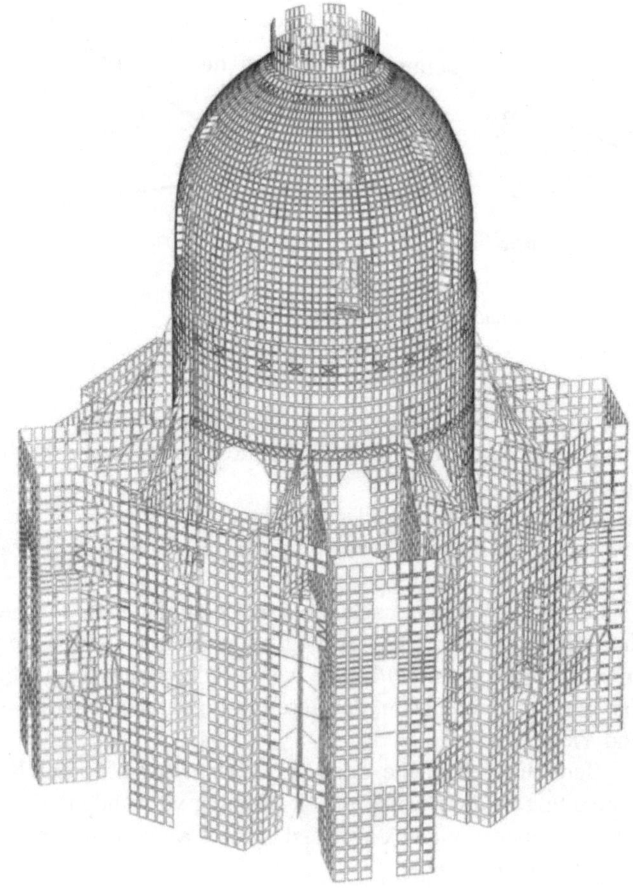

Abb. 5.16 Frauenkirche Dresden, Facettenmodell

5.3 Modellstrukturierung

Die oben beschriebenen Modellierungselemente müssen zunächst klar definiert werden, wobei diese Elemente eine hierarchische Struktur bilden:

Knoten Punkte eines Objektes, zwischen die Kanten und Facetten aufgespannt sind und so ein räumliches Objekt bilden. Die Knoten sind in einem (kartesischen) Koordinatensystem vermaßt.
Der Begriff ‚Punkt‘ hat zu viele Bedeutungen im Sprachgebrauch und wird hier nicht verwendet im Sinne von Ecke oder Eckpunkt.

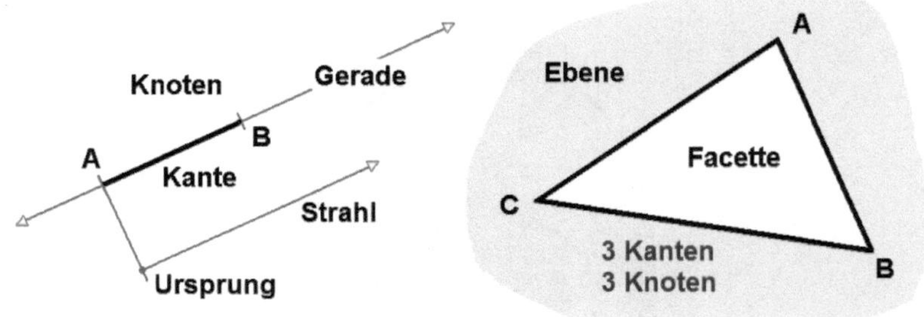

Abb. 5.17 Wesentliche Bestandteile der FEM

Gerade eine nicht gekrümmte, in beiden Richtungen unbegrenzte Kurve, die durch zwei nicht aufeinander liegende Knoten A und B eindeutig bestimmt ist.

Kante Abschnitt einer Geraden, der zwischen den Knoten A und B liegt. Kanten existieren nur zwischen 2 Knoten und bilden die Berandung von Facetten.

Ebene eine nicht gekrümmte, nach allen Seiten unbegrenzte Fläche, die durch drei nicht auf einer Geraden liegenden Knoten A, B, C eindeutig bestimmt ist (gekrümmte Flächen werden hier nicht verwendet).

Fläche der Bereich einer Ebene, der durch Polygone begrenzt ist, meist Drei- und Vierecke.

Facette der Bereich einer Fläche, der von 3 Kanten zwischen den Knoten A, B, C begrenzt ist. Wir werden auch Facetten verwenden, die ein unregelmäßiges, ebenes Viereck bilden, das von 4 Kanten zwischen den Knoten A, B, C, D begrenzt ist.

Objekt wird gebildet durch räumliches Zusammenfügen mehrerer Facetten.

Bei der FEM sind die Oberflächen (Facetten) der Elemente begrenzt durch Kanten, die Kanten selbst sind begrenzt durch Knoten an deren Anfang und Ende. Ihre für die Grafik wesentlichen Bestandteile zeigt Abb. 5.17.

Die Modellierung stellt außerdem Zusammenhangsbedingungen bereit wie z. B. zwischen:

- Kante und Knoten,
- Facette und Kante,
- Körper und Facette sowie
- Knoten und Facette.

Für (foto)-realistische Grafiken sind allerdings noch zusätzliche Daten erforderlich z. B. für

- die Oberflächenbeschaffenheit der Facetten,
- deren Lichtdurchlässigkeit,
- ihr Reflexionsverhalten u.v.m.

5.4 Grafikeinteilung

Die Grafikprogrammierung teilt man zweckmäßig nach ihrem rechentechnischen Aufwand in drei Kategorien ein. In der Reihenfolge dieser Aufzählung steigt der Aufwand exponentiell.

- kantenorientiert
- facettenorientiert
- bildpunkt-/pixelorientiert

Eine kleine Auswahl von Elementtypen der FEM hinsichtlich ihrer geometrischen Form sind:

1-dimensionale: Balken, Stäbe, Seile,
2-dimensionale: ebene Scheiben und Platten, gekrümmte Schalen,
3-dimensionale: Quader, Prismen, Tetraeder und daraus kombinierte Elemente.

5.4.1 Kantenorientierte Grafiken

Der bekannteste Vertreter dieser Klasse ist das **Drahtmodell** (wire frame model). Bei ihm handelt es sich um eine reine **Liniengrafik**. Es ist zugleich die einfachste Art, ein 3D-Modell graphisch darzustellen. Die Vereinfachung besteht darin, nur die Kanten des Modells darzustellen. Die zwischen den Kanten liegenden Facetten werden ignoriert, sodass man im gleichen Bild sowohl ‚vordere‘ als auch ‚hintere‘ Kanten sieht. Die Visualisierung als Drahtmodell – gelegentlich auch als *Glaskörperdarstellung* bezeichnet – lässt sich schneller durchführen als bei allen anderen 3D-Modellen, da die aufwendige Lösung der Verdeckung von Teilbereichen durch Facetten entfällt.

Ein gewisser Widerspruch steckt allerdings im Drahtmodell: Es modelliert einen Körper ohne Oberflächen. Eine anschauliche Darstellung ist kaum möglich, und allenfalls dem geübten Konstrukteur genügt diese Abbildung zur (partiellen) Kontrolle seiner Eingabedaten, wie z. B. Koordinatenfehler (Abb. 5.18).

Bei 3-dimensionalen Drahtmodellen können durchaus Konstruktionen entstehen, die keinen realen Körper darstellen, wie beispielsweise der „Kamm" in Abb. 5.19.

Selbst wenn ein solches Drahtmodell gültig ist, kann es immer noch mehrdeutig sein. Mehrdeutigkeit ist in der Praxis noch gefährlicher als Sinnlosigkeit, da

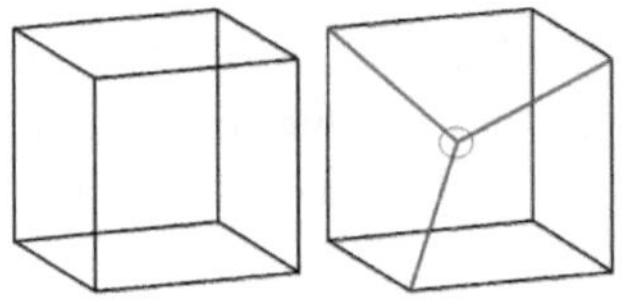

Abb. 5.18 Drahtmodell eines Würfels; *links* ohne, *rechts* mit Koordinatenfehler

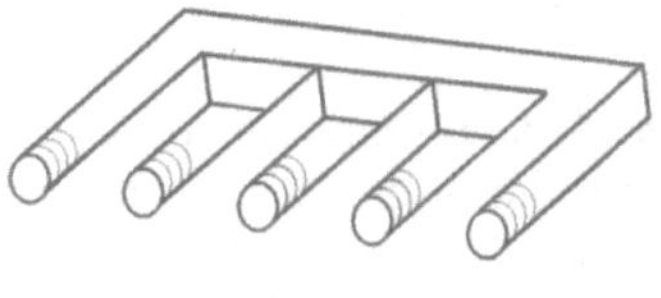

Abb. 5.19 3D-Drahtmodell eines nichtrealen Körpers

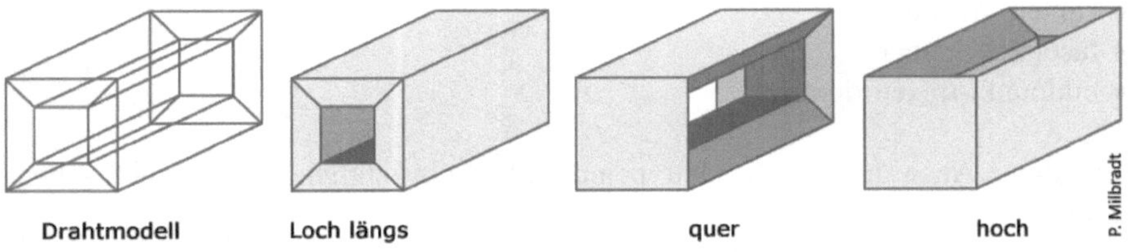

Drahtmodell   Loch längs   quer   hoch

Abb. 5.20 Mehrdeutigkeit beim 3D-Drahtmodell

sie meist nicht auf den ersten Blick erkennbar ist, wie das Beispiel eines Quaders in Abb. 5.20 zeigt. Aus dem Drahtmodell lassen sich drei Varianten für ein Loch ablesen: längs, quer oder hoch.

5.4.2 Facettenorientierte Grafiken

Beim Facettenmodell sind die Oberflächen aus ebenen Facetten mit ihren zugehörigen Kanten zusammengesetzt. Auf die Verwendung von gekrümmten Facetten, z. B. Zylinder-, Kegel- oder Kugeloberflächen, wird meist verzichtet. Die mathematischen Transformationen von Kanten und ebenen Facetten bezüglich der Projektionsebene sind recht einfach und sie gelten meist für die ganze betrachtete Facette. Bei gekrümmten Facetten kommen weitere aufwendige analytische Methoden hinzu und die Berechnungen müssen in der Regel für jedes Pixel der Facette durchgeführt werden. Dies würde den Aufwand zur Programmierung einmalig und die Laufzeit des Programms ständig erheblich erhöhen.

Man löst deshalb gekrümmte Flächen in viele ebene Polygone beliebig fein auf und bleibt bei der einfachen Mathematik. Diese Auflösung wird als Oberflächentesselierung bezeichnet. Dass anstatt ebener Polygone häufig nur Dreiecke verwendet werden, d. h., man führt zusätzlich noch eine Triangulation der Polygone durch, stellt keine Einschränkung dar. Vielmehr vereinfacht es den programmtechnischen Aufwand erheblich, denn die Schnittpunkte von Geraden mit ebenen Flächen lassen

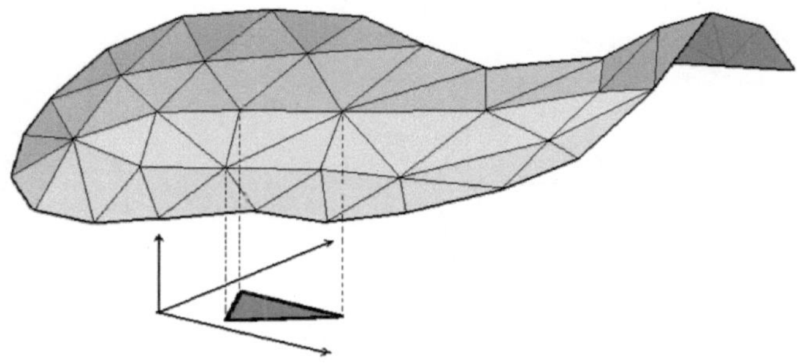

Abb. 5.21 Oberflächentesselierung

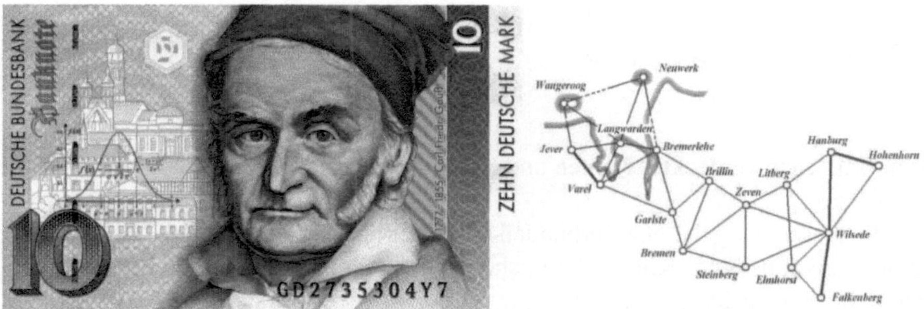

Abb. 5.22 Carl Friedrich Gauß, 1777–1855

sich einfach und schnell ermitteln. Besonders hilfreich ist diese Vorgehensweise, wenn Beleuchtungseffekte zu berücksichtigen sind (Abb. 5.21).

Die großräumige Zerlegung polygonal begrenzter Flächen in Dreiecke – die Triangulation – ist an sich ein alter Hut und keine Erfindung des Computerzeitalters. *J. F. Picard* (1620–1682) – französischer Astronom und Geodät – entwickelte Winkelmeßinstrumente und führte damit 1669/70 die ersten exakten Winkelmessungen aus. Aufbauend auf die Arbeiten von *Tycho Brahe* in Dänemark und des holländischen Mathematikers *Willebrord von Roijen Snell* verwendete Picard erstmals eine Triangulation zur Landvermessung; zunächst in der Umgebung von Paris, später großräumig entlang der französischen Atlantikküste. Erst 1816 wurde *C. F. Gauß* die präzise Vermessung des Königreichs Hannover übertragen. Sein früher allgegenwärtiges Denkmal auf der Vorderseite unseres alten 10-DM-Scheins ist nach der Euro-Einführung leider verschwunden. Die Rückseite zeigt einen Vermessungsausschnitt zwischen Hamburg und Bremen bis hinauf zur Nordseeküste mit der Insel Wangerooge.

Beim Facettenmodell kommt eine weitere Aufgabe hinzu: Es müssen die für die aktuelle Darstellung nicht sichtbaren Kanten und Facetten gefunden und aus dem weiteren Bearbeitungsprozess ausgeblendet werden. Diese rechnerische Aufgabe

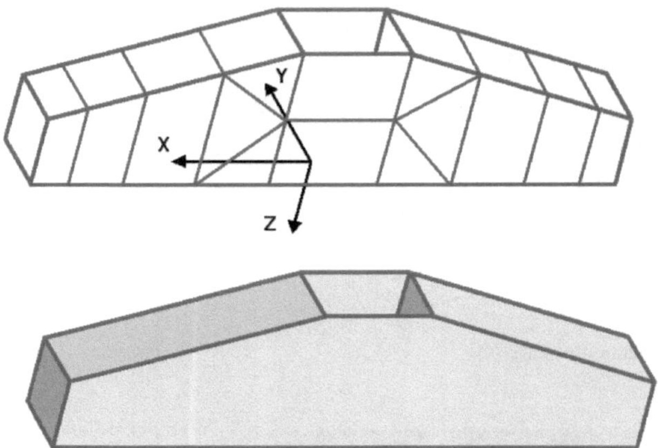

Abb. 5.23 Triangulation: Hohlkasten

zum Entfernen verdeckter Kanten und Flächen wird als ‚Hidden Surface Removal' bezeichnet.

Mit dieser Aufgabe eng verbunden ist das Problem, festzustellen, welche Seite des Polygons einer Körperoberfläche nach außen und welche ins Körperinnere zeigt. In einigen Modellierungsprogrammen wird die Orientierung dadurch festgelegt, dass man die Polygonecken in einer bestimmten Reihenfolge nummeriert und abarbeitet. Dieses Verfahren scheitert, wenn das Grafikprogramm den Datensatz einer FEM-Berechnung nutzen soll. Dort sind die Polygonecken nach anderen Kriterien nummeriert und man muss die Orientierung der Oberflächen anderweitig bestimmen.

Bei Facetten, die aus einer Triangulation hervorgehen, ist ferner zu beachten, dass die Verbindungskanten nicht sichtbar dargestellt werden dürfen. Überhaupt ist dieser Gesichtspunkt abhängig vom Verwendungszweck der Grafik. In Abb. 5.23 dargestellt ist ein Hohlkasten aus unterschiedlich dicken Stahlblechen, wie er im Kranbau hergestellt wird. Der Berechnungsingenieur erwartet eine Grafik (Abb. 5.23 oben), die ihm seine Dreieck- und Viereckelemente zeigt, der Auftraggeber wird sich eher für eine Ansicht gemäß Abb. 5.23 unten interessieren. Auch hier sind die „überflüssigen" Kanten unterdrückt und die Oberflächen farblich abgehoben. Beide Grafiken lassen sich aus dem gleichen FEM-Datensatz generieren, bei Verwendung geeigneter Steuerungsparameter.

Hieraus ergibt sich eine weitere Aufgabenstellung: Wann ist die gemeinsame Kante zweier Facetten sichtbar, wann nicht? Am Beispiel eines Zylinders wird das Problem noch deutlicher (Abb. 5.24).

Die einzig sichtbaren Kanten werden von den Deckeln mit dem Zylindermantel gebildet. Der Zylindermantel selbst hat über seinen Umfang im geometrischen Sinne keine Kanten, dies gilt auch für die Berührung mit einer Tangentialebene.

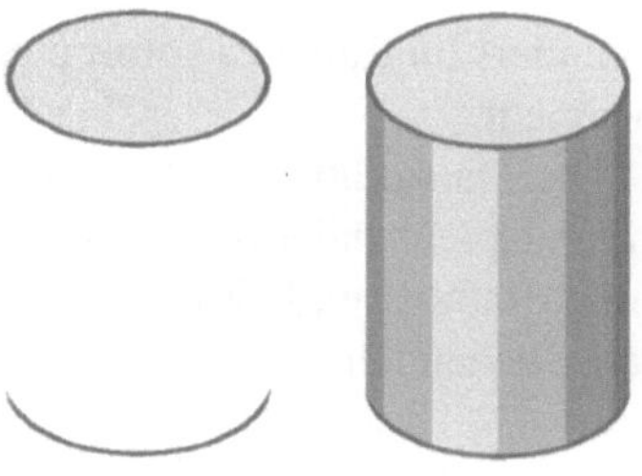

Abb. 5.24 Triangulation: Zylinder; *links* unsichtbarer Zylindermantel, *rechts* Modellierung des Zylindermantels mit Rechtecken

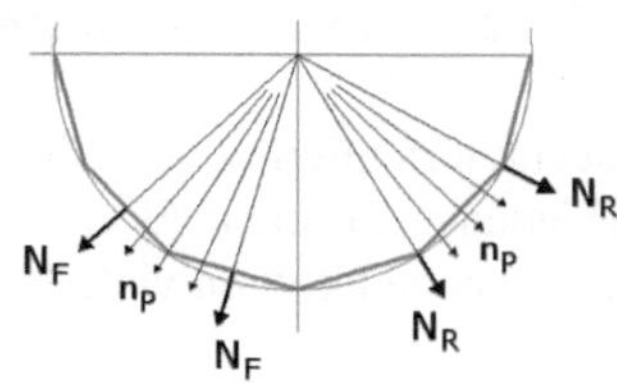

Abb. 5.25 Ermittlung des Normalenvektors über die Facetten (N_F) oder die Radien an den Kanten (N_R)

Die grafische Darstellung des Zylinders mit einfachen Mitteln führt dann zu dem unbefriedigenden Bild mit einem unsichtbaren Zylindermantel (Abb. 5.24 links).

Wird jedoch der Zylindermantel mit Rechtecken modelliert, so ergeben sich Kanten zwischen den Rechtecken. Je feiner die Unterteilung erfolgt, umso mehr Kanten sind vorhanden. Im nächsten Schritt wird mithilfe eines einfachen Beleuchtungsmodells jede einzelne Facette sichtbar. Ihre Farbintensität ist dabei abhängig vom Winkel zwischen dem jeweiligen Normalenvektor der Facette und der Beleuchtungsrichtung. Je feiner die Unterteilung ist, umso realer wird auch die Grafik (Abb. 5.24 rechts).

Im Beispiel kann man die Rechtecke, die den Zylindermantel bilden, mit den Hilfsmitteln des Grafikinterface in VB.net auch grafisch als Rechtecke zeichnen und deren Inneres mit Farbe füllen. Dabei überstreicht jedes Rechteck einen mehr oder weniger großen Bereich von Pixeln, die alle einheitlich eingefärbt werden. Leider ist dieses Verfahren für unsere Zwecke nicht ausreichend.

5.4.3   Pixelorientierte Grafiken

Auch pixelorientierte Grafiken basieren auf der Verarbeitung von Kanten und Facetten. Einhergehend mit höheren Ansprüchen an die Grafik steigt auch der numerische Aufwand. Der Normalenvektor N kann entweder über die Facetten ermittelt werden (N_F) oder über die Radien an den Kanten (N_R). In beiden Fällen interpoliert man den Normalenvektor für jede Senkrechte n_P (Abb. 5.25)

Wenn der Zylinder senkrecht – wie in Abb. 5.24 – abgebildet wird, könnte man auf dem Zylindermantel jedes Rechteck 1 Pixel breit machen, hierzu den Normalenvektor ermitteln und damit die Farbintensität festlegen. Bei allgemeiner Lage des

Zylinders im Raum ist sofort einsehbar, dass diese einfache Betrachtung nicht mehr ausreicht.

Die Darstellung wird erheblich verbessert durch eine Beleuchtungssimulation mit entsprechender Schattierung (Gouraud-Shading, Phong-Shading, Strahlverfolgung, Radiosity). Dieser Themenkreis wird im Teil ‚Beleuchtung & Schattierung' näher behandelt.

5.5　Zusammenfassung

Facettenorientierte Darstellungen sind variabler einsetzbar und existieren in verschiedenen Formen. Es hat sich gezeigt, dass die Annäherung von Oberflächen durch ebene Facetten viele Vorteile hat:

- Sie sind eben, sodass sich z. B. der Normalenvektor leicht berechnen lässt.
- Sie genügen einer linearen Ebenengleichung. Die Interpolation beliebiger Parameter, z. B. der Farbe über die ganze Facette, ist ebenfalls linear.
- Sie sind einfach zu transformieren.
- Eine Verdeckungsrechnung ist wesentlich einfacher auszuführen als beispielsweise bei parametrisierten Flächen, bei denen unter anderem zuerst die Konturen bestimmt werden müssen.
- Die Umformung in das Rasterbild ist einfach.

Neben diesen Vorteilen stehen folgende Nachteile:

- Für komplexe Bilder wird eine große Anzahl von Facetten benötigt.
- Es treten Ecken auf, wo Rundungen hingehören. Diesen Effekt kann man nur durch visuelles „Abrunden" oder mehr Facetten vermeiden.

Weiterführende Literatur

http://de.wikipedia.org/wiki/NURBS, letzter Zugriff 30.01.2012

James D. Foley, Andries van Dam, Steven K. Feiner, John F. Hughes: „Computer Graphics – Principles and Practice." 2nd ed. Addison Wesley 1996.

P. Milbradt: „Technische Visualisierung", Skript zur Vorlesung, PDF-Datei Uni Hannover

David Salomon: „Curves and Surfaces for Computer Graphics." 2006 Springer Science + Business Media Inc., ISBN 0-387-24196-5.

M. Husty: „Darstellende Geometrie, Technische Mathematik", Institut für Grundlagen der Bauing.-Wissenschaften, Uni Innsbruck, SS 2007

P. Brausewetter: „Proseminar Computergrafik", TU Dresden

Gumhold@GRIS.Uni-Tuebingen.de: „Flächen in der Computergrafik"

Arrays und Strukturen 6

Die Vielzahl von Daten, die in der Computergrafik zu bewegen sind, wird in Arrays und Strukturen gespeichert. Ihre Verarbeitung erfolgt in Programmsequenzen, die zumeist aus mehrfach geschachtelten Schleifen bestehen. Diese Programmiertechnik macht einerseits die Programme übersichtlich und hält die Menge von Programmcode in Grenzen. Andrerseits können wir erwarten, dass die meiste Rechenzeit genau in den Programmsequenzen verbraucht wird, in denen mit reichlich vielen `For`- und `Do`-Schleifen die Arrays und Strukturen – genaugenommen: die strukturierten Arrays – bearbeitet werden. Die Optimierung eines Programms beginnt daher bereits beim Entwurf dieser Arrays und Strukturen, um die Zugriffe auf die Daten so effektiv wie möglich zu organisieren.

Als Beispiel dient eine Matrix [A], die die Koordinaten von 5 Knoten enthält. Im linken Bildteil ist eine 3-spaltige Matrix dargestellt. Da in Microsofts „Visual-Studio" die Arrays ab Zeile/Spalte 0 gezählt werden, haben wir $z = 0\text{–}4$ Zeilen und $s = 0\text{–}2$ Spalten:

```
Dim A(4,2) As Single          ' X,Y,Z-Koordinaten
```

Mehrdimensionale Arrays können im Speicher des Rechners nicht 1 : 1 abgelegt werden, vielmehr wird das ganze Array als lineares Feld gespeichert, indem man einfach die Spalten hintereinander reiht (Abb. 6.1).

Als Programmierer kann man jedes Matrixelement $a_{i,k}$ unmittelbar ansprechen. Hierzu verwendet man – in diesem Falle – zwei `For`-Schleifen mit den Indizes **i** und **k**. Der Compiler, der das Programm in Maschinencode übersetzt, muss sicherstellen, dass das richtige Matrixelement aus dem linearen Speicher gelesen wird. Um in dem 1-dimensionalen Array z. B. das Matrixelement $a_{i,k}$ ($i = 3$, $k = 1$) anzusprechen, ist folgende interne Adressberechnung nötig:

$$\mathbf{ik} = \mathbf{5} \cdot k + i = 5 \cdot 1 + 3 = 8\,.$$

Das Element $a_{i,k}$ ist im 1-dimensionalen Array das 8. Element. (Auch im 1-dimensionalen Array wird ab 0 gezählt!)

H.-G. Schiele, *Computergrafik für Ingenieure*, 69
DOI 10.1007/978-3-642-23843-7_6, © Springer-Verlag Berlin Heidelberg 2012

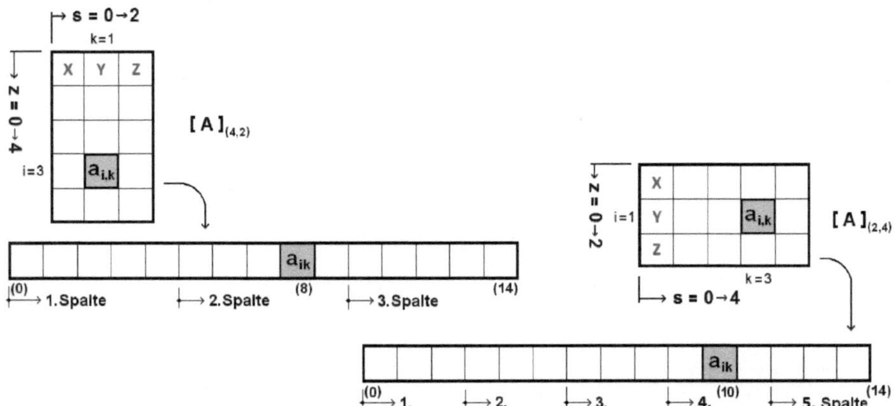

Abb. 6.1 Mehrdimensionale Arrays

Bei kritischer Betrachtung dieser Vorgehensweise fällt auf, dass

- die beiden Schleifenindizes **i** und **k** erst zur Laufzeit des Programms bekannt sind und folglich die Adresse **ik** des Elemente $a_{i,k}$ erst zur Laufzeit des Programms berechnet werden kann; das kostet unsere Zeit.
- die Reihenfolge der Schleifen sich auf die Rechenzeit auswirkt. Läuft `For i` ... innerhalb `For k` ..., dann ist der Ausdruck $k \cdot 5$ für alle **i** konstant und braucht für jedes **i** nur einmal berechnet zu werden. Läuft dagegen `For k` ... innerhalb `For i` ..., dann ist dieser Ausdruck für jedes Array-Element neu zu berechnen.
- das Array – die Matrix – [A] völlig neu organisiert werden muss, wenn die Knotenanzahl, also die Matrixzeilen, erhöht wird. Störend ist hier die von der Aufgabenstellung abhängige Konstante $5 = 4 + 1$ als feste Größe.

Nur geringfügig besser sind die Verhältnisse, wenn [A] in transponierter Form gespeichert wird (Abb. 6.1 rechts). Im 1-dimensionalen Array finden wir $a_{i,k}$ jetzt als 10. Element:

$$ik = 3 \cdot k + i = 3 \cdot 3 + 1 = 10 \, .$$

Bei dieser Deklaration bleibt die Zeilenzahl konstant und ist unabhängig von der Anzahl der Knoten. Bezüglich der Rechenzeit hat sich nichts verbessert, allenfalls die Programmierung mit Unterprogrammen wird übersichtlicher, weil man auf einen Übergabeparameter verzichten kann.

Die Matrix [A] war lediglich vorgesehen, um die globalen *XYZ*-Koordinaten der Knoten aufzunehmen. Das sind allerdings nicht die einzigen wichtigen Daten, die den Knoten zuzuordnen sind. Beispielsweise sind ferner wünschenswert (eine kleine Auswahl):

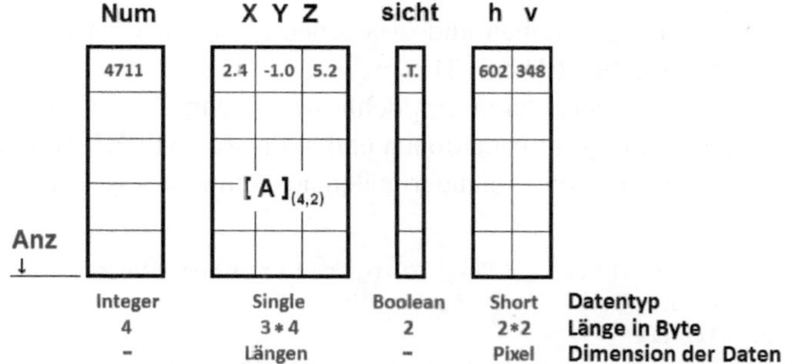

Abb. 6.2 Arrays in Grafik-Programmen

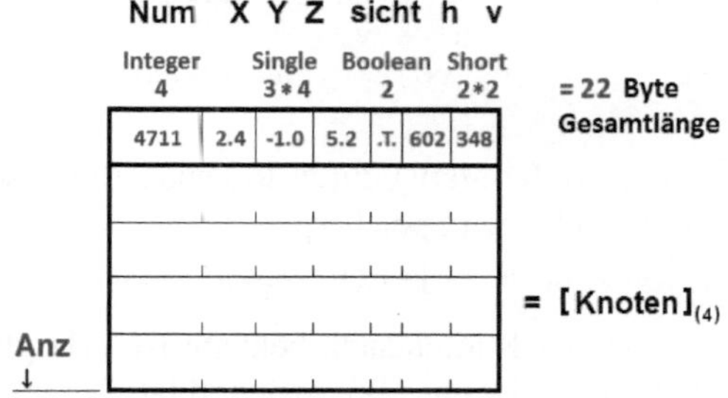

Abb. 6.3 Datenstruktur

- **Num**: eine beliebige Knoten-Nummer; Integer,
- **sicht**: ein Schalter, der angibt, ob der Knoten sichtbar ist; Boolean und
- **h, v**: die 2-dimensionalen Koordinaten auf der Projektionsebene. Short

In den Anfangsjahren der Programmierung waren hierfür jeweils separate Arrays anzugeben, etwa:

```
Dim Num(4) As Integer      ' Knoten-Nummer
Dim sicht(4) As Boolean    ' Sichtbarkeits-Schalter
Dim hv(4,1) As Short       ' h-v-Projektions-Koordinaten
```

In der Zusammenstellung ergibt das 4 Arrays mit unterschiedlichen Datentypen und jedes mit „Anz" Zeilen. Adressberechnungen sind nun schon für 4 Arrays mit mehr oder weniger großem Aufwand erforderlich (Abb. 6.2).

Eigentlich muss sich der Programmierer um dieses Thema gar nicht kümmern, das erledigt die verwendete Programmiersprache zuverlässig selbst. Trotzdem sollte man die Daten so organisieren, dass ihre Handhabung nicht mehr Zeit als unbedingt nötig beansprucht. Diese Überlegungen nimmt uns leider keine Programmiersprache ab. (Variablen vom Datentyp **Boolean**, die nur Werte **True** oder **False** annehmen können, werden als 16-Bit-Zahlen in 2 Bytes gespeichert.)

In den 1970er-Jahren wurde die Deklaration von Arrays durch „Strukturen" wie folgt entscheidend verbessert: Alle 4 Arrays – also alle zusammengehörigen Da-

ten – werden zusammengeschoben und dieses neue Gebilde wird zeilenweise als
„Datenstruktur" beschrieben (Abb. 6.3).

Die Verwendung von Strukturen empfiehlt sich, wenn eine einzelne Variable
mehrere zusammengehörige Informationen enthalten soll. Mit VB.Net-Code sieht
die Deklaration dieser Struktur folgendermaßen aus, ein Array ist damit allerdings
noch nicht festgelegt:

```
Public Structure Node      ' beliebiger Struktur-Name
   Dim Num As Integer      ' Knoten-Nr
   Dim X As Single         '         X-
   Dim Y As Single         ' globale Y-Koordinaten
   Dim Z As Single         '         Z-
   Dim sicht As Boolean    ' =T wenn sichtbar, sonst =F
   Dim h As Short          ' h- & v-
   Dim v As Short          ' Projektions-Koordinaten für Bild
End Structure
```

Im Programm wird das Array **Knoten**() durch folgende Anweisung zwar initialisiert, belegt aber immer noch keinen Speicherplatz:

```
Public Knoten() As Node ' Initialisieren "Knoten"-Arrays
```

Erst wenn die Anzahl `Anz` der Knotendaten bekannt ist, erfolgt mit der `ReDim`-
Anweisung die physikalische Belegung von Speicherplatz:

```
Anz = 4
ReDim Knoten(Anz)          ' festlegen aktuelle Größe
```

Knoten() ist nun ein 1-dimensionales Array mit 5 Elementen (0–4) und jedes seiner
Elemente ist 22 Byte lang. Die Elemente selbst sind wieder aneinandergereiht und
sequenziell gespeichert.

Kommen wir wieder zurück zur Adressberechnung. Um die Daten des i-ten
Knotens in dem 1-dimensional gespeicherten Array zu bekommen, findet man,
d. h. der Programmcode berechnet, den Anfang des i-ten Elements als Vielfaches
von 22 Byte, also bei Byte **kAnf** $= 0, = 22, = 44$, usw. Nur diese einfache
Adresse **kAnf** $= i \cdot 22$ muss zur Laufzeit des Programms berechnet werden. Die
weiteren Daten des i-ten Elements kann bereits der Compiler während der Pro-
grammübersetzung an die Startadresse **kAnf** des Elements binden, z. B. für $i = 3$
ist **kAnf** $= 3 \cdot 22 = 66$:

```
Knoten(3).Num     = kAnf + 0
         .X       = kAnf + 4
         .Y       = kAnf + 8
         .Z       = kAnf + 12
         .sicht   = kAnf + 16
         .h       = kAnf + 18
         .v       = kAnf + 20
```

In diesen Ausdrücken ist keine Multiplikation mehr enthalten und entsprechend
schneller werden die Daten bereitgestellt. Bei entsprechend großen Grafiken sind
solche Adressberechnungen vom Programm viele Millionen Mal durchzuführen.
Hinsichtlich der Rechenzeit lohnt es sich deshalb immer, zuerst eine ausgefeilte
Datenstruktur zu erstellen.

6.1 Visual Basic .NET

Es ist nicht beabsichtigt, die Dokumentation von Visual Basic .NET – kurz VB.Net – im Detail wiederzugeben. Sowohl in der Visual-Studio-Dokumentation als auch in vielen Fachbüchern findet man erschöpfende Informationen. Hier geht es lediglich um das Nötigste zu „Arrays und Strukturen".

6.1.1 Arrays

Ein Array ist eine einzelne Variable mit vielen Elementen, in denen Werte gespeichert werden können, während eine Skalarvariable nur ein einzelnes Element ist, in dem nur ein Wert gespeichert werden kann. Auf die Elemente eines Arrays wird über *Indizes* zugegriffen, die eins-zu-eins der Reihenfolge der Elemente im Array entsprechen.

In VB.NET beginnt die Nummerierung des Arrayindex immer mit 0, im Gegensatz zu älteren Versionen von Visual Basic.

Die Elemente eines Arrays werden beim Erstellen einer Arrayinstanz erstellt und mit der Zerstörung der Arrayinstanz gelöscht. Jedes Element eines Arrays wird mit dem Standardwert seines Typs initialisiert. Ein Array kann aus beliebigen grundlegenden Datentypen deklariert werden, die einer Struktur oder einer Objektklasse angehören.

Arrays können über eine oder mehrere Dimensionen verfügen. Jede Dimension eines Arrays hat eine Länge ungleich 0. Hat ein Array einen Index, wird es als eindimensionales, mit mehr als einem Index als multidimensionales Array bezeichnet. Der folgende Code zeigt drei Array-Deklarationen mit verschiedenen Elementtypen, jedoch noch ohne Größenzuweisung:

```
Dim Ganz4() As Integer     ' 1-dim. Array vom Type Integer
Dim Ganz2(,) As Short      ' 2-dim. Array vom Type Short
Dim Gleit8(,,) As Double   ' 3-dim. Array vom Type Double
```

Für „Dimension" wird in VB.Net gelegentlich auch der Begriff „Rang" gebraucht. Wir werden diesen Begriff nicht verwenden, weil er bereits durch die Matrizenmathematik mit einer anderen Bedeutung belegt ist.

Die Länge der einzelnen Dimensionen eines Arrays ist auf den Maximalwert eines *Long*-Datentyps begrenzt, der $(2^{64}) - 1$ beträgt. Die Gesamtgrößenbegrenzung für ein Array variiert in Abhängigkeit vom Betriebssystem und dem verfügbaren Speicherplatz. Ein Array, das den Umfang des verfügbaren RAM des Systems überschreitet, verlangsamt den Prozess, da Daten auf einem Datenträger zwischengespeichert werden müssen.

Als „Ordnung" wird die Obergrenze einer Dimension bezeichnet. Sie legt den gültigen Bereich von Indizes für diese Dimension fest. Ist z. B. die Obergrenze **n**, dann sind Indizes von 0 bis **n** − 1 gültig. Wenn eine der Dimensionen eines Arrays die Länge 0 hat, ist das Array leer. Da VB.Net einem Array-Element entsprechend seiner Ordnung normalerweise Speicherplatz erst zur Laufzeit zuweist (mit *ReDim*), sollten man vermeiden, feste Arraydimensionen zu früh zu deklarieren, und niemals größer als unbedingt erforderlich.

```
ReDim Ganz4(99)         ' 1-dim. Array mit 100 Elementen
```

Wenn für eine der Dimensionen −1 angeben wird, enthält das Array keine Elemente. Mit einer `ReDim`-Anweisung kann man ein Array, das bereits formal deklariert wurde, von leer auf nichtleer umstellen und umgekehrt. Obwohl die Größe eines Arrays mit *ReDim* geändert werden kann, ist die Anzahl seiner Dimensionen und auch sein Datentyp unveränderlich. Im folgenden Beispiel wird ein dreidimensionales Array deklariert.

```
Dim Point( , , ) As Double
```

Durch die `ReDim`-Anweisung kann zwar die Größe jeder Dimension festgelegt oder geändert werden, das Array behält jedoch die ursprüngliche Dimension, hier also 3-dimensional.

`ReDim` gibt das alte Array frei und initialisiert ein neues mit derselben Deklaration. Bei Verwendung des **Preserve**-Schlüsselworts kopiert VB.Net die Elemente aus dem bestehenden in das neue Array. Mit `Preserve` kann nur die Größe der *letzten* Dimension geändert werden. Für alle anderen Dimensionen muss die neue Größe der Größe des alten Arrays entsprechen. Wenn das Array z. B. nur eine Dimension hat, lässt sich die Größe dieser Dimension ändern und bei Verwendung von `Preserve` bleibt sein Inhalt dennoch erhalten.

Mit diesen Hinweisen wird klar, dass `ReDim` keinesfalls innerhalb von Schleifen verwendet werden darf. Im folgenden Beispiel wird das oben schon verwendete Array `Knoten()` mit Daten aus einer Datei gefüllt werden. Da die genaue Anzahl nicht bekannt ist, wird das Array nach jedem gelesenen Datensatz mit `ReDim` vergrößert. Das aber führt zum permanenten Umspeichern des ganzen Arrays und muss unter allen Umständen vermieden werden.

```
Private Sub zuReDim()
   Dim TextLine As String
   Dim Anzahl, neuNum As Integer
   Dim neuX, neuY, neuZ As Single
   FileOpen(12, "Daten.txt", OpenMode.Input)    ' Open Datei
   Anzahl = -1
   Do Until EOF(12)                        ' wiederholen bis EOF
     TextLine = LineInput(12)              ' 1 Datensatz lesen
     ' Werte aus TextLine auslesen: neuNum, X, Y, Z
     ' dann Knoten() ergänzen
     Anzahl = Anzahl + 1
     ReDim Preserve Knoten(Anzahl)
     With Knoten(Anzahl)
       .Num = neuNum          ' diverse Daten in Knoten-Array
       .x = neuX
       .y = neuY
       .z = neuZ
     End With
```

```
     Loop
     FileClose(12)                                      ' Close Datei
   End Sub
```

Solchen unsinnigen Programmcode vermeidet man, indem in einem ersten Durchlauf nur die aktuelle Anzahl von Datensätzen auf einem Datenträger festgestellt wird, dann mit *ReDim* ein in der Größe passendes Array maßgeschneidert wird und in einem zweiten Durchlauf die Daten vom Datenträger in das Array umgesetzt werden.

Mit geschachtelten Schleifen können mehrdimensionale Arrays effektiv bearbeitet werden. Die folgenden Anweisungen initialisieren beispielsweise jedes Element der *MatrixA* mit Werten zwischen 0 und 99.

```
Dim I, J As Integer
Dim MaxDimZ, MaxDimS As Integer      ' größte Indice MatrixA
Dim MatrixA(9, 9) As Short
MaxDimZ = MatrixA.GetUpperBound(0) ' max. Zeilen
MaxDimS = MatrixA.GetUpperBound(1) ' max. Spalten
For I = 0 To MaxDimZ
   For J = 0 To MaxDimS
      MatrixA(I, J) = (I * 10) + J
   Next J
Next I
```

Zur Handhabung von Array stehen viele Hilfsfunktionen zur Verfügung, von denen hier nur einige vorgestellt werden. Die `Rank`-Eigenschaft gibt den Rang – also die Dimension – zurück und die *Sort*-Methode sortiert Elemente nach bestimmten Kriterien. Die Länge – die Ordnung – der einzelnen Dimensionen wird durch die `GetLength`-Methode zurückgegeben. Der niedrigste Indexwert für eine Dimension beträgt immer 0, während der höchste durch die `GetUpperBound`-Methode zurückgegeben wird. Die Gesamtgröße eines Arrays kann man seiner `Length`-Eigenschaft entnehmen. Dies ist die Gesamtzahl der Elemente, die derzeit im Array enthalten sind, nicht die Anzahl der im Speicher beanspruchten Byte. Im vorherigen Beispiel würde `MatrixA.Length` den Wert 100 zurückgeben.

6.1.2   Strukturen

Es können Datenelemente verschiedener Typen kombiniert werden, um eine *Struktur* zu erstellen. Hierzu werden ein oder mehrere *Member* einander und der Struktur selbst zugeordnet, wobei ein *Member* auch eine andere Struktur sein kann. Dadurch entsteht ein zusammengesetzter Datentyp, mit dem eigene Variablen mit diesem Datentyp deklariert werden können. Zusätzlich zu Feldern können Strukturen auch Eigenschaften, Methoden und Ereignisse offenlegen.

Tabelle 6.1 zeigt die für unsere Arbeit nützlichen Datentypen; einige weitere sind weggelassen.

Tab. 6.1 Standard-Datentypen

Datentyp	Verwendung	CLR-Typ-Struktur System	Nominale Speicher-zuordnung	Wertebereich
Boolean	Logischer Schalter	.Boolean	2 Bytes	True |false
Byte	Positive ganze Zahl	.Byte	1 Bytes	0 bis $+2^8-1$
Short	Kurze ganze Zahl	.Int16	2 Bytes	-2^{15} bis $+2^{15}-1$
Integer	Ganze Zahl	.Int32	4 Bytes	-2^{31} bis $+2^{31}-1$
Long	Lange ganze Zahl	.Int64	8 Bytes	-2^{63} bis $+2^{63}-1$
Single	Gleitkommawert einfache Mantissenlänge	.Single	4 Bytes	$-3.4E+38$ bis $-1.4E-45$ $+1.4E-45$ bis $+3.4E+38$
Double	Gleitkommawert doppelte Mantissenlänge	.Double	8 Bytes	$-1.7E+308$ bis $-4.9E-324$ $+4.9E-324$ bis $+1.7E+308$
String	Variable Länge	.String	Abhängig von Implementierungsplattform	0 bis ca. 2 Mrd. Unicode-Zeichen
Benutzer-definierter Datentyp	Struktur		Abhängig von Implementierungsplattform	Abhängig vom Wertebereich seiner Member

In der eingangs deklarierten Struktur „Node" wurden nur Datentypen mit konstanter Größe für die einzelnen Variablen – aber keine Arrays – verwendet: Boolean, Integer, Single und Short. Das hat den unbestreitbaren Vorteil, dass jedes Array-Element von **Knoten**() stets die konstante Länge von 22 Byte hat. Diese Konstellation ermöglicht die schnellste interne Adressberechnung.

Deutlich aufwendiger ist die Verwendung von Arrays in Strukturen. Hierzu gehört auch der simple Datentyp String.

```
Dim Text As String
Text = "ein kurzer Text"
Text = "dieser Text ist viel länger"
```

Die Länge von **Text** wird erst zur Laufzeit festgelegt aufgrund der Länge der Zuweisung und insofern verhält sich der String Text wie ein Array (ohne ReDim zu verwenden). Dies muss uns solange nicht bekümmern, solange Text eine ganz normale Variable irgendwo im Programm ist. Werden allerdings Strings und Arrays in Strukturen eingebaut, dann ist die interne, einfache Adressberechnung erheblich aufwendiger.

Eingangs haben wir eine einfache Struktur für die Knotendaten in einem Grafikprogramm beschrieben. Als nächstes Beispiel betrachten wir eine Struktur zur Beschreibung von Facetten mit drei oder vier Ecken.

```
Public Structure Elemente      ' Struktur der Elemente
   Dim Bez As String           ' z.B. DREK-12345
   Dim Ecke() As Short         ' Knoten-LFNR
   Dim sicht As Boolean        ' =T wenn sichtbar, sonst =F
   Dim Spiegel As Boolean      ' =T wenn Oberfläche spiegelt
   Dim Farbe As Color          ' Farbe
   Dim Transparenz As Byte     ' Durchlässigkeit 0-100 (%)
   Dim ZView As Single         ' größte Z-Tiefe View-System
End Structure
```

In Anlehnung an die „Node"-Struktur soll hier keine beliebige Nummer zur Identifizierung der Facette verwendet werden, sondern ein String `.Bez` für eine beliebige Bezeichnung. Ferner ist ein Array `.Ecke()` vorgesehen, der drei oder vier laufenden Nummern der Facettenknoten aus dem Array `Knoten()` enthält.

Im Programm wird ein Array `Facette()` durch folgende Anweisung zwar initialisiert, belegt aber immer noch keinen Speicherplatz:

```
' Initialisieren des "Facette"-Arrays
Public Facette() As Elemente
```

Erst wenn die Anzahl *Anz* der Facetten bekannt ist, erfolgt mit der `ReDim`-Anweisung die physikalische Teil-Belegung von Speicherplatz:

```
Anz = 4
ReDim Facetten(Anz)       ' festlegen aktuelle Größe
```

`Facette()` ist nun ein 1-dimensionales Array mit 5 Elementen (0–4), wobei jedes seiner Elemente unterschiedlich lang ist, weil:

- die Stringlängen für die Bezeichnung variieren und
- das Array `.Ecke()` mit der obigen `ReDim`-Anweisung keinen Speicherplatz bekommt. Die `ReDim`-Anweisung

  ```
  Anz = 4
  ReDim Facetten(Anz).Ecke(3)
  ```

  reserviert für das Array `Facette()` Speicherplatz für die Elemente 0–4 wie oben. Nur für Facette(4) ist `Ecke()` mit den Elementen 0–3 dimensioniert, jedoch nicht für alle **Ecke()**-Arrays der anderen Facetten, diese müssen ggf. mit einer Schleife initialisiert werden.

Da VB.NET im Gegensatz zum alten Visual-Basic keine festen Array-Größen in der Struktur akzeptiert, sondern diese erst mittels `ReDim` zur Laufzeit festlegt, ergibt sich für die internen Adressberechnungen erheblicher Mehraufwand, weil jedes Element von Facette() unterschiedlich lang sein kann. Eine verbesserte Version mit einer konstanten Elementlänge von 25 Byte könnte so aussehen:

```
Public Structure Elemente   ' Struktur der Elemente
   Dim Num As Integer       ' z.B. 12345
   Dim P0 As Short          ' }
   Dim P1 As Short          ' } Knoten-
   Dim P2 As Short          ' }            -LFNR
   Dim P3 As Short          ' }                evtl. ungenutzt
   Dim sicht As Boolean     ' =T wenn sichtbar, sonst =F
   Dim Spiegel As Boolean   ' =T wenn Oberfläche spiegelt
   Dim Farbe As Color       ' Farbe
   Dim Transparenz As Byte  ' Durchlässigkeit 0-100 (%)
   Dim ZView As Single      ' größte Z-Tiefe im View-System
End Structure
```

6.1.3   Organisatorische Überlegungen

Wie schon erwähnt, zerbrechen wir uns den Kopf mit Überlegungen, die tief im Inneren des compilierten Programmcodes ablaufen. Spätestens beim Versuch einer Laufzeitverbesserung eines Programms muss man sich mit diesen Strukturen befassen, weil diese extrem häufig mit geschachtelten `For`- und/oder `Do`-Schleifen bearbeitet werden und folglich hier der größte Spielraum für effektiveren Code liegt.

Der Aufbau von Datenstrukturen vereinfacht das Programmiererleben erheblich. In komplexen Programmen ist es häufig so, dass man aus einer großen Datenmenge (bzw. den zugehörigen Variablen) immer nur eine Teilmenge für eine Teilaufgabe benötigt. Es ist dann wenig sinnvoll, alle Variablen die man irgendwann mal irgendwo benötigt in einer Datenstruktur zu verwenden. Da der verfügbare Speicherplatz in der Regel sehr viel langsamer wächst, als die eigenen Ansprüche an die Größe der zu verarbeitenden Objekte/Szenerien, ist es zweckmäßig, einen universellen Datenbestand sukzessive aufzubauen und in einer Datei – auch zur Archivierung – extern abzulegen. Die für jede Teilaufgabe definierte maßgeschneiderte Struktur wird dann aus dieser Datei mit den benötigten Variablen gefüllt und kann ggf. auch ohne Schaden wieder freigegeben werden. Siehe hierzu auch Kap. 12.

Eindeutige Abbildung der n-Tupel von Koordinaten eines Punktes im n-dimensionalen Raum auf die n-Tupel von Koordinaten des gleichen Punktes eines anderen Koordinatensystems. [Lexi]

Die Objekte oder Szenerien, die grafisch dargestellt werden sollen, sind in einem beliebigen, vom Anwender bevorzugten Koordinatensystem beschrieben. Dabei spielt keine Rolle, ob es sich um

- kartesische oder Polarkoordinaten, oder um
- rechts oder links Koordinatensysteme handelt.

Üblicherweise ist das Objekt durch einen Satz von Koordinaten seiner Knoten definiert, die wiederum durch Kanten und Facetten verbunden sind und so das Objekt bilden. Im Normalfall liefert die Modellierung Objekte oder Szenerien – oder auch nur Teile davon – weder in einem gemeinsamen noch in einem einheitlichen Koordinatensystem ab. Der Übergang zu anderen Systemen, z. B. von Zylinder-Koordinaten zu kartesischen Koordinaten, und die Zusammenführung von Teilmodellen ist im Vorfeld leicht zu bewerkstelligen (Abb. 7.1).

7.1 Koordinaten und Koordinatensysteme

Abweichend vom internationalen Standard verwendet *Microsoft* andere Bezeichnungen für die drei Koordinatensysteme: *WC* → *Global, NDC* → *Seite, DC* → *Gerät*. Wir werden diese Bezeichnungen übernehmen, schon um mit der Microsoft-Dokumentation kompatibel zu bleiben.

Das Koordinatensystem des Gesamtmodells wird in der Computergrafik als „Welt"-Koordinatensystem (world coordinates [WC]) bezeichnet. Mit einer *Global*transformation $\mathbf{G_{Tr}}$ wird zuerst eine „virtuelle" Ansicht des Objekts vorbereitet,

H.-G. Schiele, *Computergrafik für Ingenieure*,   79
DOI 10.1007/978-3-642-23843-7_7, © Springer-Verlag Berlin Heidelberg 2012

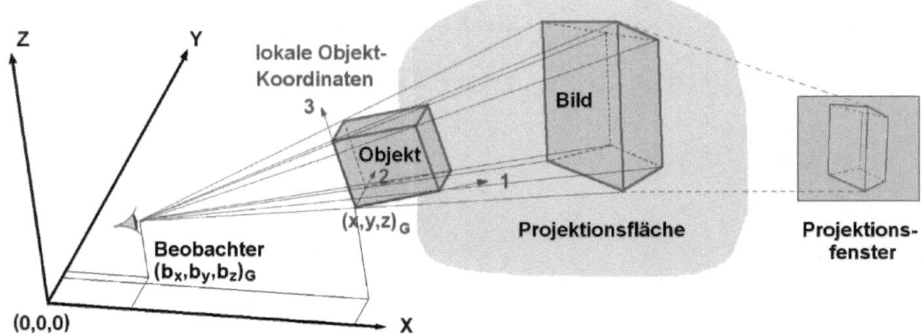

Abb. 7.1　Schema zur Abfolge vom Objekt zur fertigen Grafik

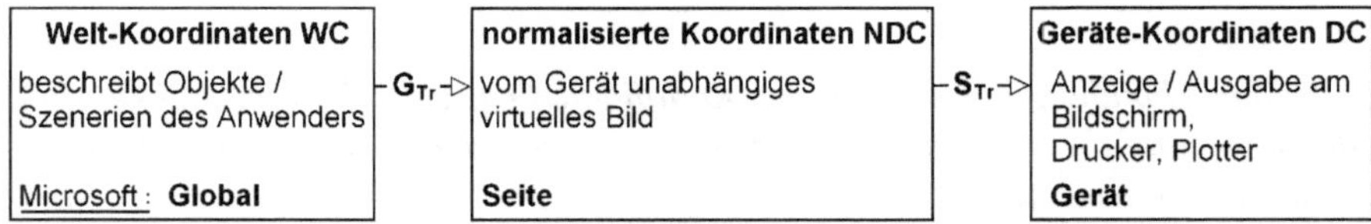

Abb. 7.2　Transformation Globalkoordinaten -> Gerätkoordinaten

wobei man auf eine reale Projektionsfläche durchaus verzichten kann. Die *Glo-baltransformation* überführt die „Welt"-Koordinaten in *Seiten*koordinaten, sodass die Dimensionen der Globalkoordinaten erhalten bleiben. Bis hierher ist man noch völlig unabhängig von der nachgeschalteten Hardware.

In dem sogenannten normalisierten Koordinatensystem *NDC* (normalized device coordinates) sind die Koordinaten in einem Einheitsquadrat 0–1, 0–1 festgelegt. Wir werden mit den Microsoft-*Seiten*koordinaten diese Transformation nicht verwenden.

Schließlich wird mit einer *Seiten*transformation S_{TR} das virtuelle Bild auf die Koordinaten der Hardware (device coordinates [DC] bzw. *Geräte*koordinaten) transformiert (Abb. 7.2). Hier hat man noch die Möglichkeit, das virtuelle Bild auf unterschiedlichen Geräten auszugeben. Für den Bildschirm stehen hierfür die Zeichenroutinen der *GDI+*-Grafikbibliothek zur Verfügung oder Vergleichbares zur Ansteuerung des Plotters. Alle Transformationen mit Gerätekoordinaten sind auf die verwendete Hardware zugeschnitten.

Damit ist auch klar, dass auf individuelle Ausgabe-/Anzeige-Geräte mit ganz unterschiedlicher Funktionalität erst so spät als möglich eingegangen wird, um die Struktur und Portabilität der Programme zu verbessern. *Geräte*spezifische Parameter wie Bildschirmauflösung oder aktuelle Projektionsfläche haben in einem von der Hardware unabhängigen Programmteil nichts zu suchen, sie gehören in separate Moduln.

Tab. 7.1 Erweiterte Übersicht: Transformation Globalkoordinaten -> Gerätkoordinaten

Koordinatenbezeichnung			Aufgaben
Microsoft	Standard		Übernahme von Daten der Modellierung oder von vorausgehenden Berechnungsprogrammen, z. B. FEM CAD
Global	Welt	**WC**	Zusammenführung von Teilen ggf. mehrerer Objekte/Szenerien in ein einheitliches **Global**koordinatensystem
			Festlegung von Projektionszentrum, -richtung, -fläche mit Abstand
			Begrenzung der Szenerie im Vorfeld
			Platzierung von Lichtquellen
			Transformation mittels **Globaltransformation**
Seite	normalisierte	**NDC**	Clipping unerwünschter Bereiche
			Entfernung verdeckter Flächen
			Transformation mittels **Seitentransformation**
Gerät	Gerät	**DC**	Schattierungsrechnung
			Farbgebung
			Ausgabe auf Bildschirm/Drucker/Plotter

Der in Abb. 7.2 grafisch dargestellte Ablauf findet sich als Übersicht in Tab. 7.1 und ist um einige Tätigkeitsmerkmale erweitert. Der gesamte Ablauf wird als „Rendering-Pipeline" bezeichnet.

7.1.1 Kartesische Koordinaten

Die *Global*koordinaten sind mit den Daten der Modellierung oder den FEM-Daten praktisch vorgegeben. Wir verwenden stets ein kartesisches XYZ-Koordinatensystem als Rechtssystem. Ein „Rechtssystem" liegt vor, wenn bei Drehung der Achse **X** nach **Y** die Drehung um $+\mathbf{Z}$ im Sinne einer rechtsdrehenden Schraube erfolgt; man nennt dies die „Rechte-Hand-Regel" (Abb. 7.3).

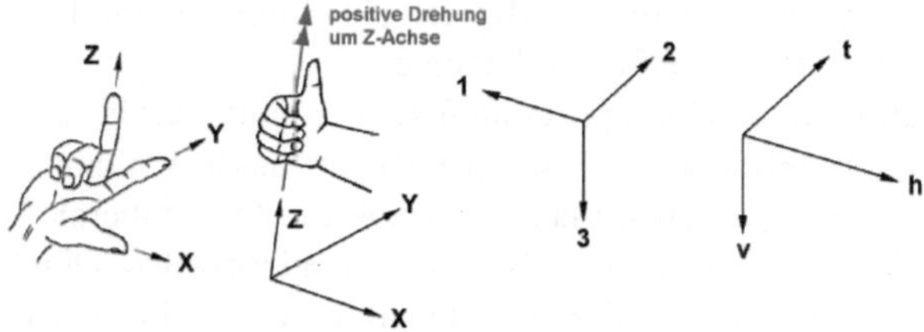

Abb. 7.3 „Rechte-Hand-Regel": Eine positive Drehung erzeugt einen positiven Drehwinkel und wird mit einem Doppelpfeil an der positiven Achse dargestellt. In einem Linkssystem zeigt $+\mathbf{Z}$ folglich in die entgegengesetzte Richtung; im Bild (2. v. l.) also nach unten

7.1.2 Sonderkoordinatensysteme

Ebenso wie das *View*koordinatensystem des Beobachters sind weitere Koordinatensysteme denkbar. In erster Linie betrifft das entweder eigene Koordinatensysteme von Lichtquellen oder vereinfachend die Koordinaten von Lichtquellen im *Global*system.

7.1.3 Koordinatensysteme in Windows-Forms

Computerbildschirme erzeugen ihr Bild genauso wie Fernsehbildschirme: von oben nach unten und von links nach rechts. Um Grafiken erstellen zu können, passen wir uns deshalb dem Layout von **Windows-Forms** an.

Alle Grafikmethoden geben Elemente in einem **Formular**, in einer **PictureBox** oder an das **Printer**objekt aus. Jeder Ausgabebereich hat sein eigenes Koordinatensystem und verfügt außerdem über einen vollständigen Satz an Grafikeigenschaften. In **VB.net** wird für das Standardkoordinatensystem nun die Maßeinheit Pixel verwendet (anstatt Twips in VisualBasic-6).

Ein Pixel ist die kleinste Einheit, die man (auf einer VisualBasic-Form) adressieren kann, und folglich sind Pixel-Adressen stets ganzzahlig. Die Anzahl der darstellbaren Pixel ist einerseits begrenzt durch die Größe des Bildschirms. Sie kann andrerseits im vorgesehenen Zeichenbereich durch Ziehen der **Form**ränder verändert werden, falls man diese Möglichkeit bereits bei der Programmierung vorsieht.

Der verfügbare Bereich auf einer **Form** wird Clientbereich genannt. Es ist der Bereich, der nicht von der Titelleiste oder dem Rahmen oder vorhandenen Menüs eingenommen wird. Auch Bildlaufleisten am rechten und unteren Rand gehören nicht zum Clientbereich.

Das Koordinatensystem der **Form** – genaugenommen des Clientbereiches – hat seinen Ursprung in der linken oberen Ecke des Clientbereiches und hat eine horizontale Achse **h** und eine vertikale Achse **v** (Abb. 7.4). Mit den Grafikroutinen kann nur innerhalb des verbleibenden Clientbereiches gezeichnet, und auch weitere Steuerelemente können nur in diesem Bereich eingefügt werden. Der Clientbereich ist der „Container" für weitere Steuerelemente.

Im Normalfall wird ein Grafikprogramm nicht unmittelbar im gesamten verfügbaren Clientbereich gezeichnet. Es sei erinnert an unser Vorhaben, auch Steuerelemente einzusetzen, mit denen man die Grafik im Zeichenbereich manipulieren kann. Die Grafik selbst wird dann z. B. in einem **PictureBox**-Objekt erzeugt, im Beispiel (Abb. 7.5) also in **picBild**. Ihre Position auf der Form wird im Koordinatensystem der Form festgelegt; entweder durch manuelles Platzieren des Steuerelementes aus der Toolbox oder durch Definition einer **PictureBox** im Code. Der VisualBasic-Code der Form enthält dann zwei Anweisungen ähnlich diesen:

```
picBild.Top  = 200 ' Anzahl Pixel vom oberen Rand
picBild.Left = 350 ' Anzahl Pixel vom linken Rand
```

Abb. 7.4 Clientbereich

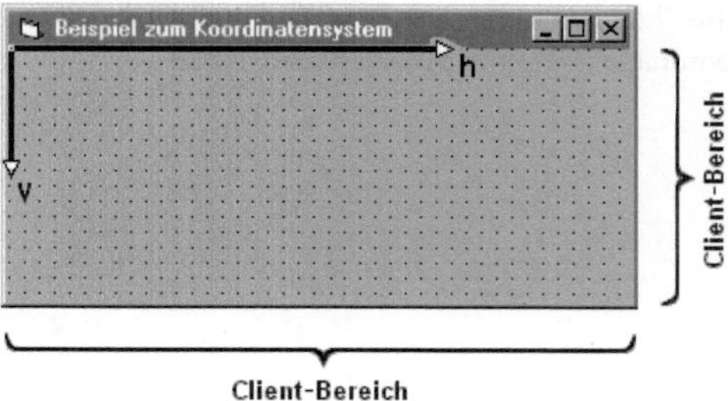

Abb. 7.5 PictureBox-Objekt

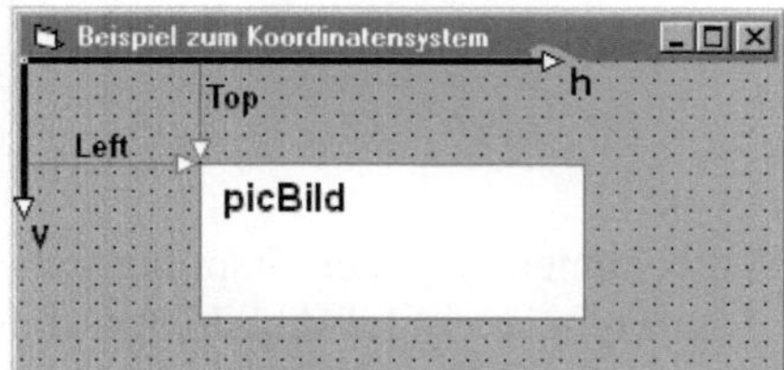

Im ersten Fall finden wir diese Anweisungen im generierten, im zweiten schreiben
wir sie selbst in unserem eigenen Code.

Das **PictureBox**-Objekt **picBild** wird seinerseits zum Container für unsere Grafik und hat ebenfalls eine eigenes Koordinatensystem. Wir verwenden wieder die
Achsen **h** und **v**, und sind uns klar darüber, dass diese sich nun auf **picBild** beziehen.

Folgende Regeln gelten für VisualBasic-Koordinatensysteme:

- Beim Verschieben, Verkleinern oder Vergrößern eines Steuerelements gilt das
  Koordinatensystem des Steuerelementcontainers. Wenn direkt in der **Form** ausgeben wird, ist die **Form** der Container. Wenn in einer **PictureBox** ausgeben
  wird, ist die **PictureBox** der Container.
- Alle Grafik- und **Print**-Methoden verwenden das Koordinatensystem des Containers. Folglich verwenden Anweisungen, die eine Grafik innerhalb einer **PictureBox** ausgeben, das Koordinatensystem der **PictureBox**.

Wegen der anstehenden Transformationen der 3-dimensionalen Szeneriekoordi-
naten ist es zweckmäßig, für den Zeichenbereich der **PictureBox** gleich ein
3-dimensionales, rechtshändiges Bildkoordinatensystem mit den Achsen **h, v, t**
einzuführen. Die Achse **t** steht dann senkrecht auf der **Form** und zeigt vom Beobachter weg in Tiefenrichtung. Das Mitführen dieser Achse wird sich später als sehr
hilfreich erweisen.

Abbildung 7.6 veranschaulicht, wie unser Grafikkoordinatensystem im Container eines **PictureBox**-Objekts von VisualBasic positioniert ist.

Im Zeichenbereich bilden die **h**- und **v**-Achse ein 2-dimensionales Raster. Die
Anzeige erfolgt in diesem rechteckigen Array von Pixeln, die wie in einem 2-
dimensionalen Array adressiert sind. Da die Dimensionen jetzt in VisualBasic stets

Abb. 7.6 Positionierung eines Grafik-
koordinatensystems in VisualBasic

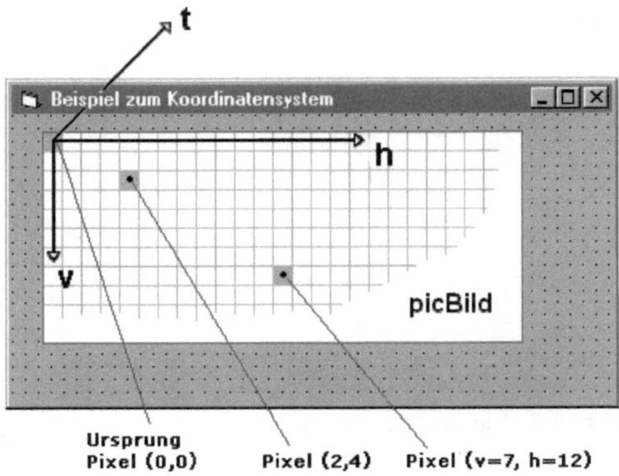

bei 0 beginnen, liegt der Ursprung stets oben links bei (0,0)!! Der Zeichenbereich auf der Form ist ein 1:1-Abbild des Bildspeichers im Programm.

Da Arrays schon lange vor der Computergrafik verwendet wurden, sei hier auf einen Unterschied in den 2-dimensionalen Rastern von Bildschirm und Array erinnert: Beim Bildschirm wird das Bild zeilenweise erzeugt, aber das Array wird spaltenweise gespeichert! Dies irritiert gelegentlich bei der praktischen Programmierarbeit.

7.1.4 Homogene Koordinaten

Die Einführung „homogener" Koordinaten ist nötig, um alle Transformationen einheitlich auf Matrizenmultiplikationen zurückführen zu können. Die Verwendung einer einzigen Standardoperation ist immer dann von Vorteil, wenn Matrizenoperationen durch Spezialhardware beschleunigt werden können, wie z. B. Arrayprozessoren. Allerdings muss dann auch die verwendete Programmiersprache diese Technik unterstützen.

Die Verschiebung eines Punktes $P_1(x_1, y_1, z_1)$ um den Translationsvektor $\{t\} \rightarrow (t_x, t_y, t_z)$ führt zu einem neuen Punkt $P_2(x_2, y_2, z_2)$, dessen natürliche Koordinaten durch folgende Vektoraddition festgelegt sind:

$$\begin{Bmatrix} x_2 \\ y_2 \\ z_2 \end{Bmatrix} = \begin{Bmatrix} x_1 \\ y_1 \\ z_1 \end{Bmatrix} + \begin{Bmatrix} t_x \\ t_y \\ t_z \end{Bmatrix}$$

Diese Vektoraddition lässt sich nicht ohne Weiteres in eine Matrizenmultiplikation überführen, dazu stört der additive Term. Wenn man jedoch die Ordnung der Vektoren um 1 erhöht mit einer beliebigen Hilfskoordinate $w \neq 0$, lässt sich das Ergebnis der Vektoraddition auch mit einer Matrizenmultiplikation gewinnen:

$$[T] \cdot \{P_1\} = \{P_2\}$$

Die Ordnung der Transformationsmatrix – hier $[T]$ – ist ebenfalls um 1 zu erhöhen, damit die Verkettungsordnung wieder stimmt. Mit $w = 1$ ergeben sich die neuen Koordinaten für den Punkt P_2. In der Form P(xyz, w) spricht man von homogenen Koordinaten.

$$\left\{\begin{array}{c} x \\ y \\ z \end{array}\right\} \qquad\qquad \left\{\begin{array}{c} x \\ y \\ z \\ 1 \end{array}\right\}$$

kartesische und homogene Koordinaten

Auch andere Transformationen sowie Projektionen lassen sich mittels homogener Koordinaten auf die Matrixmultiplikation einer Transformationsmatrix $[T]$ mit einem Vektor $\{v\}$ zurückführen. Mit Ausnahme der Zentralprojektion ist dabei die Hilfskoordinate stets $w = 1$.

7.2 Geometrische Transformationen

Unter „geometrische Transformationen" sind alle Transformationen zusammengefasst, die dreidimensionale Objekte auf dreidimensionale Objekte abbilden. Sie werden eingesetzt, wenn das Objekt ins Viewsystem verschoben und mittels **geometrischer Transformationen** die neuen Koordinaten ermittelt werden. Alle Transformationen beziehen sich stets auf den Ursprung des zugehörigen Koordinatensystems. Zu jeder Transformation ist eine inverse Transformation möglich, mit der diese wieder rückgängig gemacht werden kann.

7.2.1 Translation

Die Translation ist praktisch schon bei der Beschreibung der homogenen Koordinaten dargestellt; hierin ist $\{t\}(t_x, t_y, t_z)$ der Verschiebungsvektor.

$$
\begin{bmatrix} 1 & 0 & 0 & t_x \\ 0 & 1 & 0 & t_y \\ 0 & 0 & 1 & t_z \\ 0 & 0 & 0 & 1 \end{bmatrix}
\begin{Bmatrix} x_1 \\ y_1 \\ z_1 \\ 1 \end{Bmatrix}
=
\begin{Bmatrix} x_2 \\ y_2 \\ z_2 \\ 1 \end{Bmatrix}
\qquad [T_t] \cdot \{P_1\} = \{P_2\}
$$

7.2.2 Skalierung

Ein mit den Skalierungswerten (s_x, s_y, s_z) skalierter Punkt $P_1(x_1, y_1, z_1)$ hat die Koordinaten $P_2(x_2, y_2, z_2) = (s_x \cdot x_1, s_y \cdot y_1, s_z \cdot z_1)$. Die zugehörige Transformationsmatrix lautet:

$$
\begin{bmatrix} s_x & 0 & 0 & 0 \\ 0 & s_y & 0 & 0 \\ 0 & 0 & s_z & 0 \\ 0 & 0 & 0 & 1 \end{bmatrix}
\begin{Bmatrix} x_1 \\ y_1 \\ z_1 \\ 1 \end{Bmatrix}
=
\begin{Bmatrix} x_2 \\ y_2 \\ z_2 \\ 1 \end{Bmatrix}
\qquad [T_s] \cdot \{P_1\} = \{P_2\}
$$

Wenn bezüglich eines beliebigen Festpunktes $F(f_x, f_y, f_z)$ skaliert werden soll, ändert sich die Transformationsmatrix wie folgt:

$$
[T_{s_F}] =
\begin{bmatrix}
s_x & 0 & 0 & 0 \\
0 & s_y & 0 & 0 \\
0 & 0 & s_z & 0 \\
f_x \cdot (1-s_x) & f_y \cdot (1-s_y) & f_z \cdot (1-s_z) & 1
\end{bmatrix}
$$

7.2.3 Scherung

Bei der Scherung werden die Koordinaten einer Achse verändert. Im Beispiel erfolgt eine Scherung in X-Richtung mit der neuen x_2-Koordinate: $x_2 = 1 \cdot x_1 + f_y \cdot y_1 + f_z \cdot z_1$.

$$\begin{bmatrix} 1 & f_y & f_z & 0 \\ 0 & 1 & 0 & 0 \\ 0 & 0 & 1 & 0 \\ 0 & 0 & 0 & 1 \end{bmatrix} \begin{Bmatrix} x_1 \\ y_1 \\ z_1 \\ 1 \end{Bmatrix} = \begin{Bmatrix} x_2 \\ y_2 \\ z_2 \\ 1 \end{Bmatrix} \qquad [S_x] \cdot \{P_1\} = \{P_2\}$$

Für die Y- und Z-Richtung sind die Transformationsmatrizen analog aufgebaut. Die Scherungsparameter f_i müssen nicht notwendigerweise im Doppelpack gegeben sein.

$$[S_y] = \begin{bmatrix} 1 & 0 & 0 & 0 \\ f_x & 1 & f_z & 0 \\ 0 & 0 & 1 & 0 \\ 0 & 0 & 0 & 1 \end{bmatrix} \qquad [S_z] = \begin{bmatrix} 1 & 0 & 0 & 0 \\ 0 & 1 & 0 & 0 \\ f_x & f_y & 1 & 0 \\ 0 & 0 & 0 & 1 \end{bmatrix}$$

7.2.4 Spiegelung

Die Spiegelung eines Objekts an der x-y-Ebene lässt die x- und y-Koordinaten unverändert und invertiert nur das Vorzeichen der z-Koordinate. Für das Spiegeln an den beiden anderen Ebenen liegen die Verhältnisse analog. Die zugehörigen Transformationsmatrizen sind:

$$[M_{xy}] \qquad\qquad [M_{zx}] \qquad\qquad [M_{yz}]$$

$$\begin{bmatrix} 1 & 0 & 0 & 0 \\ 0 & 1 & 0 & 0 \\ 0 & 0 & -1 & 0 \\ 0 & 0 & 0 & 1 \end{bmatrix} \quad \begin{bmatrix} 1 & 0 & 0 & 0 \\ 0 & -1 & 0 & 0 \\ 0 & 0 & 1 & 0 \\ 0 & 0 & 0 & 1 \end{bmatrix} \quad \begin{bmatrix} -1 & 0 & 0 & 0 \\ 0 & 1 & 0 & 0 \\ 0 & 0 & 1 & 0 \\ 0 & 0 & 0 & 1 \end{bmatrix}$$

Die Spiegelung an einer beliebigen Ebene lässt sich als Verknüpfung von einer Verschiebung, ein oder zwei Rotationen und einer Spiegelung darstellen.

7.2.5 Drehung um die Koordinatenachsen

Eine positive Drehung um eine der Koordinatenachsen erfolgt auch hier im Sinne der ‚Rechte-Hand-Regel' wie in Abb. 7.3 mit dem roten Doppelpfeil für die z-Achse dargestellt.

Bei Drehung um die positive z-Achse verändern sich nur die Koordinaten in der x-y-Ebene. Der Punkt $P(x_1, y_1, z_1)$ hat im gedrehten Koordinatensystem die Koordinaten $P(x_2, y_2, z_2)$. Mit dem positiven Drehwinkel γ ergibt sich Abb. 7.7.

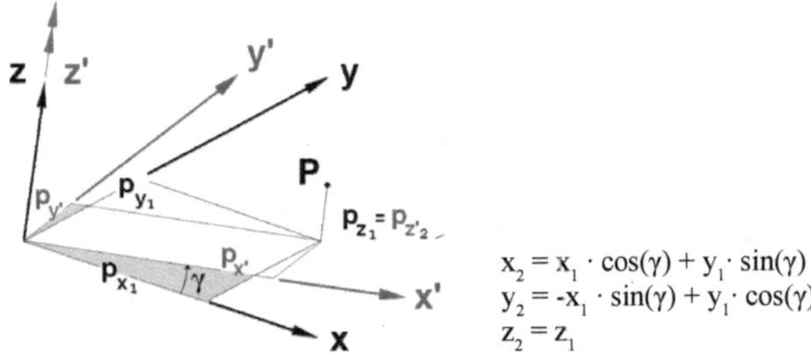

Abb. 7.7 Drehung um $+z$ mit Winkel γ

$$x_2 = x_1 \cdot \cos(\gamma) + y_1 \cdot \sin(\gamma)$$
$$y_2 = -x_1 \cdot \sin(\gamma) + y_1 \cdot \cos(\gamma)$$
$$z_2 = z_1$$

Matriziell berechnen sich die Koordinaten des Punktes $P_2(xyz, w)$ mittels einer Multiplikation der Transformationsmatrix $[\mathbf{R_z}]$ mit den Koordinaten des Punktes $P_1(xyz,w)$; das Ergebnis stellt sich dann wie folgt dar:

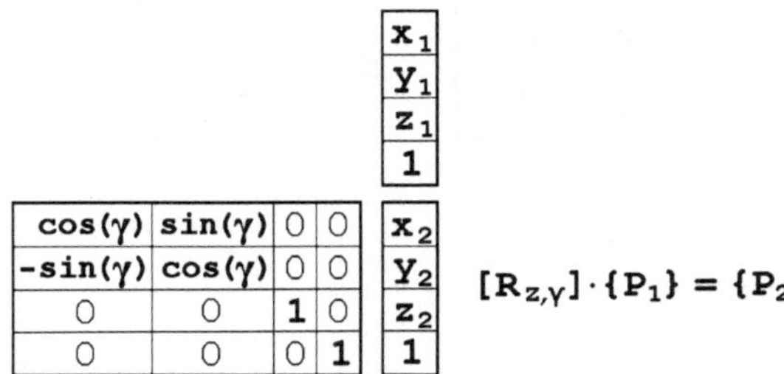

$$
\begin{bmatrix}
\cos(\gamma) & \sin(\gamma) & 0 & 0 \\
-\sin(\gamma) & \cos(\gamma) & 0 & 0 \\
0 & 0 & 1 & 0 \\
0 & 0 & 0 & 1
\end{bmatrix}
\begin{Bmatrix}
x_1 \\ y_1 \\ z_1 \\ 1
\end{Bmatrix}
=
\begin{Bmatrix}
x_2 \\ y_2 \\ z_2 \\ 1
\end{Bmatrix}
\qquad [\mathbf{R_{z,\gamma}}] \cdot \{P_1\} = \{P_2\}
$$

Die Transformationsmatrizen für Drehungen um die x- bzw. y-Achse entwickeln sich ganz analog, wobei für die Winkel jetzt α und β verwendet wurde:

$$
[\mathbf{R_{y,\beta}}] =
\begin{bmatrix}
\cos(\beta) & 0 & -\sin(\beta) & 0 \\
0 & 1 & 0 & 0 \\
\sin(\beta) & 0 & \cos(\beta) & 0 \\
0 & 0 & 0 & 1
\end{bmatrix}
\qquad
[\mathbf{R_{x,\alpha}}] =
\begin{bmatrix}
1 & 0 & 0 & 0 \\
0 & \cos(\alpha) & \sin(\alpha) & 0 \\
0 & -\sin(\alpha) & \cos(\alpha) & 0 \\
0 & 0 & 0 & 1
\end{bmatrix}
$$

Diese Rotationsmatrizen werden auch Eulersche Rotationsmatrizen genannt. Die hierzu Inverse $[..]^{-1}$ muss nicht zwangsläufig durch Inversion der Matrix ermittelt werden. Einerseits ist diese wegen ihres speziellen Aufbaus (siehe Kap. 11.2.8) identisch mit ihrer Transponierten $[\mathbf{R}]^{-1} = [\mathbf{R}]^{t}$, andrerseits ist unter „invers" auch die gegenteilige Transformation zu verstehen. Eine Drehung z. B. um die x-Achse mit dem Winkel α erfolgt mit der Matrix $[\mathbf{R_{x,\alpha}}]$. Die inverse bzw. gegenteilige Transformation hierzu ist die Drehung mit dem Winkel $-\alpha$.

$$
[\mathbf{R_{x,\alpha}}]^{-1} \cong [\mathbf{R_{x,-\alpha}}]
\qquad
[\mathbf{R_{y,\beta}}]^{-1} \cong [\mathbf{R_{y,-\beta}}]
\qquad
[\mathbf{R_{z,\gamma}}]^{-1} \cong [\mathbf{R_{z,-\gamma}}]
$$

$$
\begin{bmatrix}
1 & 0 & 0 & 0 \\
0 & \cos(\alpha) & -\sin(\alpha) & 0 \\
0 & \sin(\alpha) & \cos(\alpha) & 0 \\
0 & 0 & 0 & 1
\end{bmatrix}
\quad
\begin{bmatrix}
\cos(\beta) & 0 & \sin(\beta) & 0 \\
0 & 1 & 0 & 0 \\
-\sin(\beta) & 0 & \cos(\beta) & 0 \\
0 & 0 & 0 & 1
\end{bmatrix}
\quad
\begin{bmatrix}
\cos(\gamma) & -\sin(\gamma) & 0 & 0 \\
\sin(\gamma) & \cos(\gamma) & 0 & 0 \\
0 & 0 & 1 & 0 \\
0 & 0 & 0 & 1
\end{bmatrix}
$$

7.2.6 Drehung um eine beliebige Achse I

Für die Drehung um eine beliebige Rotationsachse sind drei Angaben erforderlich: die Definition und Lage der Rotationsachse im Globalsystem sowie der Drehwinkel δ, um den gedreht werden soll. Die Drehung wird in fünf hintereinander geschaltete elementare Transformationen aufgelöst:

1. Verschieben von Rotationsachse und Objekt in den Ursprung;
2. Drehen um die z-Achse, damit die Rotationsachse in der y-z-Ebene liegt;
3. Drehen um die x-Achse, damit die Rotationsachse in die z-Achse fällt;
4. Drehen des Objekts um die z-Achse, die jetzt der Rotationsachse entspricht, mit dem Winkel φ;
5. Rücktransformation aller Drehungen (einschließlich des gedrehten Objekts) in ihre ursprüngliche Lage durch Anwendung der inversen Transformationen.

Genau genommen geht es gar nicht darum, die Rotationsachse in eine der Koordinatenachsen zu transformieren. Vielmehr wird das Globalsystem einschließlich Objekt so gedreht werden, bis eine der Globalachsen mit der Rotationsachse zusammenfällt. Erst dann können die elementaren Rotationstransformationen verwendet werden. Natürlich kann die Drehung über jede der drei Achsen des Globalsystems aufgebaut werden.

In Abb. 7.8 läuft die Rotationsachse schräg durch das Haus und sei durch die Punkte P_1 und P_2 gegeben. Der erste Schritt ist die Verschiebung der Rotationsachse **durch** den Ursprung. Dies wird erreicht, indem der Punkt P_1 **in** den Ursprung verschoben wird. Die hierzu erforderlichen Parameter lassen sich unmittelbar am Bild ablesen. Die zugehörige Verschiebungsmatrix für den ersten Schritt sieht dann folgendermaßen aus:

$$[T_t] = \begin{bmatrix} 1 & 0 & 0 & -x_1 \\ 0 & 1 & 0 & -y_1 \\ 0 & 0 & 1 & -z_1 \\ 0 & 0 & 0 & 1 \end{bmatrix}$$

Die Gerade zwischen den Punkten P_1 und P_2 ist gegeben durch:

$$\{P_2\} - \{P_1\} \cong \begin{Bmatrix} x_2 - x_1 \\ y_2 - y_1 \\ z_2 - z_1 \end{Bmatrix}$$

Nachdem die Rotationsachse in den Ursprung des Globalsystems verschoben ist, wird diese Gerade zu einem Einheitsvektor normiert:

$$\{r\} = \begin{Bmatrix} r_x = (x_2 - x_1)/r \\ r_y = (y_2 - y_1)/r \\ r_z = (z_2 - z_1)/r \end{Bmatrix}$$

$$r = \sqrt{(x_2 - x_1)^2 + (y_2 - y_1)^2 + (z_2 - z_1)^2}$$

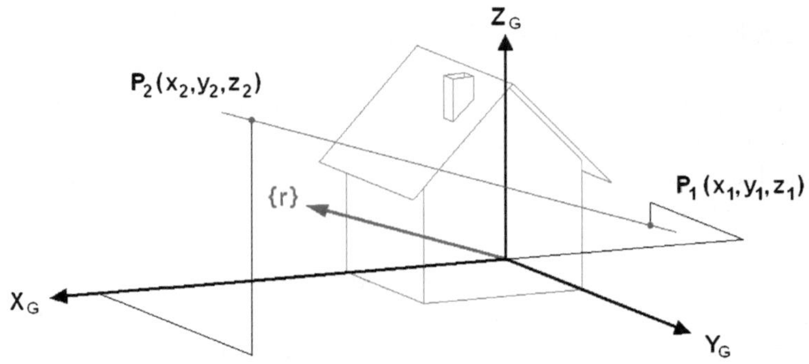

Abb. 7.8 Verschiebung der Rotationsachse

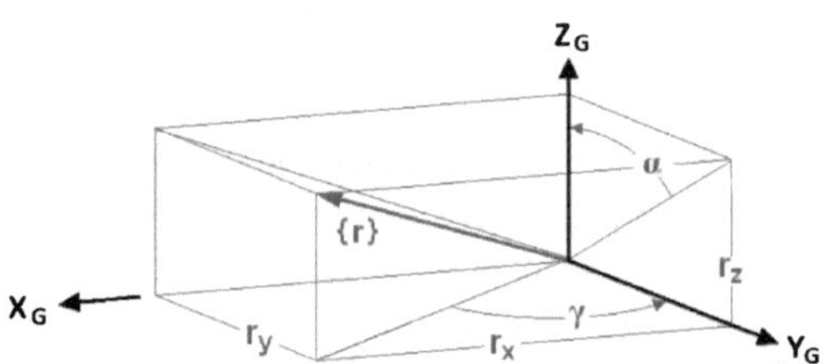

Abb. 7.9 Winkel für die Rotationen. Die Winkel α und γ sind leicht ablesbar: $\alpha = \arctan(r_y/r_z)$; $\gamma = \arctan(r_x/r_y)$

Im Bild eingetragen ist der Richtungsvektor $\{r\}$ mit seinen Komponenten (r_x, r_y, r_z). Die Projektionen des Richtungsvektors auf die drei Koordinatenebenen werden nicht verwendet. Man kann damit zwar die Winkelfunktionen Sinus und Cosinus unmittelbar ablesen und erspart sich den ArcTan()-, sowie den Sin()- und Cos()-Aufruf, aber diese Vereinfachung ist wenig nachhaltig. Deshalb wird die durchgängige Darstellung mit den Winkeln für alle Rotationen beibehalten (Abb. 7.9).

Die Transformationsmatrizen $[\mathbf{R}_{z,\gamma}]$ und $[\mathbf{R}_{x,\alpha}]$ werden von Abschn. 7.2.5 übernommen. Im zweiten Schritt wird mit dem positiven Winkel γ um die z-Achse gedreht, damit der Richtungsvektor in der y-z-Ebene liegt. Im dritten Schritt erfolgt schließlich die Drehung um die x-Achse, mit der die Rotationsachse in die globale z-Achse gedreht wird.

$$[\mathbf{R}_{z,\gamma}]$$

$\cos(\gamma)$	$\sin(\gamma)$	0	0
$-\sin(\gamma)$	$\cos(\gamma)$	0	0
0	0	1	0
0	0	0	1

$$[\mathbf{R}_{x,\alpha}]$$

1	0	0	0
0	$\cos(\alpha)$	$\sin(\alpha)$	0
0	$-\sin(\alpha)$	$\cos(\alpha)$	0
0	0	0	1

Hier wäre auch eine Drehung mit einem Winkel $-(90 - \alpha)$ in die y-Achse möglich. Nachdem die Rotationsachse nun in der globalen z-Achse liegt, kann im vierten

Schritt die gewünschte Drehung mit dem Winkel φ durchgeführt werden. Von den elementaren Rotationstransformationen kommt wieder $[\mathbf{R}_{z,\varphi}]$ zum Einsatz, diesmal mit dem Winkel φ.

$$[\mathbf{R}_{z,\varphi}] = \begin{array}{|c|c|c|c|} \hline \texttt{cos(φ)} & \texttt{sin(φ)} & 0 & 0 \\ \hline \texttt{-sin(φ)} & \texttt{cos(φ)} & 0 & 0 \\ \hline 0 & 0 & 1 & 0 \\ \hline 0 & 0 & 0 & 1 \\ \hline \end{array}$$

Die bisherigen einzelnen Transformationen kann man alle zusammenfassen zu einer einzigen Transformationsmatrix, doch damit ist die Aufgabe noch nicht erledigt. Da sich die Drehung um die Rotationsachse ja auf die ursprünglichen Achsen beziehen soll, müssen diese wieder in der rückwärtigen Reihenfolge zurückgedreht werden. Hierzu sind im fünften Schritt die inversen Transformationsmatrizen erforderlich, mit denen in rückwärtiger Reihenfolge die ursprünglichen Achsen wieder rekonstruiert werden. Die vollständige Transformation zur Drehung um eine beliebige Achse lautet dann (ohne die Verschiebung in den/vom Ursprung):

$$[\mathbf{T}_{\text{Rot}}] = [\mathbf{R}_{z,\gamma}] \cdot [\mathbf{R}_{x,\alpha}] \cdot [\mathbf{R}_{z,\varphi}] \cdot [\mathbf{R}_{x,\alpha}]^{-1} \cdot [\mathbf{R}_{z,\gamma}]^{-1}$$

Formal ist noch eine Vereinfachung möglich, indem die ersten beiden Transformationen zu einer Hilfsmatrix $[\mathbf{H}] = [\mathbf{R}_{z,\gamma}] \cdot [\mathbf{R}_{x,\alpha}]$ zusammenfasst werden. Gewonnen ist damit nicht viel, denn leider geht der einfache Aufbau der Transformationsmatrizen in $[\mathbf{H}]$ verloren. Auch $[\mathbf{H}]^{-1}$ würde man besser aus der Multiplikation der Inversen bilden, anstatt $[\mathbf{H}]^{-1}$ durch Inversion zu ermitteln.

$$[\mathbf{H}]^{-1} = [\mathbf{R}_{x,\alpha}]^{-1} \cdot [\mathbf{R}_{z,\gamma}]^{-1}$$

Bei dem speziellen Aufbau der Transformationsmatrizen ist es meistens zweckmäßig, die Matrizenmultiplikationen mit jeder Matrix einzeln vorzunehmen.

Die Rotation um eine beliebige Achse im Raum artet nach obigem Rezept in erheblichen Aufwand aus und hat überdies den Nachteil, dass die Reihenfolge der ausgeführten Rotationen eine große Rolle spielt. So liefert die Rotation von 30° um die x-Achse und 50° um die y-Achse ein anderes Ergebnis als 50° um Y gefolgt von 30° um X. Dies ist unmittelbar verständlich, denn die Matrixmultiplikation ist im Allgemeinen nicht kommutativ. Wenn eine gegebene Rotationsmatrix das Ergebnis mehrerer hintereinander ausgeführter Rotationen ist, kann man auf den Ursprung der Ausgangsmatrix nicht mehr schließen.

7.2.7 Drehung um eine beliebige Achse II

Bei animierter Computergrafik bilden wiederholte Drehungen um beliebige Achsen einen Schwachpunkt im gesamten Programmablauf. Nicht nur, dass eine Vielzahl von Transformationsmatrizen zu bilden sind und auf die richtige Abfolge der Multiplikationen zu achten ist, kann es auch passieren, dass die Szene plötzlich nicht wie gewünscht sondern um eine falsche Rotationsachse rotiert. Dieses mathematische Phänomen wird als **Gimbal Lock** bezeichnet und tritt immer dann auf, wenn durch Rotationen um die drei Raumachsen zwei der Achsen durch beliebige Drehungen – mehr oder weniger zufällig – zur Deckung kommen. Aus dieser Position kann dann nicht mehr wegrotiert werden, weil zwei ehemals unterschiedliche Achsen nun identisch sind. Beispiel:

- Rotation der y-Achse um 90°,
- die z-Achse fällt nun mit der x-Achse zusammen,
- Rotationen mit der z-Achse ergeben nun das gleiche Ergebniswie Rotationen um die x-Achse.

Durch diese mathematische Singularität geht also ein Freiheitsgrad verloren. Um der ganzen Problematik und dem rechnerischen Aufwand des vorherigen Kapitels aus dem Weg zu gehen, kann man eine allgemeine Drehung auch mit der Mathematik der **Quaternionen** beschreiben. Diese sind eine Erweiterung der komplexen Zahlen (*hyperkomplexe Zahlen*) und erlauben, die Orientierungen im dreidimensionalen Raum auf einer ganz anderen Basis darzustellen.

Rein formal handelt es sich bei einem Quaternion um einen Vierertupel mit einem eindimensionalen skalaren Realteil und einem dreidimensionalen vektoriellen Imaginärteil:

$$q = (q_0, (q_1\mathbf{i} + q_2\mathbf{j} + q_3\mathbf{k}))$$

Hierfür sind in bestimmter Weise eine Addition und eine Multiplikation definiert, die auf Addition bzw. Multiplikation für Terme reeller Zahlen basieren. Für die Basisvektoren $\mathbf{i}, \mathbf{j}, \mathbf{k}$ gelten die von W. R. Hamilton 1843 aufgestellten Multiplikationsregeln:

$\ast$	i	j	k
i	-1	k	-j
j	-k	-1	i
k	j	-i	-1

Wie aus der Verknüpfungstafel ersichtlich, ist die Multiplikation nicht kommutativ.

Beispielsweise beschreibt die Quaternion $q = (\cos(\alpha/2), \sin(\alpha/2), 0, 0)$ eine Rotation um die x-Achse um den Winkel α, ein Punkt $P = (x_0, y_0, z_0)$ wird durch die Quaternion $p = (0, x_0, y_0, z_0)$ repräsentiert. Die Rotation um einen Winkel φ um einen beliebigen normierten Vektor $\{\mathbf{a}\}$ erfolgt durch die Quaternion

$$\mathbf{q} = (\cos(\varphi/2), a_x \cdot \sin(\varphi/2), a_y \cdot \sin(\varphi/2), a_z \cdot \sin(\varphi/2))$$

Bemerkenswert ist hierin die Beziehung zwischen dem gewünschten Rotationswinkel φ und dem eingesetzten Quaternionen-Winkel $\varphi/2$. Die Winkelverdoppelung ist darauf zurückzuführen, dass eine Spiegelungen an zwei Ebenen, die im Winkel von $\varphi/2$ zueinander geneigt sind, einer Spiegelung um den Winkel φ entsprechen.

Obige Quaternion $\mathbf{q}$ für die Drehung unterscheidet sich fundamental von einer Euler-Rotationsmatrix, ganz abzusehen von der Tatsache, dass man für die allgemeine Drehung eine ganze Abfolge von Matrizentransformationen benötigt. Die Quaternion als Darstellung einer Rotation ist dagegen einfach zu verstehen, da hierfür nur ein Rotationswinkel und eine Rotationsachse erforderlich sind. Aber auch mit dieser Drehungsquaternion ist noch nicht viel anzufangen. Um die Quaternion für die derzeitigen, durchgehend auf Matrixtransformationen basierenden Programme nutzbar zu machen, muss sie in eine Matrix umgewandelt werden. Eine universelle Klasse von Quaternionen – wie bei Matrizen – gibt es leider nicht. Ihre Favorisierung zur Darstellung von allgemeinen Rotationen in der Computergrafik beruht hauptsächlich auf der Möglichkeit, diese mit nur einer Rotationsmatrix zu vollziehen.

Um eine Quaternionrotation mit anderen Transformationen, wie Translation, Skalierung, Scherung und Spiegelung zu verknüpfen, bleibt nur der Weg zurück über eine Matrix. Gerade in vielen Anwendungen, wie z. B. in **OpenGL**, wird grundsätzlich mit Matrizen gerechnet. Die Konvertierung einer Quaternion $\mathbf{q} = (a, b, c, d)$ mit dem Skalarteil a sowie den komplexen Anteilen b, c, d erfolgt durch folgende Konvertierungsmatrix $[\mathbf{K}]$:

$$[\mathbf{K}] = \begin{array}{|c|c|c|}
\hline
1-2(c^2+d^2) & 2(bc-ad) & 2(bd+ac) \\
\hline
2(bc+ad) & 1-2(d^2+b^2) & 2(cd-ab) \\
\hline
2(bd-ac) & 2(cd+ab) & 1-2(b^2+c^2) \\
\hline
\end{array}$$

Durch die Produktbildung eliminieren sich die komplexen Basisvektoren $\mathbf{i}, \mathbf{j}, \mathbf{k}$ und die weitere Rechnung erfolgt nur noch mit Termen reeller Zahlen. Die gesuchte Rotationsmatrix $[\mathbf{R}_\varphi]$ zum Quaternion $\mathbf{q}$ erhält man nun durch Einsetzen ihrer Komponenten in die Konvertierungsmatrix:

$$a = \cos(\varphi/2)$$
$$b = a_x \cdot \sin(\varphi/2)$$
$$c = a_y \cdot \sin(\varphi/2)$$
$$d = a_z \cdot \sin(\varphi/2) \quad \text{sowie } a_x^2 + a_y^2 + a_z^2 = 1 \quad \text{(normierter Vektor } \{\mathbf{a}\})$$

$$R_{1,1}: \quad 1 - 2(c^2 + d^2) = 1 - 2c^2 - 2d^2$$
$$= 1 - a_y^2 \cdot 2\sin(2\varphi/2) - a_z^2 \cdot 2\sin(2\varphi/2)$$
$$= 1 - (1 - \cos\varphi) \cdot (a_y^2 + a_z^2)$$
$$= \cos\varphi + a_x^2 \cdot (1 - \cos\varphi)$$

$$R_{3,1}: \quad 2(bd - ac) = 2(a_x \cdot \sin(\varphi/2) \cdot a_z \cdot \sin(\varphi/2) - \cos(\varphi/2) \cdot a_y \cdot \sin(\varphi/2))$$
$$= a_x \cdot a_z \cdot 2\sin(2\varphi/2) - a_y \cdot 2 \cdot \cos(\varphi/2) \cdot \sin(\varphi/2)$$
$$= a_x \cdot a_z \cdot (1 - \cos \varphi) - a_y \cdot \sin \varphi$$

Die vollständige Rotationsmatrix sieht dann folgendermaßen aus, wobei die 4. Dimension für die Matrizenrechnung gleich ergänzt ist:

$$[R_\varphi] = \begin{vmatrix} \cos\varphi + a_x^2 f & -a_z \sin\varphi + a_x a_y f & a_y \sin\varphi + a_x a_z f & 0 \\ a_z \sin\varphi + a_y a_x f & \cos\varphi + a_y^2 f & -a_x \sin\varphi + a_y a_z f & 0 \\ -a_y \sin\varphi + a_z a_x f & a_x \sin\varphi + a_z a_y f & \cos\varphi + a_z^2 f & 0 \\ 0 & 0 & 0 & 1 \end{vmatrix}$$

$$\text{mit} \quad f = 1 - \cos \varphi$$

Mit der Rotationsachse {a} ist bisher nur ihre Richtung gegeben, aber noch keine Festlegung getroffen, wo die Achse in der Szene platziert ist. Obige Darstellung gilt für den Fall, dass {a} durch den Ursprung geht. Liegt die Achse jedoch außerhalb des Ursprungs, muss die Szene einschließlich Achse in den Ursprung verschoben und nach der Drehung wieder zurücktransformiert werden wie in Abschn. 7.2.6. Entweder verschiebt man einen Punkt $T(t_x, t_y, t_z)$ auf der Geraden durch {a} in den Ursprung, oder macht eine Parallelverschiebung der Geraden {a} mit den Komponenten ihres Abstandsvektors {s} vom Ursprung (Abschn. 11.3.2).

Die Vor- und Nachteile von Quaternionen in der Computergrafik lassen sich wie folgt zusammenfassen:

- Mithilfe von Quaternionen wird nur *eine* Rotationsmatrix aufgebaut, sodass *Gimbal Lock* gar nicht eintreten kann, und man erreicht überdies eine bessere numerische Stabilität. Außerdem sind mehrere Rotationen nacheinander leicht durchzuführen, indem die Quaternionen miteinander multipliziert werden und erst mit dem Ergebnis wieder [**R**$_\varphi$] aufgebaut wird.
- Solange Grafikkarten keine explizite Quaternionenunterstützung anbieten, machen auch Quaternionen in Software bei der momentanen Sachlage wenig Sinn, weil stets wieder Matrizen generiert werden müssen. Deshalb wird auf Details zur Quaternionenmathematik hier nicht eingegangen, sondern auf die Ausarbeitung von Koch (2008) verwiesen.

Eine weitere Möglichkeit, Rotationen um eine beliebige Achse mit nur einer Matrix – ohne den Umweg über Quaternionen – zu beschreiben, wird im nächsten Abschnitt vorgestellt.

Abb. 7.10 Rotation um eine beliebige Achse {a}

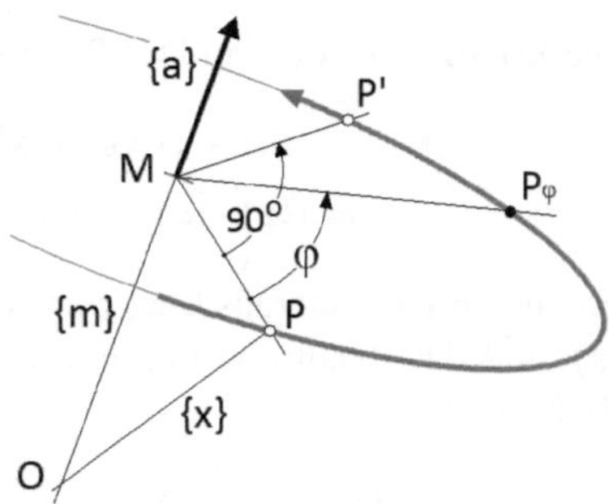

7.2.8 Drehung um eine beliebige Achse III

Bei Klix (2001) findet sich ein Ansatz, der unmittelbar auf die Rotationsmatrix zusteuert. Die Drehung um eine beliebige Gerade g: $\{x\} = \{p\} + t \cdot \{a\}$ um den Winkel φ lässt sich realisieren mit der Transformation

$$\{x_\varphi\} = [R_\varphi] \cdot \{x\} + \{d\}$$

mit nur einer Rotationsmatrix $[R_\varphi]$. Der Punkt **M** liegt auf der Geraden g. Die Punkte P, P_φ und P′ liegen alle auf dem Kreis um M senkrecht zur Drehrichtung {a}, die als Rechtsschraube festgelegt ist gemäß Abb. 7.10. P′ ist die Position von P, wenn um 90° gedreht wird.

Die Koordinaten der Punkte P auf dem Kreis sind jeweils $\{x\} - \{m\}$, ohne den Kreisradius zu verwenden. Für den Punkt P_φ gilt dann:

$$\{x_\varphi\} - \{m\} = \cos \varphi \cdot (\{x\} - \{m\}) + \sin \varphi \cdot (\{x'\} - \{m\})$$

Zunächst geht die Gerade g durch den Ursprung, sodass $\{p\} = 0$ ist. Die Größe von {m} ist festgelegt durch die Projektion von {x} auf die Drehachse {a}. Bei normiertem Vektor {a} ist

$$\{m\} = ((a) \cdot \{x\}) \cdot \{a\}$$

und

$$\{x'\} - \{m\} = \{a\} \times \{x\}$$

Das Vektorprodukt kann man ersetzen durch eine Matrixmultiplikation (Abschn. 11.1.6) wie folgt:

$$\{a\} \times \{x\} = \begin{vmatrix} 0 & -a_3 & a_2 \\ a_3 & 0 & -a_1 \\ -a_2 & a_1 & 0 \end{vmatrix} \cdot \{x\} = [A'] \cdot \{x\}$$

Die Koordinaten des Punktes Pφ ergeben sich damit zu:

$$\{\mathbf{x}_\varphi\} = \{\mathbf{m}\} + \cos\varphi \cdot (\{\mathbf{x}\} - \{\mathbf{m}\}) + \sin\varphi \cdot [\mathbf{A'}] \cdot \{\mathbf{x}\}$$

$$= (\{\mathbf{a}\} \cdot (\mathbf{a}) + \cos\varphi \cdot ([\mathbf{E}] - \{\mathbf{a}\} \cdot (\mathbf{a})) + \sin\varphi \cdot [\mathbf{A'}]) \cdot \{\mathbf{x}\}$$

Im langen Klammerausdruck verbirgt sich die Rotationsmatrix. Die Produkte $\{\mathbf{a}\} \cdot$ $(\mathbf{a})$ sind das dyadische Produkt aus der Drehrichtung, der 3. Term legt die 90°-Richtung fest:

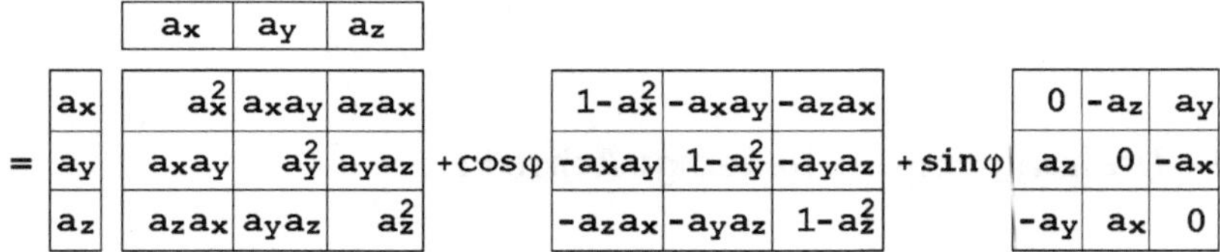

$$= \begin{vmatrix} a_x^2 & a_x a_y & a_z a_x \\ a_x a_y & a_y^2 & a_y a_z \\ a_z a_x & a_y a_z & a_z^2 \end{vmatrix} + \cos\varphi \begin{vmatrix} 1-a_x^2 & -a_x a_y & -a_z a_x \\ -a_x a_y & 1-a_y^2 & -a_y a_z \\ -a_z a_x & -a_y a_z & 1-a_z^2 \end{vmatrix} + \sin\varphi \begin{vmatrix} 0 & -a_z & a_y \\ a_z & 0 & -a_x \\ -a_y & a_x & 0 \end{vmatrix}$$

Alle Anteile zusammengefasst ergeben die Rotationsmatrix

$$[R_\varphi] = \begin{vmatrix} \cos\varphi + a_x^2 f & -a_z\sin\varphi + a_x a_y f & a_y\sin\varphi + a_x a_z f & 0 \\ a_z\sin\varphi + a_y a_x f & \cos\varphi + a_y^2 f & -a_x\sin\varphi + a_y a_z f & 0 \\ -a_y\sin\varphi + a_z a_x f & a_x\sin\varphi + a_z a_y f & \cos\varphi + a_z^2 f & 0 \\ 0 & 0 & 0 & 1 \end{vmatrix}$$

$$\text{mit} \quad f = 1 - \cos\varphi$$

Diese Matrix stimmt vollkommen überein mit derjenigen, die aus Quaternionen hervorgegangen ist. Überdies ist sie konsistent mit dem übrigen Programmablauf der matriziellen Computergrafik.

Geht die Achse $\{\mathbf{a}\}$ nicht durch den Ursprung, muss die Szene einschließlich Achse in den Ursprung verschoben und nach der Drehung wieder zurück transformiert werden wie in Abschn. 7.2.6. Entweder verschiebt man einen Punkt $T(t_x, t_y, t_z)$ auf der Geraden durch $\{\mathbf{a}\}$ in den Ursprung, oder man macht eine Parallelverschiebung der Geraden $\{\mathbf{a}\}$ mit den Komponenten ihres Abstandsvektors $\{\mathbf{s}\}$ vom Ursprung (Abschn. 11.3.2).

7.3 Koordinatentransformationen

Wenn das Viewsystem ins Globalsystem $(\mathbf{XYZ})_G$ verschoben wird, also das Objekt im Globalsystem verbleibt, werden mittels **Koordinatentransformationen** die Koordinaten des Objekts im Viewsystem $(\mathbf{XYZ})_V$ ermittelt. Diese Transformationen entsprechen einer Umkehroperation zu den inversen geometrischen Transformationen (Tab. 7.2).

Tab. 7.2 Die inversen Transformationsmatrizen

	Koordinaten-transformationen	Geometrische Transformationen	
Translation mit dem Vektor {v}	$[\mathbf{T_V}]$	$[\mathbf{T_{-V}}]$	$[T_V]^{-1} = [T_{-V}]$
Skalierung mit s_x, s_y, s_z	$[\mathbf{T_S}]$	$[\mathbf{T_{1/s}}]$	$[T_S]^{-1} = [T_{1/s}]$
Scherung wie Translation			
Spiegelung	$[\mathbf{M_{xy}}]$	$[\mathbf{M_{xy}}]$	$[M_{xy}]^{-1} = [M_{xy}] = [M_{xy}]^t$
Rotation mit dem Winkel φ	$[\mathbf{R_\varphi}]$	$[\mathbf{R_{-\varphi}}]$	$[R_\varphi]^{-1} = [R_{-\varphi}] = [R_\varphi]^t$

Literatur

T. Koch „Rotationen mit Quaternionen in der Computergrafik", Diplomarbeit 2008, Labor für Virtuelle Umgebungen, Fachhochschule Gelsenkirchen,

W.D. Klix „Konstruktive Geometrie, darstellend und analytisch", Fachbuch Verlag Leipzig, 2001, ISBN 3-446-21566-2

Weiterführende Literatur

W.D. Fellner: „Computergrafik", BI Wissenschaftsverlag, Reihe Informatik, Band 58, 1988

P. Milbradt: „Technische Visualisierung", Skript zur Vorlesung, PDF-Datei Uni Hannover

P. Schenzel: „Computergrafik 1", Skript zur Vorlesung WS 2006/07, Martin-Luther-Universität Halle-Wittenberg, Institut für Informatik, (www.kobe-at-work.org/Computergrafik1/cg1%20alt.pdf)

O. Vornberger: „Computergrafik, Vorlesung SS 2010" (http://www-lehre.informatik.uni-osnabrueck.de/misc/druck/computergrafik_final.pdf)

Darstellungstransformationen 8

Darstellungstransformationen generieren aus einem Modell eine Rechnerinterne Darstellung (RID). [Lexi]

Um mit den Methoden der Computergrafik möglichst lange von spezifischer Hardware unabhängig zu bleiben, arbeitet man zunächst in einer virtuellen Welt mit virtuellen Arbeitsplätzen. Diese bilden die Schnittstelle zur Hardware. Damit ist man im übergeordneten Teil des Anwenderprogrammes systemunabhängig, und erst zur Steuerung physischer Geräte sind deren spezielle Eigenschaften zu berücksichtigen. Hierzu sind im Wesentlichen zwei Hauptaufgaben zu lösen:

- *Transformation* der realen Szenerie in eine virtuelle Darstellungsgeometrie: Die Objekte der Szenerie sind durch Knoten und ebene Facetten modelliert, wobei nur die Knoten die äußere Form festlegen. Die Facetten mit ihren Kanten spannen sich zwischen die Knoten. Insofern kann man zunächst die Knoten von den Facetten als entkoppelt betrachten. Hier in Kap. 8 geht es nur darum, die Knoten in die gewünschte Ansicht mit einer der gewünschten Projektionen zu transformieren. Kanten und Facetten werden dazu nicht gebraucht.
- *Visualisierung* der virtuellen Darstellung: In Kap. 9 wird unter Verwendung der zuvor transformierten Knoten zwischen diese die Facetten „eingehängt", sichtbare Kanten und Oberflächen ermittelt und eine Grafik zur Ausgabe auf einer Hardware (Bildschirm, Drucker) erzeugt. Analog zu den diversen Projektionsmethoden stehen diverse Visualisierungsverfahren bereit. Abhängig von der gewünschten Qualität der Grafik reicht der Aufwand von „einfach und gering" bis „kompliziert und rechenintensiv".

H.-G. Schiele, *Computergrafik für Ingenieure*,
DOI 10.1007/978-3-642-23843-7_8, © Springer-Verlag Berlin Heidelberg 2012

8.1 Projektionselemente

Das darzustellende Objekt bzw. die gesamte Szenerie ist normalerweise nicht in einem **Global**system $(XYZ)_G$ beschrieben, dessen Ursprung praktischerweise „oben links" in einer Ecke liegt und dessen Achsen genau zu unseren Projektionskoordinaten $(XYZ)_V$ oder zu den Gerätekoordinaten **(hvt)** passen. In Abb. 8.1 dargestellt ist eine Projektion aus Sicht eines Beobachters mit ihren wesentlichen Elementen.

- **Das Objekt** bzw. die Szenerie ist in globalen Koordinaten $(XYZ)_G$ vermaßt.
- **Die Globalkoordinaten** $(XYZ)_G$ auch „Welt"koordinaten (**WC** siehe Kap. 7): Dieses Koordinatensystem ist normalerweise ein kartesisches Rechtssystem; andere „Welt"koordinaten sind leicht umzurechnen und/oder zusammenzuführen.
- **Der Beobachter** ist durch den Ortsvektor $\{b\}$ positioniert und ist zugleich Projektionszentrum. Aus dieser Position betrachtet er entlang der Projektionsrichtung $\{v\}$ die Szene. Ihm ist ein eigenes **„View"koordinatensystem** $(XYZ)_V$ zugeordnet, dessen Ursprung im Projektionszentrum liegt.
  Der Beobachter hat keine Probleme mit der Akkommodationsfähigkeit seiner Augen. Auch die leidige ‚Tiefenschärfe' einer Fotokamera kennt er nicht. Er sieht zugleich ‚hinten' und ‚vorne' alles scharf.
- **Die Projektionsrichtung** $\{v\}$ geht durch das Projektionszentrum und ist identisch mit der Z_V-Achse des Viewsystems; auch Sicht- oder Bildachse. Genaugenommen ist es umgekehrt: Die Z_V-Achse wird in die Projektionsrichtung $\{v\}$ gelegt. Wenn die Position $\{b\}$ oder die Richtung $\{v\}$ verändert wird, muss die Grafik neu berechnet werden.
- **Die Distanz d** vom Projektionszentrum zur Projektionsfläche wird in Richtung $\{v\}$ gemessen und hat wesentlichen Einfluss auf Zentralprojektionen.
- **Das Projektionszentrum**
  - liegt im Unendlichen – die **Parallelprojektion**, die Projektionsstrahlen, Vektor $\{v\}$, sind folglich alle parallel. In diesem Falle macht die Unterscheidung Sinn, wie die Strahlen auf die Projektionsebene treffen: senkrecht oder schief.
  - hat endlichen Abstand zur Projektionsebene, **Zentralprojektion**, alle Strahlen divergieren und treffen schief auf die Projektionsebene (bis auf einen).
- **Die Projektionsfläche** ist nach allen Seiten unbegrenzt. Ihre Normale $\{n\}$ legt die Orientierung relativ zum **Global**system und zur Projektionsrichtung fest. Bei der Parallelprojektion ist ihre Lage beliebig, für eine Zentralprojektion ist ihr Abstand vom Projektionszentrum erforderlich. Wird die Projektionsfläche verschoben, verändert sich die Darstellung auf der Projektionsfläche proportional zur Verschiebung. Die Projektionsfläche ist entweder
  - eben,
    dann sind alle Projektionen planar. Die Projektions**fläche** wird dann zur Projektions**ebene**. Die Projektion einer Geraden auf eine Ebene führt wieder zu einer Geraden. Dieser Bereich trifft für die meisten ingenieurtechnischen Anwendungen zu, und nur damit werden wir uns weiterhin beschäftigen;

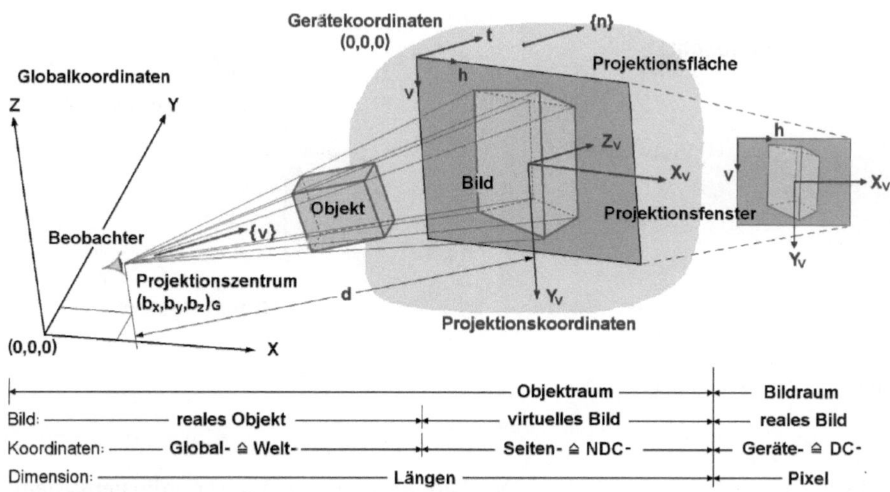

	Objektraum	Bildraum
Bild:	reales Objekt · virtuelles Bild	reales Bild
Koordinaten:	Global- ≙ Welt- · Seiten- ≙ NDC-	Geräte- ≙ DC-
Dimension:	Längen	Pixel

Abb. 8.1 Projektionselemente

- gekrümmt,
  hauptsächlich in der Kartografie verwendet, wo auch auf gekrümmte Projektionsflächen wie z.B. Zylinder (Mercartor-Projektion) sowie Kugel und Kegel
  projiziert wird.
- **Das Projektionsfenster** ist Teil der Projektionsebene. Je nach Aufgabenstellung
  wird eines der beiden folgenden Koordinatensysteme zu seiner Beschreibung
  verwendet.
- **Die View-** und **Projektionskoordinaten**: Da zuerst ein virtuelles Bild in Seitenkoordinaten in den Ausgangsdimensionen erzeugt wird, verwendet man vorteilhaft das auf die Projektionsebene verschobene **View**system $(\mathbf{XYZ})_V$ auch als
  Projektionssystem. Alle **Objektraum**verfahren arbeiten mit diesen Seitenkoordinaten, siehe Kap. 9.
- **Die Gerätekoordinaten**: Beim Übergang auf Gerätekoordinaten (Pixel) sind die
  Projektionskoordinaten in die Gerätekoordinaten $(\mathbf{h}, \mathbf{v}, \mathbf{t})$ für den Bildschirm,
  Plotter und/oder Drucker zu transformieren. Die **h**- und **v**-Achse sind die Achsen des Projektionsfensters. Sein Ursprung liegt in der linken oberen Ecke wie
  beim Bildschirmfenster (siehe Abschn. 7.1.3). Mit Gerätekoordinaten arbeiten
  die **Bildraum**verfahren.

8.1.1   „View"koordinatensystem

Ein **View**koordinatensystem wird eingeführt, um die Szenerie aus Sicht des Beobachters beschreiben zu können. In der Wahl eines **View**koordinatensystems $(\mathbf{XYZ})_V$
ist man völlig frei. In Abb. 8.2 ist die Viewposition festgelegt durch den Ortsvektor
$\{\mathbf{b}\}$ (b_x, b_y, b_z).

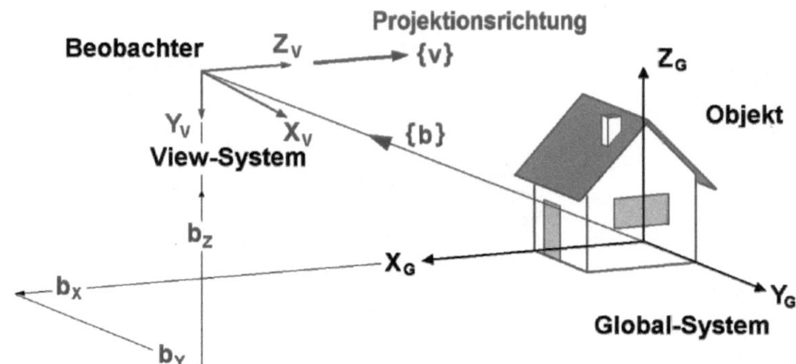

Abb. 8.2 Viewkoordinatensystem

Den Zusammenhang zwischen dem **Global-** und dem **View**koordinatensystem stellt man mit einer dieser beiden Möglichkeiten her:

- Die Koordinaten des Objektes im **Global**system $(XYZ)_G$ werden umgerechnet ins **View**system $(XYZ)_V$. Hierzu wird das Objekt ins **View**system verschoben und mittels ggf. mehrerer **geometrischer Transformationen** (Abschn. 7.2) die neuen Koordinaten ermittelt.
- Das Objekt verbleibt im **Global**system $(XYZ)_G$. Das **View**system wird ins **Global**system verschoben und mittels **Koordinatentransformationen** (Abschn. 7.3) die Koordinaten des Objekts im **View**system $(XYZ)_V$ ermittelt.

Je nach Intuition lassen sich diese Transformationen entweder als Transformation der Koordinaten in einem unveränderlichen Raum oder als Transformation des Raumes bei unveränderlichen Koordinaten deuten. Die Ergebnisse sind in beiden Fällen gleich.

Der Zusammenhang zwischen dem oben dargestellten **Global-** und dem **View**koordinatensystem ist aus Sicht des **View**systems also die Transformation von **Global** nach **View**:

$$
\begin{array}{lll}
\text{Global} \Rightarrow \text{View:} & & \begin{array}{c} \text{Glo-} \\ X\ Y\ Z \end{array} \\[4pt]
\text{die \textbf{View}-X-Achse entspricht der \textbf{Global}-Y-Achse} & X & \begin{bmatrix} 0 & 1 & 0 \\ 0 & 0 & -1 \\ -1 & 0 & 0 \end{bmatrix} \\
\text{die \textbf{View}-Y-Achse zeigt gegen die \textbf{Global}-Z-Achse} & \text{View-Y} & \\
\text{die \textbf{View}-Z-Achse zeigt gegen die \textbf{Global}-X-Achse} & Z &
\end{array} = [T_{GV}]
$$

Diesen Sachverhalt zeigt die Transformationsmatrix. Natürlich ist hierzu auch eine inverse Transformation aus Sicht des **Global**ystems möglich:

$$
\text{View} \Rightarrow \text{Global} : \qquad
\begin{array}{c}
\text{View-} \\
\begin{array}{ccc} X & Y & Z \end{array}
\end{array}
$$

		View- X	View- Y	View- Z
die **Global-X**-Achse zeigt gegen die **View-Z**-Achse	X	0	0	-1
die **Global-Y**-Achse entspricht der **View-X**-Achse	Glo- Y	1	0	0
die **Global-Z**-Achse zeigt gegen die **View-Y**-Achse	Z	0	-1	0

$= [T_{VG}]$

Die beiden Transformationsmatrizen hängen wie folgt zusammen:

$$[\mathbf{T_{GV}}] = [\mathbf{T_{VG}}]^{-1} = [\mathbf{T_{VG}}]^{t}[\mathbf{T_{VG}}] = [\mathbf{T_{GV}}]^{-1} = [\mathbf{T_{GV}}]^{t}[\mathbf{T_{GV}}] \cdot [\mathbf{T_{VG}}] = [\ \mathbf{I}\ ]$$

Diese Matrizen ermöglichen noch keine Projektionstransformation. Sie besorgen lediglich die Umordnung der Koordinaten zwischen beiden Systemen. (Det($[\mathbf{T}]$) = 1).

8.1.2 Projektionsrichtung

Bei jeder Projektion ist die Aufreihung der Knoten, Kanten und Facetten eines Objekts entlang der Projektionsrichtung nur durch diese festgelegt. Solange keine störende Projektionsebene in der Schar der Projektionsstrahlen auftaucht, ist diese „Projektion" orthogonal. Erst wenn man eine oder mehrere, reale oder virtuelle, ganz beliebig orientierte Ebenen in die Schar der Projektionsstrahlen stellt, wird auf jeder Ebene eine Projektion erzeugt. Diese werden zwar unterschiedlich aussehen, liefern aber die gleiche Information, nämlich die, die durch die Projektionsrichtung festgelegt ist.

Die Projektionsrichtung kann man frei wählen. Da die Viewposition sicher mit Bedacht gewählt wurde ist auf den ersten Blick nahe liegend, die Verbindung von der Beobachterposition zum Ursprung des **Global**systems zur Projektionsrichtung zu machen. Mit dem Ortsvektor $\{b\}(b_x, b_y, b_z)$ ist dann auch die Projektionsrichtung $\{v\}$ festgelegt als Gegenrichtung hierzu: $\{v\} = -\{b\}$. Von den noch fehlenden zwei Achsen unserer Transformationsmatrix können wir eine wählen, z. B. $\mathbf{X_V}$. Von ihren beiden Richtungen ($=X_v$) verwenden wir $\{\mathbf{X_V}\}(-b_y, b_x, ?)$, die senkrecht auf $\{\mathbf{Z_V}\}$ steht. Die z-Komponente ist dabei zunächst beliebig. Legt man diese allerdings mit 0 fest, liegt $\mathbf{X_V}$ horizontal, damit also $\{\mathbf{X_V}\} = (-b_y, b_x, 0)$. Die $\mathbf{Y_V}$-Achse ergibt sich dann einfach als Vektorprodukt zu $\{\mathbf{Y_V}\} = \{\mathbf{Z_V}\}\mathbf{x}\{\mathbf{X_V}\}$. Wenn dies alles in eine Transformationsmatrix verpackt wird, lässt sich der Zusammenhang zwischen dem **View-** und dem **Global**koordinatensystem wie folgt angeben:

$$
\begin{array}{c}
\textbf{Global-} \\
\begin{array}{ccc} X & Y & Z \end{array}
\end{array}
$$

View-	Global- X	Global- Y	Global- Z
$\mathbf{X_V}$	$-\mathbf{b_y}$	$\mathbf{b_x}$	0
$\mathbf{Y_V}$	$\mathbf{b_x} \cdot \mathbf{b_z}$	$\mathbf{b_y} \cdot \mathbf{b_z}$	$-\mathbf{b_x}^2 - \mathbf{b_y}^2$
$\mathbf{Z_V}$	$-\mathbf{b_x}$	$-\mathbf{b_y}$	$-\mathbf{b_z}$

$= [T_{GV}]$

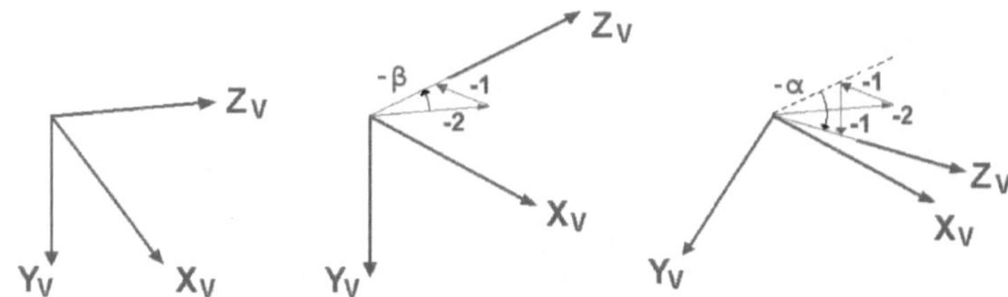

Abb. 8.3 Angabe einer beliebigen Projektionsrichtung

Die Vektoren dieser Transformationsmatrix werden natürlich noch zur Länge 1 normiert und sind dann die Richtungscosinus des Viewsystems im Globalsystem.

Im Normalfall ist die Projektionsrichtung ganz beliebig und natürlich nicht an die Position des Beobachters gebunden, hat also mit dessen Ortsvektor $\{\mathbf{b}\}$ nichts zu tun. Die Transformationsmatrix $[\mathbf{T_{GV}}]$ für beliebiges $\{\mathbf{v}\}$ ist dann

$$
\begin{array}{c}
 & \mathbf{Global-} \\
 & \begin{array}{ccc} \mathbf{X} & \mathbf{Y} & \mathbf{Z} \end{array} \\
\mathbf{View\text{-}}\ \begin{array}{c} \mathbf{X_V} \\ \mathbf{Y_V} \\ \mathbf{Z_V} \end{array}
& \left[\begin{array}{ccc}
v_y & -v_x & 0 \\
v_x \cdot v_z & v_y \cdot v_z & -v_x^2 - v_y^2 \\
v_x & v_y & v_z
\end{array} \right] = [\mathbf{T_{GV}}]
\end{array}
$$

wobei die $\mathbf{v}$-Komponenten mit Vorzeichen des Globalsystems zu verwenden sind. Im folgenden Beispiel (und allen anderen) transformieren wir stets von **Global** nach **View** auf der Basis von $[\mathbf{T_{GV}}]$ und machen konsequent die Achse $\mathbf{Z_V}$ entsprechend $\{\mathbf{v}\}$ zur Projektionsrichtung.

Eine beliebige Projektionsrichtung lässt sich nun einfach angeben, indem man geeignete Komponenten der Projektionsrichtung wählt (Abb. 8.3).

Wir behalten $\mathbf{Z_V}$ wieder als Projektionsrichtung bei und drehen die $\mathbf{Z_V}$-Achse, bis der Beobachter auf das Objekt schaut. Dies erreicht man einfach durch Ändern der $\mathbf{Z_V}$-Richtung von $\mathbf{Z_V}(-1, 0, 0)$ z. B. nach $(-2, -1, 0)$. Dies bedeutet eine negative Drehung um die Achse $\mathbf{Y_V}$. Dieser Drehung folgt die Achse $\mathbf{X_V}$ mit den neuen Komponenten $(-1, 2, 0)$ senkrecht zu $\mathbf{Z_V}$. Nun wird noch die z-Komponente der $\mathbf{Z_V}$-Achse geändert von 0 nach -1 und damit die Achse abgesenkt. Dies entspricht einer weiteren negativen Drehung um die neue Achse $\mathbf{X_V}$. Die Achse $\mathbf{Z_V}$ hat jetzt die Komponenten $(-2, -1, -1)$.

Mit den beiden (noch nicht normierten) Richtungsvektoren für $\mathbf{Z_V}$ und $\mathbf{X_V}$ lässt sich nun die Achse $\mathbf{Y_V}$ als Vektorprodukt bestimmen: $\{\mathbf{Y_V}\} = \{\mathbf{Z_V}\} \mathbf{x} \{\mathbf{X_V}\}$. Das **View**system hat damit folgende Komponenten im Globalsystem (die zu Einheitsvektoren normierten Komponenten nebenstehend):

	Global- X Y Z				**Global-** X Y Z			
	X	Y	Z		X	Y	Z	
X	-1	2	0		-0,447	0,894	0	
View - Y	2	1	-5	$\triangleq$	0,365	0,183	-0,913	$= [T_{GV}]$
Z	-2	-1	-1		-0,816	-0,408	-0,408	

Für die z-Komponente der View-X-Achse wurde wieder der Wert 0 vorgegeben. Damit bleibt die X_V-Achse horizontal und auch die Achsen Y_V und Z_V „passen" bereits, was für die spätere Projektion von Vorteil ist. Auf diese Weise lässt sich eine beliebige Projektionsrichtung festlegen.

Natürlich lässt sich die Transformationsmatrix $[T_{GV}]$ auch durch Drehen der Ausgangskoordinaten ermitteln. Hierzu müssen die Drehachsen, die Reihenfolge der Drehungen und die zugehörigen Drehwinkel bekannt sein und natürlich eine Idee, was wohin zu drehen ist, um das gewünschte Ergebnis zu erreichen. Für die Anschauung hilfreich ist ein (selbst gebasteltes) Koordinatendreibein.

In diesem Beispiel lassen sich die Drehwinkel leicht aus den Achskomponenten ermitteln: um X_V ist $\alpha = \arctan(1/\sqrt{5}) = 24{,}095°$, um $Y_V\,\beta = \arctan(1/2) = 26{,}565°$. Beide Winkel sind negativ, weil entgegen der positiven Koordinatenachsen gedreht wird. Zusätzlich werden die Koordinaten noch in das Viewsystem umgeordnet mittels $[T_{GV}]$; die drei Transformationen (siehe Abschn. 7.2.5) sind hier hintereinander geschaltet. Das Ganze in Zahlen unter Beachtung der negativen Drehwinkel:

$$[T] = [R_{-\alpha}] \cdot [R_{-\beta}] \cdot [T_{GV}]$$

			0,894	0	0,447	0	1	0
			0	1	0	0	0	-1
			-0,447	0	0,894	-1	0	0
1	0	0	0,894	0	0,447	-0,447	0,894	0
0	0,913	-0,408	0,183	0,913	-0,365	0,365	0,183	-0,913
0	0,408	0,913	-0,408	0,408	0,816	-0,816	-0,408	-0,408

Diese Transformationsmatrix $[T]$ ist leider nicht ganz so übersichtlich zu bestimmen wie bei Verwendung der Projektionsrichtung, wo sich alle Parameter ganz automatisch ergeben. In Abschn. 8.2.1.2 kommen wir darauf zurück.

Abweichend von diesem Vorgehen wird das View- bzw. das Projektionskoordinatensystem in der Literatur meist durch einen UP-Vektor $\{v_{up}\}$ definiert (Abb. 8.4).

Die Projektionsrichtung ist hier ausnahmsweise mit $\{r\}$ bezeichnet, um Verwechslungen zu vermeiden. Der Normalenvektor der Projektionsebene ist $\{n\}$ und fällt mit der Projektionsrichtung $\{r\}$ zusammen. Ein beliebiger UP-Vektor $\{v_{up}\}$ liegt in der durch die Vektoren $\{r\}$ und $\{r_z\}$ aufgespannten Ebene. Die fehlenden beiden Richtungen ergeben sich über die Vektorprodukte zu $\{u\} = \{n\} \times \{v_{up}\}$ und $\{v\} = \{u\} \times \{n\}$. Das so definierte (UVN)-System ist um die $\{n\}$-Richtung um 180°

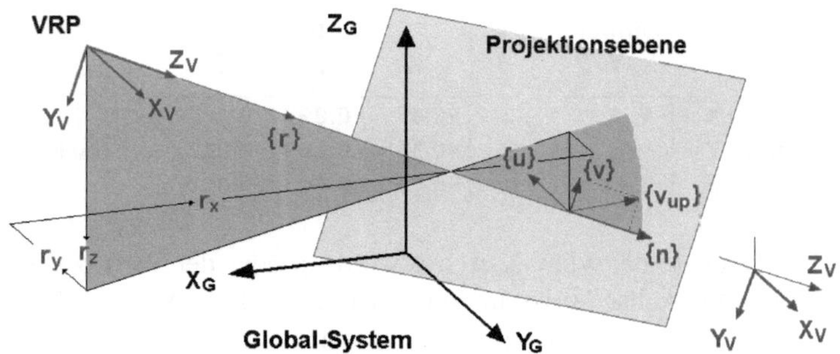

Abb. 8.4 Projektionskoordinatensystem, definiert durch UP-Vektor

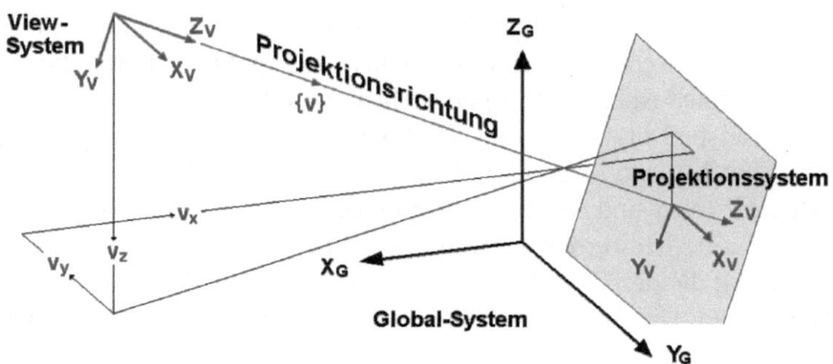

Abb. 8.5 Viewsystem als Projektionssystem

gedreht bzgl. des $(XYZ)_V$-Systems. **VRP** bezeichnet den View-Reference-Point als Position des Beobachters.

8.1.3 Projektionskoordinaten

Da zuerst ein virtuelles Bild in Seitenkoordinaten mit den Ausgangsdimensionen der gegebenen Koordinaten erzeugt wird, verwendet man vorteilhaft das auf die Projektionsebene verschobene **View**system $(XYZ)_V$ auch als Projektionssystem. Die Z_V-Achse entspricht der Projektionsrichtung $\{v\}$ und zeigt in die Darstellungsebene hinein (Abb. 8.5).

8.1.4 Projektionsebene

Abhängig von der Ebenennormale $\{n\}$ relativ zur Projektionsrichtung ergeben sich entweder orthographische oder schiefe Projektionen. Folgende Richtungen sind möglich: Die Normale $\{n\}$

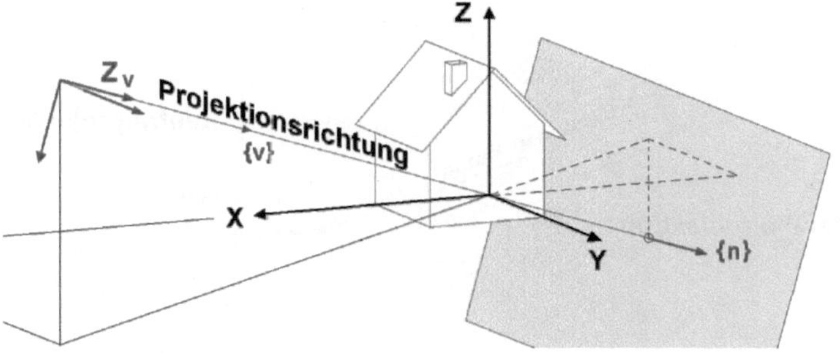

Abb. 8.6   Senkrechte bzw. orthographische Projektion

Abb. 8.7   3-Tafel-Projektion

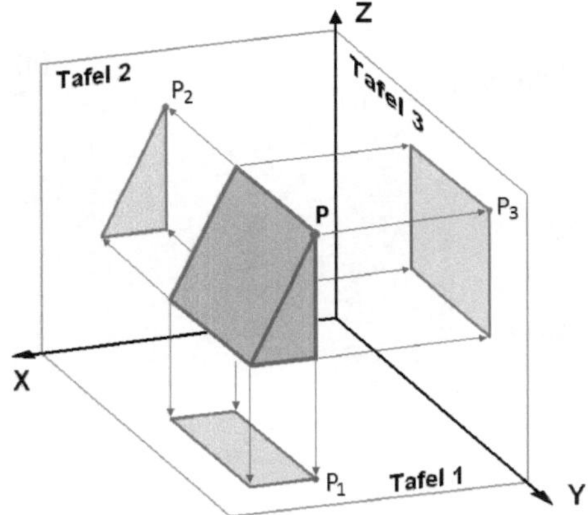

- ist parallel zur Projektionsrichtung $\{Z_V\}$, die Projektionsebene steht senkrecht auf der Projektionsrichtung; das ergibt senkrechte bzw. orthographische Projektionen.
- ist parallel zu einer der Achsen des **Global**-Systems.
  In diesen Fällen wird auf Ebenen projiziert, die parallel zu den Koordinatenebenen liegen; z. B. $\{n\}$ parallel $\{Z_G\}$ projiziert senkrecht auf die XY_G-Ebene. Das Bild wird jeweils auf der Koordinatenebene erzeugt, die durch die beiden anderen Achsen gebildet wird. Projiziert man mittels Parallelprojektionen nacheinander in Richtung aller drei Koordinatenachsen, dann erhält man die schon erwähnte 3-Tafel-Projektion (Abb. 8.7).
- hat eine beliebige Lage.
  Dies führt zu schiefen Projektionen. In Abb. 8.8 wird ein Objekt projiziert, links mit einer Parallel-, rechts mit einer Zentralprojektion.
- steht senkrecht zur Projektionsrichtung,
  dann liegt die Projektionsebene zur Projektionsrichtung parallel und Projektionen sind nicht möglich; die Ausnahme der beliebigen Lage.

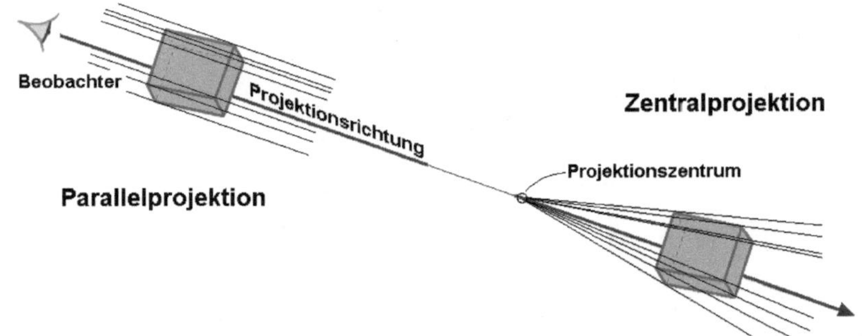

Abb. 8.8 Schiefe Projektionen: *links* Parallelprojektion, *rechts* Zentralprojektion

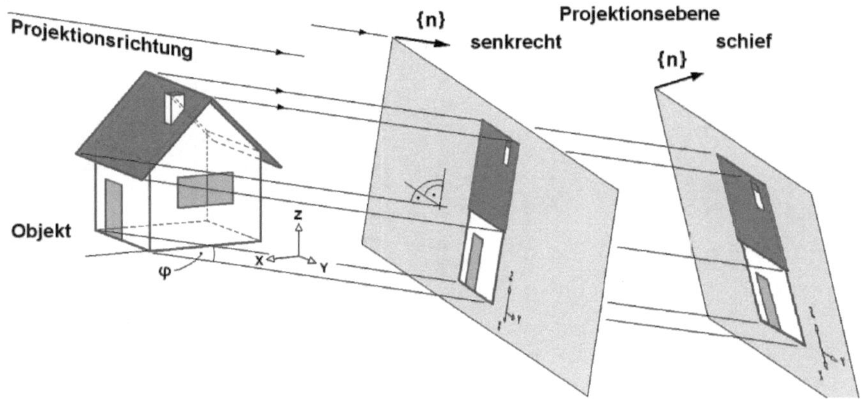

Abb. 8.9 Parallelprojektion

Bei orthographischen Projektionen ist also die Lage der Projektionsebene bereits durch/mit der Projektionsrichtung festgelegt. Bei schiefen Projektionen ist folglich neben der Projektionsrichtung auch eine Projektionsebene anzugeben, meist ist das eine der Koordinatenebenen.

Welche Projektion letztendlich erzeugt wird, hängt ganz davon ab, wo der Beobachter durch seinen Ortsvektor $\{\mathbf{b}\} = (b_x, b_y, b_z)$ platziert ist:

$\{\mathbf{b}\} = \infty$ Parallelprojektion: Der Abstand zwischen (fiktivem) Beobachter und Objekt ist unendlich groß, alle Projektionsstrahlen sind deshalb parallel. Die Angabe eines **View**systems beschreibt lediglich die Projektionsrichtung und wird nicht verwendet, um damit auch den Ortsvektor des Beobachters zu ermitteln.

Für den Beobachter stellt sich Abb. 8.9 als Parallelprojektion um die Y-Achse gedreht wie in Abb. 8.10 dar.

Abb. 8.10 Abbildung 8.9 aus Perspektive des Beobachters

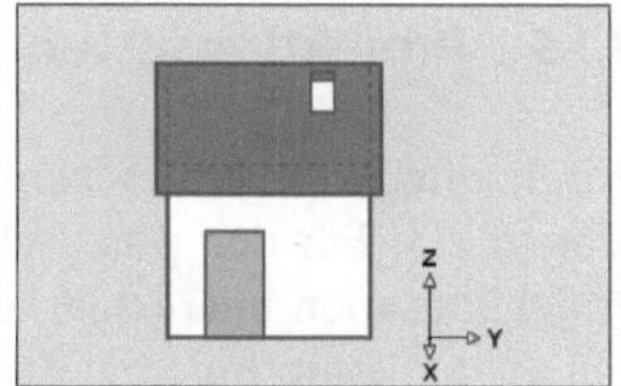

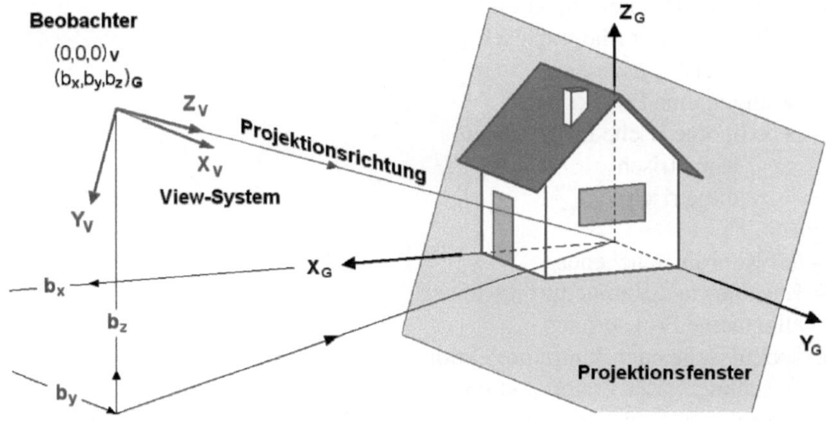

Abb. 8.11 Zentralprojektion

Abb. 8.12 Abbildung 8.11 aus Perspektive des Beobachters

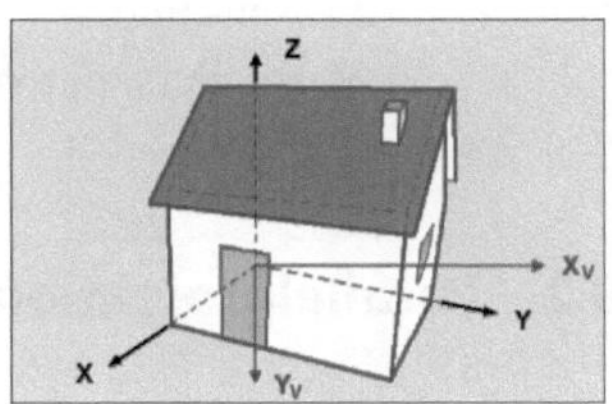

$\{\mathbf{b}\} < \infty$ Zentralprojektion (Abb. 8.11): Der Ortsvektor zur Position des Beobachters ist von endlicher Länge. Alle Projektionsstrahlen gehen zentral vom Projektionszentrum aus und sind folglich nicht parallel. Für die Projektion haben die Abstände zwischen Beobachter und Ursprung sowie des **Global**systems und der Projektionsebene wesentlichen Einfluss.

Aus Sicht des Beobachters stellt sich Abb. 8.11 als Zentral- bzw. Perspektivprojektion wie in Abb. 8.12 dar:

8.1.5 Projektionsarten

Wir kommen nochmals zurück auf den Überblick der Projektionsarten in Abschn. 2.2.3. Für den praktischen Gebrauch des Ingenieurs sind nur einige dieser Projektionsarten interessant, und nur mit diesen werden wir uns weiter beschäftigen. In der komprimierten Zusammenfassung verbleiben:

- parallele oder Parallelprojektion
    - senkrecht bzw. orthographisch
        * 3-Tafel-Projektionen
        * allgemeine Projektionen
        * axonometrische Projektionen
            · isometrisch
            · dimetrisch
- schief
    - auf Koordinatenebenen
    - Kavalier- und Kabinettprojektionen
    - allgemeine Projektionen
- perspektivische oder Zentralprojektion
        * senkrechte Zentralprojektion
        * senkrechte Zentralprojektion auf Koordinatenebenen
        * allgemeine Zentralprojektion
        * Projektionen mit Fluchtpunkten
            · Frosch- und
            · Vogel-Perspektive

8.2 Parallelprojektionen

Die Verwendung paralleler Projektionsstrahlen vereinfacht die Berechnungen erheblich:

- die Position des Beobachters ist beliebig, es wird nur die Projektionsrichtung gebraucht; ebenso ist
- die Platzierung der Projektionsebene entlang der Projektionsrichtung beliebig und
- für Parallelprojektionen sind homogene Koordinaten nicht erforderlich.

Für dieses und die folgenden Beispiele wird ein Quader (Seitenlängen 5–3–2 Einheiten; Abb. 8.13) verwendet. Die **Global**koordinaten seiner Knoten sind in der Matrix $[\mathbf{P_G}]$ zusammengefasst. Bei den Projektionskoordinaten $(\mathbf{XYZ})_V$ berechnen wir stets auch $\mathbf{Z_V}$ des virtuellen Bildes für nachgeschaltete Aufgaben.

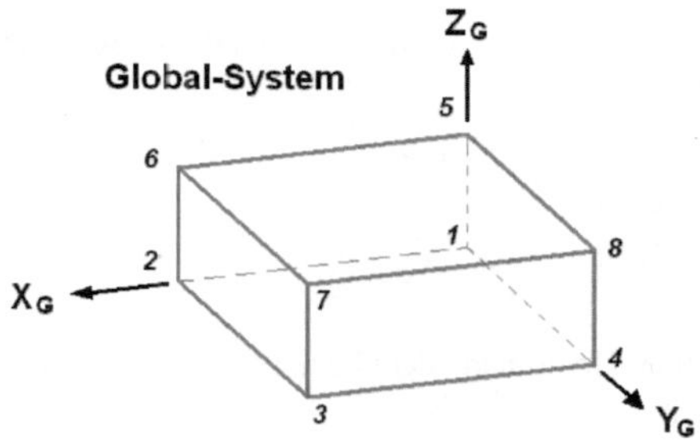

Abb. 8.13 Beispielquader

Knoten	1	2	3	4	5	6	7	8		Richtung
	.0	5.0	5.0	.0	.0	5.0	5.0	.0		X_G
	.0	.0	3.0	3.0	.0	.0	3.0	3.0	$= [P_G]$	Y_G
	.0	.0	.0	.0	2.0	2.0	2.0	2.0		Z_G

8.2.1 Senkrechte bzw. orthographische Parallelprojektionen

Wenn die Projektionsrichtung senkrecht zur Projektionsebene ist, spricht man von einer senkrechten oder orthographischen Projektion. Folglich führt die Angabe

- einer beliebigen Projektionsrichtung zu einer zugehörigen beliebigen Lage der Projektionsebene im Raum und
- einer Projektion auf die Koordinatenebenen zu einer zugehörigen Projektionsrichtung, z.B. Projektionsebene XY mit Projektionsrichtung Z.

Eine beliebige Projektionsrichtung auf eine beliebige Projektionsfläche führt zu einer schiefen Parallelprojektion.

8.2.1.1 3-Tafel-Projektionen

Der einfachste Fall ist der, bei dem in Richtung einer der Koordinatenachsen projiziert wird. Das Bild wird jeweils auf der Koordinatenebene erzeugt, die durch die beiden anderen Achsen gebildet wird. Wenn wir weiterhin das **View**system verwenden, läuft die ganze Transformation lediglich darauf hinaus, die Globalachsen in die **View**achsen umzuordnen. Die hierfür benötigten Matrizen sind für alle drei Koordinatenrichtungen im unteren Teil von Abb. 8.14 zusammengestellt.

Wird beispielsweise in Y_G-Richtung auf die $X_G Z_G$-Ebene projiziert, nehmen wir wieder Z_V als Projektionsrichtung und halten X_V horizontal. Die Transformationsmatrix $[T_{GV}]$ von **Global** nach **View** ist dann in Abb. 8.14 die mittlere der drei möglichen Transformationen.

Die Koordinatentransformationen (Abschn. 7.3) von **Global** nach **View** bewirkt hier nur ein Umordnen der Koordinaten. Vormultiplikation der Koordinaten mit der Transformationsmatrix

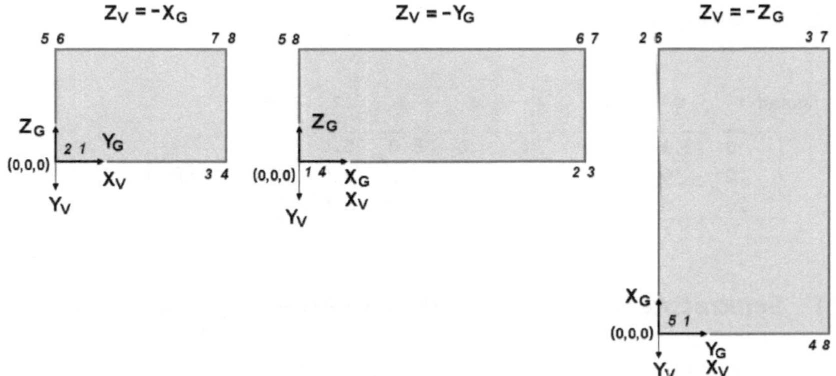

Abb. 8.14 3-Tafel-Projektion: Umordnung der Globalachsen in die Viewachsen

Abb. 8.15 3-Tafel-Projektion für $Z_V = -X_G, Z_V = -Y_G$ und $Z_V = -Z_G$

$$[\mathbf{T_{GV}}] \cdot [\mathbf{P_G}] = [\mathbf{P_V}]$$

			.0	5.0	5.0	.0	.0	5.0	5.0	.0
			.0	.0	3.0	3.0	.0	.0	3.0	3.0
			.0	.0	.0	.0	2.0	2.0	2.0	2.0
-1	0	0	.0	-5.0	-5.0	.0	.0	-5.0	-5.0	.0
0	0	-1	.0	.0	.0	.0	-2.0	-2.0	-2.0	-2.0
0	-1	0	.0	.0	-3.0	-3.0	.0	.0	-3.0	-3.0

liefert die Koordinaten im **View**system. In Abb. 8.15 sind alle drei Projektionen dargestellt, wenn die Projektionsrichtung $\mathbf{Z_V}$ nacheinander in Richtung der drei globalen Achsen zeigt. Diese Art der orthographischen Parallelprojektion kommt hauptsächlich im „Technischen Zeichnen" und in CAD-Programmen zum Einsatz.

8.2.1.2 Allgemeine orthographische Parallelprojektionen

Für das folgende Beispiel (Abb. 8.16) verfahren wir wie in Abschn. 8.1.3. Die Projektionsrichtung sei festgelegt vom Beobachter zum Ursprung des **Global**systems mit der Achse $\mathbf{Z_V}$ als Projektionsrichtung. Ihre Komponenten seien $\{\mathbf{v}\}(-19, -7, -8)$ Einheiten.

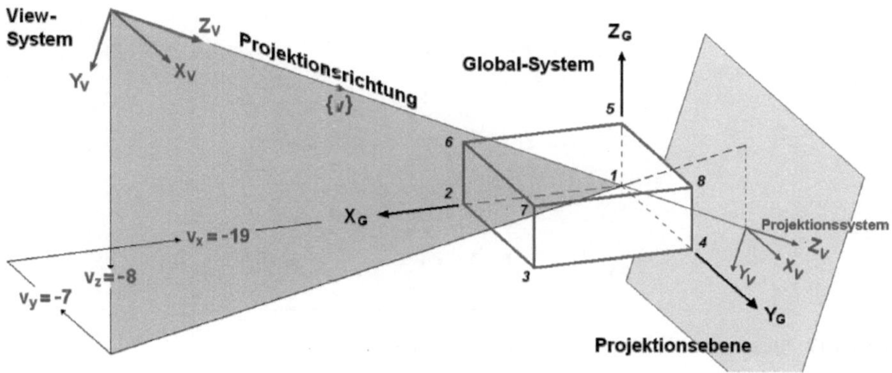

Abb. 8.16 Allgemeine orthographische Parallelprojektion: Projektionsrichtung Beobachter -> Ursprung des Globalsystems

Den Aufbau der Transformationsmatrix übernehmen wir, setzen die Komponenten ein und normieren die Vektoren zur Länge 1:

	Global- X	Y	Z									
X_V	v_y	$-v_x$	0		-7	19	0		$-0{,}346$	$0{,}938$	0	
View- Y_V	$v_x \cdot v_z$	$v_y \cdot v_z$	$-v_x^2 - v_y^2$	=>	152	56	-410	=>	$0{,}345$	$0{,}127$	$-0{,}930$	$= [T_{GV}]$
Z_V	v_x	v_y	v_z		-19	-7	-8		$-0{,}873$	$-0{,}322$	$-0{,}367$	

Das **View**system verwenden wir ebenfalls als Projektionssystem, indem es auf die Projektionsebene verschoben wird. Dessen Abstand zum Ursprung des Globalsystems oder zum Beobachter ist bei der Parallelprojektion nicht relevant. Eine Koordinatentransformation von **Global** nach **View** (Abb. 8.17) mit der Matrix **[T]** liefert die Koordinaten im **View**system $(XYZ)_V$:

$$[T] \cdot [P_G] = [P_V]$$

				.0	5.0	5.0	.0	.0	5.0	5.0	.0	
				.0	.0	3.0	3.0	.0	.0	3.0	3.0	
				.0	.0	.0	.0	2.0	2.0	2.0	2.0	Richtung
$-.346$	$.938$	$.000$		$.00$	-1.73	1.09	2.82	$.00$	-1.73	1.09	2.82	X_V
$.345$	$.127$	$-.930$		$.00$	1.72	2.10	$.38$	-1.86	$-.14$	$.24$	-1.48	$= [P_V]$ Y_V
$-.873$	$-.322$	$-.367$		$.00$	-4.36	-5.33	$-.96$	$-.74$	-5.10	-6.06	-1.70	Z_V

Bei gegebener Projektionsrichtung ist die Transformationsmatrix **[T]** problemlos wie oben zu bestimmen. Es macht dann wenig Sinn, aus den Komponenten der Projektionsrichtung erst die Drehwinkel zu ermitteln und die Transformationsmatrix schrittweise wie in Abschn. 8.1.3 aufzubauen.

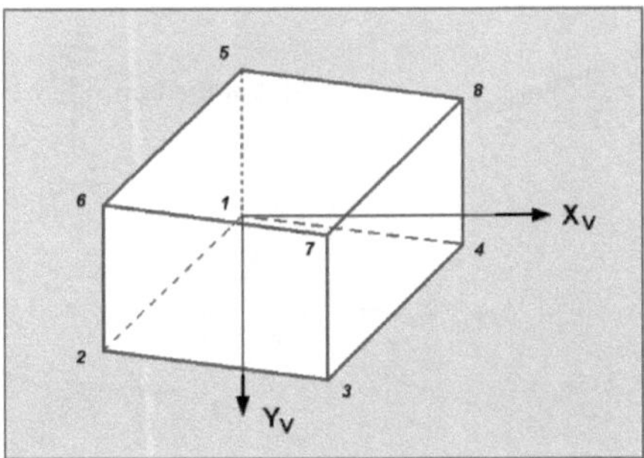

Abb. 8.17 Quader für die Projektionsrichtung Global -> View

Eine x-beliebige Drehung ist mit einer der Transformations-Matrizen **[R]** aus
Abschn. 7.2 zu erreichen.

Bleibt noch der Zusammenhang herzustellen mit der hier verwendeten Transformationsmatrix. Das Projektionssystem hat die Achsen $(\mathbf{XYZ})_V$, siehe Abb. 8.17,
wobei die Achse $\mathbf{Z}_V$ senkrecht auf der Projektionsebene steht und in diese hinein-
zeigt. Das Objekt ist nun um die globalen Achsen so zu drehen, dass die Projektionsrichtung parallel zur Achse $\mathbf{Z}_V$ verläuft; in diesem Beispiel sogar mit dieser
zusammenfällt.

Prinzipiell kann die Gesamtdrehung über jede der Globalachsen aufgebaut werden. Hier erfolgt in zwei Schritten:

- eine negative Drehung um $\mathbf{Y}_G$ mit $\beta = -\arctan(8/\sqrt{(19^2 + 7^2)}) = -21{,}56°$,
- eine positive Drehung um $\mathbf{Z}_G$ mit $\gamma = \arctan(7/19) = 20{,}22°$.

Beide Drehungen hintereinander geschaltet liefert eine Transformationsmatrix für
eine globale Drehung (Nullwerte in den Matrizen sind weggelassen):

$$[\mathbf{T}_G] = [\mathbf{R}_{-\beta}] \cdot [\mathbf{R}_{+\gamma}]$$

			.938	.346	
			-.346	.938	
					1
.930		.367	.873	.322	.367
	1		-.346	.938	.000
-.367		.930	-.345	-.127	.930

Mit dieser Transformationsmatrix werden lediglich die gedrehten Koordinaten im
Globalsystem ermittelt. Würde man beide Matrizen vertauschen, ergibt sich ein anderes Matrizenprodukt. Dies ist leicht einzusehen, basiert doch die 2. Drehung auf
einer anderen Ausgangslage der Achsen aus der 1. Drehung.

Mit der Transformationsmatrix $[\mathbf{T_G}]$ werden die gedrehten Koordinaten im Globalsystem ermittelt:

$$[\mathbf{T_G}] \cdot [\mathbf{P_G}] = [\mathbf{P'_G}]$$

.0	5.0	5.0	.0	.0	5.0	5.0	.0
.0	.0	3.0	3.0	.0	.0	3.0	3.0
.0	.0	.0	.0	2.0	2.0	2.0	2.0

$$
\begin{bmatrix}
.873 & .322 & .367 \\
-.346 & .938 & .000 \\
-.345 & -.127 & .930
\end{bmatrix}
\begin{bmatrix}
.00 & 4.36 & 5.33 & .96 & .74 & 5.10 & 6.06 & 1.70 \\
.00 & -1.73 & 1.09 & 2.82 & .00 & -1.73 & 1.09 & 2.82 \\
.00 & -1.72 & -2.10 & -.38 & 1.86 & .14 & -.24 & 1.48
\end{bmatrix}
= [\mathbf{P'_G}]
\quad
\begin{matrix}
\text{Richtung} \\
X_G \\
Y_G \\
Z_G
\end{matrix}
$$

Dieses Ergebnis entspricht immer noch nicht den Erwartungen. Im abschließenden nächsten Schritt erfolgt die Transformation von Global- nach Viewkoordinaten (= Projektionskoordinaten) durch Vormultiplikation mit $[\mathbf{T_{GV}}]$:

$$
[\mathbf{T_{GV}}]
\begin{bmatrix}
.00 & 4.36 & 5.33 & .96 & .74 & 5.10 & 6.06 & 1.70 \\
.00 & -1.73 & 1.09 & 2.82 & .00 & -1.73 & 1.09 & 2.82 \\
.00 & -1.72 & -2.10 & -.38 & 1.86 & .14 & -.24 & 1.48
\end{bmatrix}
= [\mathbf{P'_G}]
\quad
\begin{matrix}
\text{Richtung} \\
X_G \\
Y_G \\
Z_G
\end{matrix}
$$

$$
\begin{bmatrix}
 & 1 & \\
 & & -1 \\
-1 & &
\end{bmatrix}
\begin{bmatrix}
.00 & -1.73 & 1.09 & 2.82 & .00 & -1.73 & 1.09 & 2.82 \\
.00 & 1.72 & 2.10 & .38 & -1.86 & -.14 & .24 & -1.48 \\
.00 & -4.36 & -5.33 & -.96 & -.74 & -5.10 & -6.06 & -1.70
\end{bmatrix}
= [\mathbf{P_V}]
\quad
\begin{matrix}
X_V \\
Y_V \\
Z_V
\end{matrix}
$$

Diesen Schritt kann man sich ersparen, wenn $[\mathbf{T_{GV}}]$ gleich mit in die Transformationsmatrix einbezogen wird:

$$[\mathbf{T}] = [\mathbf{T_{GV}}] \cdot [\mathbf{R_{-\beta}}] \cdot [\mathbf{R_{+\gamma}}]$$

$$
\begin{bmatrix}
.938 & .346 & \\
-.346 & .938 & \\
 & & 1
\end{bmatrix}
\quad [\mathbf{R_{+\gamma}}]
$$

$$
\begin{bmatrix}
.930 & & .367 \\
 & 1 & \\
-.367 & & .930
\end{bmatrix}
\begin{bmatrix}
.873 & .322 & .367 \\
-.346 & .938 & .000 \\
-.345 & -.127 & .930
\end{bmatrix}
\quad [\mathbf{R_{-\beta}}] \cdot [\mathbf{R_{+\gamma}}]
$$

$$
\begin{bmatrix}
 & 1 & \\
 & & -1 \\
-1 & &
\end{bmatrix}
\begin{bmatrix}
-.346 & .938 & .000 \\
.345 & .127 & -.930 \\
-.873 & -.322 & -.367
\end{bmatrix}
\quad [\mathbf{T_{GV}}] \cdot [\mathbf{R_{-\beta}}] \cdot [\mathbf{R_{+\gamma}}]
$$

Hiermit wird hinreichend deutlich, wie vorteilhaft die Transformationsmatrix aus den Komponenten der Projektionsrichtung aufgebaut werden kann. Das Drehen von Objekten um Koordinatenachsen wird nochmals interessant bei der Einbeziehung von Beleuchtung.

8.2.1.3 Axonometrische Projektionen

„Axonometrie" ist lediglich der Hinweis darauf, dass zusätzlich zum abgebildeten Objekt die Koordinatenachsen mitprojiziert werden. Durch die Lage der Achsen und die ggf. abgebildeten Maßeinheiten auf diesen ist eine genauere Bestimmung der Lage des Objekts zum Koordinatensystem und der wahren Längen von achsenparallelen Strecken möglich.

Es wird eine orthographische Parallelprojektion auf einer Projektionsebene erzeugt, die nicht parallel zu einer der drei Koordinatenebenen liegt. Die beiden gebräuchlichsten Projektionen sind folgende.

- **Isometrisch**: Die Projektionsrichtung bildet gleiche Winkel mit den drei Koordinatenachsen. Folglich schneidet die Projektionsebene alle drei Achsen in gleicher Entfernung vom Ursprung, und die Projektionsebene steht auf keiner der Achsen senkrecht. Die Skalierung für alle drei Achsen ist einheitlich, d.h., die Abmessungen des Objekts werden im gleichen Maßstab dargestellt, also ist das Seitenverhältnis x : y : z = 1 : 1 : 1. Senkrechte Kanten der Z-Richtung bleiben senkrecht.
- **Dimetrisch**: Die Winkel zwischen Projektionsrichtung und nur zwei Koordinatenachsen sind gleich. Senkrechte Kanten der Z-Richtung bleiben senkrecht. Die standardisierte dimetrische Projektion ist festgelegt in der ISO 5456-3 und wird hauptsächlich im technischen Zeichnen eingesetzt. Die dort festgelegten gerundeten Parameter sind: Die X-Richtung ist 42°, die Y-Richtung ist 7° gegen die Waagerechte geneigt; das Seitenverhältnis ist x : y : z = 0,5 : 1 : 1, mit x als Tiefenrichtung.

Isometrische Projektion

Die Projektionsrichtung für eine isometrische Projektion zu finden ist recht einfach, da es nur eine Möglichkeit gibt, bei der die Projektionsrichtung gleiche Winkel mit den drei Koordinatenachsen bildet.

In Abb. 8.18 dargestellt ist der Einheitswürfel mit der Kantenlänge 1 im Ursprung des Koordinatensystems. Die Projektionsrichtung ist die Raumdiagonale von der Ecke $(1, 1, 1)$ zum Ursprung $(0, 0, 0)$. Andere Raumdiagonalen zum Ursprung – z. B. von den Ecken $(1, 1, -1)$ oder $(-1, -1, -1)$ und weitere – führen zu ähnlichen Projektionen und sind nichts Neues. Die Projektionsebene schneidet die Ecken des Einheitswürfels auf den Koordinatenachsen und ist dadurch so geneigt, dass sie auf der Projektionsrichtung senkrecht steht.

Zur rechnerischen Behandlung greifen wir auf Abschn. 8.1.3 zurück. Unser **View**koordinatensystem ist in den Ursprung verschoben, liegt auf der Projektionsebene und die Achse $\mathbf{Z_V}$ fällt mit der Projektionsrichtung zusammen. Für eine Projektionsrichtung durch den Ursprung gilt die dort gegebene Transformationsmatrix $[\mathbf{T}]$ ebenfalls für isometrische Projektionen (Abb. 8.19). Mit den Komponenten der Projektionsrichtung $\{\mathbf{v}\} = (-1, -1, -1)$ ergibt sich:

		Global-	
	X	Y	Z

View-		X	Y	Z											
	X_V	v_y	$-v_x$	0		-1	1	0			$-0{,}707$	$0{,}707$	0	
	Y_V	$v_x \cdot v_z$	$v_y \cdot v_z$	$-v_x^2 - v_y^2$	$\Rightarrow$	1	1	-2	$\triangleq$		$0{,}408$	$0{,}408$	$-0{,}816$	$= [\mathbf{T}]$
	Z_V	v_x	v_y	v_z		-1	-1	-1			$-0{,}577$	$-0{,}577$	$-0{,}577$	

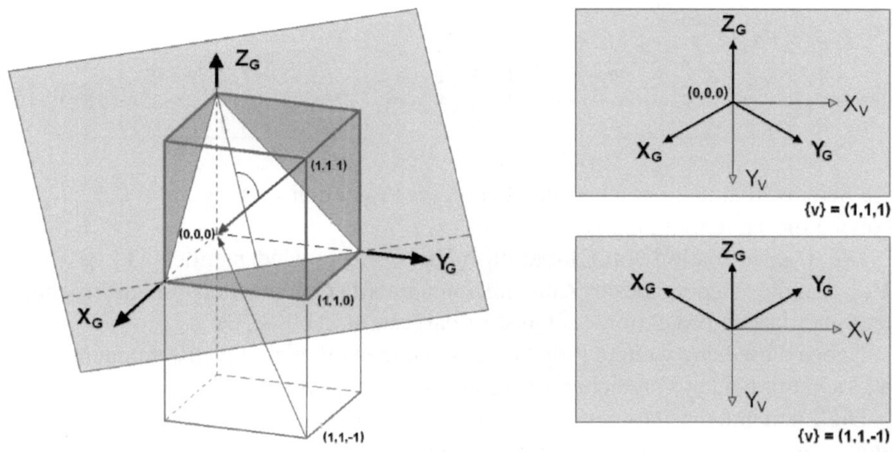

Abb. 8.18 Einheitswürfel mit Kantenlänge 1 im Ursprung des Koordinatensystems. *Rechts*: projizierte Koordinatenachsen für die Raumdiagonalen $\{v\} = (1, 1, 1)$ und $\{v\} = (1, 1, -1)$ zum Ursprung $(0, 0, 0)$. In beiden Fällen schließt die $\mathbf{X_G}$- und die $\mathbf{Y_G}$-Achse einen Winkel von 30° mit der Horizontalen ein und die $\mathbf{Z_G}$-Achse steht senkrecht. Diese ganz spezielle Lage der Projektionsrichtung führt zu gleichen Verzerrungen in allen drei Achsen, und somit bleibt das Seitenverhältnis $x : y : z = 1 : 1 : 1$ gewahrt

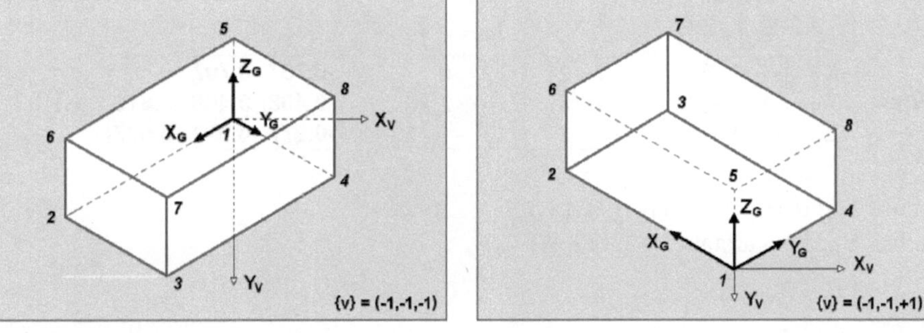

Abb. 8.19 Isometrische Projektionen des Beispielquaders. *Links* $\{v\} = (-1. - 1, -1)$; *rechts* $\{v\} = (-1, -1, 1)$

Dimetrische Projektion

Eine dimetrische Projektion ergibt sich bei einer Projektionsrichtung $\{v\} = (\sqrt{7}, 1, 1)$. Die weitere Aufbereitung ist völlig analog zu den anderen Beispielen. Wir verwenden also wieder $\mathbf{Z_V}$ als Projektionsrichtung und setzen deren Komponenten mit $-\{v\}$ in die Transformationsmatrix $[\mathbf{T}]$ ein. Die $\mathbf{X_V}$-Achse ist damit auch bekannt, und Achse $\mathbf{Y_V}$ erhalten wir wieder über das Vektorprodukt $\{\mathbf{Y_V}\} = \{\mathbf{Z_V}\} \times \{\mathbf{X_V}\}$. $[\mathbf{T}]$ sieht dann folgendermaßen aus (rechts die zu Einheitsvektoren normierten Komponenten):

$$\text{View-}\ \begin{array}{c}X_V\\Y_V\\Z_V\end{array}\ \begin{array}{|ccc|}\hline v_y & -v_x & 0\\ v_x\cdot v_z & v_y\cdot v_z & -v_x^2-v_y^2\\ v_x & v_y & v_z\\\hline\end{array}\ \Rightarrow\ \begin{array}{|ccc|}\hline -1 & \sqrt{7} & 0\\ \sqrt{7} & 1 & -8\\ -\sqrt{7} & -1 & -1\\\hline\end{array}\ \Rightarrow\ \begin{array}{|ccc|}\hline -1/(2\cdot\sqrt{2}) & \sqrt{7}/(2\cdot\sqrt{2}) & 0\\ \sqrt{7}/(6\cdot\sqrt{2}) & 1/(6\cdot\sqrt{2}) & -8/(6\cdot\sqrt{2})\\ -\sqrt{7}/3 & -1/3 & -1/3\\\hline\end{array}=[\,T\,]$$

with column headers $\text{Global-}\ X\ Y\ Z$.

Die Seitenverhältnisse ergeben sich bei dieser Projektion zu x : y : z = 0,5 : 1 : 1, wobei x die Tiefenrichtung ist.

Die Transformation von **Global** nach **View** erfolgt wieder mittels $[\mathbf{T}]\cdot[\mathbf{P_G}]=[\mathbf{P_V}]$. Auf die Wiedergabe der Zahlenrechnung wird verzichtet und nur das Ergebnis der dimetrischen Projektion des Quaders dargestellt (Abb. 8.20)

Neben dieser sind weitere Projektionsrichtungen möglich. Jede Komponente von $\{\mathbf{v}\}$ kann mit beiden Vorzeichen verwendet werden, also $\{\mathbf{v}\}=(\pm\sqrt{7},\pm1,\pm1)$.

Die Elemente der normierten Transformationsmatrix $[\mathbf{T}]$ sind die Richtungscosinus zwischen den Achsen des Global- und denen des Viewsystems. Mit diesen Daten lassen sich die Winkel zwischen der $\mathbf{X_G}$- und $\mathbf{Y_G}$-Achse zur Waagerechten, also zur horizontalen $\mathbf{X_V}$-Achse des Viewsystems, unmittelbar aus der normierten $[\mathbf{T}]$ ablesen.

Daten aus der isometrischer Projektion, wobei die Achse $\mathbf{Z_G}$ wegen $T_{(1,3)}=0$ in beiden Fällen senkrecht auf $\mathbf{X_V}$ steht, sind:

$$\text{View-}\ \begin{array}{c}X_V\\Y_V\\Z_V\end{array}\ \begin{array}{|ccc|}\hline -1 & 1 & 0\\ 1 & 1 & -2\\ -1 & -1 & -1\\\hline\end{array}\ \Rightarrow\ \begin{array}{|ccc|}\hline -1/\sqrt{2} & 1/\sqrt{2} & 0\\ 1/\sqrt{6} & 1/\sqrt{6} & -2/\sqrt{6}\\ -1/\sqrt{3} & -1/\sqrt{3} & -1/\sqrt{3}\\\hline\end{array}\ =\ \begin{array}{|ccc|}\hline -0{,}707 & 0{,}707 & 0\\ 0{,}408 & 0{,}408 & -0{,}816\\ -0{,}577 & -0{,}577 & -0{,}577\\\hline\end{array}=[\,T\,]$$

with column headers $\text{Global-}\ X\ Y\ Z$ for each matrix.

Achse $\mathbf{X_G}$: $\alpha = \arctan(T_{(2,1)}/T_{(1,1)})$
Achse $\mathbf{Y_G}$: $\beta = \arctan(T_{(2,2)}/T_{(1,2)})$

– isometrisch

$\alpha = \arctan((1/\sqrt{6})/-(1/\sqrt{2})) = -30°$
$\beta = \arctan((1/\sqrt{6})/(1/\sqrt{2})) = 30°$

– dimetrisch

$\alpha = \arctan(\sqrt{7}/-3) = -41{,}4096°$
$\beta = \arctan(1/(3\cdot\sqrt{7})) = 7{,}1808°$

8.2.2 Schiefe Parallelprojektionen

Bei der orthographischen Parallelprojektion ist die Projektionsebene bereits festgelegt durch die Projektionsrichtung, nämlich senkrecht zu dieser. Bei der schiefen Parallelprojektion wird diese starre Zuordnung von Projektionsrichtung und -ebene aufgegeben. Man ist also in der Wahl seiner Projektionsebene völlig frei, und naheliegend ist anfangs, auf eine der Koordinatenebenen des **Global**systems $(\mathbf{XYZ})_G$ zu projizieren.

Abb. 8.20 Dimetrische Projektion des Beispielquaders

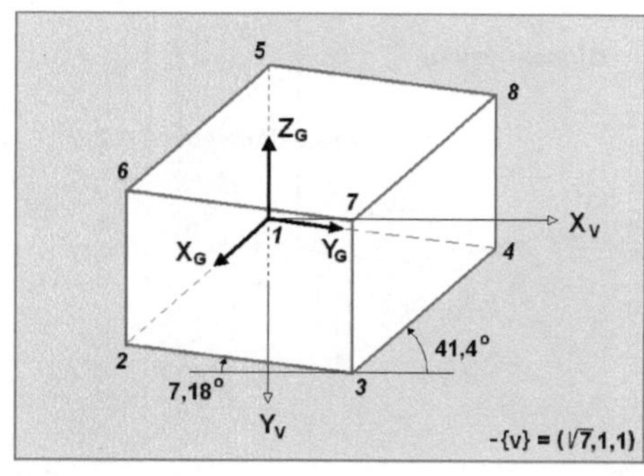

Abb. 8.21 Schiefe Parallelprojektion. Die geometrischen Zusammenhänge sind wie folgt abzulesen: $v_0 = \sqrt{(v_x^2 + v_y^2)}$, $\tan(\beta) = v_z/v_0$, $\sin(\gamma) = v_y/v_0$, $\tan(\gamma) = v_y/v_x$, $\cos(\gamma) = v_x/v_0$

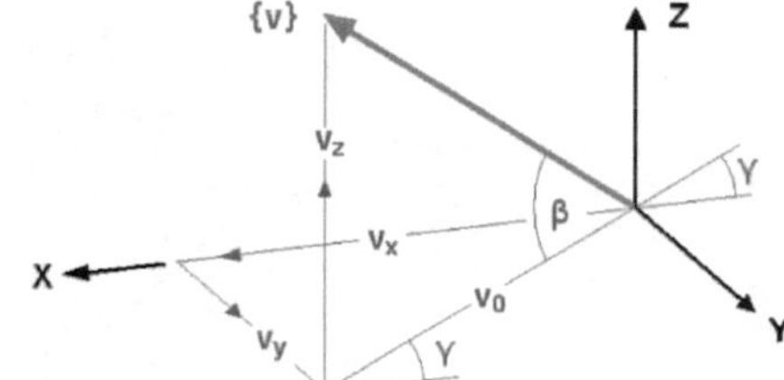

8.2.2.1 Schiefe Parallelprojektionen auf Koordinatenebenen

Der Projektionsvektor $\{v\}(v_x, v_y, v_z)$ liegt schräg im Raum. Bei dieser allgemeinen Lage kann auf jede der drei Koordinatenebenen projiziert werden. Für die „Schiefe" einer Projektion sind die beiden Winkel β und γ verantwortlich, die sich aus den Komponenten der Projektionsrichtung ergeben (Abb. 8.21).

In Abb. 8.22 wird der Punkt $\mathbf{P}(x, y, z)$ mit einer schiefen Parallelprojektion nach $\mathbf{P}'(x, y, z)$ projiziert. Für die Projektion auf die $\mathbf{YZ_G}$-Ebene (Abb. 8.22 oben) gilt:

$$P'_x = 0$$
$$P'_y = P_y - x \cdot \tan(\gamma)$$
$$P'_z = P_z - x \cdot \tan(\beta)/\cos(\gamma)$$

Die Winkelfunktionen werden durch obige Projektionskomponenten ersetzt (wobei sich die Hilfsgröße v_0 eliminiert). Das Ganze in Matrizenform gebracht ergibt folgende Transformationsmatrix zur Projektion auf die $\mathbf{YZ_G}$-Ebene:

			x
			y
			z
0	0	0	**x'**
$-v_y/v_x$	1	0	**y'**
$-v_z/v_x$	0	1	**z'**

$$[\mathbf{T_{YZ_G}}] \cdot \{\mathbf{P}\} = \{\mathbf{P'}\}$$

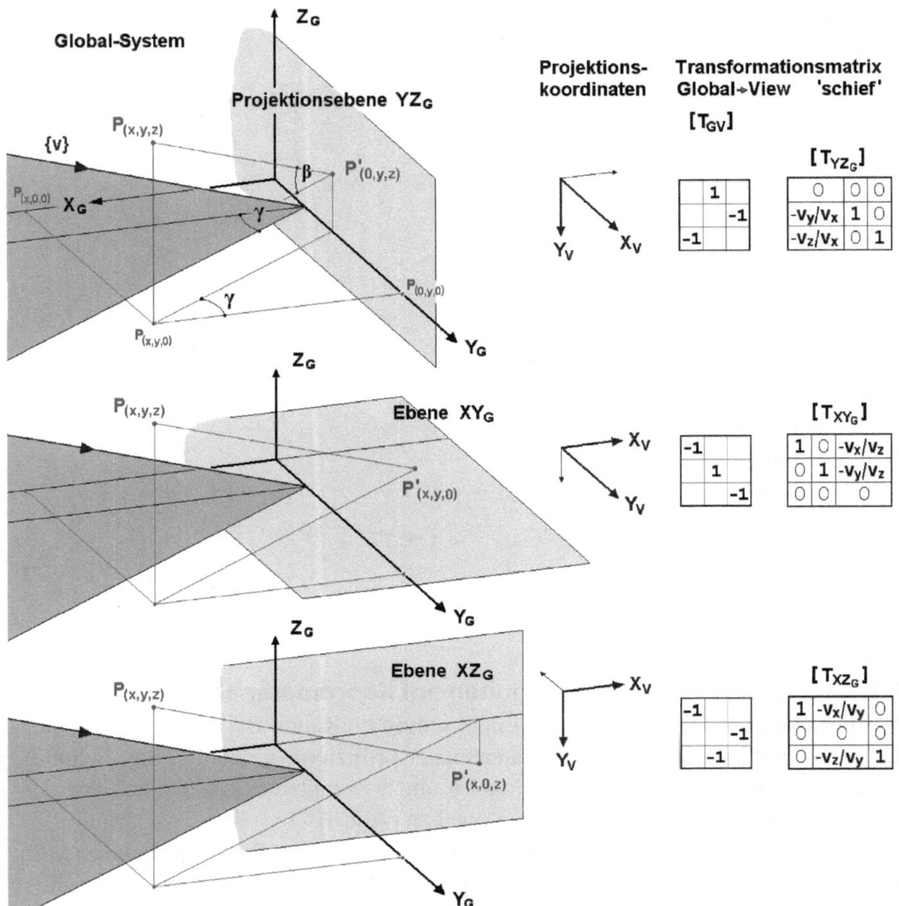

Abb. 8.22 Alle drei Transformationsmöglichkeiten mit den zugehörigen Transformationsmatrizen

Die so berechneten Koordinaten sind immer noch Globalkoordinaten. Die Umrechnung in Projektionskoordinaten läuft lediglich auf ein Umsortieren in die neuen Richtungen X_V und Y_V hinaus. Abbildung 8.22 zeigt alle drei Transformationsmöglichkeiten mit den zugehörigen Transformationsmatrizen.

Bei Auswahl der Projektionsebene wird diejenige die beste Darstellung liefern, die zur Projektionsrichtung näherungsweise senkrecht steht. Dies lässt sich leicht feststellen anhand der betragsgrößten Komponente des Projektionsvektors: ist z. B. die $|y|$-Komponente am größten, wird auf die XZ-Ebene projiziert. Flache Winkel führen zu ungünstigen gestreckten Darstellungen.

Wir projizieren wieder unseren Quader mit den zuvor verwendeten Daten auf die YZ_G-Ebene. Mit den Komponenten der Projektionsrichtung $\{v\}(-19, -7, -8)$

ist die Transformationsmatrix (zur Verbesserung der Übersichtlichkeit sind alle 0-Werte in dieser und den folgenden Matrizen weggelassen):

$$[\mathbf{T_{YZ_G}}] = \begin{bmatrix} 0 & 0 & 0 \\ -v_y/v_x & 1 & 0 \\ -v_z/v_x & 0 & 1 \end{bmatrix} = \begin{bmatrix} & & \\ -.368 & 1. & \\ -.421 & & 1. \end{bmatrix}$$

Die Multiplikation $[\mathbf{T_{YZ,G}}] \cdot [\mathbf{P_G}]$ liefert in gewohnter Weise die transformierten Koordinaten $[\mathbf{P'_G}]$ im Globalsystem. Erst die Vormultiplikation mit $[\mathbf{T_{GV}}]$ – also die Transformation von Global nach View – liefert die View-, also Projektionskoordinaten $[\mathbf{P_V}]$.

$$[\mathbf{T_{YZ,G}}] \cdot [\mathbf{P_G}] = [\mathbf{P'_G}]$$
$$[\mathbf{T_{GV}}] \cdot [\mathbf{P'_G}] = [\mathbf{P_V}]$$

			Knoten 1	2	3	4	5	6	7	8		Richtung
				5.0	5.0			5.0	5.0			X_G
					3.0	3.0			3.0	3.0		Y_G
							2.0	2.0	2.0	2.0		Z_G
												X_G
-.368	1.				-1.84	1.16	3.0		-1.84	1.16	3.0	$= [\mathbf{P'_G}]$	Y_G
-.421		1			-2.10	-2.10		2.0	-.10	-.10	2.0		Z_G
	1				-1.84	1.16	3.0		-1.84	1.16	3.0	X_V
		-1			2.10	2.10		-2.0	.10	.10	-2.0	$= [\mathbf{P_V}]$	Y_V
-1													

In Abb. 8.23 sind alle drei Projektionen im gleichen Maßstab dargestellt. Die obere ist annähernd vergleichbar mit der senkrechten Projektion in Abschn. 8.2.1.2. Die beiden anderen Bilder zeigen die Projektion auf die beiden anderen Koordinatenebenen bei gleicher Projektionsrichtung. Da jeweils eine Facette des Quaders (farblich hervorgehoben) bereits in der Projektionsebene liegt, wird diese nicht transformiert. Die Projektionsfläche ist nach allen Seiten unbegrenzt und enthält die farblich hervorgehobene Facette.

Die blauen Darstellungen zeigen die Projektionen des Quaders für die gegebene Projektionsrichtung auf jede der drei Projektionsflächen im Globalsystem. Weil diese Richtung nicht mit unserer Blickrichtung auf das Papier oder den Bildschirm übereinstimmt, entspricht diese Darstellung nicht der Sicht des Beobachters entlang der Projektionsrichtung. Erst die roten Darstellungen auf die Projektionsebenen $\mathbf{XY_V}$ geben die Sicht des Beobachters wieder, denn die Achse $\mathbf{Z_V}$ fällt nun mit der Projektionsrichtung und der Blickrichtung zusammen.

8.2.2.2 Kavalier- und Kabinettprojektionen

Diese beiden historischen Projektionsarten gehören zum vorherigen Thema (siehe auch Übersicht Abschn. 2.2.3 und Abschn. 8.1.5). Für beide wird auf die Angabe einer Projektionsrichtung {v} verzichtet und stattdessen fest mit 45° oder 30° zur Horizontalen projiziert. Außerdem sind die Seitenverhältnisse festgelegt:

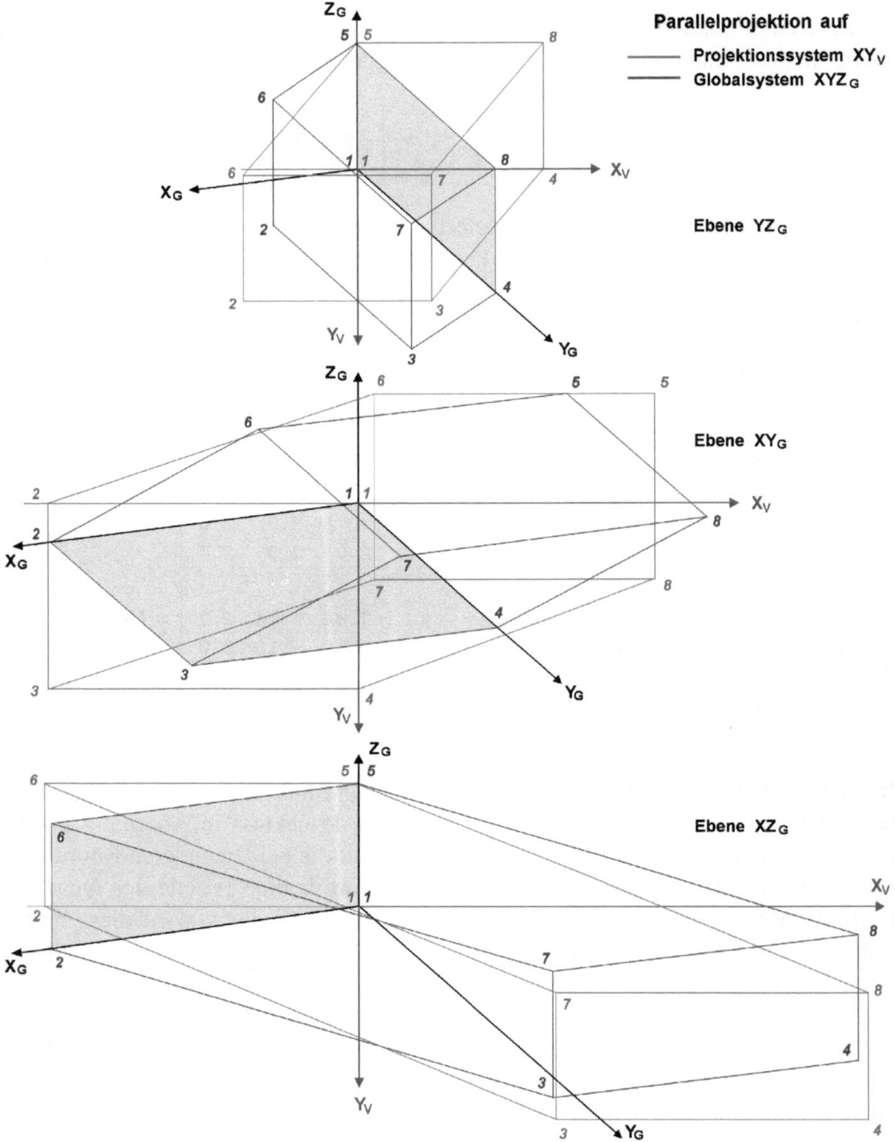

Abb. 8.23 Parallelprojektion auf Ebene YZ_G (*oben*), auf Ebene XY_G (*Mitte*) und auf Ebene XZ_G (*unten*)

- Kavalierprojektion: Die parallel zur Projektionsebene liegenden Kanten werden nicht verkürzt, die in die Tiefe verlaufenden verkürzen sich auf die Hälfte; Seitenverhältnisse 1 : 1 : 0,5.
- Kabinettprojektion: Alle Kanten werden unverkürzt dargestellt; Seitenverhältnisse 1 : 1 : 1.

Die Projektionskoordinaten $\mathbf{X_V}$, $\mathbf{Y_V}$ erhalten wir wie im Beispiel oben beim Übergang von Global nach View durch Vormultiplikation mit $[\mathbf{T_{GV}}]$ und einer der Projektionsmatrizen. Das führt immer zu einer Transformationsmatrix mit folgendem Aufbau:

Projektionsebene		$\mathbf{YZ_G}$			$\mathbf{XY_G}$			$\mathbf{XZ_G}$		
globale Achsen		X_G	Y_G	Z_G	X_G	Y_G	Z_G	X_G	Y_G	Z_G
Projektions-	$\mathbf{X_V}$	$-t_{1,x}$	1	0	-1	0	$t_{1,z}$	-1	$t_{1,y}$	0
Achsen	$\mathbf{Y_V}$	$t_{2,x}$	0	-1	0	1	$-t_{2,z}$	0	$t_{2,y}$	-1
		0	0	0	0	0	0	0	0	0

Die Winkel zur Horizontalen haben wir bereits im Abschn. 8.2.1.3 bei den axonometrischen Projektionen berechnet. Die Globalachsen $\mathbf{XYZ_G}$ haben Komponenten in den Projektionsachsen $\mathbf{X_V}$ und $\mathbf{Y_V}$; die zugehörigen Winkel sind leicht abzulesen. Bleiben wir bei der Projektion auf die $\mathbf{YZ}$-Ebene:

$$\mathbf{X_G}: \quad \tan(|t_{2,x}/t_{1,x}|) = 1 \quad \to \alpha = 45°; \quad \text{bei} \tan(|t_{2,x}/t_{1,x}|)\,1/\sqrt{3} \to \alpha = 30°$$

$$\mathbf{Y_G}: \quad \tan(0/1) = 0 \quad \to \beta = 0°$$

$$\mathbf{Z_G}: \quad \tan(|-1/0|) = \infty \quad \to \gamma = 90°$$

Die Matrixelemente $t_{i,k}$ legen nicht nur die Richtungen fest, sondern auch die Seitenverhältnisse. An den Transformationsmatrizen wird deutlich, dass jeweils zwei Achsen unverkürzt bleiben. Läuft die Achse $\mathbf{X_G}$ unter $45°$ und wären die $t_{i,k} = 1$, dann ergibt das eine Seitenlänge von $\sqrt{2}$ für $\mathbf{X_G}$, die folglich mit $\frac{1}{2} \cdot \sqrt{2}$ wieder auf die Länge 1 reduziert werden muss. Bei der Kavalierprojektion ist die schräge Länge in Tiefenrichtung gemäß Definition nochmals zu halbieren (Abb. 8.24).

Bei $30°$-Richtung stehen für die beiden unbekannten Komponenten $t_{1,x}$ und $t_{2,x}$ 2 Gleichungen zur Verfügung: $t_{2,x}/t_{1,x} = 1/\sqrt{3}$ und $t_{1,x}^2 + t_{2,x}^2 = 1$, was zu den angegebenen Werten führt.

8.2.2.3 Allgemeine schiefe Parallelprojektionen

Bei Projektionen auf die Koordinatenebenen steht der zugehörige Normalenvektor senkrecht auf der Projektionsfläche und zeigt in Richtung einer Achse des Globalsystems. Für die Auswahl genügt eine Angabe: entweder Projektionsrichtung = Globalachse oder Projektionsebene. Für eine allgemeine schiefe Parallelprojektion wird beides gebraucht, wobei die Projektionsebene durch ihren Normalenvektor $\{\mathbf{n}\}$ definiert ist.

Zuerst empfiehlt es sich, die Gültigkeit von $\{\mathbf{n}\}$ an der Projektionsrichtung $\{\mathbf{v}\}$ zu prüfen. Dazu berechnen wir das Skalarprodukt, das den Cosinus des eingeschlossenen Winkels zwischen beiden Vektoren liefert:

$$\cos \varphi = (\mathbf{v}) \cdot \{\mathbf{n}\}$$

Hierin wird $(\mathbf{v})$ als Zeilenvektor von $\{\mathbf{v}\}$ verwendet, gleichbedeutend mit $\{\mathbf{v}\}^t$. Beim Skalarprodukt ist darauf zu achten, dass die Vektoren zur Länge $= 1$ normiert sind.

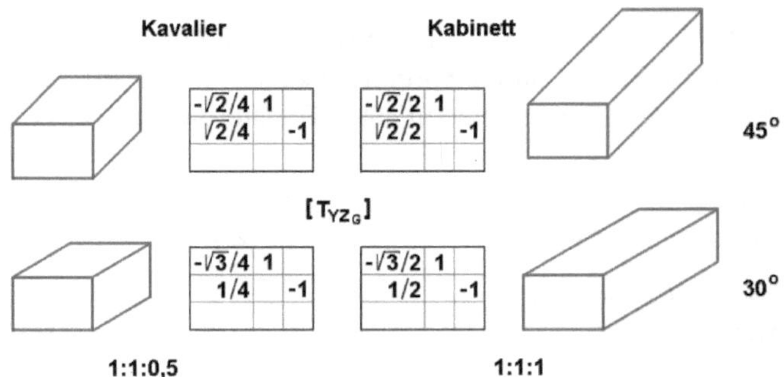

Abb. 8.24 Beispielquader mit den jeweils zugehörigen Transformationsmatrizen in den Projektionskoordinaten $\mathbf{X_V}$, $\mathbf{Y_V}$ für alle vier Projektionen auf die **YZ**-Ebene. Die Projektionsmatrizen für die beiden anderen Koordinatenebenen sind mit den Angaben oben leicht zu bestimmen

Da (**v**) auch in der Transformationsmatrix $[\mathbf{T_{GV}}]$ als 3. Zeile enthalten ist, liefert die Transformation $[\mathbf{T_{GV}}] \cdot \{\mathbf{n}\}$ ebenfalls das Skalarprodukt in der 3. Zeile. Es sind drei Ergebnisse möglich:

$$[\mathbf{T_{GV}}] \cdot \{\mathbf{n}\} = \begin{Bmatrix} 0 \\ 0 \\ 0 \end{Bmatrix} \quad = \begin{Bmatrix} * \\ * \\ \pm 1 \end{Bmatrix} \quad = \begin{Bmatrix} * \\ * \\ * \end{Bmatrix}$$

- $\cos \varphi = 0$, die Normale $\{\mathbf{n}\}$ steht senkrecht auf $\{\mathbf{v}\}$, folglich liegt die Projektionsebene parallel zur Projektionsrichtung; Projektion nicht möglich.
- $\cos \varphi = \pm 1$, die Normale liegt parallel zur Projektionsrichtung, die Projektionsebene steht senkrecht zur Projektionsrichtung, orthografische Parallelprojektion.
- $\cos \varphi =$ beliebig, schiefe Parallelprojektion.

Die Projektion lässt sich bereits mit den Methoden der Projektion auf Koordinatenebenen durchführen. Kurzgefasst sind folgende Schritte nötig:

- Verschieben der Projektionsebene in den Ursprung des Globalsystems;
- Objekt/Szenerie einschließlich Projektionsrichtung $\{\mathbf{v}\}$ so drehen, dass die Richtung von $\{\mathbf{n}\}$ parallel zu einer der Globalachsen ist;
- Projektion auf eine der Koordinatenebenen wie in Abschn. 8.2.2.1.

Diesen Umweg können wir vermeiden, indem wir eine orthographische Parallelprojektion erzeugen und die „Schiefe" nachträglich realisieren. Dies ist nur möglich bei einer Parallelprojektion, bei der alle Knoten einheitlich transformiert werden. Im Gegensatz hierzu transformiert sich bei der Zentralprojektion jeder Knoten individuell gemäß seiner homogenen Koordinaten.

Zur nachträglichen Realisierung der „Schiefe" ist die Situation einer allgemeinen schiefen Parallelprojektion mit einem beliebigen Normalenvektor $\{\mathbf{n}\}$ der Projektionsebene nochmals in Abb. 8.25 dargestellt.

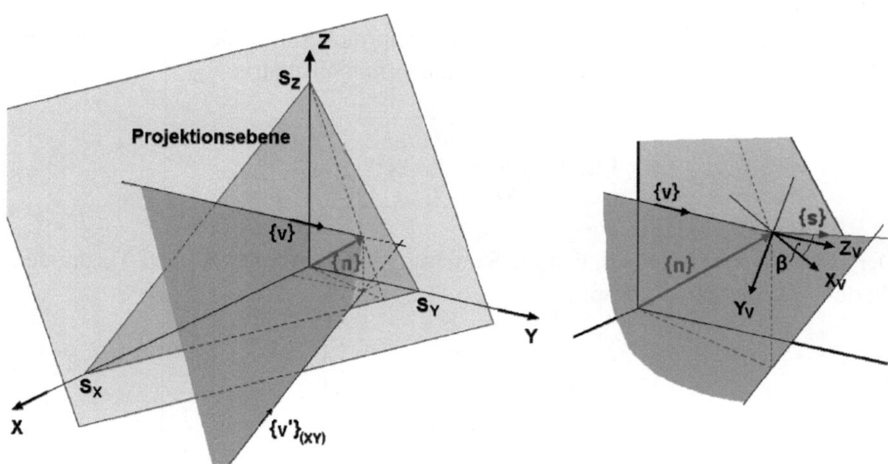

Abb. 8.25 Allgemeine schiefe Parallelprojektion. *Erläuterungen*: {**v**} Vektor der Projektionsrichtung, {**v′**}$_{XY}$ seine Projektion auf die **XY**-Ebene, **S**$_{XYZ}$ die Achsenschnittpunkte der Projektionsebene, die darüber hinaus unbegrenzt ist, **XYZ**$_V$ das View-/Projektionskoordinatensystem, wobei {**Z**$_V$} = {**v**}, {**s**} Vektor der Schnittgeraden von 2 Ebenen, β Schwenkwinkel um **Y**$_V$-Achse, α Kippwinkel um **X**$_V$-Achse

Wir generieren eine schiefe Parallelprojektion in zwei Schritten: Zunächst wird eine orthographische Parallelprojektion erzeugt und anschließend die „Schiefe" der Projektionsebene durch Kippen um die Achse **X**$_V$ und Schwenken um **Y**$_V$ berücksichtigt. Beides erreicht man durch Skalierung der Darstellung in diesen Achsen.

Die beiden Winkel berechnen sich wie folgt.

- Schwenken um Achse **Y**$_V$: Die Projektionsebene und die Ebene gebildet durch {**Z**$_V$} und {**X**$_V$} haben eine gemeinsame Schnittkante. Der sie repräsentierende Vektor {**s**} kann leicht als Vektorprodukt bestimmt werden aus den beiden Normalen der Ebenen:

$$\{s\} = \{n\} \times \{Y_V\}$$

Der Schwenkwinkel ergibt sich jetzt als Skalarprodukt (mit den normierten Vektoren) zu $\cos\beta = (s) \cdot \{X_V\}$.

- Kippen um Achse **X**$_V$: Die Projektionsebene und die Ebene gebildet durch {**Z**$_V$} und {**Y**$_V$} haben ebenfalls eine gemeinsame Schnittkante mit einem zweiten Vektor {**s**}:

$$\{s\} = \{n\} \times \{X_V\}$$

Der Kippwinkel ergibt sich wieder als Skalarprodukt zu $\cos\alpha = (s) \cdot \{Y_V\}$.

Der erste Teil – die orthographische Parallelprojektion – läuft ab wie in Abschn. 8.2.1.2 mit der dort angegebenen Transformationsmatrix

$$[T_{GV}] = \begin{array}{|c|c|c|} \hline v_y & -v_x & 0 \\ \hline v_x \cdot v_z & v_y \cdot v_z & -v_x{}^2 -v_y{}^2 \\ \hline v_x & v_y & v_z \\ \hline \end{array}$$

Der zweite Teil besorgt lediglich die Skalierung in den Achsen X_V und Y_V mit den Werten $1/\cos\alpha$ bzw. $1/\cos\beta$.

$$[T_S] = \begin{array}{|c|c|c|} \hline 1/\cos\alpha & & \\ \hline & 1/\cos\beta & \\ \hline & & 1 \\ \hline \end{array}$$

Zur Projektion unseres Quaders auf eine beliebige Projektionsebene mit zugehörigem Normalenvektor $\{n\}(1, 3, 2)$ greifen wir auf die Rechnung im Abschn. 8.2.1.2 zurück. Die Projektionsrichtung behalten wir bei mit dem Vektor $\{v\}(-19, -7, -8)$ und der zugehörigen Transformationsmatrix $[T_{GV}]$ von Global nach View:

$$\begin{array}{|c|c|c|} \hline v_y & -v_x & 0 \\ \hline v_x \cdot v_z & v_y \cdot v_z & -v_x{}^2 -v_y{}^2 \\ \hline v_x & v_y & v_z \\ \hline \end{array} \Rightarrow \begin{array}{|r|r|r|} \hline -7 & 19 & 0 \\ \hline 152 & 56 & -410 \\ \hline -19 & -7 & -8 \\ \hline \end{array} \Rightarrow \begin{array}{|r|r|r|} \hline -0{,}346 & 0{,}938 & 0 \\ \hline 0{,}345 & 0{,}127 & -0{,}930 \\ \hline -0{,}873 & -0{,}322 & -0{,}367 \\ \hline \end{array} = [T_{GV}]$$

Der Normalenvektor der Projektionsebene ist:

$$\{n\} = \begin{array}{|c|} \hline 1 \\ \hline 3 \\ \hline 2 \\ \hline \end{array} \triangleq \begin{array}{|c|} \hline 0{,}267 \\ \hline 0{,}802 \\ \hline 0{,}534 \\ \hline \end{array}$$

Schwenken um Achse Y_V mit Winkel β:

$$\{n\} \times \{X_V\} = \begin{array}{|c|} \hline 0{,}267 \\ \hline 0{,}802 \\ \hline 0{,}534 \\ \hline \end{array} \times \begin{array}{|c|} \hline -0{,}346 \\ \hline 0{,}938 \\ \hline 0 \\ \hline \end{array} = \begin{array}{|c|} \hline -0{,}501 \\ \hline -0{,}185 \\ \hline 0{,}528 \\ \hline \end{array} \to \begin{array}{|c|} \hline -0{,}667 \\ \hline -0{,}246 \\ \hline 0{,}703 \\ \hline \end{array} = \{s\}$$

$$|s| = 0{,}751$$

$$\{Y_V\} \cdot \{s\} = \begin{array}{|c|c|c|} \hline 0{,}345 & 0{,}127 & -0{,}930 \\ \hline \end{array} \ \begin{array}{|c|} \hline -0{,}915 \\ \hline \end{array} = \cos\beta$$

Kippen um Achse X_V mit Winkel α: **0,721 $=$ cos$\,\alpha$**

Das Vorzeichen bei den berechneten Winkeln ist nicht weiter von Belang, liefert doch der Winkel $\pm\alpha$ bzw. $\pm\beta$ jeweils den gleichen Cosinus.

Wie oben schon erwähnt, vollziehen wir die Zahlenrechnung in zwei Schritten (Abb. 8.26):

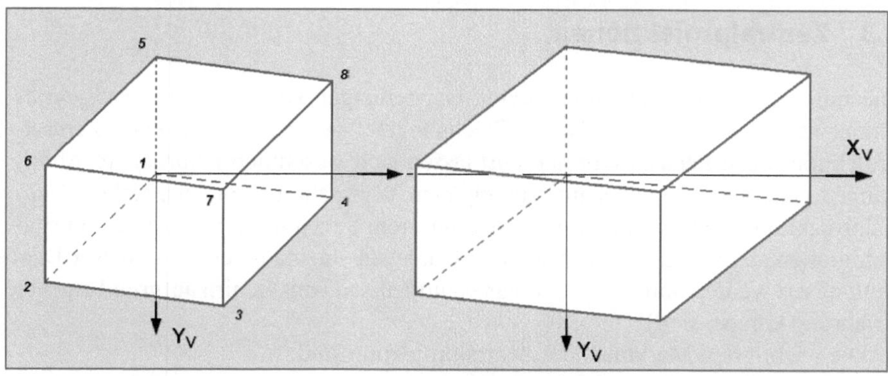

Abb. 8.26 Beispielquader in Projektionskoordinaten. *Links*: in orthographischer Parallelprojektion, *rechts* Quader projiziert auf die schiefe Projektionsebene

Abb. 8.27 Ermittlung des Kipp- und des Schwenkwinkels

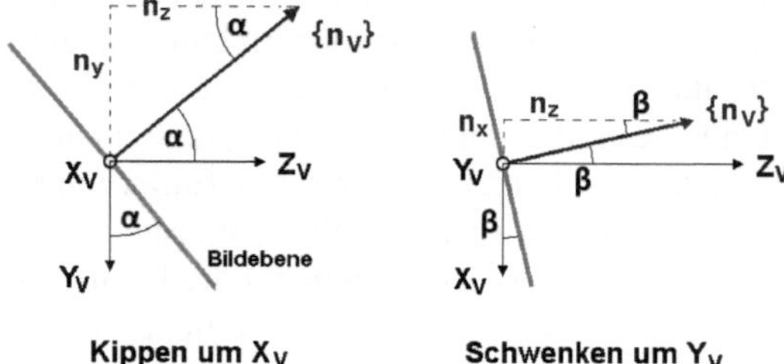

- orthographische Projektion $[\mathbf{T_{GV}}] \cdot [\mathbf{P_G}] = [\mathbf{P_V}]_{ortho}$
- Skalierung $[\mathbf{T_S}] \cdot [\mathbf{P_V}]_{ortho} = [\mathbf{P_V}]_{schief}$

										Richtung
			5.0	5.0			5.0	5.0		X_G
				3.0	3.0			3.0	3.0	Y_G
						2.0	2.0	2.0	2.0	Z_G
-.346	.938		-1.73	1.09	2.82		-1.73	1.09	2.82	X_G
.345	.127	-.930	1.72	2.10	.38	-1.86	-.14	.24	-1.48	$= [\mathbf{P_V}]_{ortho}$ Y_G
-.873	-.322	-.367	-4.36	-5.33	-.96	-.74	-5.10	-6.06	-1.70	Z_G
1.387			-2.40	1.51	3.90		-2.40	1.51	3.90	X_V
	1.093		1.88	2.30	.42	-2.03	-.15	.27	-1.62	$= [\mathbf{P_V}]_{schief}$ Y_V
		1.0	-4.36	-5.33	-.96	-.74	-5.10	-6.06	-1.70	Z_V

Den Kipp- und Schwenkwinkel kann man auch unmittelbar aus dem transformierten Normalenvektor der Projektionsebene ermitteln (Abb. 8.27); Indices $_G$ und $_V$:

$$[\mathbf{T_{GV}}] \cdot \{\mathbf{n_G}\} = \{\mathbf{n_V}\}$$

$$\{\mathbf{n_V}\} = \begin{Bmatrix} 0{,}267 \\ 0{,}802 \\ 0{,}534 \end{Bmatrix}$$

-0,346	0,938	0	0,660
0,345	0,127	-0,930	-0,303
-0,873	-0,322	-0,367	0,687

$\tan\alpha = -0{,}303 / 0{,}687 \;\rightarrow\; \cos\alpha = 0{,}915$

$\tan\beta = 0{,}66 / 0{,}687 \;\rightarrow\; \cos\beta = 0{,}721$

8.3 Zentralprojektionen

Die mit Parallelprojektionen erzeugten Darstellungen sind in ihrer Aussagekraft immer noch nahe bei „technischen Zeichnungen" angesiedelt. Mit einer Zentralprojektion (auch Perspektivprojektion) lassen sich wesentlich natürlichere Abbildungen generieren, die eher unseren eigenen Wahrnehmungen entsprechen. Zentralprojektionen entsprechen weitgehend unserem Sehen mit einem Auge und sind Fotografien ähnlich. Die immer noch vorhandenen Unzulänglichkeiten dieser Darstellungsart werden unbewusst und ganz automatisch vom Gehirn aufgrund eigener Erfahrung kompensiert.

Die wichtigsten Merkmale der Zentralprojektion sind:

- Geraden werden in Geraden transformiert.
- Geraden, die parallel zur Projektionsebene laufen, werden nicht verkürzt
- Parallele Geraden, die nicht parallel zur Bildebene sind, werden nicht auf parallele Geraden abgebildet, sondern laufen in einem Fluchtpunkt zusammen.
- Winkel zwischen zwei Geraden bleiben nur dann erhalten, wenn die durch die beiden Geraden definierte Ebene parallel zur Bildebene liegt
- Objekte erscheinen mit größerer Entfernung vom Projektionszentrum kleiner. Dabei können durchaus weiter entfernte größere Teile von nahe gelegenen kleineren verdeckt werden; nicht bei der Parallelprojektion.
- Entfernte Bereiche werden undeutlicher in den Konturen und verlieren an Kontrast; nicht bei der Parallelprojektion.

In Tab. 8.1 sind nochmals einige wesentlichen Unterschiede der beiden Projektionsarten gegenübergestellt.

Ein wesentlicher Parameter ist der Projektionsabstand $\mathbf{d}$, der Abstand des Beobachters von der Projektionsebene. Diese Distanz legt den Blickwinkel des Beobachters fest und hat somit wesentlichen Einfluss auf die Darstellung.

Bei der Parallelprojektion gibt es eine unendliche Anzahl Projektionsgeraden, die alle zur Projektionsrichtung $\{\mathbf{v}\}$ parallel sind. Bei der Zentralprojektion gibt es die $\{\mathbf{v}\}$-Richtung nur einmal. Nur auf dieser Bildachse ist das Bild unverzerrt. Je weiter Projektionsgeraden davon abweichen, desto größer wird die Verzerrung, d. h., Kanten werden verkürzt und Oberflächen verzerrt dargestellt. Bei der Parallelprojektion ist die Lage der Projektionsebene entlang der Projektionsrichtung nahezu beliebig. Hier bei der Zentralprojektion hat ihre Lage jedoch wesentlichen Einfluss auf die Projektion, weil der Abstand vom Projektionszentrum zur Projektionsebene in die Berechnung eingeht.

Für die nun folgenden Berechnungen sind dreidimensionale Koordinaten nicht mehr ausreichend, sodass wir jetzt homogene Koordinaten verwenden.

Die Koordinaten des Punktes $\mathbf{P}(x, y, z)$ sollen auf die $\mathbf{XY}$-Ebene (geht durch den Ursprung) zu $P'(x', y', 0)$ projiziert werden. Das Projektionszentrum befindet sich auf der negativen $\mathbf{Z}$-Achse im Abstand $\mathbf{d}$, das ist der Punkt $(0, 0, -d)$ im $\mathbf{XYZ}$-

Tab. 8.1 Parallel- und Zentralprojektion im Vergleich

	Parallel	**Zentral**
Projektionsrichtung	$\{v\}$	
Bildachse	Durch Projektionszentrum in Richtung $\{v\}$	
Anzahl Projektionsgeraden	Eine wie $\{v\}$, alle anderen hierzu parallel	Eine wie $\{v\}$, alle anderen unterschiedlich, ausgehend vom Projektionszentrum
Projektionsabstand **a**	—	Erforderlich
Platzierung Objekt/Szenerie	Beliebig	Definiert
Berechnungskoordinaten	Kartesisch	Homogen

System (Abb. 8.28). (Genaugenommen ist dieses System unser Viewsystem $\mathbf{XYZ_V}$, das in die Projektionsebene verschoben ist).

Aus den Ähnlichkeiten der Dreiecke (horizontal und vertikal) lassen sich die Koordinaten für $\mathbf{P}'$ auf der Projektionsebene ermitteln zu

$$x' = d \cdot x/(d + z) = x/(1 + z/d)$$
$$y' = d \cdot y/(d + z) = y/(1 + z/d)$$

Die matrizielle Aufbereitung dieser Gleichungen führt zu folgendem Matrizenschema. Die Transformation verändert die (xyz)-Koordinaten nicht, weil der obere Teil der Matrix eine $3 \cdot 3$-Einheitsmatrix ist. Es wird lediglich die von $\mathbf{z}$ abhängige homogene Koordinate mit $w = (1 + \frac{z}{d}) \neq 1$ bestimmt.

$$[Z_P] = \begin{bmatrix} 1 & 0 & 0 & 0 \\ 0 & 1 & 0 & 0 \\ 0 & 0 & 1 & 0 \\ 0 & 0 & 1/d & 1 \end{bmatrix} \begin{bmatrix} x \\ y \\ z \\ 1+z/d \end{bmatrix} \cdot \frac{1}{(1 + z/d)} = \begin{bmatrix} x' \\ y' \\ z' \\ 1 \end{bmatrix} \begin{array}{l} = x/(1+z/d) \\ = y/(1+z/d) \\ = z/(1+z/d) \end{array}$$

Für jeden Punkt – jeden Knoten des Objekts – ergibt sich abhängig von seinem z-Wert eine andere homogene Koordinate w. Sodann müssen die w-Werte wieder zu 1 umgerechnet werden, d. h., der Zwischenstand der Koordinaten (xyz) muss punktweise durch w dividiert werden um die endgültigen Koordinaten (xyz)' zu erhalten. Da w für jeden Knoten einen anderen Wert annimmt, führt der zweite Rechenschritt zur Nichtlinearität dieser Transformation.

Unsere Globalkoordinaten $[\mathbf{P_G}]$ und die Modelltopologie – die wir bisher noch gar nicht gebraucht haben – stammen aus Vorlaufprogrammen (Generierung, Modellierung). Wir werden darin nur dreidimensionale Koordinaten finden. Zweckmäßig wird man so lange wie möglich mit dreidimensionalen Koordinaten rechnen und homogenen Koordinaten erst so spät wie möglich einführen.

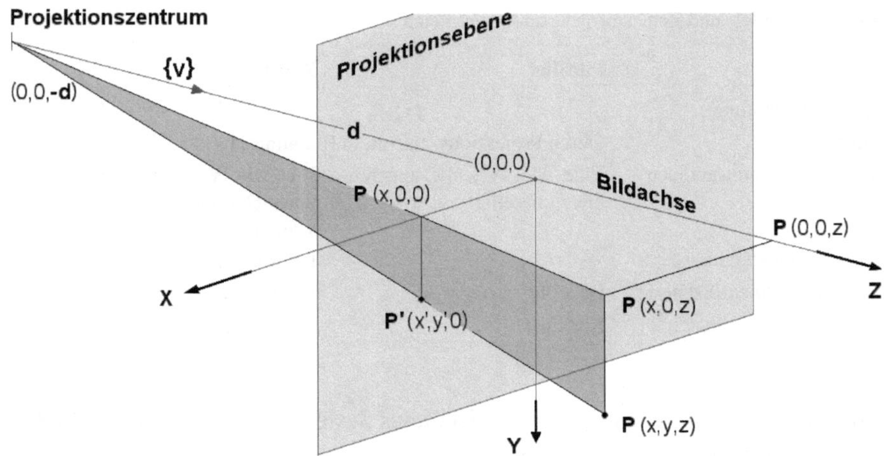

Abb. 8.28 Verschiebung des Viewsystems $\mathbf{XYZ_V}$ in die Projektionsebene

Da die Projektionsebene normalerweise nicht im Ursprung des Globalsystems liegt, und auch die Projektionsrichtung nicht zwingend vom Projektionszentrum zum Ursprung des Globalsystems geht, macht es keinen Sinn, den Abstand **d** aus dem Ortsvektor {**b**} des Beobachters zu berechnen. Vielmehr muss **d** für jede Zentralprojektion als Eingabewert gegeben sein. Damit bietet sich an, den Abstand **d** auch als Schalter für die Projektionsart zu nutzen. In der praktischen Berechnung hat dies auch einen positiven Aspekt: Das Projektionszentrum „rutscht" gewissermaßen auf der Achse $\mathbf{Z_V}$ hin und her, bis **d** eingestellt ist, ohne den Ortsvektor {**b**} des Beobachters zu verwenden.

8.3.1 Senkrechte Zentralprojektionen auf Koordinatenebenen

Diese Projektion kommt so gut wie nie zum Einsatz. Ihre Beschreibung ergänzt lediglich das gleiche Thema wie bei der Parallelprojektion.

Wir projizieren nacheinander in Richtung der drei Koordinatenachsen, behalten Z_V als Projektionsrichtung bei und beginnen in Richtung X_G. Die Transformationsmatrizen übernehmen wir von Abschn. 8.2.1.1, legen den Beobachterabstand mit 10 Einheiten fest und transformieren zunächst von Global nach View:

$$[\,T_{GV}\,] \cdot [\,P_G\,] = [\,P_V\,]$$

$[P_G]$:

	5.0	5.0			5.0	5.0	
		3.0	3.0			3.0	3.0
				2.0	2.0	2.0	2.0

$[T_{GV}]$:

	1	
		-1
-1		

$[P_V]$:

		3.0	3.0			3.0	3.0
				-2.0	-2.0	-2.0	-2.0
	-5.0	-5.0			-5.0	-5.0	

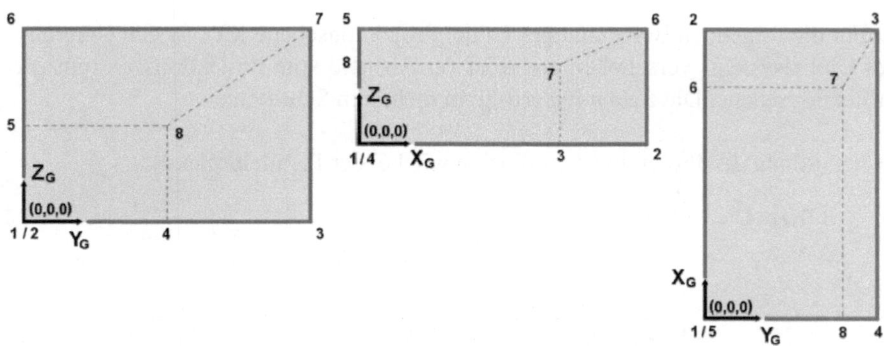

Abb. 8.29 Beispielquader in den drei Zentralprojektionen, jeweils mit a = 10. Projektionsrichtungen: *links* $(X_G, 0, 0)$, *Mitte* $(0, Y_G, 0)$, *rechts* $(0, 0, Z_G)$

$$[Z_P] \cdot [P_V] = [P_{ZP}]$$

		3.0	3.0			3.0	3.0
				-2.0	-2.0	-2.0	-2.0
	-5.0	-5.0			-5.0	-5.0	
1.	1.	1.	1.	1.	1.	1.	1.

1.	0	0	0
0	1.	0	0
0	0	1.	0
0	0	.10	1.

				wie oben			
1.	.50	.50	1.	1.	.50	.50	1.

$$\{P_{ZP}\}_i / w_i$$

		6.	3.			6.	3.	X_V
				-2.	-4.	-4.	-2.	Y_V
	-10.	-10.			-10.	-10.		Z_V
1.	1.	1.	1.	1.	1.	1.	1.	w

Die Berechnungen für die beiden anderen Achsen sind hierzu analog. In Abb. 8.29 sind alle drei Zentralprojektionen des Quaders dargestellt, wobei die Projektionsrichtung Z_V nacheinander in Richtung der drei globalen Achsen erfolgt. In allen drei Projektionen deckt die vordere Facette die hintere gleichgroße ab. Da die Projektionsebene stets nur von einer Achse – der Projektionsachse – geschnitten wird, ist auch nur ein Fluchtpunkt zu erwarten, dieser liegt auf der Projektionsachse.

8.3.2 Senkrechte Zentralprojektion

Auch bei einer Zentralprojektion kann man von einer senkrechten Projektion sprechen, wenn die Projektionsrichtung {v} senkrecht auf der Projektionsebene steht.

Erfreulicherweise können wir die gesamte Vorarbeit von den Parallelprojektionen nutzen. Wir setzen deshalb nochmals an bei Abschn. 8.2.1.2, mit dem dort berechneten Quader, und übernehmen Daten und Projektionsrichtung samt zugehöriger Transformationsmatrix $[T_{GV}]$.

Für die folgenden Berechnungen ist die Projektionsebene $\mathbf{XY}_V$ in den Ursprung des Globalsystems verschoben und $\mathbf{d}$ ist der Abstand vom Projektionszentrum zur Projektionsebene. Die Rechnung erfolgt in mehreren Schritten:

- Ermittlung der Projektionskoordinaten wie bei der Parallelprojektion;

$[\mathbf{T}_{GV}] \cdot [\mathbf{P}_G] = [\mathbf{P}_V]$

$[\mathbf{P}_G]$:

	5.0	5.0			5.0	5.0	
		3.0	3.0			3.0	3.0
				2.0	2.0	2.0	2.0

$[\mathbf{T}_{GV}]$:

-.346	.938	.0
.345	.127	-.930
-.873	-.322	-.367

$[\mathbf{P}_V]$:

	-1.73	1.09	2.82		-1.73	1.09	2.82
	1.72	2.10	.38	-1.86	-.14	.24	-1.48
	-4.36	-5.33	-.96	-.74	-5.10	-6.06	-1.70

Formal muss jetzt die Matrix $[\mathbf{P}_V]$ um eine 4. Zeile mit der homogenen Koordinate w ergänzt werden. (Wie ein Programmierer damit umgeht, ist ein anderes Thema).

- Vormultiplikation mit der Projektionsmatrix $[\mathbf{Z}_P]$, darin der Betrachtungsabstand $1/a$; dies liefert die homogene Koordinate in der 4. Matrixzeile mit Werten $w \neq 1$.

$[\mathbf{Z}_P] \cdot [\mathbf{P}_V] = [\mathbf{P}_{ZP}]$

$[\mathbf{P}_V]$:

.00	-1.73	1.09	2.82	.00	-1.73	1.09	2.82
.00	1.72	2.10	.38	-1.86	-.14	.24	-1.48
.00	-4.36	-5.33	-.96	-.74	-5.10	-6.06	-1.70
1.	1.	1.	1.	1.	1.	1.	1.

$[\mathbf{Z}_P]$:

1.	0	0	0
0	1.	0	0
0	0	1.	0
0	0	.09	1.

$[\mathbf{P}_{ZP}]$ (wie oben; 4. Zeile):

1.	.60	.52	.91	.93	.54	.45	.85

Hier ist der Abstand mit $a = 11$ Einheiten (Faktor $1/d = 0{,}0909$) eingesetzt. Bei dieser Transformation ändert sich für $[\mathbf{P}_V]$ gar nichts, es kommt nur auf das Ergebnis der 4. Matrixzeile an.

- Die Werte der 4. Zeile nun zu 1 normieren erfordert die Division der ganzen Spalte durch diesen Wert.

.00	-2.86	2.11	3.09	.00	-3.22	2.42	3.33
.00	2.86	4.08	.42	-1.99	-.25	.55	-1.75
.00	-7.23	-10.3	-1.06	-.79	-9.50	-13.5	-2.01
1.	1.	1.	1.	1.	1.	1.	1.

Diese Ergebnismatrix $[\mathbf{P}_{ZP}]$ enthält jetzt die Projektionskoordinaten im View- bzw. Projektionssystem.

In Abb. 8.30 ist die erste (oberste) Projektion eine Parallelprojektion mit $1/d = 0$. Sie hat unverzerrte Flächen und die senkrechten Kanten – die parallel liegen zur

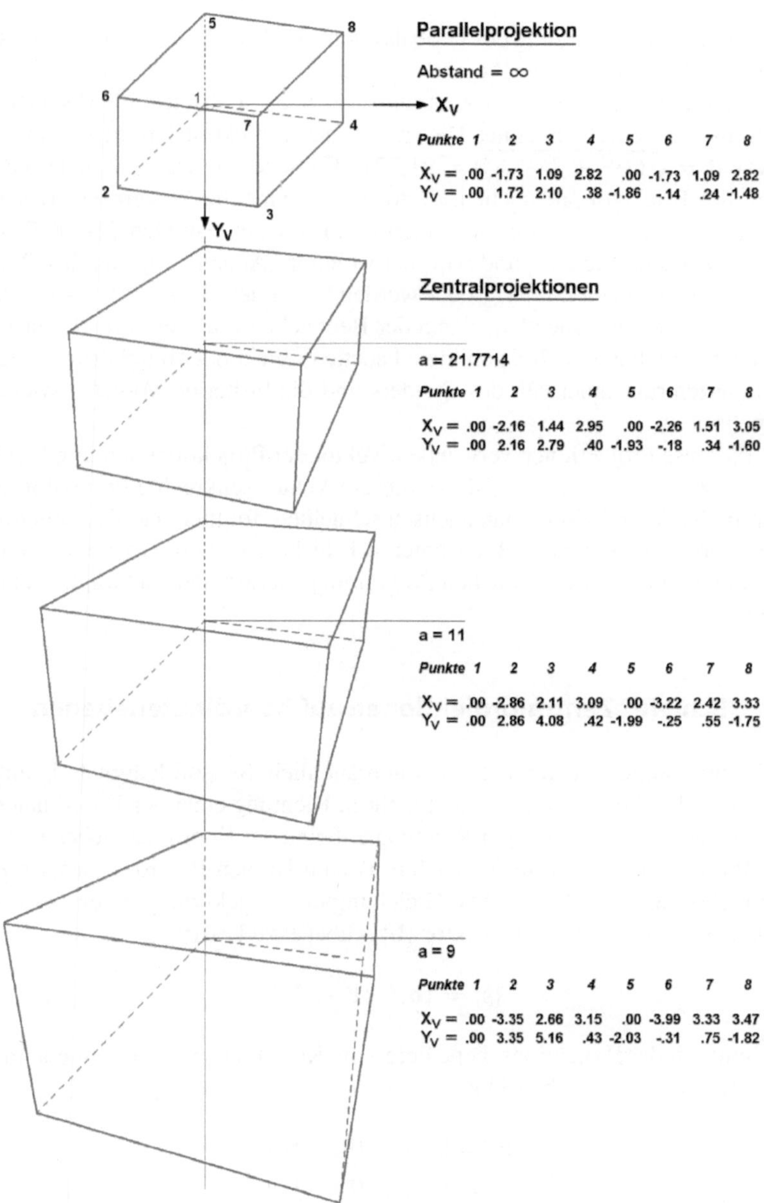

Abb. 8.30 Vergleich: Parallelprojektion vs. Zentralprojektion (mit drei Abständen zur Projektionsebene)

Ebene gebildet vom Ursprung des Globalsystems und den Punkten $(v_x, v_y, 0)$ sowie $(0, 0, 0)$ – bleiben auch in der Projektion senkrecht.

Die dann darunter folgenden Zentralprojektionen sind mit drei Abständen zur Projektionsebene durchgerechnet. Die erste Zentralprojektion basiert auf einem Abstand von $\mathbf{d} = \sqrt{(19^2 + 7^2 + 8^2)} = 21{,}7714$ Einheiten. Je weiter Projektionsgeraden von der Bildachse abweichen, desto größer wird die Verzerrung. Besonders interessant ist die Darstellung der Seitenwand mit den Punkten 3–4–8–7. Diese Facette ist zunächst sichtbar und wird bei weiterer „Annäherung" an das Objekt – wenn die Verzerrungen immer größer werden – von der Vorderfront 2–3–7–6 verdeckt und wird dann unsichtbar. Wenn der Beobachter (auf dem Projektionsstrahl) die von den Punkten 5–6–7–8 gebildete Facette erreicht oder durchdringt, liegt das Projektionszentrum innerhalb des Quaders und die bisherige Vorgehensweise gilt nicht mehr.

Der für diese Projektionen verwendete Vektor der Projektionsrichtung $\{\mathbf{v}\}(19, 7, 8)$ hat drei Komponenten $\neq 0$. Die zu diesem Vektor senkrechte Projektionsebene wird deshalb alle drei Koordinatenachsen schneiden; folglich hat diese Zentralprojektionen drei Fluchtpunkte. Beim unteren Bild ist dies bereits zu erkennen. Die Bilder sind mit einem sehr einfachen Programm generiert und nachträglich manuell bearbeitet.

8.3.3 „Schiefe" Zentralprojektionen auf Koordinatenebenen

Diese Terminologie ist eigentlich nicht gebräuchlich. Sie soll lediglich darauf hinweisen, dass die Projektion jetzt nicht mehr in Richtung einer der Koordinatenachsen erfolgt, sondern in beliebiger Richtung auf eine der Koordinatenebenen.

Der Projektionsstrahl vom Beobachter B zum Knoten P wird diesen als P$'$ auf der Projektionsebene abbilden. Die Gleichung der Projektionsgeraden $\{\mathbf{s}\}$ von der Position des Beobachters – Ortsvektor $\{\mathbf{b}\}$ – über P zu P$'$ ist:

$$\{\mathbf{s}\} = \{\mathbf{b}\} t \cdot \{\mathbf{P} \to \mathbf{B}\}$$

Der Schnitt mit der Projektionsebene liefert die Koordinaten von P' mit einem noch unbekannten Faktor t (Abb. 8.31):

$$P'_x = b_x + t \cdot (P_x - b_x)$$
$$P'_y = b_y + t \cdot (P_y - b_y)$$
$$P'_z = b_z + t \cdot (P_z - b_z)$$

Abhängig von der Ebene, auf die projiziert wird, ist eine/die Koordinate auf der Projektionsebene $= 0$. Bleiben wir bei der Projektionsebene YZ_G, dann sind alle $P'_x = 0$. Damit lässt sich der unbekannte Parameter t bestimmen zu

$$t = -b_x/(P_x - b_x)$$

Abb. 8.31 Schnitt mit der Projektionsebene

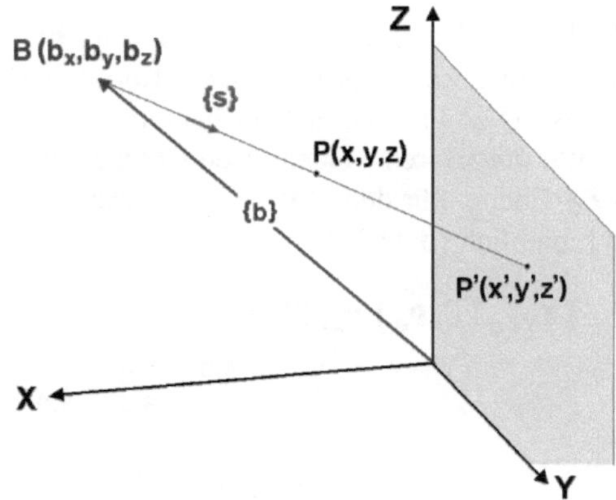

und die Projektionskoordinaten sind

$$P'_y = (P_x \cdot b_y - P_y \cdot b_x)/(P_x - b_x)$$

$$P'_z = (P_x \cdot b_z - P_z \cdot b_x)/(P_x - b_x)$$

Für die beiden anderen Koordinatenebenen gelten analoge Überlegungen. Diese
Gleichungen erfordern wegen der Divisionen homogene Koordinaten. Die zugehörigen Transformationsmatrizen sind für alle drei Projektionsebenen angegeben.

$$[T_{YZ_G}] = \begin{bmatrix} 0 & & & \\ b_y & -b_x & & \\ b_z & & -b_x & \\ 1 & & & -b_x \end{bmatrix} \qquad [T_{XZ_G}] = \begin{bmatrix} -b_y & b_x & & \\ & 0 & & \\ & b_z & -b_y & \\ & 1 & & -b_y \end{bmatrix} \qquad [T_{XY_G}] = \begin{bmatrix} -b_z & & b_x & \\ & & -b_z & b_y \\ & & 0 & \\ & & 1 & -b_z \end{bmatrix}$$

Mit diesen Matrizen werden immer noch Globalkoordinaten berechnet. Ihre Umrechnung auf Projektionskoordinaten erfolgt in gewohnter Weise.

Der Vergleich mit den Transformationsmatrizen bei Parallelprojektion (Abschn. 8.2.2.1) fördert die Gemeinsamkeiten zutage. Wenn wir beispielsweise aus
$[T_{YZ}]$ den konstanten Faktor $-b_x$ vor die Matrix ziehen, erhalten wir die Transformationsmatrix für die Parallelprojektion. Die Richtung des Ortsvektors $\{b\}$
entspricht dann der Projektionsrichtung $\{v\}$ der Parallelprojektion, darin ist die
homogene Koordinate nicht mehr erforderlich.

$[T_{YZ}]$ für die Zentral- und die Parallelprojektion:

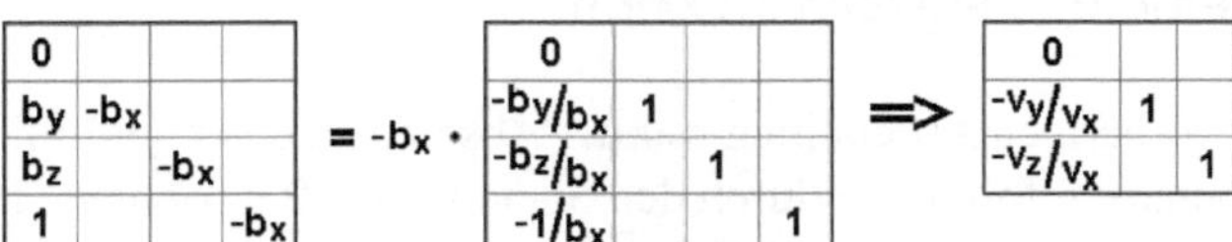
$$\begin{bmatrix} 0 & & & \\ b_y & -b_x & & \\ b_z & & -b_x & \\ 1 & & & -b_x \end{bmatrix} = -b_x \cdot \begin{bmatrix} 0 & & & \\ -b_y/b_x & 1 & & \\ -b_z/b_x & & 1 & \\ -1/b_x & & & 1 \end{bmatrix} \Rightarrow \begin{bmatrix} 0 & & & \\ -v_y/v_x & 1 & & \\ -v_z/v_x & & 1 & \end{bmatrix}$$

Sind zwei der drei Komponenten von $\{\mathbf{b}\} = 0$, dann sind wir wieder bei der senkrechten Zentralprojektion auf Koordinatenebenen von Abschn. 8.3.1, ohne den Übergang zu Projektionskoordinaten.

Wir projizieren wieder unseren Quader mit den zuvor verwendeten Daten auf die $\mathbf{YZ_G}$-Ebene. Für den Ortsvektor verwenden wir die gleichen Komponenten wie in $\{\mathbf{v}\}$, nämlich $\{\mathbf{b}\}(19, 7, 8)$.

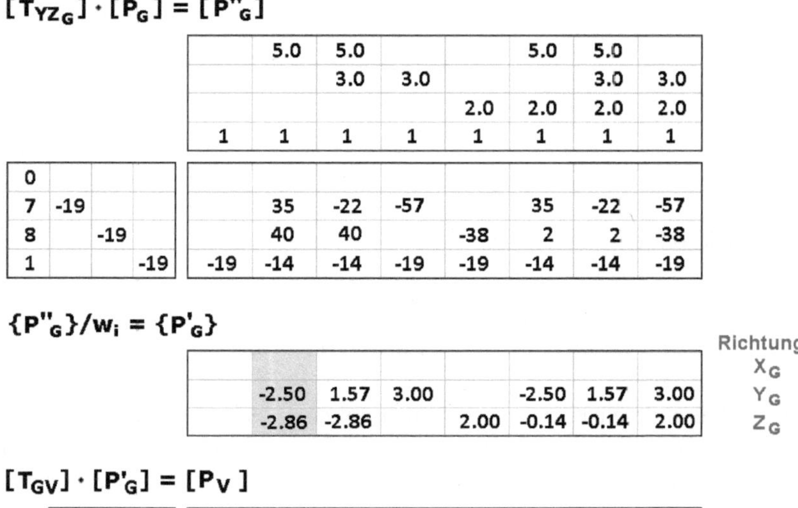

$$[\mathbf{T_{YZ_G}}] \cdot [\mathbf{P_G}] = [\mathbf{P''_G}]$$

		5.0	5.0			5.0	5.0	
			3.0	3.0			3.0	3.0
					2.0	2.0	2.0	2.0
	1	1	1	1	1	1	1	1

0												
7	-19					35	-22	-57		35	-22	-57
8		-19				40	40		-38	2	2	-38
1			-19		-19	-14	-14	-19	-19	-14	-14	-19

$$\{\mathbf{P''_G}\}/w_i = \{\mathbf{P'_G}\}$$

	-2.50	1.57	3.00		-2.50	1.57	3.00	X_G Y_G
	-2.86	-2.86		2.00	-0.14	-0.14	2.00	Z_G

Richtung

$$[\mathbf{T_{GV}}] \cdot [\mathbf{P'_G}] = [\mathbf{P_V}]$$

	1			-2.50	1.57	3.00		-2.50	1.57	3.00	X_V
		-1		2.86	2.86		-2.00	0.14	0.14	-2.00	Y_V
-1											Z_V

In Abb. 8.32 sind wieder alle drei Projektionen im gleichen Maßstab dargestellt wie in Abschn. 8.2.2.1. Die blauen Darstellungen zeigen die Projektionen des Quaders für die gegebene Projektionsrichtung auf jede der drei beliebig großen Projektionsflächen im Globalsystem. Jeweils eine der Quaderflächen liegt bereits in der Projektionsebene, dieser Bereich ist flächig markiert. Die roten Darstellungen auf die Projektionsebenen $\mathbf{XY_V}$ geben die Sicht des Beobachters wieder.

Es ist nun kein großes Problem, jede Szenerie mit den Transformationen aus Kap. 7 so zu verschieben und zu drehen, dass eine Projektion auf eine der Koordinatenebenen erfolgen kann.

8.3.4 Allgemeine Zentralprojektion

In den beiden vorherigen Abschnitten war der Abstand zu einer der Projektionsebenen ganz automatisch festgelegt durch den Standort des Beobachters. Im nächsten Schritt wird die starre Lage der Projektionsebene zwischen zwei der Koordinatenachsen aufgegeben zugunsten einer ganz beliebigen Lage im Raum. Besonders

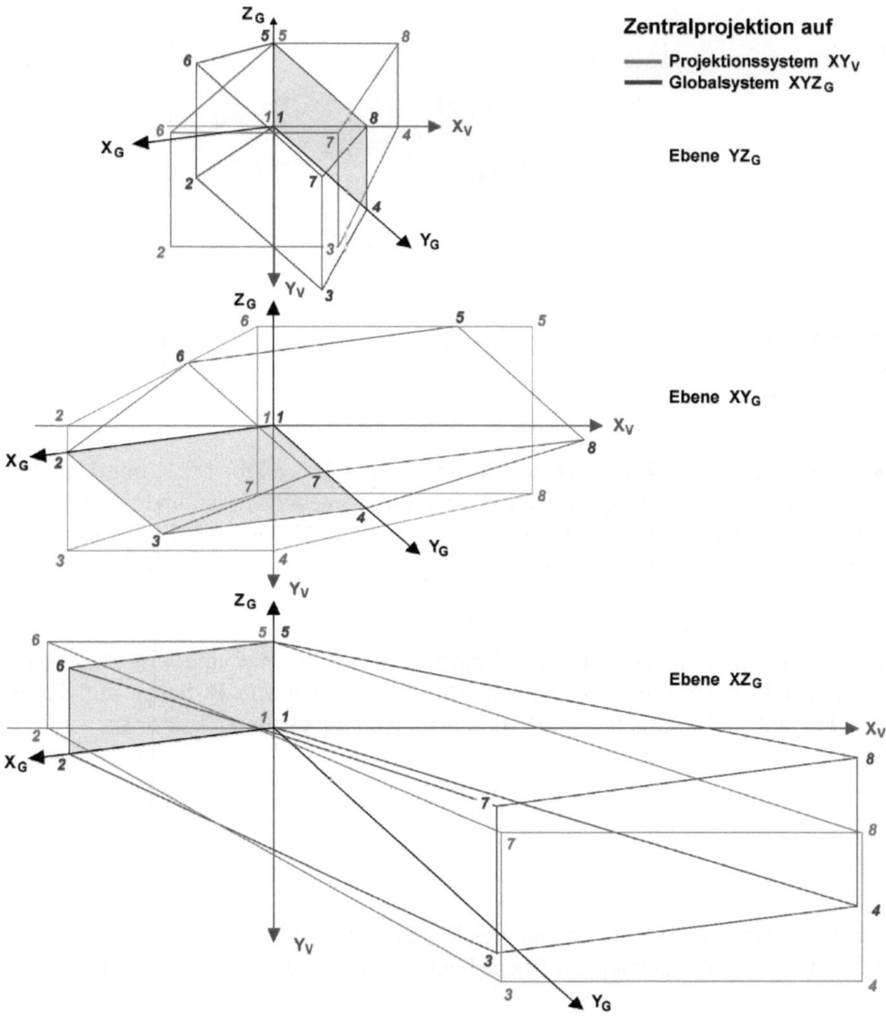

Abb. 8.32 Zentralprojektion auf Ebene YZ_G (*oben*), Ebene XY_G (*Mitte*), Ebene XZ_G (*unten*)

einfach ist die Bestimmung der Transformationsmatrix, wenn das Projektionszentrum **B** im Ursprung liegt, diese Situation ist in Abb. 8.33 dargestellt.

Für die folgenden Betrachtungen sind zusätzlich zwei weitere Angaben erforderlich:

- die Orientierung der Projektionsebene relativ zum Globalsystem; hierzu dient der Normalenvektor $\{\mathbf{n}\}$ der Projektionsebene, und

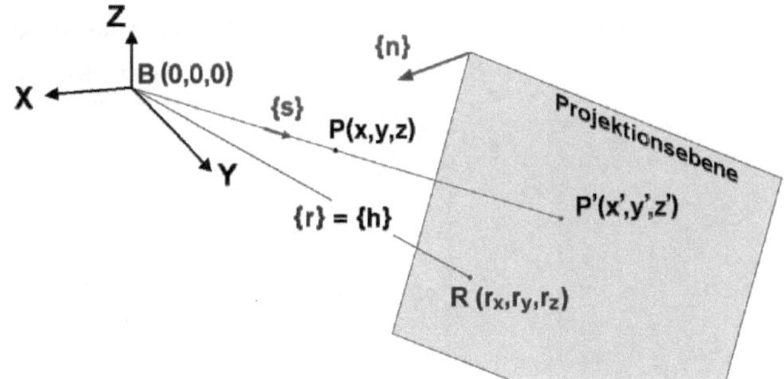

Abb. 8.33 Projektionszentrum mit Lage im Ursprung; Projektionsebene mit beliebiger Lage im Raum

- ein Referenzpunkt **R** auf der Projektionsebene – Ortsvektor $\{r\}$ –, mit dem diese eindeutig an den Ursprung des Globalsystems gebunden ist, und mit dem die Konstante der Ebenengleichung – der senkrechte Abstand des Projektionszentrums zur Ebene – bestimmt wird: $d = n_x \cdot r_x + n_y \cdot r_y + n_z \cdot r_z$ (als Skalarprodukt: $(\mathbf{n}) \cdot \{\mathbf{r}\}$).

Der Projektionsstrahl $\{s\}$ geht vom Ursprung zum Knoten **P** und wird diesen als **P′** auf der Projektionsebene abbilden. Die Koordinaten von **P′** liegen auf dieser Geraden und sind Vielfache von **P** mit einem noch unbekannten Faktor **f**:

$$x' = f \cdot x$$
$$y' = f \cdot y$$
$$z' = f \cdot z$$

Diesen können wir über die Ebenengleichung für $\mathbf{P'}(x', y', z')$ finden. Da **P′** sowohl auf der Geraden als auch auf der Ebene liegt, gilt für ihn die Ebenengleichung ebenfalls

$$n_x \cdot x' + n_y \cdot y' + n_z \cdot z' = d$$

Die Geradenkoordinaten eingesetzt und nach **t** umgestellt liefert die Koordinaten zu **P′**:

$$n_x \cdot t \cdot x + n_y \cdot t \cdot y + n_z \cdot t \cdot z = d$$
$$t = d/(n_x \cdot x + n_y \cdot y + n_z \cdot z)$$
$$x' = x \cdot d \,\}$$
$$y' = y \cdot d \,\} \,/(n_x \cdot x + n_y \cdot y + n_z \cdot z)$$
$$z' = z \cdot d \,\}$$

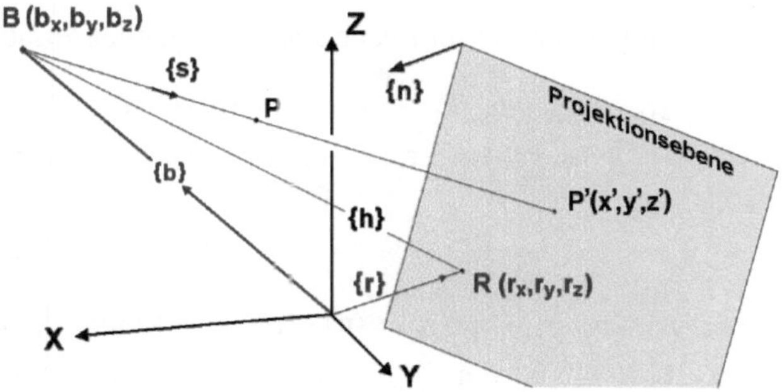

Abb. 8.34 Verschiebung des Koordinatensystems an beliebige Stelle

Für die matrizielle Verarbeitung dieser Gleichungen sind wieder homogene Koordinaten erforderlich. Die zugehörige Transformationsmatrix ist

$$[T_{ZP}] = \begin{vmatrix} d & & & \\ & d & & \\ & & d & \\ n_x & n_y & n_z & 0 \end{vmatrix}$$

Die Anbindung der Projektionsebene an das Projektionszentrum über den Referenzpunkt **R** mit seinem Ortsvektor $\{r\}$ macht diese Konstellation invariant gegenüber jeder Verschiebung des Koordinatensystems. In Abb. 8.34 liegt dieses an beliebiger Stelle. Die Relation untereinander, also zwischen **B** und **R**, ist unverändert; die Normale $\{n\}$ ohnehin und der Hilfsvektor $\{h\}$ – der nicht gebraucht wird – ist in beiden Fällen gleich.

Dies ist praktisch der allgemeine Fall. Die Projektion vereinfacht sich, wenn man sie mit obigem Vorlauf in drei Schritten durchführt:

- *Verschieben der gesamten Szenerie* einschließlich Projektionsebene und Referenzpunkt derart, dass der Beobachter **B** im Ursprung des Globalsystems liegt. Die Verschiebung erfolgt mittels einer Translationsmatrix $[T_t]$ mit den Komponenten des Ortsvektors $\{b\}$ des Beobachters.

$$[T_t]^{-1} = \begin{vmatrix} 1 & & & -b_x \\ & 1 & & -b_y \\ & & 1 & -b_z \\ & & & 1 \end{vmatrix}$$

Nach der Verschiebung ist $\{b\}$ ein Nullvektor mit den Koordinaten $B(0,0,0)$. Die des Referenzpunktes sind $R(r_x - b_x, r_y - b_y, r_z - b_z)$.

- *Ermittlung der Transformationsmatrix* $[T_{ZP}]$ für die verschobene Position: Durch die Verschiebung des Referenzpunktes wird deutlich, dass sich der (senkrechte) Abstand vom Beobachter zur Ebene aus zwei Anteilen zusammensetzt:

$$d = n_x \cdot (r_x - b_x) + n_y \cdot (r_y - b_y) + n_z \cdot (r_z - b_z)$$
$$= (n_x \cdot r_x + n_y \cdot r_y + n_z \cdot r_z) - (n_x \cdot b_x + n_y \cdot b_y + n_z \cdot b_z)$$
$$= e_r - e_b$$

mit   Abstand:

$$e_r = n_x \cdot r_x + n_y \cdot r_y + n_z \cdot r_z = (\mathbf{n}) \cdot \{\mathbf{r}\} \quad - \text{Referenzpunkt}$$
$$e_b = n_x \cdot b_x + n_y \cdot b_y + n_z \cdot b_z = (\mathbf{n}) \cdot \{\mathbf{b}\} \quad - \text{Beobachter}$$

$$[\mathbf{T_{ZP}}] = \begin{bmatrix} d & & & \\ & d & & \\ & & d & \\ n_x & n_y & n_z & 0 \end{bmatrix}$$

Mit diesen Daten erfolgt die Transformation der Szenerie mit anschließender
• *Rückverschiebung* in die ursprüngliche Position mittels der inversen Translationsmatrix $[\mathbf{T_t}]^{-1}$

$$[\mathbf{T_t}] = \begin{bmatrix} 1 & & & b_x \\ & 1 & & b_y \\ & & 1 & b_z \\ & & & 1 \end{bmatrix}$$

Die gesamte Transformation setzt sich damit aus diesen drei Matrizen zusammen, auf deren Ausmultiplikation wird zunächst jedoch verzichtet:

$$[\mathbf{T}] = [\mathbf{T_t}] \cdot [\mathbf{T_{ZP}}] \cdot [\mathbf{T_t}]^{-1}$$

$$[\mathbf{T}] = \begin{bmatrix} 1 & & & -b_x \\ & 1 & & -b_y \\ & & 1 & -b_z \\ & & & 1 \end{bmatrix} \cdot \begin{bmatrix} d & & & \\ & d & & \\ & & d & \\ n_x & n_y & n_z & 0 \end{bmatrix} \cdot \begin{bmatrix} 1 & & & b_x \\ & 1 & & b_y \\ & & 1 & b_z \\ & & & 1 \end{bmatrix}$$

Überhaupt ist die Bildung von $[\mathbf{T}]$ nicht sinnvoll. Wegen ihres besonderen Aufbaues ist jede der drei Matrizenmultiplikationen effektiver hinzuschreiben und schneller in der Ausführung, als zuerst die Gesamtmatrix zu bilden und mit dieser vollbesetzten Matrix die Multiplikation durchzuführen.

Wir projizieren wieder unseren Quader mit folgenden Projektionsdaten:

$\mathbf{B}(19, 7, 8)$ Projektionszentrum = View-Position, Ortsvektor $\{\mathbf{b}\}$

$\mathbf{R}(0, 0, 0)$ Referenzpunkt im Ursprung und

$\{\mathbf{n}\}(-19, -7, -8)$ Normalenvektor der Projektionsebene$(-0.873, -0.322, -0.367)$

Hiermit ergibt sich die gleiche Projektion wie sie im Abschn. 8.3.1 als „senkrechte Zentralprojektion" auf anderem Wege durchgeführt wurde.

- Verschieben der gesamten Szenerie in den Ursprung, gleich in die Transformation einbezogen, ist **B** und **R**:

$$[T_t] \cdot [\{b\}\ \{r\}\ [P_G]] = [P'_G]$$

$\{b\}\ \{r\}$ $[P_G]$

{b}	{r}								
19.	0.		5.	5.			5.	5.	
7.	0.			3.	3.			3.	3.
8.	0.					2.	2.	2.	2.
1.	1.	1.	1.	1.	1.	1.	1.	1.	1.

$[T_t]$

1.			-19.
	1.		-7.
		1.	-8.
			1.

$\{b'\}\ \{r'\}$ $[P'_G]$

{b'}	{r'}								
0.	-19.	-19.	-14.	-14.	-19.	-19.	-14.	-14.	-19.
0.	-7.	-7.	-7.	-4.	-4.	-7.	-7.	-4.	-4.
0.	-8.	-8.	-8.	-8.	-8.	-6.	-6.	-6.	-6.
1.	1.	1.	1.	1.	1.	1.	1.	1.	1.

- Projektion aus dem Ursprung mit der Ebenenkonstante $d = \{n\} \cdot \{r'\} = 0.873 \cdot 19 + 0.322 \cdot 7 + 0.367 \cdot 8 = 21.7714$

$$[T_{ZP}] \cdot [P'_G] = [H]$$

$[P'_G]$:

-19.	-14.	-14.	-19.	-19.	-14.	-14.	-19.
-7.	-7.	-4.	-4.	-7.	-7.	-4.	-4.
-8.	-8.	-8.	-8.	-6.	-6.	-6.	-6.
1.	1.	1.	1.	1.	1.	1.	1.

$[T_{ZP}]$

21.771			
	21.771		
		21.771	
-.873	-.322	-.367	0.

$[H]$

-414.	-305.	-305.	-414.	-414.	-305.	-305.	-414.
-152.	-152.	-87.	-87.	-152.	-152.	-87.	-87.
-174.	-174.	-174.	-174.	-131.	-131.	-131.	-131.
21.8	17.4	16.4	20.8	21.0	16.7	15.7	20.1

Spaltenweise ist die homogene Koordinate zu $w = 1$ zu korrigieren;
dies liefert die globalen XYZ-Projektionskoordinaten bzgl. des Ursprungs:

$[H'] =$

-19.0	-17.5	-18.5	-19.9	-19.7	-18.3	-19.4	-20.6
-7.0	-8.8	-5.3	-4.2	-7.2	-9.1	-5.5	-4.3
-8.0	-10.0	-10.6	-8.4	-6.2	-7.8	-8.3	-6.5
1.	1.	1.	1.	1.	1.	1.	1.

- Rückverschiebung in die ursprüngliche Position mittels der inversen Translationsmatrix $[T_t]^{-1}$:

$$[T_t]^{-1} \cdot [\{b'\}\,\{r'\}\,[H']] = [\{b\}\,\{r\}\,[P''_G]]$$

	0.	-19.	-19.0	-17.5	-18.5	-19.9	-19.7	-18.3	-19.4	-20.6
	0.	-7.	-7.0	-8.8	-5.3	-4.2	-7.2	-9.1	-5.5	-4.3
	0.	-8.	-8.0	-10.0	-10.6	-8.4	-6.2	-7.8	-8.3	-6.5
	1.	1.	1.	1.	1.	1.	1.	1.	1.	1.

1.			19.	19.	0.	.00	1.49	.46	-.88	-.66	.72	-.40	-1.61
	1.		7.	7.	0.	.00	-1.75	1.70	2.81	-.24	-2.14	1.46	2.66
		1.	8.	8.	0.	.00	-2.01	-2.59	-.37	1.79	.17	-.32	1.49
			1.	1.	1.	1.	1.	1.	1.	1.	1.	1.	1.

{b} {r}   [P''_G]

Nach der Rückverschiebung enthält $[P''_G]$ die Projektionskoordinaten im Globalsystem für eine Projektionsebene mit dem Normalenvektor $\{n\}$, die durch den Referenzpunkt **R** geht, in diesem Falle durch den Ursprung.

Das bisherige Ergebnis ist in Abb. 8.35 als blauer Quader im Globalsystem $(XYZ)_G$ dargestellt. Diese Ansicht ist die Ansicht eines Dritten, der sich die gesamte Situation sozusagen „von außen" betrachtet. Die gesuchten Koordinaten für die Projektionsebene $(XY)_V$ sind noch zu bestimmen. Für diese Ebene ist der Quader rot dargestellt.

In den vorherigen Abschnitten haben wir den Übergang vom Global- zum View- = Projektionssystem gleich zu Beginn vorgenommen; siehe Abschn. 8.1 und 8.2. Da stets auch die Projektionskoordinaten für das Ausgabemedium zu ermitteln sind (Bildschirm oder Papier), wird diese Transformation hier zum Schluss durchgeführt.

In der hierzu erforderlichen Transformationsmatrix $[T_{GV}]$ ist die Z_V-Achse bereits bekannt. Sie ist identisch mit der Richtung der Normalen $\{n\}$ der Projektionsebene, steht also auf dieser senkrecht. Die Achsen X_V und Y_V werden genauso festgelegt wie bei der Projektionsrichtung, was zu folgender Transformationsmatrix führt:

Global-

		X	Y	Z	
	X	$-n_y$	n_x	0	
View-	Y	$n_x \cdot n_z$	$n_y \cdot n_z$	$-n_x^2 - n_y^2$	$= [T_{GV}]$
	Z	$-n_x$	$-n_y$	$-n_z$	

Wie eingangs zu diesem Beispiel schon erwähnt, sind die Parameter für diesen Sonderfall einer allgemeinen Zentralprojektion so gewählt, nämlich $\{n\} = \{v\}$, dass eine senkrechte Zentralprojektion entsteht. Die Transformationsmatrix $[T_{GV}]$ für diese Richtung haben wir bereits mehrfach verwendet. Nach Vormultiplikation von $[P''_G]$ mit $[T_{GV}]$ erhält man die Projektionskoordinaten im Projektionssystem.

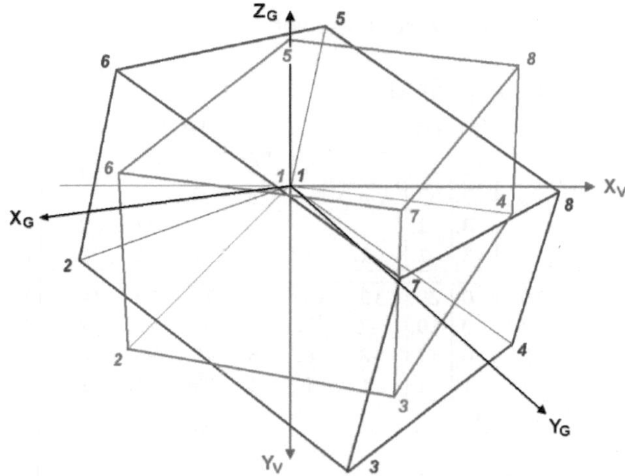

Abb. 8.35 Beispielquader aus Perspektive eines Beobachters „von außen" (*blau*) und für die gesuchten Koordinaten der Projektionsebene $(XY)_V$ (*rot*)

$$[\mathbf{T_{GV}}] \cdot [\mathbf{P''_G}] = [\mathbf{P_V}]$$

			.00	1.49	.46	-.88	-.66	.72	-.40	-1.61
			.00	-1.75	1.70	2.81	-.24	-2.14	1.46	2.66
			.00	-2.01	-2.59	-.37	1.79	.17	-.32	1.49
-.346	.938	.0	.00	-2.16	1.44	2.95	.00	-2.26	1.51	3.05
.345	.127	-.930	.00	2.16	2.79	.40	-1.93	-.18	.34	-1.60
-.873	-.322	-.367	.00	.00	.00	.00	.00	.00	.00	.00

Dieser Sonderfall liefert natürlich das gleiche Ergebnis wie in Abschn. 8.3.1 mit dem Projektionsabstand von a $= 21{,}7714$ Einheiten.

Für den wirklich allgemeinen Fall projizieren wir den Quader jetzt mit folgenden Daten:

$\mathbf{B}(19, 7, 8)$ Projektionszentrum = Viewposition wie vor,

$\mathbf{R}(-10, -3, +1)$ Referenzpunkt und

$\{\mathbf{n}\}(-1, -3, -2)$ Normalenvektor der Projektionsebene

$\qquad\qquad => (-0.267, -0.802, -0.534)$

Wie schon in Abschn. 8.2.2.3 empfiehlt es sich, zuerst die Gültigkeit des Normalenvektors $\{\mathbf{n}\}$ der Projektionsebene zu prüfen. Wenn das Projektionszentrum den Abstand d $= 0$ von der Projektionsebene hat, liegt dieses auf der Projektionsebene, folglich ist eine Projektion nicht möglich. Der weitere Ablauf ist wie im vorigen Beispiel:

- Verschieben der gesamten Szenerie wie vor

$$[T_t]\cdot[\{b\}\ \{r\}\ [P_G]] = [P'_G]$$

$\{b\}\ \{r\}$ $\qquad\qquad\qquad [P_G]$

19.	-10.		5.	5.			5.	5.	
7.	-3.			3.	3.			3.	3.
8.	1.					2.	2.	2.	2.
1.	1.	1.	1.	1.	1.	1.	1.	1.	1.

$[T_t]$

1.			-19.
	1.		-7.
		1.	-8.
			1.

0.	-29.	-19.	-14.	-14.	-19.	-19.	-14.	-14.	-19.
0.	-10.	-7.	-7.	-4.	-4.	-7.	-7.	-4.	-4.
0.	-7.	-8.	-8.	-8.	-8.	-6.	-6.	-6.	-6.
1.	1.	1.	1.	1.	1.	1.	1.	1.	1.

$\{b'\}\ \{r'\}$ $\qquad\qquad\qquad [P'_G]$

- Projektion aus Ursprung
  Ebenenkonstante d $= \{n\} \cdot \{r'\} = 0.267 \cdot 29 + 0.802 \cdot 10 + 0.534 \cdot 7 = 19.51$,
  oder

$$e_r = 0.267 \cdot 10 + 0.802 \cdot 3 - 0.534 \cdot 1 = 4.542$$

$$e_b = -0.267 \cdot 19 - 0.802 \cdot 7 - 0.534 \cdot 8 = -14.959$$

$$d = e_r - e_b = 4.542 + 14.959 = 19.51$$

$$[T_{ZP}]\cdot[P'_G] = [H]$$

-19.	-14.	-14.	-19.	-19.	-14.	-14.	-19.
-7.	-7.	-4.	-4.	-7.	-7.	-4.	-4.
-8.	-8.	-8.	-8.	-6.	-6.	-6.	-6.
1.	1.	1.	1.	1.	1.	1.	1.

19.51			
	19.51		
		19.51	
-.267	-.802	-.534	0.

-371.	-273.	-273.	-371.	-371.	-273.	-273.	-371.
-137.	-137.	-78.	-78.	-137.	-137.	-78.	-78.
-156.	-156.	-156.	-156.	-117.	-117.	-117.	-117.
15.0	13.6	11.2	12.6	13.9	12.6	10.1	11.5

In der Hilfsmatrix $[H]$ ist spaltenweise die homogene Koordinate zu $w = 1$ zu korrigieren:

$[H'] =$

-24.8	-20.0	-24.3	-29.5	-26.7	-21.7	-26.9	-32.3
-9.1	-10.0	-6.9	-6.2	-9.8	-10.9	-7.7	-6.8
-10.4	-11.4	-13.9	-12.4	-8.4	-9.3	-11.5	-10.2
1.	1.	1.	1.	1.	1.	1.	1.

- Rückverschiebung mittels der inversen Translationsmatrix $[\mathbf{T}_t]^{-1}$:

$$[\mathbf{T}_t]^{-1} \cdot [\{b'\}\,\{r'\}\,[\mathbf{H}']] = [\{b\}\,\{r\}\,[\mathbf{P}''_G]]$$

0.	-29.	-24.8	-20.0	-24.3	-29.5	-26.7	-21.7	-26.9	-32.3
0.	-10.	-9.1	-10.0	-6.9	-6.2	-9.8	-10.9	-7.7	-6.8
0.	-7.	-10.4	-11.4	-13.9	-12.4	-8.4	-9.3	-11.5	-10.2
1.	1.	1.	1.	1.	1.	1.	1.	1.	1.

1.			19.	19.	-10.	-5.77	-1.04	-5.33	-10.5	-7.67	-2.74	-7.89	-13.3
	1.		7.	7.	-3.	-2.13	-3.02	.05	.79	-2.83	-3.87	-.68	.21
		1.	8.	8.	1.	-2.43	-3.45	-5.90	-4.43	-.42	-1.32	-3.53	-2.19
			1.	1.	1.	1.	1.	1.	1.	1.	1.	1.	1.

$$\{b\}\ \{r\} \qquad\qquad [\mathbf{P}''_G]$$

Diese Projektionskoordinaten $[\mathbf{P}''_G]$ im Globalsystem müssen noch mittels $[\mathbf{T}_{GV}]$ umgerechnet werden auf die Projektionsebene ins View-/Projektionssystem. Auch hier ist die $\mathbf{Z}_V$-Achse als Normale $\{n\}$ der Projektionsebene bereits bekannt. Die Achsen $\mathbf{X}_V$ und $\mathbf{Y}_V$ werden genauso festgelegt wie bei der Projektionsrichtung. Normalerweise wird man die z-Komponente der $\mathbf{X}_V$-Achse $= 0$ setzen, damit die Achse horizontal liegt. Aber auch jede andere Richtung ist möglich, insbesondere dann, wenn die Projektionskoordinaten sich an ein übergeordnetes Koordinatensystem anpassen sollen.

Für die gegebene Projektionsebene ist die Transformationsmatrix:

	Global− X Y Z				Global− X Y Z		
X	-3	1	0	-.949	.316	.0	
View−Y	2	6	-10	.169	.507	-.845	$= [\mathbf{T}_{GV}]$
Z	-1	-3	-2	-.267	-.802	-.534	

Durch Vormultiplikation von $[\mathbf{P}''_G]$ mit $[\mathbf{T}_{GV}]$ erhält man die Projektionskoordinaten im Projektionssystem:

$$[\mathbf{T}_{GV}] \cdot [\mathbf{P}''_G] = [\mathbf{P}_V]$$

			-5.77	-1.04	-5.33	-10.5	-7.67	-2.74	-7.89	-13.3
			-2.13	-3.02	.05	.79	-2.83	-3.87	-.68	.21
			-2.43	-3.45	-5.90	-4.43	-.42	-1.32	-3.53	-2.19
-.949	.316	.0	4.80	.03	5.07	10.2	6.39	1.38	7.27	12.6
.169	.507	-.845	.00	1.21	4.11	2.36	-2.37	-1.31	1.30	-.29
-.267	-.802	-.534	4.54	4.54	4.54	4.54	4.54	4.54	4.54	4.54

Der Abstand des Ebenenreferenzpunktes vom Ursprung ist $d = (\mathbf{r}) \cdot \{n\} = 4.54$ Einheiten, und genau dieser Wert stellt sich für die $\mathbf{Z}_V$-Koordinaten ein. Auf die Verschiebung dieser Projektionskoordinaten in den Ursprung kann verzichtet werden (Abb. 8.36).

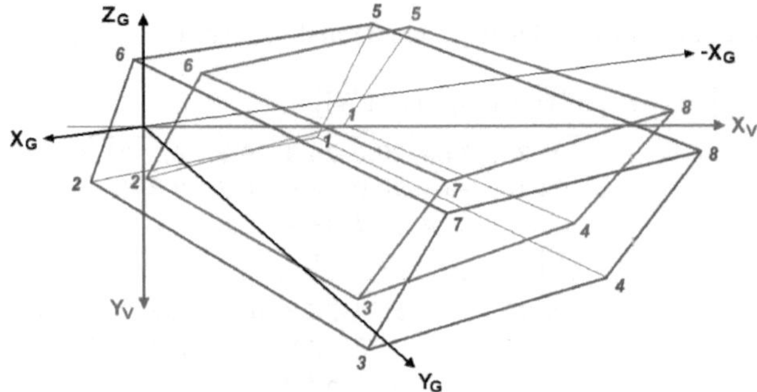

Abb. 8.36 Ergebnis der Projektion. *Blau* Globalkoordinaten, *rot* Projektionskoordinaten

8.4 Fluchtpunkte

Das auffälligste Merkmal der Zentralprojektionen sind Fluchtpunkte. Ihre Anzahl ist proportional zur Anzahl der Schnittpunkte der drei Koordinatenachsen mit der Projektionsebene.

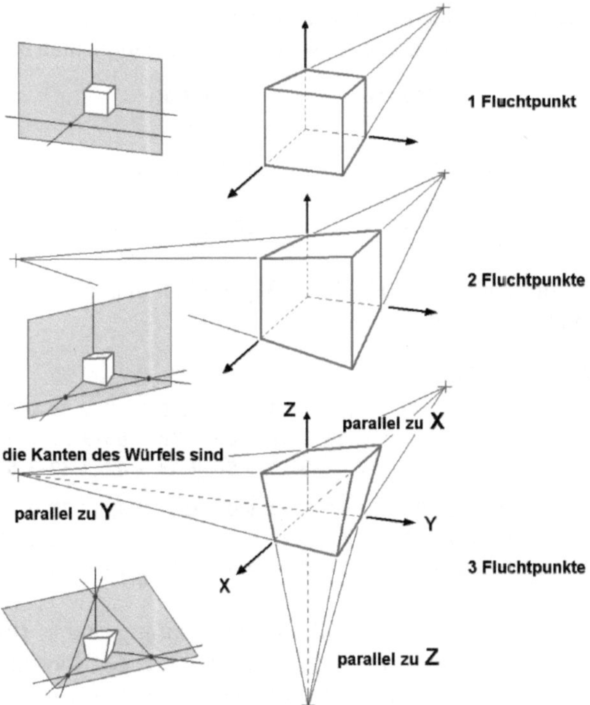

Abb. 8.37 Fluchtpunkte

Schneidet die Projektionsebene

1 Achse,
  dann gibt es einen Fluchtpunkt auf dieser Achse in dem sich alle zu dieser Achse
  parallelen Geraden treffen.
2 Achsen, zwei Fluchtpunkte.
3 Achsen, drei Fluchtpunkte.

Da es nur drei Koordinatenachsen gibt, die die Projektionsebene schneiden könnten, gibt es auch nur höchstens drei Fluchtpunkte. Nach ihrer Anzahl erfolgt die
Einteilung in Ein-, Zwei- und Dreipunkt-Projektionen (Abb. 8.37). Fluchtpunkte
auf Koordinatenachsen heißen Hauptfluchtpunkte.

Das folgende Bild einer Vogelperspektive (Abb. 8.38) hat zwei Fluchtpunkte.
Die zu $\mathbf{X_G}$ bzw. $\mathbf{Y_G}$ parallelen Geraden laufen in je einem Fluchtpunkt am Horizont
zusammen. Die zu $\mathbf{Z_G}$ parallelen Bauwerkssenkrechten bleiben auch in der Projektion parallel, weil $\mathbf{Z_G}$ die Projektionsebene nicht schneidet, also parallel zu dieser
liegt. Diese Projektion kommt zustande mit einem Normalenvektor $\{\mathbf{n}\}(n_x, n_y, 0)$
der Projektionsebene.

Die Frage nach den Fluchtpunkten einer Zentralprojektion führt zur Betrachtung
von „unendlich" langen Geraden, obwohl es diese in realen Szenarien gar nicht gibt.
Die Gleichung einer Gerade, z. B. die Kante einer Facette, durch die Punkte P_0 und
P_1, lautet in Komponenten:

$$x = x_0 + (x_1 - x_0) \cdot t = x_0 + g_x \cdot t$$
$$y = y_0 + (y_1 - y_0) \cdot t = y_0 + g_y \cdot t$$
$$z = z_0 + (z_1 - z_0) \cdot t = z_0 + g_z \cdot t$$

Hierin legt der Parameter t die Länge der Geraden fest, und es ist ganz offensichtlich, wohin diese führt

$$\text{bei} \quad t = 0 \rightarrow (x, y, z) = (x_0, y_0, z_0) \quad \text{nach } P_0$$
$$t = 1 \rightarrow \qquad\qquad = (x_1, y_1, z_1) \quad \text{nach } P_1$$

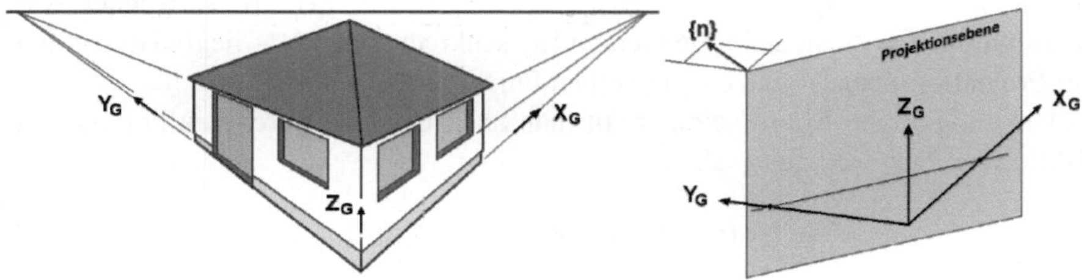

Abb. 8.38 Zentralprojektion mit zwei Fluchtpunkten: Vogelperspektive

$$t = \infty \rightarrow \qquad \text{die Gerade führt ins Unendliche,}$$

$$t < 0 \qquad\qquad \text{in die Gegenrichtung.}$$

Verzichtet man auf die Anbindung an einen bestimmten Punkt, beispielsweise P_0, dann gibt es beliebig viele parallele Geraden $\{g\} \cdot t$.

Zur Berechnung der Fluchtpunkte muss die Transformationsmatrix $[T]$ der allgemeinen Zentralprojektion aus Abschn. 8.3.4 nun doch ausmultipliziert werden:

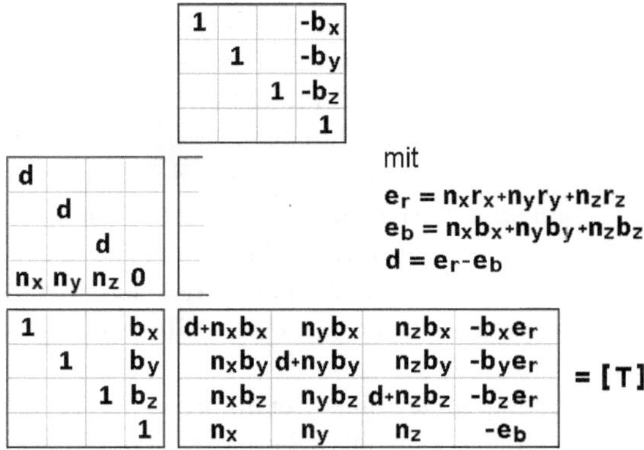

Die Koordinaten eines beliebigen Punktes $P'(x', y', z')$ aus einer der Geraden $\{g\} \cdot t$ erhalten wir dann formal mittels der Transformation

$$[T] \cdot \{g \cdot t\} = \{P'\}$$

$d{+}n_x b_x$	$n_y b_x$	$n_z b_x$	$-b_x e_r$		$t(g_x d + b_x k) - b_x e_r$		x'	
$n_x b_y$	$d{+}n_y b_y$	$n_z b_y$	$-b_y e_r$		$t(g_y d + b_y k) - b_y e_r$	$=$	y'	$= \{P'\}$
$n_x b_z$	$n_y b_z$	$d{+}n_z b_z$	$-b_z e_r$		$t(g_z d + b_z k) - b_z e_r$		z'	
n_x	n_y	n_z	$-e_b$		$t \cdot k - e_b$		w	

Hierin ist das Skalarprodukt $k = g_x n_x + g_y n_y + g_z n = (g) \cdot \{n\}$ verwendet. Nur wenn hierin $k = 0$ ist, steht die Gerade $\{g\}$ senkrecht auf $\{n\}$ – liegt also parallel zur Projektionsebene – und es gibt keinen Fluchtpunkt.

Die endgültigen Koordinaten erhält man nach Division durch den homogenen Faktor $w = t \cdot k - e_b$, für x' also:

$$x' = (t \cdot (g_x \cdot d + b_x \cdot k) - b_x \cdot e_r)/(t \cdot k - e_b)$$

Nun folgt noch der Übergang für die unendlich lange Gerade, also $t \rightarrow \infty$. In diesem Falle sind die von t unabhängigen Terme klein und können vernachlässigt

Tab. 8.2 Koordinaten für $\{g\}(1, 0, 0) \rightarrow k = 1 \cdot n_x$

Achse	X	Y	Z
$x' =$	$b_x + d/n_x$	b_x	b_x
$y' =$	b_y	$b_y + d/n_y$	b_y
$z' =$	b_z	b_z	$b_z + d/n_z$

werden. Somit verbleibt für x' und die beiden anderen Komponenten analog

$$x' = b_x + d \cdot g_x/k$$
$$y' = b_y + d \cdot g_y/k$$
$$z' = b_z + d \cdot g_z/k$$

Der Punkt P', für den diese Koordinaten gelten, liegt auf der Geraden $\{g\}$, die durch das Projektionszentrum verläuft.

Neben der allgemeinen Geraden $\{g\}$ mit ihrem Fluchtpunkt haben die Achsen des Koordinatensystems ebenfalls Fluchtpunkte, die als Hauptfluchtpunkte bezeichnet werden. Für die X-Achse beispielsweise erhält man mit $\{g\}(1, 0, 0) \rightarrow k = 1 \cdot n_x$ die in Tab. 8.2 zusammengestellten Koordinaten.

Wenn eine Komponente n_k des Normalenvektors den Wert null hat, gibt es folglich keinen Hauptfluchtpunkt in der zugehörigen Richtung; siehe die Abbildung eingangs dieses Kapitels mit $\{n\}(n_x, n_y, 0)$. Aus Tab. 8.2 wird ferner deutlich, dass die Hauptfluchtpunkte von drei Parametern abhängig sind:

- der Orientierung $\{n\}$ der Projektionsebene im Globalsystem, (die man in einer speziellen Aufgabenstellung als konstant ansehen kann);
- dem Standort des Beobachters mit seinem Ortsvektor $\{b\}$ und
- seinem Abstand **d** zur Projektionsebene.

Mit diesem Ergebnis werden die Hauptfluchtpunkte FP_k sowohl im Global- als auch im Projektionssystem für die beiden in Abschn. 8.3.4 durchgerechneten Beispiele angegeben. Die Transformationsmatrizen $[T_{GV}]$ wurden bereits dort verwendet. Im Projektionssystem ergeben auch die Z_V-Koordinaten der Fluchtpunkte wieder den Abstand der Projektionsfläche zum Ursprung.

Beispiel: „Sonderfall" allgemein

„Sonderfall"

	FP_1	FP_2	FP_3	
	-5.94	19	19	X_G
	7	-60.61	7	Y_G
	8	8	-51.32	Z_G

$\{n\} \rightarrow$				FP_1	FP_2	FP_3	
	-.346	.938	.0	8.62	-63.43	0.	X_V
	.345	.127	-.930	-8.60	-8.58	55.17	Y_V
	-.873	-.322	-.367	0.	0.	0.	Z_V

allgemein

	FP_1	FP_2	FP_3	
	-54.07	19	19	X_G
	7	-17.33	7	Y_G
	8	8	-28.54	Z_G

$\{n\} \rightarrow$				FP_1	FP_2	FP_3	
	-.949	.316	.0	53.52	-23.51	-15.82	X_V
	.169	.507	-.845	-12.35	-12.34	30.88	Y_V
	-.267	-.802	-.534	4.54	4.54	4.54	Z_V

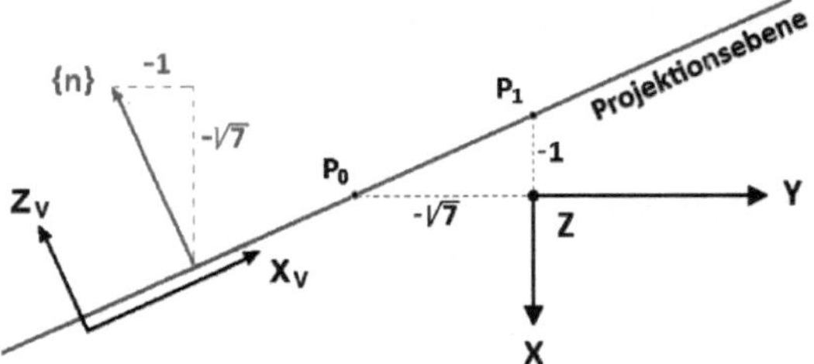

Abb. 8.39 Allgemeine Zentralprojektion: Ermittlung der Projektionsparameter

Nachdem die Hauptfluchtpunkte für eine allgemeine Zentralprojektion bestimmt sind, ist auch die inverse Aufgabe interessant: Wie ermitteln sich die Projektionsparameter, wenn Fluchtpunkte und Projektionsebene gegeben sind? Die Situation ist in Abb. 8.39 dargestellt.

Eine beliebige Projektionsebene ist hier hinter den Ursprung verschoben, sie liegt parallel zur vertikalen Z-Achse und schneidet die X- und Y-Achse. Diese Projektion hat folglich zwei Fluchtpunkte. Mit den Punkten $P_0(0, -\sqrt{7}, h)$ und $P_1(-1, 0, h)$ sei auf der Projektionsebene eine Horizontlinie – der „Horizont" – in Höhe h über null definiert. Die zugehörige Gleichung dieser Geraden ist

$$x = -t, y = \sqrt{7} \cdot (t - 1), z = h$$

Damit ist auch schon der Normalenvektor der Projektionsebene gegeben, der parallel zur XY-Ebene liegt und senkrecht auf dieser Geraden steht. Von den beiden möglichen Richtungen ist $\{n\}$ wie die Z_V-Achse des Viewsystems gewählt in Hinblick auf die Projektionskoordinaten. Die Komponenten von $\{n\}(-\sqrt{7}, -1, 0)$ können unmittelbar abgelesen werden, wobei $n_z = 0$ ist. Normiert zur Länge 1 ist:

$$\{n\} \rightarrow (-\sqrt{7/8}, -\sqrt{1/8}, 0)$$

Die beiden Fluchtpunkte liegen ebenfalls auf dem Horizont, ihre Koordinaten sind nur noch abhängig vom Faktor t; FP_1 von t_1 und FP_2 von t_2 (Tab. 8.3).

Diese Koordinaten werden eingesetzt in obige Gleichungen zur Bestimmung der Fluchtpunkte:

$$b_{x1} + d/n_x = x_1 = -t_1 \qquad\qquad b_{x2} \qquad\quad = x_2 = -t_2$$

$$b_{y1} \qquad\quad = y_1 = \sqrt{7} \cdot (t_1 - 1) \qquad b_{y2} + d/n_y = y_2 = \sqrt{7} \cdot (t_2 - 1)$$

$$b_{z1} \qquad\quad = z_1 = h \qquad\qquad\qquad b_{z2} \qquad\quad = z_2 = h$$

Aus diesem Satz von Gleichungen wird der Ortsvektor $\{b\}$ und der Ebenenparameter **d** ermittelt. Bei konstanter z-Koordinate ist $b_z = h$, und die Komponenten des Normalenvektors sind ebenfalls gegeben mit $n_x = -\sqrt{7/8}$ und $n_y = -\sqrt{1/8}$.

Tab. 8.3 Abhängigkeiten der Fluchtpunkte FP_1 und FP_2

FP_1	FP_2
$x_1 = -t_1$	$x_2 = -t_2$
$y_1 = \sqrt{7} \cdot (t_1 - 1)$	$y_2 = \sqrt{7} \cdot (t_2 - 1)$
$z_1 = h$	$z_2 = h$

Aus den ersten beiden Gleichungen ergibt sich der Ebenenparameter zu:

$$d = n_x \cdot (t_2 - t_1) \qquad = -\sqrt{7/8} \cdot (t_2 - t_1)$$

$$d = n_y \cdot \sqrt{7} \cdot (t_2 - t_1) = -\sqrt{7/8} \cdot (t_2 - t_1)$$

wobei sich für $\mathbf{d}$ erwartungsgemäß zwei identische Werte ergeben.

Der erste Anschein lässt vermuten, dass es für jeden Fluchtpunkt einen zugehörigen Ortsvektor $\{\mathbf{b}\}$ gibt; $\{\mathbf{b_1}\}$ und $\{\mathbf{b_2}\}$. Das ist allerdings nicht der Fall. Setzt man d in die Gleichungen ein, so kommt es zu identischen Aussagen für die $\{\mathbf{b}\}$-Komponenten:

$$b_{x1} + d/n_x = -t_1 \qquad \rightarrow b_{x1} = -t_1 - (t_2 - t_1) = -t_2 \quad \rightarrow \mathbf{b_x} = -\mathbf{t_2}$$

$$b_{y2} + d/n_y = \sqrt{7} \cdot (t_2 - 1) \rightarrow b_{y2} = \sqrt{7} \cdot (t_2 - 1) - \sqrt{7} \cdot (t_2 - t_1)$$

$$= \sqrt{7} \cdot (t_1 - 1) \qquad \rightarrow \mathbf{b_y} = \sqrt{7} \cdot (\mathbf{t_1} - 1)$$

$$\mathbf{b_z} = \mathbf{h}$$

Damit ist der Ortsvektor $\{\mathbf{b}\}$ des Beobachters eindeutig festgelegt, und es kann auch dessen Abstand zur Projektionsebene bestimmt werden:

$$\{\mathbf{b}\} = (-t_2, \sqrt{7} \cdot (t_1 - 1), h) \rightarrow (10, 5, 1)$$

$$e_B = (\mathbf{n}) \cdot \{\mathbf{b}\} = (-\sqrt{7/8}, -\sqrt{1/8}, 0) \cdot \{-t_2, \sqrt{7} \cdot (t_1 - 1), h\}$$

$$= \sqrt{7/8} \cdot (t_2 - t_1 + 1)$$

Den noch fehlenden Abstand der Projektionsebene zum Ursprung ermitteln wir mit dem Referenzpunkt P_0:

$$e_R = (\mathbf{n}) \cdot \{\mathbf{P_0}\} = (-\sqrt{7/8}, -\sqrt{1/8}, 0) \cdot \{0, -\sqrt{7}, h\} = \sqrt{7/8}$$

$$d = e_R - e_B = \sqrt{7/8} - \sqrt{7/8} \cdot (t_2 - t_1 + 1) = -\sqrt{7/8} \cdot (t_2 - t_1)$$

Mit diesen Parametern sind die Konstanten dieser Aufgabenstellung bekannt und werden in die Transformationsmatrix $[\mathbf{T}]$ eingesetzt:

$$
\begin{array}{|cccc|}
\hline
d+n_x b_x & n_y b_x & n_z b_x & -b_x e_r \\
n_x b_y & d+n_y b_y & n_z b_y & -b_y e_r \\
n_x b_z & n_y b_z & d+n_z b_z & -b_z e_r \\
n_x & n_y & n_z & -e_b \\
\hline
\end{array}
\;\hat{=}\; \sqrt{7/8} \cdot
\begin{array}{|cccc|}
\hline
t_1 & t_2 & 0 & t_2 \\
-\sqrt{7} \cdot (t_1-1) & -(t_2-1) & 0 & -\sqrt{7} \cdot (t_1-1) \\
-h & -h & -(t_2-t_1) & -h \\
-1 & -1 & 0 & -(1+t_2-t_1) \\
\hline
\end{array}
$$

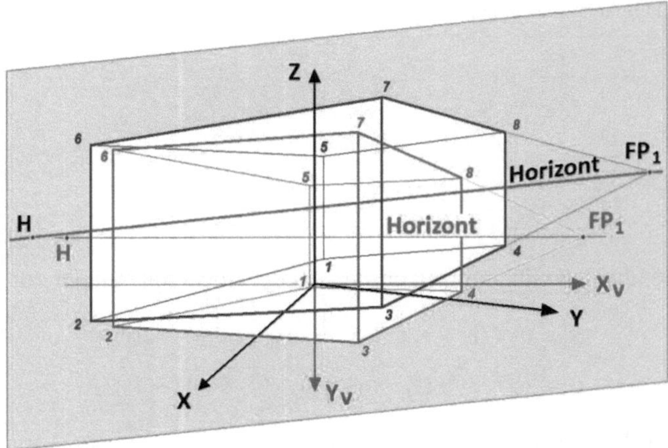

Abb. 8.40 Allgemeine Zentralprojektion mit Hilfspunkt H. *Blau*: Globalkoordinaten, *rot*: Projektionskoordinaten. Der Quader hat eine Höhe von 2 Einheiten in z-Richtung. Da der Horizont mit h = 1 festgelegt wurde, halbiert er alle Vertikalen, und dies natürlich in beiden Projektionen

Variabel sind nur noch die Koordinaten der beiden Fluchtpunkte auf dem Horizont. Diese können durch Wahl der beiden Parameter t_1 und t_2 beliebig positioniert werden, z. B.:

$$t_1 = 2.89 \rightarrow FP_1 = (-2.89, 5.0, 1.0)$$
$$t_2 = -10. \rightarrow FP_2 = (+10.0, -29.1, 1.0)$$

Da der FP_2 sicher außerhalb der Bildfläche (Abb. 8.40) liegt, wird noch ein Hilfspunkt H auf dem Horizont verwendet mit $t_2 = -1 \rightarrow H(1, -5.29, 1)$, um diesen zeichnen zu können.

Die beiden gewählten Fluchtpunktparameter t_1 und t_2 werden nur noch in die Transformationsmatrix **[T]** eingesetzt, dann läuft der numerische Teil genauso ab wie in den vorherigen Beispielen.

- Ermittlung der Projektionskoordinaten im Globalsystem in zwei Schritten

$$[\mathbf{T}] \cdot [\mathbf{P_G}] = [\mathbf{P_{G''}}]$$

$[\mathbf{P_G}]$:

	5.	5.			5.	5.	
		3.	3.			3.	3.
				2.	2.	2.	2.
1.	1.	1.	1.	1.	1.	1.	1.

$[\mathbf{T}]$:

2.703	-3.536		-9.354
-4.677	10.29		-4.677
-.935	-.354	12.06	-.935
-.935	-.354		11.12

$[\mathbf{P_{G''}}]$:

-9.4	4.2	-6.4	-20.0	-9.4	4.2	-6.4	-20.0
-4.7	-28.1	2.8	26.2	-4.7	-28.1	2.8	26.2
-.9	-5.6	-6.7	-2.0	23.2	18.5	17.4	22.1
11.1	6.4	5.4	10.1	11.1	6.4	5.4	10.1

• Spaltenweise Korrektur der homogenen Koordinate zu w = 1,
dies liefert die globalen Projektionskoordinaten $[\mathbf{P}_{G'}]$, dann

• Übergang von den Projektionskoordinaten des Globalsystems auf die Koordinaten der Projektionsebene mittels der Transformationsmatrix $[\mathbf{T}_{GV}]$ (auf das Mitführen der homogenen Koordinate wird hier verzichtet).

$$[\mathbf{T}_{GV}] \cdot [\mathbf{P}_{G'}] = [\mathbf{P}_V]$$

Richtung

			-.84	.65	-1.20	-1.98	-.84	.65	-1.20	-1.98	1.00	-2.89	10.0	X_G
			-.42	-4.35	.52	2.60	-.42	-4.35	.52	2.60	-5.29	5.00	-29.1	Y_G
			-.08	-.87	-1.24	-.20	2.08	2.87	3.24	2.20	1.00	1.00	1.00	Z_G
-.354	.935		-.10	-4.30	.91	3.14	-.10	-4.30	.91	3.14	-5.30	5.70	-30.7	X_V
		-1.	.08	.87	1.24	.20	-2.09	-2.87	-3.24	-2.20	-1.00	-1.00	-1.00	Y_V
-.935	-.354		.94	.94	.94	.94	.94	.94	.94	.94	.94	.94	.94	Z_V

H   FP$_1$ FP$_2$

In diese Transformation einbezogen sind der Hilfspunkt **H** und die beiden Fluchtpunkte **FP**$_1$ und **FP**$_2$. Alle drei Punkte sind in globalen Koordinaten auf der Projektionsebene definiert, deshalb genügt die Umrechnung in Projektionskoordinaten. Für die $\mathbf{Y}_V$-Richtung ergibt sich dabei genau die vorgewählte Höhe **h** über null und für $\mathbf{Z}_V$ den Abstand der Projektionsebene ($= e_R$) vom Ursprung.

Zu dieser Projektion mit gegebenen Fluchtpunkten sind die Komponenten des Ortsvektors $\{\mathbf{b}\}(10, 5, 1)$. Die folgende Projektion verwendet die gleichen Parameter wie oben, allerdings liegt jetzt der Horizont bei h $= -1$. Dies verändert $\{\mathbf{b}\}$ nur mit $b_z = -1$, die Komponenten b_x und b_y bleiben unverändert. Die Änderungen in der zugehörigen Transformationsmatrix betreffen daher nur die 3. Matrixzeile:

$$[\mathbf{T}] =$$

2 703	-3.536		-9.354
-4 677	10.29		-4.677
+ 935	+.354	12.06	+.935
- 935	-.354		11.12

Diese Darstellung mit einem sehr tief gelegten Horizont wird als Froschperspektive bezeichnet (Abb. 8.41). Der zweite Fluchtpunkt liegt außerhalb des Darstellungsbereiches. Bei der hier verwendeten Projektionsebene parallel zur Z-Achse, und deshalb mit $n_z = 0$ des Normalenvektors $\{\mathbf{n}\}$, verlaufen die Vertikalen weiterhin vertikal. Bei $n_z \neq 0$ streben sie zu einem Fluchtpunkt in Richtung der Z-Achse.

Die Fluchtpunktgleichungen haben wir anfangs nach dem Ebenenparameter d aufgelöst und über t_1 und t_2 die Lage der Fluchtpunkte auf dem Horizont vorgegeben, woraus sich schließlich der Ortsvektor $\{\mathbf{b}\}$ ergab. Häufiger ist der umgekehrte Fall, dass nämlich der Ortsvektor gegeben ist und die Fluchtpunkte damit berechnet werden.

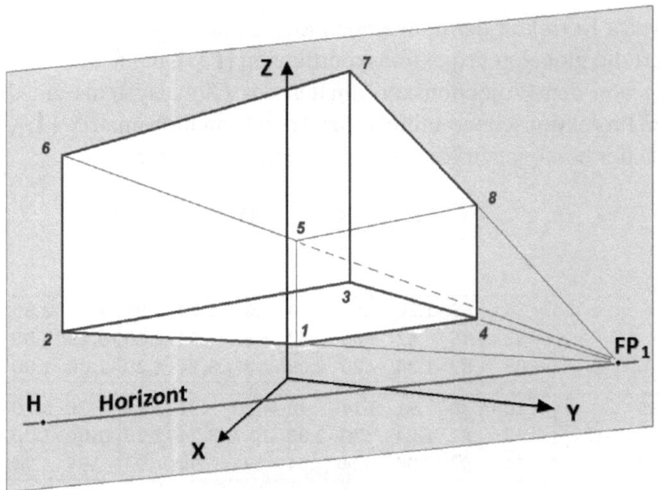

Abb. 8.41 Froschperspektive

Wir lösen die Fluchtpunktgleichungen nach den Parametern t_1 und t_2 auf mit den oben schon verwendeten Zwischenergebnissen; der Normalenvektor $\{n\}$ bleibt unverändert:

$$d/n_x = t_2 - t_1 \quad \text{und} \quad d/n_y = \sqrt{7} \cdot (t_2 - t_1)$$

$$b_x + d/n_x = -t_1 \qquad\qquad \rightarrow \quad b_x + (t_2 - t_1) = -t_1 \quad \rightarrow \quad \mathbf{t_2 = -b_x}$$

$$b_y + d/n_y = \sqrt{7} \cdot (t_2 - 1) \quad \rightarrow \quad b_y + \sqrt{7} \cdot (t_2 - t_1)$$

$$= \sqrt{7} \cdot (t_1 - 1) \qquad\qquad \rightarrow \quad \mathbf{t_1 = 1 + b_y/\sqrt{7}}$$

$$\mathbf{h = b_z}$$

Hiermit lassen sich die Fluchtpunktparameter t_1 und t_2 bei gegebenem Ortsvektor bestimmen. Wir behalten die Lage der Projektionsebene bei und platzieren den Beobachter bei $\{\mathbf{b}\}(11, 4, 3)$. Der Normalenvektor ändert sich nicht, die Ebenenparameter sind:

$$e_R = \sqrt{7/8} \quad \text{wie vor}$$

$$e_B = (\mathbf{n}) \cdot \{\mathbf{b}\} = (-\sqrt{7/8}, -\sqrt{1/8}, 0) \cdot \{11, 4, 3\} = -11.704$$

$$d = e_R - e_B = 0.935 + 11.704 = 12.639$$

Diese Werte eingesetzt ergibt die folgende Transformationsmatrix **[T]**. Auf die Wiedergabe der analogen Zahlenrechnung wird verzichtet und nur die daraus resultierende Darstellung angegeben (Abb. 8.42).

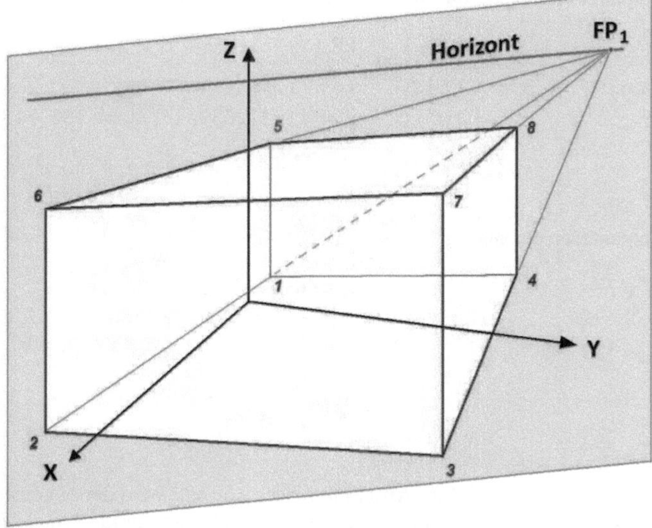

Abb. 8.42 Projektion mit einem hoch gelegenen Horizont: Darstellung für den Standpunkt des Beobachters bei $\{\mathbf{b}\}(11, 4, 3)$

$$[T] = \begin{vmatrix} d{+}n_x b_x & n_y b_x & n_z b_x & -b_x e_r \\ n_x b_y & d{+}n_y b_y & n_z b_y & -b_y e_r \\ n_x b_z & n_y b_z & d{+}n_z b_z & -b_z e_r \\ n_x & n_y & n_z & -e_b \end{vmatrix} \;\widehat{=}\; \begin{vmatrix} 2.349 & -3.889 & & -10.29 \\ -3.742 & 11.22 & & -3.742 \\ -2.806 & -1.061 & 12.64 & -2.806 \\ -.935 & -.354 & & 11.70 \end{vmatrix}$$

Nachzutragen sind die Fluchtpunkte! Mit den Komponenten des Ortsvektors $\{\mathbf{b}\}$ berechnen sich die Fluchtpunkte zu folgenden Werten (Tab. 8.4).

Zu den gleichen Werten kommt man unter Verwendung der Gleichung für die Horizontlinie $\{\mathbf{g}\} \rightarrow (-t, \sqrt{7} \cdot (t - 1), h)$, siehe Tab. 8.5.

Die vorherige Projektion mit dem tief gelegten Horizont bezeichnet man als Froschperspektive. Das Pendant hierzu ist die Vogelperspektive. Bei dieser liegt der Horizont auf der Projektionsebene sehr hoch und fällt manchmal ganz aus dieser heraus. Zu den Fluchtpunkten auf dem Horizont kommt der Fluchtpunkt der sich in Projektionsrichtung verjüngenden Fluchtlinien. Dieser liegt bei der Vogelperspektive unten, bei der Froschperspektive oben. Besonders in der Architektur ist dieser Effekt unerwünscht und unter dem Begriff „Stürzende Linien" bekannt (obwohl diese eher nach oben fliehen).

Nicht jede Projektion mit einem hoch gelegten Horizont – wie im vorigen Beispiel (Abb. 8.42) – ist deshalb schon eine Vogelperspektive. Das schon deshalb nicht, weil die Beispiele dieses Kapitels alle auf eine vertikal stehende Projektionsebene projizieren, und dies ist jedenfalls nicht die bevorzugte Sicht eines Vogels. Eine Vogelperspektive erfordert daher notwendigerweise eine (annähernd) horizon-

Tab. 8.4 Fluchtpunktberechnung für $\{\mathbf{b}\}(11, 4, 3)$

$FP_1(X)$	$FP_2(Y)$
$x = 11 - 12{,}639/\sqrt{7/8} = -2{,}512$	$x = 11{,}0$
$y = 4{,}0$	$y = 4 - 12{,}639/\sqrt{1/8} = -31{,}748$
$z = 3{,}0$	$z = 3{,}0$

Tab. 8.5 Fluchtpunktberechnung für $\{\mathbf{g}\} \to (-t, \sqrt{7} \cdot (t - 1), h)$

$t_1 = 1 + b_y/\sqrt{7} = 2{,}512$	$t_2 = -b_x = -11$
$x = -t_1 = -2{,}512$	$x = -t_2 = 11{,}0$
$y = \sqrt{7} \cdot (t_1 - 1) = 4{,}0$	$y = \sqrt{7} \cdot (t_2 - 1) = -31{,}748$
$z = 3{,}0$	$z = 3{,}0$

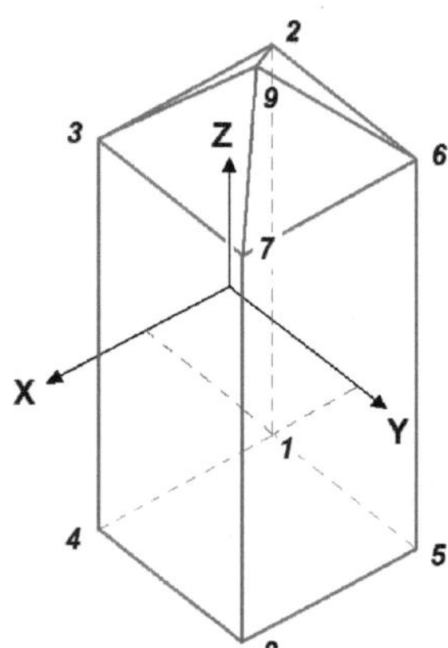

Zum Abschluß dieses Kapitels wird der nebenstehende quadratischer Turm mit Dachpyramide 2-mal projiziert: Mit der etwas einfacheren Methode von Kapitel 8.3.3 und mit der allgemeinen der vorherigen Beispiele. Koordinaten $[\mathbf{P_G}]$ und Beobachterposition $\{\mathbf{b}\}$ sind gleich für beide Rechengänge.

$$[\mathbf{P_G}] = \begin{bmatrix} 1. & 1. & 3. & 3. & 1. & 1. & 3. & 3. & 2. \\ 2. & 2. & 2. & 2. & 4. & 4. & 4. & 4. & 3. \\ 0. & 6. & 6. & 0. & 0. & 6. & 6. & 0. & 7. \end{bmatrix} \qquad \{\mathbf{b}\} = \begin{Bmatrix} 6 \\ 6 \\ 12 \end{Bmatrix}$$

Abb. 8.43 Referenzprojektion: quadratischer Turm mit Dachpyramide

tale Projektionsebene. Anbieten wird sich hierfür die horizontale XY-Ebene, die wir schon in Abschn. 8.3.3 verwendet haben.

Projektion auf die XY-Koordinatenebene

Bei einer Projektion auf die XY-Ebene ist von vornherein klar, dass diese Ebene nur einen Schnittpunkt mit den Koordinatenachsen hat, nämlich der Z-Achse, und folglich gibt es auch nur einen Fluchtpunkt in Z-Richtung. (Der Normalenvektor der XY-Ebene ist einfach $\{\mathbf{n}\}(0, 0, \pm 1)$ wird aber nicht gebraucht). Die Transformationsmatrix von Abschn. 8.3.3 ist:

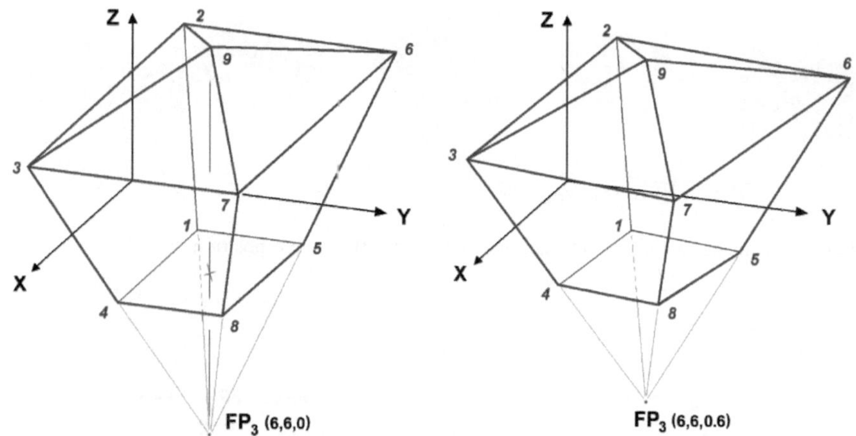

Abb. 8.44 Quadratischer Turm mit Dachpyramide. *Links*: Projektion auf die XY-Koordinatenebene, *rechts*: Projektion auf eine annähernd horizontale XY-Ebene

$$[T_{XY_G}] = \begin{array}{|c|c|c|c|} \hline -b_z & & b_x & \\ \hline & -b_z & b_y & \\ \hline & & 0 & \\ \hline & & 1 & -b_z \\ \hline \end{array} \;\triangleq\; \begin{array}{|c|c|c|c|} \hline -12 & & 6 & \\ \hline & -12 & 6 & \\ \hline & & 0 & \\ \hline & & 1 & -12 \\ \hline \end{array}$$

Projektion auf eine annähernd horizontale XY-Ebene

Um mit der allgemeinen Methode einen sichtbaren Unterschied zu generieren, wird die Projektionsebene leicht gekippt um die X- und Y-Achse. Dies kommt mit ihrem Normalenvektor $\{n\}(2, -1, -10)$ zum Ausdruck. Ansonsten geht die Ebene durch den Ursprung, also $e_R = 0$. Die weiteren Ebenenparameter:

$$\text{normiertes } \{n\} = (0.195, -.0976, -.976)$$

$$e_B = (n) \cdot \{b\} = -11{,}13$$

$$d = e_R - e_B = 11{,}13$$

$$[T] = \begin{array}{|c|c|c|c|} \hline d{+}n_x b_x & n_y b_x & n_z b_x & -b_x e_r \\ \hline n_x b_y & d{+}n_y b_y & n_z b_y & -b_y e_r \\ \hline n_x b_z & n_y b_z & d{+}n_z b_z & -b_z e_r \\ \hline n_x & n_y & n_z & -e_b \\ \hline \end{array} \;\triangleq\; \begin{array}{|c|c|c|c|} \hline 12.30 & -.586 & -5.855 & 0. \\ \hline 1.171 & 10.54 & -5.855 & 0. \\ \hline 2.342 & -1.171 & -.586 & 0. \\ \hline .195 & -.098 & -.976 & 11.13 \\ \hline \end{array}$$

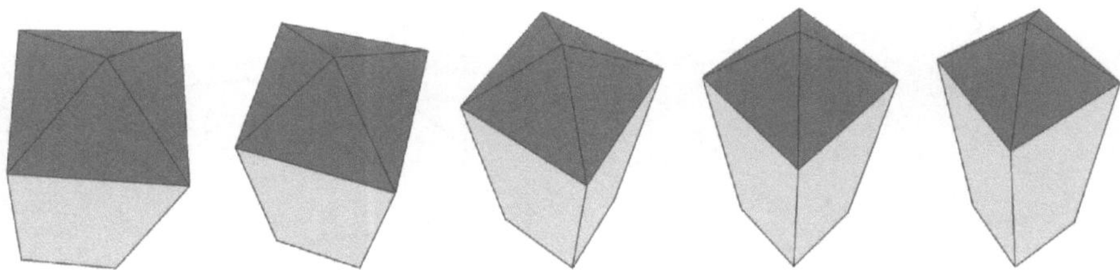

Abb. 8.45 „Videosequenz" zur Darstellung veränderter Beobachterposition

Fluchtpunkte:

FP$_1$	FP$_2$	FP$_3$
0	0	6
0	0	6
0	0	0

$\{n\} \rightarrow (0,\ 0,\ -1)$

FP$_1$	FP$_2$	FP$_3$	
63	6	6	X$_G$
6	-108	6	Y$_G$
12	12	0.6	Z$_G$

$\{n\} \rightarrow (0.195, -.0976, -.9759)$

An die Tabellen angehängt sind die Normalenvektoren $\{n\}$ der beiden Projektionsebenen. Damit lässt sich leichter abschätzen, wo etwa die Fluchtpunkte liegen: Je
kleiner eine Komponente $|n_k|$ des Normalenvektors ist, umso weiter entfernt ist der
k-te Fluchtpunkt.

Durch Verändern der Beobachterposition lässt sich leicht eine Videosequenz herstellen. Beispielsweise wird beim Anflug eines Vogels zu einem Turm (in Abb. 8.45
von rechts nach links) der Turm

- zusehends größer, je näher er kommt;
- in der Nähe des Turms beginnt er wieder kleiner zu werden
- und schrumpft beim Überflug auf die Größe seiner Grundfläche.

Beim Weiterflug kann der Vogel die umgekehrte Reihenfolge bemerken, sofern er
in den Rückspiegel schaut.

8.5 Kombinierte Zentral- mit Parallelprojektion

Bei der Vielzahl von Projektionsmöglichkeiten ist es sinnvoll und auch möglich,
sich auf einen einheitlichen Verfahrensablauf für alle Projektionen festzulegen. Eine Vereinfachung lässt sich schon dadurch erreichen, dass man grundsätzlich immer
auf die gleiche Projektionsebene projiziert, also z. B. auf die XY-Koordinatenebene.
Dies ist keine Einschränkung der Möglichkeiten, denn mit den Transformationsmatrizen aus Kap. 7 kann man jede Szenerie einschließlich Projektionsebene verschieben und drehen, bis die gewünschte Projektionsebene parallel zur XY-Ebene liegt,
mit der Z-Achse als Tiefenrichtung.

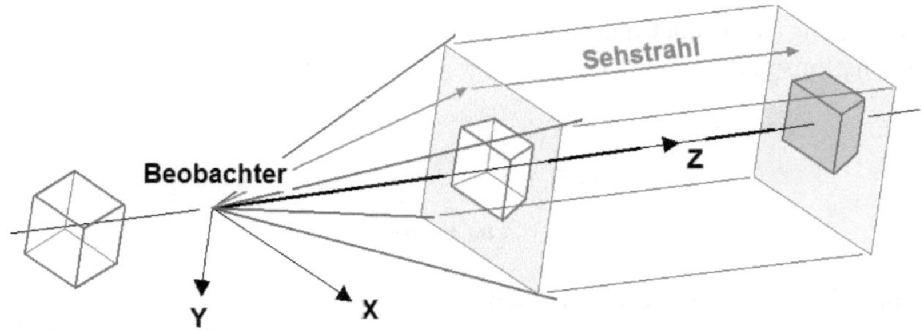

Abb. 8.46 Beispielquader (*links*), Darstellung mit Zentralprojektion im Bildraum (*Mitte*), Parallelprojektion (*rechts*)

Diese Vorgehensweise hat besonders bei Zentralprojektionen große Vorteile. Eingangs zu Abschn. 8.3.4 wurde die allgemeine Zentralprojektion hergeleitet für das Projektionszentrum im Ursprung bei beliebiger Lage der Projektionsebene. Einzelheiten sind dort beschrieben. Bei beliebiger Lage der Projektionsebene, gegeben durch ihren Normalenvektor $\{n\}$, sind nach der Verschiebung des Projektionszentrums in den Ursprung noch eine oder zwei Drehungen nötig, bis $\{n\}$ in oder parallel zur Z-Achse liegt. Jede Zentralprojektion lässt sich auf diese spezielle Projektion zurückführen. Da sämtliche Transformationen im Objektraum mit Gleitkomma-Arithmetik erfolgen, geht bis hierher keine Genauigkeit verloren.

Eine beliebige Projektion unseres Quaders mit einer der beschriebenen Projektionsarten lässt durchaus zwei Deutungen zu:

- Zum einen wird der Quader im bisherigen Sinne durch eine der Projektionen so dargestellt, wie ihn ein Beobachter aus seiner Beobachterposition auf einer Projektionsebene sieht.
- Wenn man zum anderen einmal das ganze Grafik-Thema kurzzeitig ausblendet, überführt z. B. eine perspektivische Transformation lediglich unseren Quader in einen Polyeder mit einem Satz neuer Koordinaten.

Wie eingangs zum Kap. 8 erwähnt, sind die Objekte der Szenerie durch Knoten und ebene Facetten modelliert, wobei nur die Knoten die äußere Form festlegen. Die Facetten mit ihren Kanten spannen sich zwischen die Knoten. Tatsächlich liefern alle Darstellungstransformationen lediglich einen Satz neuer Koordinaten, Facetten sind davon nicht unmittelbar betroffen.

Mit diesem Hinweis lässt sich die Projektion unseres Quaders in zwei Schritte aufteilen: Zuerst wird im Objektraum ein virtueller „Polyeder" mit einer Perspektivtransformation erzeugt, der im zweiten Schritt mittels einer Parallelprojektion im Bildraum dargestellt wird. Beides zusammen ergibt dann eine Perspektiv- bzw. Zentralprojektion (Abb. 8.46).

Zweckmäßig verwendet man den allgemeinen Fall nach Abschn. 8.3.4 mit der Transformationsmatrix

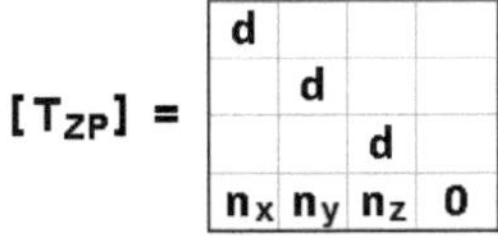

(ggf. mit Verschieben und Rückverschieben). Mit den so modifizierten Koordinaten des Quaders/der Szene erzeugt eine Parallelprojektion die gewünschte Darstellung als Zentralprojektion. Diese zweistufige Aufteilung erweist sich bei vielen Visualisierungsverfahren als vorteilhaft. Sofern für die Visualisierung Bildraumverfahren benutzt werden, ist die Parallelprojektion natürlich einfacher umzusetzen, weil es keine Fluchtpunkte gibt. Auch hintereinanderliegende Punkte auf dem gleichen Projektionsstrahl sind anhand ihrer Tiefenkoordinate leicht zu unterscheiden, denn nur derjenige ist sichtbar, der dem Beobachter am nächsten liegt.

8.6   Zusammenfassung

In den vorherigen Kapiteln sind die gängigsten Projektionen in der Computergrafik beschrieben. Wenn es nur darum geht, die Anordnung der Knoten einer Szenerie für eine bestimmte Projektionsart auf einer Projektionsfläche zu finden, ist die Aufgabe mit einer der Projektionen zu lösen. Die damit generierten Darstellungen werden als „Drahtmodell" bezeichnet, sind schnell zu berechnen und haben nur geringe Aussagekraft.

Um mit den anschließenden Visualisierungsverfahren verbesserte Darstellungen zu generieren, werden neben den Projektionskoordinaten X_V, Y_V auch Angaben über die Tiefenstaffelung von Facetten benötigt, um ihre gegenseitigen Verdeckungen zu untersuchen. Dafür sind Tiefenkoordinaten Z_V zwingend erforderlich. Die bisherigen Transformationen sind also daraufhin zu prüfen, ob sie das Gewünschte liefern. Tabelle 8.6 gibt darüber Auskunft.

~1 Es handelt sich um eine Koordinatentransformation, die Objekte/Szenen in die Projektionsrichtung drehen; liefert Tiefe.

~2 Bei Projektion auf Koordinatenebenen wurden die Transformationsmatrizen unter der Maßgabe entwickelt, dass die projizierten Knoten auf der Projektionsebene die Tiefenkoordinaten $= 0$ haben, wodurch die Tiefenrichtung verbraucht ist.

~3 Nahezu reines Umordnen der Koordinaten, Abstand a zur Projektionsfläche ist gegeben, liefert Tiefe in Projektionsrichtung.

~4 Es handelt sich um eine Koordinatentransformation ohne explizite Definition einer Projektionsebene, diese ist implizit enthalten als senkrecht zur Projektionsrichtung stehend im Abstand a vom Beobachter; liefert Tiefe.

Tab. 8.6 Vergleich der bisherigen Transformationsarten

Art	Abschnitt	Projektion	Tiefe	Hinweis
Parallel	8.2.1.2	Allgemeine orthographische	ja	~1
	8.2.1.3	Axonometrische	ja	~1
	8.2.2.1	Schiefe,auf Koordinatenebenen	nein	~2
	8.2.2.2	Kavalier- und Kabinett-	nein	~2
	8.2.2.3	Allgemeine schiefe	ja	~1
Zentral	8.3.1	Senkrechte,auf Koordinatenebenen	ja	~3
	8.3.2	Senkrechte	ja	~4
	8.3.3	Schief,auf Koordinatenebenen	nein	~2
	8.3.4	Allgemeine	ja	~5

~5 Diese Transformation auf eine mittels $\{n\}$ definierte Projektionsebene im Abstand $\{r\}$ vom Ursprung bei einem Beobachterabstand $\{b\}$; liefert Tiefe.

8.7 Stereoskopische Projektion

Wie schon erwähnt entsprechen die mit Zentralprojektionen generierten Darstellungen weitgehend unserem Sehen mit *einem* Auge, eine räumliche Tiefenwirkung ist damit folglich nicht zu vermitteln. Diesbezüglich sind wir wieder auf die Kompensationsarbeit des Gehirns angewiesen, das die fehlende Tiefe für unsere Vorstellungskraft annähernd ergänzen muss. Dies geschieht genau wie bei einer normalen fotografischen Aufnahme: Das Bild ist flach, so können z. B. Entfernungen nur geschätzt werden. Ähnliches trifft zu bei Menschen mit nur einem funktionsfähigen Ohr: Eine räumliche Ortung von Schallquellen ist dann nicht möglich, vielmehr kommt der Schall für sie aus allen Richtungen.

Da Menschen und Tiere mit zwei Augen sehen und mit zwei Ohren hören, ist es ihnen möglich, auch die dreidimensionale Ausdehnung dieser Welt zu erfassen. Erst mit stereoskopischen Projektionen können wir das Sehen mit zwei Augen nachbilden. In Abb. 8.47 dargestellt ist ein Beobachter B, der den Punkt P betrachtet. Auf der Projektionsebene ergeben sich zwei Projektionen von P: für das linke Auge P_{li} und P_{re} für das rechte Auge (2 Augen → 2 Punkte).

Solche stereoskopische Projektionen – 3D-Bilder – lassen sich mit den schon beschriebenen Projektionen leicht berechnen. Hierzu wird lediglich für jedes Auge eine – um den halben Augenabstand $\pm e$ versetzte – eigene Zentralprojektion der Szene generiert. Der Achsabstand $\pm e$ wird als Parallaxe bezeichnet. Alle stereoskopischen Techniken basieren hauptsächlich auf einer geeigneten Parallax-Einstellung.

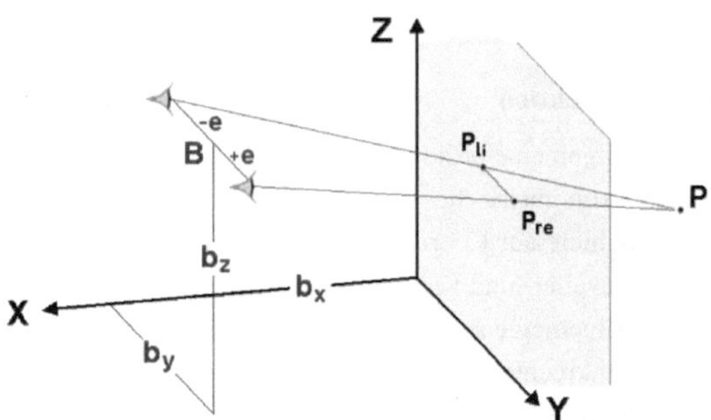

Abb. 8.47 Stereoskopische Projektion als Nachbildung des Sehens mit zwei Augen

Die Stereoskopie ist keinesfalls ein reines Computerthema, obwohl (heute) natürlich immer ein Computer dahinter steht. Tatsächlich gab es einen historischen Versuch, mit rein mechanischen Mitteln eine Stereo-Filmprojektion zu realisieren:

1930 erfolgte in Moskau erstmals eine Stereoprojektion auf eine Drahtgitter-Leinwand. Sie erlaubte räumliches Filmsehen ohne Brille. Ein derartiges mechanisches Bildtrennsystem wurde 1906 von *Estanawe* postuliert, der ein feines Gitter von Metalllamellen als Leinwand vorschlug. Bei der Projektion müssen die Zuschauer sehr genau vor der Leinwand platziert sein, sonst können die Augen nicht das jeweils für sie bestimmte Bild sehen. Verbessert wurde das System durch *Noaillon*, der das Raster zum Zuschauer geneigt anordnete und die nun radial angeordneten Rasterstreifen leicht hin- und her bewegte. Weiterentwickelt wurde das System von *Iwanow*, der statt eines mechanischen Parallelrasters 30 000 sehr feine Kupferdrähte als Leinwand verwendete. Das aufwendige Verfahren erlangte keine Serienreife. Nur ein einziges Kino in Moskau wurde für das System umgebaut, das „Moskva", und nur wenige Filme wurden mit diesem Verfahren gezeigt.

Diese Episode ist zugleich auch ein Hinweis auf die gewünschten Einsatzmöglichkeiten. Stereoprojektionen sind heute schon in speziellen Kinos zu sehen, und auch das Fernsehen bemüht sich zunehmend um diese Technik.

Zum Schluss dieses Kapitels werfen wir einen Blick auf das Hauptproblem stereoskopischer Projektionen: Mit welchen Hilfsmitteln kommt es beim Beobachter zu einer räumlichen Wahrnehmung der berechneten „stereo pairs", der stereoskopischen Teilbilder? [„Raumbildprojektion"/Wiki]

Es ist sinnvoll, die Einsatzgebiete – und damit auch die zugehörige Hardware – voneinander abzugrenzen. Eine Unterscheidung ist z. B. möglich nach „Single-View"- und „Multi-View"-Lösungen.

Single-View-Anwendungen bieten vor allem den Vorteil, dass sie für Applikationen in der Entwicklung, Forschung und Medizin eingesetzt werden können, da sie gegenüber Multi-View-Systemen die höhere effektive Bildauflösung bieten. Diese muss in Multi-View-Lösungen nicht erreicht werden. Multi-View-Lösungen sind

Tab. 8.7 Vergleich zweier Projektionssysteme

Projektionssysteme	Zeitparallele	Zeitmultiplexe
Funktionsweise	Gleichzeitige Präsentation beider Halbbilder für das linke und das rechte Auge	Bilder werden mit hoher Frequenz für beide Augen abwechselnd gezeigt
Mittel	– Anaglyphen Verfahren – Interferenzfiltertechnik – Polarisationstechnik – Farbtrenntechnik	– Shuttertechnik – Autostereoskopische Displays – 3D-Bildschirme

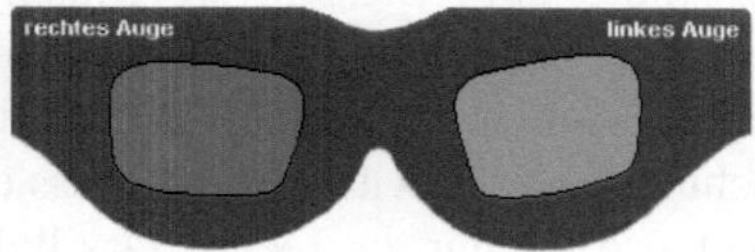

Abb. 8.48 Farbfilterbrille beim Anaglyphenverfahren

für eine größere Personenzahl gedacht, z. B. für Vorträge mittels Beamerunterstützung bis hin zu Filmvorführungen im Kino. [BitM]

Die Unterschiede der in Tab. 8.7 beschriebenen Projektionstechniken beziehen sich im Wesentlichen auf die bei jeder stereoskopischen Betrachtungsmethode nötige Trennung von linkem und rechtem Bild (Kanaltrennung) und kommen entweder für Single-View- oder Multi-View-Anwendungen zum Einsatz.

Gemeinsam ist allen Varianten, dass den Augen des Beobachters unterschiedliche Bilder gezeigt werden, die das Gehirn als räumlichen Eindruck wahrnimmt. Dieser wird somit auf die gleiche Art und Weise erreicht, wie es unser Gehirn beim täglichen Sehen der realen Welt ohne technische Unterstützung vermag.

Ein grundsätzliches Problem tritt bei fast allen stereoskopischen Verfahren auf. Da das Bild auf einer Projektions**fläche** dargestellt, aber dem Gehirn „Tiefe" suggeriert wird, kommt es bei einigen Menschen zu Problemen bei der Fokussierung: entweder stellen die Augen scharf auf die Projektionsfläche oder auf ein „entferntes" Objekt in der virtuellen Szene. Dieser Widerspruch zwischen Fokussierung und Parallaxe führt dazu, dass bei längerer Verwendung stereoskopischer Techniken Kopfschmerzen auftreten und/oder der dreidimensionale Effekt überhaupt nicht mehr wahrgenommen wird.

Anaglyphenverfahren

Zur Trennung der beiden Einzelbilder werden Farbfilter in 3D-Brillen verwendet, ursprünglich Rot vor dem rechten und Grün vor dem linken Auge.

Beim Ansehen des Films löscht der Rot-Filter das rote Bild aus und das grüne Bild wird schwarz, der Grünfilter löscht das grüne Bild und das rote wird schwarz. Da beide Augen nun verschiedene Bilder sehen, entsteht im Gehirn wieder ein räumliches Bild, allerdings nur in Graustufen. Diese Technik ist zwar billig und erlaubt sogar eine stereoskopische Projektion, lässt aber keine naturgetreue Farbwiedergabe zu.

Interferenzfiltertechnik

Die Interferenzfiltertechnik arbeitet nach einem Farbbandpassverfahren mit kammartig verschachtelten Bandpässen. Für jedes Auge wird jeweils ein Teil der vom Auge als Rot/Grün/Blau empfundenen Wellenlängen durchgelassen und der des anderen Auges sehr effektiv geblockt. Bei dieser Betrachtungstechnik ist der Kopf beliebig neigbar. Die Brillengläser und Filter bestehen aus beschichtetem Quarzglas.

Passiv-Stereo-Projektion, Polarisationsfiltertechnik

Bei dieser am weitesten verbreiteten Projektionstechnik wird die Trennung der Einzelbilder mit polarisiertem Licht erreicht. Es befinden sich jeweils um 90° versetzte Polfilterfolien vor den Projektionsobjektiven und in den Polfilterbrillen der Beobachter. Dadurch wird erreicht, dass das linke Auge nur das linke Bild sieht und das rechte Auge nur das rechte. Das linke Bild wird für das rechte Auge gesperrt und umgekehrt (Kanaltrennung). Das Verfahren ist eine Multi-View-Anwendung und für Monitore nicht geeignet.

Zur Aufrechterhaltung des Polarisationsstatus des Lichts wird eine metallisch beschichtete Leinwand benötigt. Eine normale weiße Leinwand würde das Licht wieder zerstreuen und die Kanaltrennung wäre aufgehoben. Der Vorteil dieser Projektionstechnik liegt in der hohen Farbtreue der gezeigten Bilder. Anwendung findet diese Technik bei einigen „Imax-3D"-Kinos.

Ein Flirt mit der schönen Sitznachbarin muss allerdings unterbleiben, denn man muss während der Bildbetrachtung den Kopf gerade halten. Hält man ihn schräg, ändert sich der zur Kanaltrennung nötige Winkel von 90° zwischen den Folien vor den Projektionslinsen und denen in der Brille. Dadurch ist eine Kanaltrennung nicht mehr gegeben und es erscheinen „Geisterbilder" – hoffentlich nicht in Verbindung mit der Nachbarin!

Shuttertechnik

Bei dieser Methode werden beide Bilder mit einer hochfrequenten Bildwiederholungsrate (100–160 Hz) nacheinander projiziert. Der Projektor gibt während der Vorführung Steuerimpulse an die vom Beobachter getragenen „Shutterbrillen". Diese Brillen verschließen (engl. shut) jeweils wechselseitig das eingebaute LCD-Glas und sorgen so dafür, dass jedes Auge nur sein Bild sieht. Dabei verschließt die Brille selbst – also aktiv – abwechselnd das Sichtfeld, im Unterschied zu den passiven Brillen mit Polarisationsfilter.

Bei einigen Monitoren ist der LCD-Shutter bereits integriert. Dieser Shutter wird nicht dunkel, sondern er dreht die Polarisationsebene des Lichts. Der Beobachter trägt dann nur noch eine einfache Polarisationsbrille.

Aktive Stereo-Projektion

Diese Methode verwendet zwei Bildschirme, wobei jedes Auge nur das Bild des ihm zugeordneten Schirms sehen darf. Dies ist praktisch nur möglich mit HMDs („head-mounted display"). Die Auflösung der HMDs – auch Monitorbrillen oder

Abb. 8.49 Shutterbrille

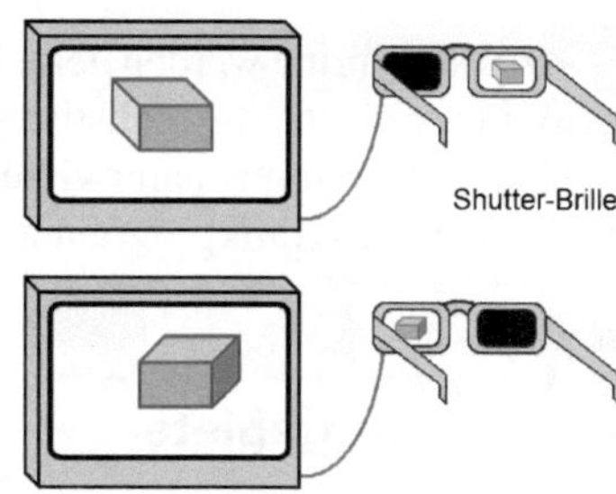

Abb. 8.50 Monitorbrille/„Datenhelm"

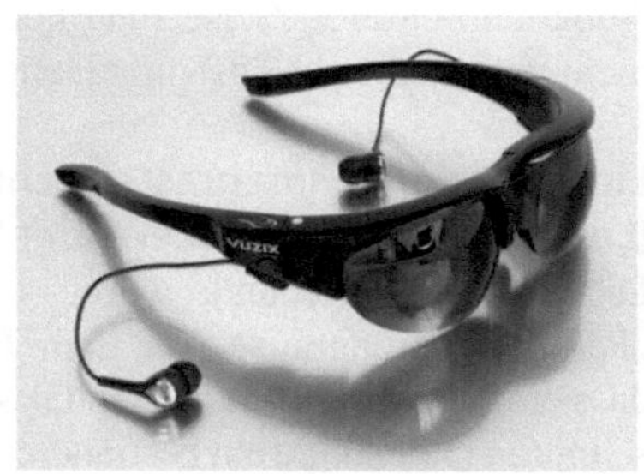

Datenhelme genannt – liegt heute (2012) durchschnittlich bei 800 × 600 Pixeln, z. B. Vuzix, Cybermind NL. Weiterentwicklungen bis 2560 × 1024 sind angekündigt (*Virtual Reality, Modell 133*). Die Brille enthält Gitterstrukturen, die einzelne Zeilen ein- und ausblendet. Ihre Farbtiefe beträgt 24 Bit, und sie kann unmittelbar am Rechner angeschlossen werden.

In den letzten Jahren wurden stereoskopische Techniken für Displays vorangetrieben, die ohne zusätzliche Hilfsmittel für den Betrachter in Form einer Spezialbrille auskommen. Der Nachteil dieser Verfahren besteht darin, dass der 3D-Effekt meist nur in einem relativ begrenzten Bereich wahrnehmbar ist.

3D-Bildschirme

3D-Bildschirme erzeugen den 3D-Effekt ohne eine 3D-Brille. Derzeit werden für die 3D-Darstellung spezielle LCD-Bildschirme benutzt. Jeweils die Hälfte der LCD-Zellen zeigt das Bild für das linke bzw. für das rechte Auge. Vor dem LCD befindet sich eine Parallaxe-Barriere, die in Abhängigkeit von der Blickrichtung jeweils den Blick auf die eine bzw. die andere Hälfte der Pixel erlaubt. Die Barriere besteht ebenfalls aus LCD-Zellen, die für das linke und für das rechte Auge immer die Zellen abdunkelt, die es nicht sehen soll. Dieser erste marktreife Typ eines 3D-Bildschirms weist noch einige Nachteile auf. So halbiert die Aufteilung der Pixel in zwei Bilder die Auflösung und damit die Bildqualität. Zudem erhöht die Parallaxe-Barriere den Stromverbrauch, und zwar nicht nur durch den eigenen Verbrauch, sondern weil auch eine deutlich hellere Hintergrundbeleuchtung notwendig ist.

3D-Bildschirme werden derzeit in einigen Notebooks angeboten und sind v.a. für Anwender gedacht, die realistische dreidimensionale Darstellungen benötigen, etwa für CAD-Programme, naturwissenschaftliche und medizinische Anwendungen und anspruchsvolle Grafikprogramme.

8.8 Sondergebiete

Außerhalb unserer Zielsetzung noch ein Seitenblick auf einige Sondergebiete, die nicht unmittelbar in Zusammenhang stehen mit „Computergrafik für Ingenieure".

Linsen- oder Prismenrastertechnik
(Lenticularlinsen, Wackel- oder Wechselbild)

Die Linsenrastertechnik wurde 1903 in London erstmalig unter dem Namen „Parallax-Stereogram" von dem Engländer F. E. Ives patentiert. Er entdeckte, dass er unter halbzylindrischen Glaslupen Stereobilder, die er vorher in Streifen geschnitten hatte, ohne ein besonderes Stereoskop dreidimensional betrachten konnte. [„Linsenraster-Bild"/Wiki]

Die Technik besteht im Wesentlichen darin, ein Objekt aus unterschiedlichen Perspektiven zu fotografieren. Für bewegte 3-D Objekte wird eine spezielle „Mehrlinsen"-Kamera verwendet (NIMSLO-Kamera). Es werden mindestens zwei, meistens jedoch sehr viel mehr Bilder aufgenommen, die um den Augenabstand versetzt sind. Die weitere Verarbeitung findet auf digitaler Ebene statt. Alternativ kann man Bilder auch mit den Methoden der Computergrafik generieren.

Die Bilder werden in schmale Streifen zerlegt (interlaced) und auf einen Papierträger übertragen, über den dann ein durchsichtiges Raster von vertikal verlaufenden, sogenannten Lentikularlinsen (Zylinderlinsen oder -prismen) gelegt wird. Jede Linse überdeckt die zusammengehörigen Bildstreifen. Je nach Blickwinkel fokussiert der Betrachter auf einen anderen Bildstreifen. Beim räumlichen Bild sorgt der Augenabstand dafür, dass jedes Auge das Bild für „seinen" Blickwinkel bekommt, und so der räumliche Eindruck entsteht (Abb. 8.51).

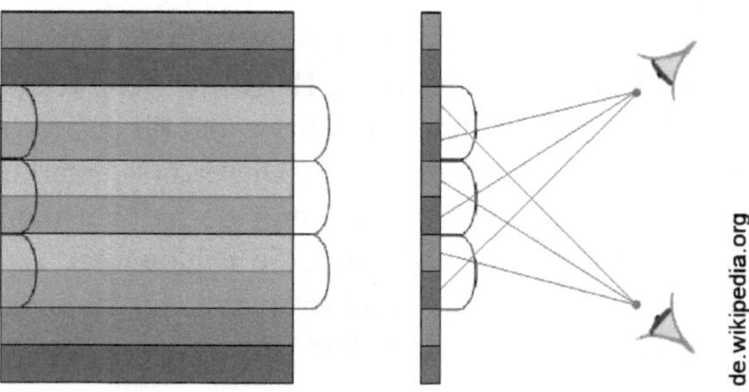

Abb. 8.51 Entstehung eines räumlichen Eindrucks bei Lentikularlinsen

Je mehr Bilder verwendet werden, desto fließender werden die Übergänge zwischen den Blickwinkeln, bei wenigen Bildern erhält man ein „Wackelbild". Die Breite der Linsen ist abhängig vom Betrachtungsabstand. Übliche Werte liegen zwischen 10 und 161 lpi (lines per inch). Grundsätzlich unterscheidet man zwei verschiedene Funktionsweisen:

Horizontale Linse

Die horizontale Linsenanordnung bewirkt eine Bildtrennung, weil die Linsen parallel zu den Augen liegen. Diese sehen gleichzeitig dasselbe Bild, getrennt von den anderen Bildern, die sich auf dem Print befinden. Diese Anordnung ist für Animationen, Morphing- und Wechselbilder besonders gut geeignet.

Vertikale Linse

Die vertikale Linsenanordnung bewirkt eine Bildvereinigung. Beide Augen sehen gleichzeitig unterschiedliche Bilder, betrachten also unterschiedliche Perspektiven und im Gehirn entsteht ein räumlicher Eindruck.

3D-Fernsehtechnik

Wie schon eingangs bemerkt, verwendet die Fernsehtechnik heute (2011) immer häufiger Elemente aus dem PC-Bereich: Vom *Updating* der Gerätesteuerung (über Kabel oder Satellit) bis hin zu Festplattenrekordern und Soundsystemen. Der augenblickliche Trend will das 3D-Fernsehen populär machen. Mit den oben beschriebenen Techniken ergeben sich prinzipiell drei Realisierungsmöglichkeiten:

- Polarisationsbrille: Polfilter drehen das Licht jeder Bildzeile, die abwechselnd Informationen fürs das rechte oder linke Brillenglas anzeigen. Vorteilhaft sind die leichten billigen Brillen (die auch aufgesteckt werden können), nachteilig ist ein Zeilensprung, der die HD-Auflösung für das 3D-Bild halbiert.
- Shutterbrille: Der Fernseher zeigt abwechselnd Bilder für das rechte und linke Auge, die Brille schließt im dazu passenden Wechsel das linke und rechte Glas. Bei dieser Technik bleibt die Full-HD-Auflösung erhalten, aber die Brille ist teuer und schwer.
- 3D-TV der Zukunft: Hier kommt die Linsenrastertechnik zum Einsatz, bei der keine Brille erforderlich ist. Das Verfahren ist heute (2012) noch nicht marktreif.

Holografie

Holografie ist ein 1948 von dem Ungar D. Gabor entwickeltes Verfahren zur dreidimensionalen Bildaufzeichnung und Bildwiedergabe, mit dessen Hilfe vollkommen räumlich wirkende Abbildungen von Gegenständen hergestellt werden können. Dieses Verfahren hat mit unserer Computergrafik nicht viel zu tun und erfordert eigentlich mehr Labor als Computer. Vorbereitende Arbeiten für die Bilder können am Computer erledigt werden. Eine interaktive Arbeit mit holografischen Bildern ist am Computer nicht möglich. [„Holografie"/Wiki]

Die Fotografie verwendet zur Beleuchtung die Sonne oder eine Lampe, wobei Intensität und Farbe des vom betrachteten Objekt kommenden Lichtes mittels einer Linse fokussiert und auf einer Fotoschicht gespeichert werden. Da das Objekt nur flächenhaft erfasst wird, geht der Eindruck der räumlichen Tiefe verloren. Diesen Nachteil kann auch die Stereofotografie mit ihren für jedes Auge separaten Halbbildern nicht aufheben. Bei ihr ist der Beobachterstandpunkt festgelegt, sodass Einzelheiten von Objekten, die sich während der Aufnahme überdecken, für die Wiedergabe verloren sind.

Licht ist zusätzlich noch durch seine Phase gekennzeichnet, die je nach Beschaffenheit der Oberfläche des Objektes gekrümmte Wellenanteile enthält. Diese dreidimensionalen Objektwellen enthalten die gesamte, auch räumliche Information des betrachteten Objektes, die die herkömmliche Fotografie nicht festhalten kann. Erst in der Holografie, die zudem keine Linsen erfordert, gelingt es, die dreidimensionale Objektwelle mithilfe von Laserstrahlung in einer Fotoschicht festzuhalten. Bei der Wiedergabe eines Hologramms sind dann auch Einzelheiten sich verdeckender Objekte erkennbar.

Mittels der heutigen Lasertechnologie spielt die Holografie in der Bildaufzeichnung, Werkstoffprüfung, Mikroskopie, Medizin, der optischen Datenspeicherung und der Sicherheitstechnik eine wichtige Rolle.

Virtuelle Realität (virtual reality, VR)

*Die **VR** ist eine mittels Computer simulierte Wirklichkeit oder künstliche Welt, in die Personen mithilfe technischer Geräte (Simulatoren) sowie umfangreicher Software versetzt und interaktiv eingebunden werden können.* [Lexi]

In jüngster Zeit erfahren neue technische Disziplinen enorme Aufmerksamkeit in den Medien. „Künstliche Realität" oder „virtuelle Umwelt" werden neben dem literarisch geprägten Begriff „Cyberspace" verwendet. Mit VR werden 3-dimensionale virtuelle Räume dargestellt, in denen sich der Benutzer interaktiv mithilfe von Monitorbrille und Datenhandschuh sowie umfangreicher Softwareunterstützung zur Spracherkennung und Geräuschsynthese bewegt. Seine Bewegungen werden sensorisch in Echtzeit erfasst und sein Bildausschnitt und die Perspektive mit diesen Daten laufend angepasst. Über den Datenhandschuh kann er aktiv auf die virtuelle Umwelt einwirken. [„Virtuelle Realität"/Wiki]

Eine alternative Beschreibung zielt mehr auf die Technik der virtuellen Realität ab, die sich danach durch drei Merkmale auszeichnet: Das Generieren von dreidimensionalen Darstellungen aus Computerdaten, die Echtzeitinteraktion mit diesen 3D-Darstellungen und die Methode der Immersion, die das subjektive Gefühl einer scheinbar realen Umwelt im Anwender erzeugt und realistische Reaktionen hervorruft. Wird die künstliche der realen Welt bewusst überlagert, spricht man von **Augmented Reality**, erweiterter Realität.

Hierbei geht es um die Überlagerung realer Sinneseindrücke durch künstlich erzeugte Informationen, im Unterschied zur virtuellen Realität, bei der der Beobachter möglichst vollständig in die künstlich geschaffene Welt eintauchen soll. Für die erweiterte Realität erzeugen Rechner im Allgemeinen Bilder und blenden sie laufend (in Echtzeit) so ins Sichtfeld des Benutzers ein, dass er sie jederzeit – auch bei Bewegungen – an der beabsichtigten Position wahrnimmt. Dazu benötigen sie stets aktuelle Informationen über die Position des Beobachters und der Objekte in seiner Umgebung.

VR-Techniken werden nicht nur in Spielen und Science-Fiction-Filmen, sondern in vielen anderen Bereichen praktisch genutzt, etwa in Medizin, Geowissenschaften, Industrie, Raumfahrt, Architekturvisualisierungen. In der Medizin dienen **VR**-Methoden dem Erlernen und Üben von Operationstechniken oder zum Planen von komplizierten Eingriffen, beispielsweise in der minimalinvasiven Chirurgie. Flugsimulatoren ermöglichen dem angehenden Piloten, gefahrlos das Steuern eines Flugzeuges zu erlernen. Auch in der Industrie wird diese Technologie verstärkt eingesetzt, vor allem zur Erstellung von virtuellen Prototypen oder für Ergonomietests.

Hardware: Der räumliche Eindruck wird mit einer Stereoprojektion erzeugt. Für die Interaktion mit der virtuellen Welt benötigen die **„Cybernauten"**, wie die Besucher virtueller Welten auch genannt werden, spezielle Ein- und Ausgabegeräte. Zu nennen sind hier unter anderem: Head-mounted Display (Datenhelm), 3D-Brille (LCD-Shutter), Spacemouse, Datenhandschuh, Wand und Flystick. Zur Positionserfassung von Objekten der realen Welt werden Trackingsysteme verwendet.

Software: Man benötigt zur Erzeugung virtueller Realität speziell für diesen Zweck entwickelte Software. Diese Programme müssen komplexe dreidimensionale Welten in Echtzeit, d. h. mit mindestens 25 Bildern pro Sekunde berechnen können (dieser Wert variiert je nach Anwendung).

Dies geht natürlich nicht ohne ein virtuelles Modell der Umwelt. Für die Modellierung von dreidimensionalen, virtuellen Objekten kommen Programme wie Maya, 3D-Studio-Max, Blender, Google SketchUp, Softimage XSI, Cinema 4D, Lightwave3D und andere CAD- oder 3D-Programme zur Anwendung. Zusätzliche Software wird für die Bild- und Tonbearbeitung benötigt.

Um die dort modellierten Objekte zu interaktiven Simulationen zusammenzusetzen nutzt man Autorensysteme wie z.B. World Tool Kit oder World Up. Auch das Authoring-Programm Macromedia Director kann 3D-Welten in Echtzeit und interaktiv darstellen. Da Director auch Dateien im Shockwave-Format ausgeben kann, sind diese 3D-Welten auch mittels Plugins in Browsern erlebbar. Allerdings lässt sich mit dieser Technik nur ein geringer Grad an Immersion erreichen.

Cave Automatic Virtual Environment

Der Begriff Cave Automatic Virtual Environment (abgekürzt CAVE; wörtlich übersetzt: Höhle mit automatisierter, virtueller Umwelt) bezeichnet einen Raum zur Projektion einer dreidimensionalen Illusionswelt der virtuellen Realität. Die Bezeichnung CAVE erinnert bewusst an das Höhlengleichnis in Platons *Republik*, das sich mit dem Verhältnis von Wahrnehmung und Erkenntnis sowie Realität und Illusion beschäftigt. [„CAVE"/Wiki]

CAVE-Lösungen nutzen im grafischen High-End-Bereich sowohl Aktiv- wie auch Passiv-Stereo und verstärken den räumlichen Effekt durch die Projektion der

Tab. 8.8 Wesentliche Unterschiede von 3D-Computergrafik und Virtuelle Realität

3D-Computergrafik	Virtuelle Realität
rein visuelle Präsentation	multimediale Präsentation mittels sehen, hören, fühlen, sprechen
zeitunkritische Präsentation	Echtzeit Präsentation
statische Szene oder vorberechnete Animation	Echtzeit Interaktion und Simulation
2D-Interaktionen mit Maus und Tastatur	3D-Interaktionen über Körperbewegung, Hand-, Kopf- und Körpergestik sowie Spracheingabe

3D-Inhalte auf verschiedene Seiten der CAVE bzw. sogar durch Projektionen auf Boden und Decke. Die Position des Nutzers kann dabei durch magnetische oder optische Trackingverfahren ermittelt und berücksichtigt werden, was den Tiefeneffekt verbessert. [BitM]

Eine **CAVE** kann für verschiedene Bereiche genutzt werden:

- Im Bereich des CAD werden zunehmend **CAVE**-Systeme eingesetzt, die den Entwicklern in einem dreidimensionalen Panoramasystem das spätere Aussehen von Geräten oder Gebäuden vermitteln sollen.
- Konstruktion/Telepräsenz: Ingenieure können mit der **CAVE**-Technologie über große Distanzen an virtuellen Konstruktionen arbeiten.
- Simulation: Im Trainings- und Ausbildungsbereich werden Systeme verwendet, bei denen die Auszubildenden sich in einer **CAVE** bewegen und sogar mit computergesteuerten Figuren interagieren können, z. B. Flugsimulatoren.
- Medizinische Forschung: Wissenschaftler benutzen **CAVE**s für eine Vielzahl an medizinischen Projekten, zum Beispiel zur Darstellung des Herzens, von Enzymen oder zur DNA-Forschung.

Literatur

[BitM] „Stereoskopische 3D Darstellungen" Bitmanagement Software GmbH, 82335 Berg/Bayern

Weiterführende Literatur

W.D. Fellner: „Computergrafik", BI Wissenschaftsverlag, Reihe Informatik, Band 58, 1988
Xiang, Plastok: „Computergrafik: Einführung . . . ", 2. Aufl., mitp UTB, 2007
O. Vornberger: „Computergrafik, Vorlesung SS 2010"
(http://www-lehre.informatik.uni-osnabrueck.de/misc/druck/computergrafik_final.pdf)
P. Schenzel: „Computergrafik 1", Skript zur Vorlesung WS 2006/07, Martin-Luther-Universität Halle-Wittenberg, Institut für Informatik, (www.kobe-at-work.org/Computergrafik1/cg1 %20alt.pdf)
D.E. Roberts: „History of Lenticular and related Autostereoscopic Methods", Leap Technologies, 2003

Visualisierung 9

Prozeß der Ableitung einer Computergrafik aus einem rechnerinternen Modell. Dieses wird bei der Visualisierung interpretiert und in eine Folge graphischer Ausgabefunktionen gewandelt. [Lexi]

‚Rendering', engl., (künstlerische) Wiedergabe. Im Rahmen der Computergrafik Prozeß der Erzeugung von Bildern aus Modellen, insbesondere der Visualisierung von 3D-Modellen (halbdeutsch: rendern, gerendert). [Lexi]

Die Darstellungstransformationen haben aus dem Modell eine *Rechnerinterne Darstellung* (RID) generiert, die mittels einer der Visualisierungsmethoden sichtbar gemacht wird. Wesentliche Teilaufgabe ist hierbei die korrekte Ermittlung der sichtbaren und die Beseitigung der unsichtbaren Bildteile.

Im Abschn. 8.6 haben wir eine beliebige Projektion zerlegt in zwei Schritte: Zuerst wird im Objektraum aus Sicht des Beobachters eine virtuelle Szenerie mit einer Perspektivtransformation als neues virtuelles Objekt erzeugt, die im zweiten Schritt mittels einer Parallelprojektion im Bildraum auf die XY-Ebene dargestellt wird. Beides zusammen ergibt dann eine Perspektiv- bzw. Zentralprojektion. Bis hierher sind Facetten noch nicht im Spiel. Im Folgenden setzen wir diese Vorgehensweise voraus. Da zur Lösung der Verdeckung die Z-Koordinaten erforderlich sind, müssen die Darstellungstransformationen diese einschließen.

Nachdem im Kap. 8 die Knoten des Modells in die gewünschte Projektion transformiert wurden, befassen wir uns jetzt mit den Facetten. Wenn eine ganze Szenerie als virtuelles 3D-Modell im Rechner gegeben ist, heißt das noch lange nicht, dass sie auch vollständig dargestellt wird bzw. werden soll. Da die Projektionsfläche begrenzt ist, müssen zunächst diejenigen Facetten aus der gesamten Szenerie eliminiert werden, die für die gewünschte Darstellung nicht gebraucht werden. Je frühzeitiger die Anzahl der Facetten verringert wird, umso schneller ist letztlich die Visualisierung. Von den Facetten sind auszuwählen

H.-G. Schiele, *Computergrafik für Ingenieure*, 171
DOI 10.1007/978-3-642-23843-7_9, © Springer-Verlag Berlin Heidelberg 2012

- die tatsächlich dargestellt werden sollen, hiervon nur
- die innerhalb der Projektionsfläche liegenden und hiervon nur
- die sichtbaren.

Nur für den verbleibenden Rest ist eine Visualisierung durchzuführen. Die erste
Auswahl trifft der Anwender gemäß seiner Aufgabenstellung schon bei der Modellierung oder später mittels geeigneter Auswahl-Steuerelemente, mit denen Facetten
deaktiviert werden können. Die zweite Auswahl wird als „Clipping" bezeichnet und
die dritte betrifft die Lösung des Verdeckungsproblems von Facetten durch andere
Facetten. Hiermit zeichnen sich drei Hauptaufgaben der Visualisierung ab:

- **Clipping**
  *ist der Prozeß des „Abschneidens" der rechnerinternen Repräsentation einer
  Grafik entlang einer vorgegebenen Begrenzung, jenseits derer die Grafik nicht
  visuell dargestellt wird (halbdeutsch: klippen).* [Lexi]
- **Verdeckung** (Sichtbarkeit)
  *Bestimmung derjenigen Teile von Kanten und Facetten eines 3D-Modells, die bei
  gegebenem Beobachterstandort und gewünschter Perspektive durch Teile anderer Körper verdeckt sind.* [Lexi]
- **Beleuchtung**
  *ist die mathematische Nachbildung der Beleuchtungsverhältnisse in einer Szene
  mit dem Ziel, möglichst realitätsnahe Computergrafiken zu erzeugen.* [Lexi]

Die in der Visualisierung eingesetzten Methoden und Programme arbeiten in einer
sehr gegensätzlichen Umgebung: entweder im **Objektraum** oder im **Bildraum**.
Einige hybride Verfahren arbeiten sogar erst im Objektraum, dann im Bildraum.

9.1 Objektraum und Bildraum

Im Eingangsbild zu Kap. 7 sind die Bereiche „Objektraum" und „Bildraum" angegeben, die sich wie folgt unterscheiden (s. a. Tab. 9.1):

- **Objektraumverfahren** bearbeiten die Objekte selbst, d. h. alle Knoten, Kanten
  und Facetten. Sie prüfen z. B. die Facetten paarweise auf gegenseitige Verdeckung, sodass bei **n** Facetten ein Rechenaufwand von ca. $\mathbf{n^2}$ entsteht. Normalerweise ist die Anzahl der Facetten deutlich kleiner als die Anzahl **p** der Pixel,
  also $\mathbf{n^2} \ll \mathbf{n \cdot p}$. Die Objektraumverfahren kommen insofern mit einer geringeren Anzahl von Arbeitsschritten aus als die Bildraumverfahren. Dafür sind die
  Einzelschritte hier aufwendiger. Die Objektraumverfahren sind von der Auflösung der nachgeschalteten Hardware unabhängig, da sie keine Pixel verwenden.
  Erst bei der Darstellung auf dem „Gerät" müssen die Ergebnisse für die sichtba-

Tab. 9.1 Vergleich zwischen Objektraum und Bildraum im Überblick

	Objektraum	Bildraum
Technik	Geometrische Transformationen	Bildverarbeitung
Geeignet für	Vektor und Raster	Nur Raster
Dimension	3-dimensional	2-dimensional
Skalieren/Drehen	Ohne erneute Berechnung	Erfordert neue Berechnung
Koordinatensystem	Global/Seiten	Geräte
Darstellung	Virtuell	Real
Vermaßung	In Längen	In Pixel
Genauigkeit	Wie Gleitkommalänge	Günstigstenfalls ein Pixel
Zu bearbeiten ist	Jedes Objekt n	Jedes Pixel p
Arbeitsschritte	n^2	$n \cdot p$

ren Facetten noch in Gerätekoordinaten umgerechnet werden, und erst hier spielt die Auflösung der Projektionsebene eine Rolle.

- **Bildraumverfahren** gehen von den Pixeln des projizierten Bildes auf der Projektionsebene aus, d. h., sie sind abhängig von der Auflösung der verwendeten Hardware; z. B. Bildschirm oder Drucker. Ein Bildraumverfahren hat bei p Pixeln und n Objekten einen Rechenaufwand von $n \cdot p$ Schritten. Ein $17''$ Bildschirm hat bereits eine Auflösung von $p = 1{,}3$ Millionen Pixel. Ist die Szenerie fein gegliedert mit vier- oder fünfstelliger Anzahl von Facetten, deutet der Faktor $n \cdot p$ auf eine lange Rechenzeit hin.
  Bildraumverfahren sind nur für Hardware geeignet, die gerasterte Darstellungen erzeugen. Deren begrenztes Auflösungsvermögen von 1 Pixel kommt der zeitnahen Lösung des Verdeckungsproblems entgegen, weil große Rechenanteile mit Ganzzahlen (Long |Integer|Short) durchgeführt werden können. So sind z. B. Multiplikationen mit Ganzzahlen ca. dreimal schneller als solche mit Gleitkommazahlen. Bildraumverfahren sind prinzipiell nicht in der Lage, diese Aufgabe unabhängig vom Ausgabegerät mit der Rechengenauigkeit des Computers zu behandeln, wie dies bei Objektraumverfahren der Fall ist.

Die Anzahl der Facetten in einer Szene ist meist umgekehrt proportional zu ihrer Größe: Je mehr Facetten es gibt, umso kleiner sind diese, und sie überdecken jeweils auch nur einen kleinen Pixelbereich. Das führt zwangsläufig zu relativ größeren „Unschärfen" an den Rändern kleiner Facetten bis hin – im ungünstigsten Fall – zu einer Facette pro Pixel.

Der Vergleich $n^2 \ll n \cdot p$ verleitet zu dem Schluss, dass Objektraumverfahren bzgl. der Rechenzeit den Bildraumverfahren überlegen sind. Dies ist jedoch nicht der Fall. Die Bildraumverfahren steigern ihre Performance durch Ausnutzung von diversen Kohärenzeigenschaften und sind den Objektraumverfahren dadurch annähernd gleichwertig.

9.2　Clipping

Bei den Darstellungstransformationen im Kap. 8 wird immer auf eine (virtuelle) Projektionsebene projiziert, die in beiden Richtungen beliebig groß ist. Jetzt geht es darum, in das dort berechnete Koordinatengerüst die Facetten „einzuhängen" und das Bild auf einen vorgegebenen Bereich zuzuschneiden. Dieser Prozess wird Clipping genannt und betrifft zwei Aspekte:

- 3D-Clipping zur Modellbegrenzung (im Objektraum) und
- 2D-Clipping im Darstellungsbereich (im Bildraum).

9.2.1　3D-Clipping zur Modellbegrenzung

Um möglichst lange von Gerätekoordinaten unabhängig zu bleiben, wird ein zur aktuellen Projektionsebene korrespondierendes Fenster in Weltkoordinaten auf einer virtuellen Projektionsebene definiert. Der Beobachter steht im Projektionszentrum und schaut durch dieses Fenster senkrecht auf die Szenerie. Sein Blickfeld ist einerseits festgelegt durch die Maße des Fensters und andrerseits durch seinen Abstand von diesem. Dieser Sichttunnel wird zusätzlich begrenzt durch eine vordere und hintere Clippingebene. Das so eingeschlossene Volumen wird als ‚Clippingvolumen' bezeichnet. Damit ist festgelegt, welche Teile einer 3D-Szenerie (zumindest teilweise) im Clippingvolumen liegen, und nur diese Teile werden gegebenenfalls dargestellt. Die Projektionsebene selbst liegt üblicherweise zwischen den beiden Clippingebenen (Abb. 9.1).

Bei der Zentralprojektion ist das Clippingvolumen zwischen hinterer und vorderer Clippingebene ein Pyramidenstumpf, bei der Parallelprojektion ein Quader infolge der parallelen Projektionsstrahlen. Durch Verschieben der beiden Clippingebenen kann das Clippingvolumen verändert werden, d. h., Teile des 3D-Modells können hinten oder vorne ‚abgeschnitten' werden, die dann von der Projektion ausgeschlossen sind. Speziell bei der Zentralprojektion ist dies notwendig, da sonst sehr nahe Objekte andere verdecken würden, oder weit entfernte Objekte so klein abgebildet werden würden, dass sie in der Bildschirmauflösung verschwinden. Es muss uns nicht grämen, dass dabei ggfls. schon für die Projektion transformierte Knoten deaktiviert werden. Deren Transformation ist linear abhängig von ihrer Anzahl und verbraucht den weitaus kleineren Anteil an Rechenzeit.

Das folgende Unterprogramm erledigt diese Aufgabe. Ein Teil der Variablen ist von den im Kap. 6 verwendeten Datenstrukturen bekannt, hier der Array `Knoten()` im ersten, und `Facette()` im zweiten Programmteil. Die das Clippingvolumen begrenzenden Variablen H_{max}, H_{min} usw. sind in einem separaten Modul deklariert.

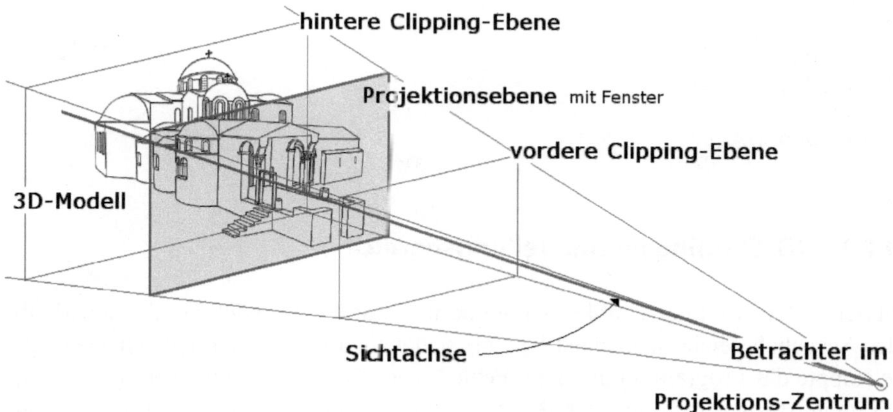

Abb. 9.1 Bildraum bei einer Zentralprojektion

```
Public Sub ClipGlo()
  '
  ' Das Programm findet alle Knoten ausserhalb des Clipping-
  ' Bereiches. Für diese wird ihre Sichtbarkeit
  ' ".sicht = False" gesetzt. Wenn eine Facette nur
  ' unsichtbare Knoten hat, ist auch die Facette selbst
  ' unsichtbar.
  '
  Dim kanz, Ecke(3) As Short
  '
  ' alle Knoten-Koordinaten abklappern
  ' 0-3 sind Knoten des Koordinaten-Systems, los ab Knoten(4)
  For j = 4 To AnzKno4
    With Knoten(j)
      .sicht = False
      If Hmin <= .x And .x <= Hmax Then
        If Vmin <= .y And .y <= Vmax Then
          If Tmin <= .z And .z <= Tmax Then .sicht = True
        End If
      End If
    End With
  Next j
  '
  ' Facette auf sichtbare Knoten prüfen
  For j = 1 To AnzFacet
    With Facette(j)
      ' Dreieck oder Viereck
      kanz = IIf(Mid(.Bez, 1, 4) = "DREK", 2, 3)
      Ecke(0)= .P0 : Ecke(1)= .P1 : Ecke(2)= .P2 : Ecke(3)= .P3
      .sicht = True
      For k = 0 To kanz
        If Knoten(Ecke(k)).sicht Then GoTo EndeFac
      Next k
```

```
        .sicht = False
    End With
EndeFac:
  Next j
End Sub
```

9.2.2 2D-Clipping im Darstellungsbereich

In der Anfangszeit der Grafikprogrammierung war es sehr wichtig, alle außerhalb
des Ausgabebereichs liegenden Elemente sicher abzuschneiden. Im günstigsten Falle stoppte das Programm mit einem Fehler, wenn Grafikelemente außerhalb lagen,
im ungünstigsten Falle malte z. B. der Zeichenstift eines Plotters unkontrolliert in
der Gegend oder verbog gar bei einem harten Anschlag am Gehäuse. Nach solchen
Vorfällen wurde bei Plottern ein Clippingverfahren für die Randbereiche eingebaut.

Heute müssen wir uns um dieses Problem nicht mehr kümmern, denn die Routinen des Grafikkerns **GDI+** zeichnen nur die Kanten und Facetten – oder Teile
davon –, die innerhalb des Ausgabebereichs liegen, ganz unabhängig davon, ob diese über dessen Berandung hinausragen. Ein ‚Bereich' ist ein Teil der Ausgabefläche
eines Bildschirms oder Druckers. Es gibt einfache Bereiche, z. B. eine **PictureBox**,
oder ein einzelnes Rechteck und komplexe Bereiche. Die **Region**klasse in GDI+ ermöglicht die Definition einer benutzerdefinierten Form als Bereich, diese kann aus
Linien, Polygonen und Kurven bestehen.

Um mit der Clippingfunktion von **GDI+** zu zeichnen, ist ein **Graphics**objekt –
hier eine PictureBox **picBild** – und ein Regionobjekt **myRegion** erforderlich, wel-
ches die Beschreibung des Clippingbereiches enthält. Nach Setzen der **Clip**eigenschaft können Zeichenmethoden in Verbindung mit diesem **Graphics**objekt aufgerufen werden:

```
Dim picBild As System.Drawing.Graphics
picBild = frmGrafik.DefInstance.picBild.CreateGraphics()
picBild.Clip = myRegion
picBild.DrawLine(myPen, 0, 0, 200, 200)
```

Durch das **Graphics**objekt wird ein Clippingbereich verwaltet, der für alle von
diesem **Graphics**objekt gezeichneten Elemente gültig ist. Der Clipbereich stellt
eine der Eigenschaften der **Graphics**klasse dar. Alle von einem bestimmten **Graphics**objekt ausgeführten Zeichenvorgänge sind auf den Clipbereich des jeweiligen
Graphicsobjekts beschränkt. Der Clipbereich wird durch Aufrufen der **SetClip**-
Methode festgelegt.

Für Abb. 9.2 wurde ein Pfad erstellt, der aus einem einzelnen Polygon besteht.
Anschließend wurde durch den Code ein auf diesem Pfad basierender Bereich definiert und an die **SetClip**-Methode eines **Graphics**objekts übergeben. Die zwei
gezeichneten Zeichenfolgen sind an den Polygonrändern – dem Clippingbereich –
abgeschnitten.

Abb. 9.2 Clippingbereich: abgeschnittene Polygonränder

Abb. 9.3 Clippingbereich = Projektionsfenster

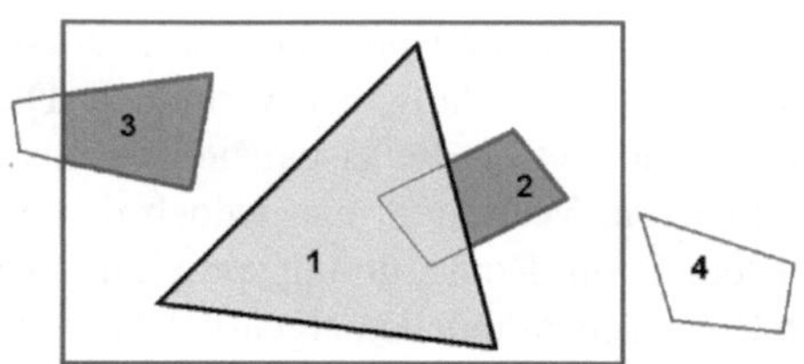

In Abb. 9.3 ist der Clippingbereich identisch mit dem Ausgabe- bzw. dem Projektionsfenster. Sie enthält eine dreieckige Facette 1, eine rechteckige Facette 2 und zwei polygonale Facetten 3 und 4.

- Facette 1 und
- Facette 2 liegen beide im Projektionsfenster und verdecken sich. Dies ist der Standardfall zum Thema Verdeckung; siehe Abschn. 9.5.
- Facette 3 liegt teilweise außerhalb des Projektionsfensters. Durch den auf das Projektionsfenster begrenzten Clippingbereich wird der links außerhalb liegende Facettenteil unterdrückt.
- Facette 4 liegt außerhalb des Projektionsfensters. Solche Facetten müssen frühzeitig aus der Verarbeitung eliminiert werden, z. B. mit Methoden zur Modellbegrenzung im Abschn. 9.2.1. Jede Facette außerhalb der Projektionsebene würde die Rechenzeit erhöhen, und das nichtlinear.

9.3 Rückseitenentfernung

Wie schon im Kap. 5 bei der Modellierung erwähnt, sind zur grafischen Darstellung hauptsächlich Flächeninformationen erforderlich. Dieser Aspekt spielte bisher nur eine untergeordnete Rolle. Oberflächen – die Facetten – werden erst hier bei der Visualisierung zum zentralen Thema.

Die Volumenmodelle nach **CSG** oder **Voxel** sind aus dreidimensionalen Primitiven wie Polyeder, Zylinder und Kugel zusammengesetzt. Auf die Verwendung von gekrümmten Facetten wird allerdings zugunsten einfacher Mathematik und übersichtlich strukturierter Programme verzichtet. Die Modelle – genaugenommen nur deren Koordinaten – lassen sich mit den Transformationen aus Kap. 7 und den Projektionen aus Kap. 8 in die gewünschte Darstellung bringen. Dabei werden Polyeder einige ihrer eigenen Oberflächen verdecken, die folglich nicht sichtbar sind.

Diese Oberflächen werden allgemein als Rückseiten bezeichnet. Sie können nach einer Darstellungstransformation (vgl. Kap. 8) bereits anhand ihrer Position zur Blickrichtung erkannt und entfernt werden. Das Verfahren hierzu heißt **Rückseitenentfernung** oder **back face culling** und erfolgt im Objektraum.

Es ist zweckmäßig, Rückseiten so frühzeitig wie möglich zu eliminieren, um den weiteren Berechnungsumfang zu reduzieren. Da Volumenmodelle ohnehin mittels eines Konvertierungsprogrammes in Oberflächenmodelle überführt werden müssen, kann man beide Aufgaben verbinden. Durch Entfernen der Rückseiten lässt sich die Anzahl der für die Visualisierung zu verarbeitenden Facetten um fast die Hälfte reduzieren. Verzichtet man jedoch darauf, werden Rückseiten wie ganz normale Facetten vom Konvertierungsprogramm bereitgestellt. Die Konsequenz ist, dass es in Oberflächenmodellen eigentlich keine Rückseiten mehr gibt und die Sichtbarkeit solcher rückseitigen Facetten ganz normal geprüft werden muss.

Bei Modellen aus reinen Flächeninformationen kommt eine Rückseitenentfernung naturgemäß nicht in Betracht. Auch hat die Rückseitenentfernung nichts zu tun mit dem anschließenden Abschn. 9.5 „Verdeckung":

- Rückseitenentfernung entfernt die Oberflächen eines Polyeders, die bei der gegebenen Projektion von ihm selbst verdeckt werden. Hierzu sind Kenntnisse über andere Polyeder mit ihren Oberflächen nicht erforderlich.
- Verdeckung bezeichnet die Verdeckung von Oberflächen durch beliebige andere des Modells.

Die Rückseiten eines Polyeders werden über die Richtungen seiner Oberflächennormalen erkannt. Um die verdeckten Rückseiten von den sichtbaren Vorderseiten sicher unterscheiden zu können, müssen alle Oberflächennormalen nach außen zeigen.

Das dargestellte Polygon in Abb. 9.4 ist in zwei Dreiecke unterteilt, mit einer beliebigen Knotennummerierung wie angegeben. Die Normale $\{n\}$ am Knoten P_1 (oberes Dreieck) wird entweder als Vektorprodukt aus den Vektoren der beiden anliegenden Dreiecksseiten berechnet oder über die Ebenengleichung durch drei Punkte (Details im Abschn. 11.3.5):

$$\text{Det} \begin{vmatrix} x - x_1 & y - y_1 & z - z_1 \\ x_2 - x_1 & y_2 - y_1 & z_2 - z_1 \\ x_3 - x_1 & y_3 - y_1 & z_3 - z_1 \end{vmatrix} = 0$$

Für das untere Dreieck – obwohl in der gleichen Ebene – ändert sich das Vorzeichen von $\{n\}$ in die Gegenrichtung wegen der zum oberen Dreieck gegensätzlichen Umlaufrichtung der Knoten. Ein zyklischer Algorithmus zur Bestimmung der Oberflächennormalen eines Polyeders setzt eine entsprechende Nummerierung seiner Eckknoten voraus. Für manche Modelldaten (z. B. aus **FEM**) ist diese Vorausset-

Abb. 9.4 Polygon mit beliebiger Knotennummerierung

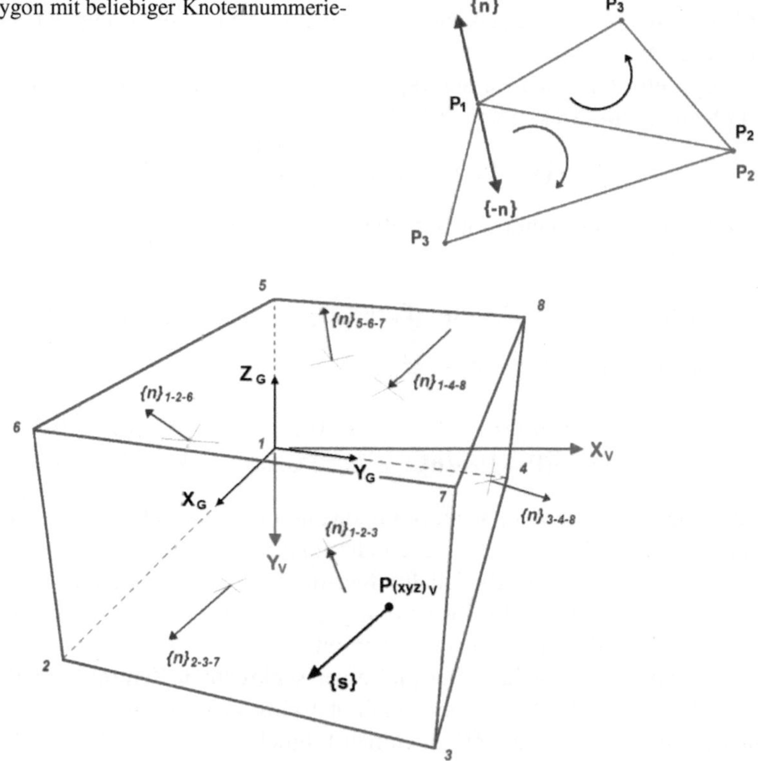

Abb. 9.5 Polyeder mit 2 nach innen weisenden Normalen

zung nicht gegeben, denn die dort verwendete Knotennummerierung folgt anderen
Gesetzen.

Kommen wir zurück zu den Richtungen der Normalen eines Polyeders. In
Abb. 9.5 weisen zwei Normale **{n}** aufgrund der Knotennummerierung nach innen,
nämlich bei den Ebenen zwischen den Knoten 1–2–3–4 und 1–4–8–5. Um solche
Fälle auszuschließen, wird ein fiktiver Hilfspunkt $\mathbf{P_{xyz}}$ im Inneren des Polyeders
definiert. Seine Lage ist an sich beliebig, weshalb seine Koordinaten aus allen **m**
Eckknoten gemittelt werden:

$$P(x,y,z) = \frac{1}{m} \sum_{k=1}^{m} P(x_k, y_k, z_k)$$

Ausgehend von diesem Innenpunkt $\mathbf{P_{xyz}}$ benötigen wir Richtungen **{s}**, die auf
den Oberflächen senkrecht stehen und damit in jedem Falle nach außen zeigen. Das
ganze Procedere läuft darauf hinaus, einen Vektor **{s}** zu ermitteln, der parallel zu

$\{n\}$ liegt und die Ebene schneidet. Diese Aufgabe ist im Abschn. 11.3.6 detailliert beschrieben.

Gegeben ist also die Gerade $\{s\} = \{P\} + t \cdot \{n\}$ mit der zu $\{n\}$ gehörigen Ebene durch einen ihrer Eckknoten, z. B. P_3, als

$$n_x \cdot (x - P_{3x}) + n_y \cdot (y - P_{3y}) + n_z \cdot (z - P_{3z}) = 0$$

Für den Schnittpunkt mit der Ebene werden die Koordinaten der Geraden $\{s\}$ eingesetzt:

$$n_x \cdot (P_x + t \cdot n_x - P_{3x}) + n_y \cdot (P_y + t \cdot n_y - P_{3y}) + n_z \cdot (P_z + t \cdot n_z - P_{3z}) = 0$$

Auflösen nach t mit $(n_x^2 + n_y^2 + n_z^2) = 1$:

$$t = -n_x \cdot (P_x - P_{3x}) - n_y \cdot (P_y - P_{3y}) - n_z \cdot (P_z - P_{3z})$$
$$= -(P - P_3) \cdot \{n\} \qquad \text{(als Skalarprodukt)}$$

Wenn die Vorzeichen der Vektorkomponenten von $\{s\}$ und $\{n\}$ paarweise identisch sind, zeigt $\{n\}$ wie $\{s\}$ nach außen, andernfalls müssen die Vorzeichen von $\{n\}$ nach $-\{n\}$ geändert werden. Als Schalter hierfür wird der Längenfaktor t für das Vielfache von $\{n\}$ verwendet. Ergibt sich t negativ, gilt die Gegenrichtung von $\{n\}$, damit ein Schnitt mit der Ebene zustande kommt.

Zu Abb. 9.5 gehört das Beispiel einer senkrechten Zentralprojektion aus Abschn. 8.3.1. Der Quader wurde vom Global- ins View-/Projektionssystem transformiert. Die Ergebnismatrix $[\mathbf{P_{ZP}}]$ enthält folglich XYZ_V-Koordinaten, ebenfalls der Innenpunkt:

| Knoten | | | | | | | | Innen-Punkt | |
1	2	3	4	5	6	7	8		
.0	-2.86	2.11	3.09	.00	-3.22	2.42	3.33	0.607	X_V
.0	2.86	4.08	.42	-1.99	-.25	.55	-1.75	0.488	Y_V
.0	-7.23	-10.3	-1.06	-.79	-9.50	-13.5	-2.01	-5.554	Z_V

Mit den Koordinaten des Innenpunktes berechnen sich die Normalen $\{n\}$ zu folgenden Werten (Tab. 9.2).

Nach dieser Vorarbeit lassen sich die Rückflächen leicht bestimmen. Im Projektionssystem wird auf die $X_V Y_V$-Ebene projiziert. Die Z_V-Achse zeigt in die Projektionsebene hinein und ist unsere Blick-/Projektionsrichtung mit den Komponenten $Z_V = (0, 0, 1)$. Die Sichtbarkeit einer Oberfläche hängt nun davon ab, ob ihr Normalenvektor eine Komponente in Projektionsrichtung hat. Darüber gibt das Skalarprodukt $(Z_V) \cdot \{n\}$ aus Projektionsrichtung und Normalenvektor Auskunft. Bei dieser einfachen Konstellation ist die Komponente n_z der maßgebliche Schalter:

$n_z < 0$	Normale zeigt zum Beobachter	Oberfläche zugewandt, sichtbar
$n_z = 0$	Normale parallel zur Projektionsebene	Blick auf Kante
$n_z > 0$	Normale zeigt in Blickrichtung	Oberfläche abgewandt, unsichtbar.

Tab. 9.2 Normalenberechnung

Ebene	Faktor t	n_x	n_y	n_z	D
1–2–3	−1.587	−0	−0,930	−0,367	0
	neu →	0	0,930	0,367	0
1–2–6	2.417	−0,938	−0,127	0,322	0
1–4–8	−4.806	−0,346	0,345	−0,873	0
	neu →	0,346	−0,345	0,873	0
2–3–7	4.230	−0,538	0,536	−0,650	−7,778
3–4–8	2.212	0,990	0,134	−0,051	−3,164
5–6–7	1.501	−0	−0,981	−0,196	−2,109

Wie schon erwähnt, kommt eine Rückseitenentfernung nur bei Volumenmodellen infrage, nicht bei reinen Flächenmodellen. Die Zweckmäßigkeit dieses Vorgehens wird am Beispiel vor dem Abschnitt „Z-Buffer-Varianten" deutlich.

9.4 Sichtbare Kanten

Für verdeckte, also unsichtbare Kanten (hidden lines) gibt es spezielle Algorithmen aus der Frühzeit der Computergrafik. Da anfangs – mangels leistungsfähiger Rechner – hauptsächlich Drahtmodelle dargestellt wurden, ging es darum, diejenigen Kanten eines Objekts zu finden, die durch das Objekt selbst verdeckt wurden. Die Verdeckung von Kanten durch andere Objekte ist allein mit Hidden-Line-Algorithmen nicht zu lösen. Hierzu geeignete Verfahren sind im Abschn. 9.5 beschrieben.

Kommen wir zurück zu den sichtbaren Kanten! Eine eher organisatorische Aufgabe ist die Darstellung/Unterdrückung von Facettenkanten, die in der gleichen Ebene liegen. Bei einer zusammenhängenden Oberfläche macht es wenig Sinn, die gemeinsame Kante von zwei Facetten als Linie zu zeichnen, weil sie erstens real gar nicht vorhanden ist und zweitens die flächige Darstellung stört. Abbildung 9.6 soll diese Situation illustrieren.

Gemeinsame Kanten sind erst sichtbar, wenn die Normalenvektoren der zugehörigen Facetten merkbar voneinander abweichen. Es ist also ein Winkel ε als Schwellenwert mitzuführen, der das Zeichnen solcher Kanten steuert. Nur die Kanten sind stets sichtbar und müssen gezeichnet werden, die mit keiner anderen Facette verbunden sind (und nicht von anderen Objekten verdeckt werden).

Eine andere Möglichkeit ist folgende: Es wird eine einheitliche Kennung mitgeführt für diejenigen Facetten, die eine zusammenhängende Fläche bilden. Bei allen Facetten mit gleicher Kennung werden Kanten nicht gezeichnet, ausgenommen freie Ränder. In einer komplexen Szenerie gibt es viele unterschiedliche zusammenhängende Bereiche, denen folglich unterschiedliche Kennungen zuzuweisen sind.

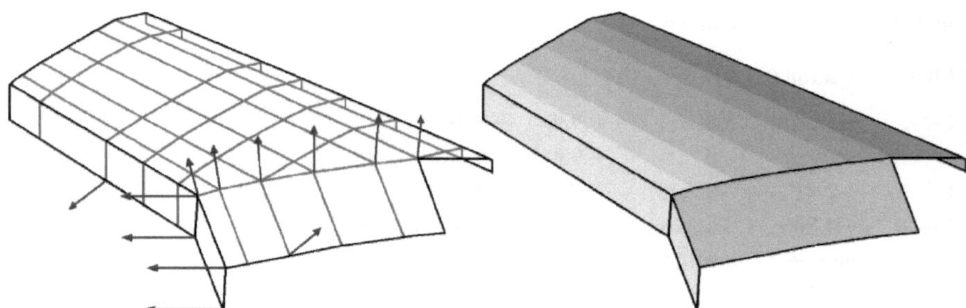

Abb. 9.6 Darstellung bzw. Unterdrückung von Facettenkanten. *Links* sind die Facetten des Modells dargestellt: Normalenvektoren *blau*, tatsächlich sichtbare Kanten *schwarz*. Um zur Darstellung *rechts* zu gelangen, hat man zu filtern, welche Kanten „sichtbar" sind

Die erste Variante erfordert lediglich einen einzigen Wert ε. Die zweite Variante jedoch für jede Facette eine Kennung, entweder als Zahlenwert oder als Textfeld und dieses nicht unter 2 Byte.

Natürlich wird das ganze Thema noch überlagert von der aktuellen Projektion der Szenerie und der Verwendung von Beleuchtung. So sind Normalenvektoren an Facetten auch für die Farb- und Helligkeitsverteilung von großer Bedeutung. Im rechten Bildteil der Abb. 9.6 ist dies dargestellt. Jeder ebene Teilbereich wurde gleichmäßig mit einer Farbe gefüllt, die abhängig ist von der Richtung des Normalenvektors relativ zur Beleuchtungsrichtung und nur für diesen Bereich gilt. Diese Vorgehensweise ist einfach zu programmieren und schnell in der Verarbeitung. Das Ergebnis wird ansehnlicher bei einer großen Anzahl von Facetten. Kommen zu den vielen Möglichkeiten von Beleuchtung noch die dadurch generierten Schatten hinzu, dann wird über „sichtbare Kanten" (in obigem Zusammenhang) neu zu befinden sein.

9.5 Verdeckungen

Reine Oberflächenmodelle werden unmittelbar nur mit speziellen Modellierungsprogrammen erzeugt. Volumenmodelle (z. B. **CSG** und **Voxel**) müssen erst in ein Oberflächenmodell überführt werden. Das Gleiche gilt auch für Dekompositionsmodelle nach der Finiten-Elemente-Methode **FEM** oder aus **CAD**-Konstruktionsdaten. Für beide Bereiche sind entsprechende Konvertierungsprogramme erforderlich, die aus den Berechnungs- bzw. Konstruktionsdaten ein Oberflächenmodell generieren. Nachfolgend befassen wir uns nur mit Oberflächenmodellen.

Von vornherein seien ein paar Oberflächen von der weiteren Betrachtung ausgeschlossen, die allenfalls von akademischem Interesse sind, nämlich Durchdringungen und zyklische Überlappungen (Abb. 9.7).

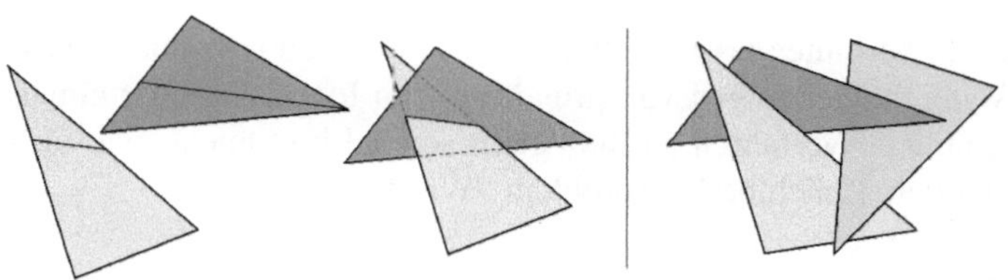

Abb. 9.7 Durchdringung/Überlappung von Oberflächen

Beides lässt sich als Testfall modellieren, aber nicht sachgerecht konstruieren. In realen Konstruktionen sind solche (Blech-)Felder entlang der Schnittkante in mindestens zwei Teile zerlegt, und zu ihrer Verbindung sind weitere Knoten erforderlich. (Bereichsunterteilungsalgorithmen können das.)

Wenn ein 3-dimensionales Objekt 2-dimensional dargestellt werden soll, hat jedes Verfahren das gleiche Problem: Wie oder in welcher Abfolge sind die Facetten der Objekte darzustellen, damit ein realistisches Bild entsteht? Eine Antwort auf diese Frage liefert die Staffelung der Facetten in Raumtiefe, und einige Verfahren sind auch so benannt:

- Z-Buffer-Verfahren (wobei Z die Tiefenrichtung ist)
- Tiefensortierverfahren = Depth-Sort
- Prioritätslistenverfahren, wenn die Tiefeninformation in einer Prioritätsliste verwaltet wird.

Die Lösung des Verdeckungsproblems ist nötig, um realitätsnahe Darstellungen von Objekten/Szenerien zu erzeugen. Die Entwicklung von Algorithmen zur Bestimmung von sichtbaren und unsichtbaren Kanten und Facetten (**Hidden-Lines** und **Hidden-Surfaces**, kurz **HLR-HSR**) ist fast so alt wie das Computerzeitalter. In den Anfangsjahren war es nötig, den – für heutige Verhältnisse – sehr kleinen Arbeitsspeicher optimal zu nutzen, und das meist auch nur für einen speziellen Anwendungsfall. Heute ist das wesentliche Kriterium für einen **HLR-HSR**-Algorithmus, ob damit nur statische Szenen oder auch dynamische Animationen zu bearbeiten sind.

Das Problem verdeckter Facetten tangiert auch die Berechnung von Schatten. Eine Lichtquelle beleuchtet alle von ihr aus ‚sichtbaren‘ Facetten direkt, während andere im Schatten undurchsichtiger Facetten liegen, die aus Sicht des Beobachters aber durchaus sichtbar sein können.

9.5.1 Übersicht

Es existiert eine Vielzahl von Algorithmen, von denen hier eine stark verkürzte Übersicht gegeben wird. Die darin realisierten Ideen sind weit weniger zahlreich, als ihre Anzahl vermuten lässt. Vielmehr handelt es sich teils um Verbesserungen, teils um Weiterentwicklungen von grundlegenden Ideen. Darüber hinaus sind einige herkömmliche Verfahren an die Arbeit sowohl im Objekt- wie im Bildraum angepasst worden. [„Sichtbarkeitsproblem"/Wiki].

Objektraumverfahren

(Objektorientierte Verdeckung): Bei den Objektraumverfahren werden die Objekte unmittelbar analytisch untersucht mit den Vorteilen, die der Objektraum bietet, z. B. Gleitkommazahlen. Diese Verfahren führen meist zu wenigen, aber komplizierten Tests und sind unabhängig von der Hardware. Lokale Skalierungen sind ohne Neuberechnung möglich, sofern die Tiefenwerte bekannt sind.

- **Appel** (1967) ermittelt alle sichtbaren Kantensegmente aus der Erkenntnis, dass sich ihre Sichtbarkeit nur an Konturkanten ändern kann, also an gemeinsamen Kanten einer potenziell sichtbaren und einer unsichtbaren Facette. Gehört zur Klasse der Indexverfahren, die sich gut zur Erzeugung von hochgenauen Darstellungen mittels Plotter eigenen.
- **Weiler-Atherton** (1977) arbeitet mit Flächenunterteilungen und erfordert die Vorsortierung der Facetten nach der Bildtiefe. Die Kopie der zum Beobachter nächstgelegenen Facette wird als Clipfacette genutzt, und alle Facetten werden daran geclippt. Das führt zu einer Liste der unsichtbaren und einer Liste mit potenziell sichtbaren Facetten, die rekursiv weiter untersucht werden.
- **Haloed Lines** (1979) arbeitet ausschließlich mit Liniensegmenten und ist unabhängig von den Objekten, die sich aus ihnen zusammensetzen. Hauptsächlich für Freiformflächen und Formen aus mathematische Funktionen geeignet.
- **Depth Sort, Tiefensortierung** (1972) sortiert alle Facetten nach der Bildtiefe. Mehrdeutigkeiten bei Überlappungen werden durch Teilung gelöst. Die Darstellung beginnt mit der vom Beobachter am weitesten entfernten Facette. Die Urfassung dieser Verfahren ist bekannt als „Maler-/Painteralgorithmus".
- **Maler- bzw. Painteralgorithmus** (1972) ist der prinzipiell einfachste Algorithmus. Seine Funktion entspricht der Arbeitsweise eines Kunstmalers, der die Bildinhalte vom Hintergrund zum Vordergrund malt und ggf. auch Teile wieder übermalt.
- **BSP, Bereichunterteilung** (1980) sind rekursive Verfahren, die in zwei Schritten entscheiden, welche Facetten einen gegebenen Ausschnitt der Projektionsebene überlagern und deshalb möglicherweise darin sichtbar sind. Ist die Sichtbarkeit einzelner Facetten in diesem Ausschnitt nicht eindeutig, wird der Ausschnitt weiter unterteilt. Diese Prozedur wird in einem BSP-Baum (binary space partitioning) festgehalten und so lange fortgesetzt, bis die Sichtbarkeit klar ist oder der Ausschnitt nur noch 1 Pixel groß ist.

Bildraumverfahren

(„pixel"orientierte Verdeckung) arbeiten mit Gerätekoordinaten und sind damit abhängig von der verwendeten Hardware. Es wird jede einzelne Pixelposition separat untersucht. Die Genauigkeit der Berechnungen ist prinzipiell auf 1 Pixel begrenzt, daran ändern auch große Bildschirme nichts. Die Auflösung von heutigen TFT-Bildschirmen liegt bei ca. 90–100 Pixel/Zoll ganz unabhängig von deren Bildschirmgröße. Bildraumverfahren erfordern normalerweise viele einfache Tests. Lokale Skalierungen sind nicht möglich.

- **Scanlinealgorithmen** (ca. 1960) lösen das Verdeckungsproblem bildzeilenweise. Sie nutzen die Tatsache aus, dass durch die Zeile für Zeile erfolgende Arbeitsweise das Problem der Verdeckung von drei auf zwei Dimensionen reduziert wird. Weiterhin ist eine aktive Kantentabelle erforderlich, die alle Kanten enthält, die die aktuell verarbeitete Bildzeile schneiden. Horizontale Kanten werden ignoriert. Die Sichtbarkeit wird durch Vergleich aller Kantenpaare mit den berechneten Z-Koordinaten der Kanten punktweise festgestellt.
- **Watkinalgorithmus** ist die Erweiterung eines Scanlineverfahrens, wobei die Z-Werte stets neu berechnet, aber nicht gespeichert werden. Ein historisches Verfahren aus der Sichtsimulation.
- **Warnock** (1968) geht davon aus, dass das Bild in rechteckige Regionen unterteilt werden kann, in denen nur noch eine Facette den Bildinhalt bestimmt. Ist dies nicht der Fall, wird so lange rekursiv unterteilt, bis entweder nur eine Facette enthalten ist oder die Region nur noch 1 Pixel einschließt (ähnlich **BSP**).
- **Z-Buffer** (1974) speichert für jedes Pixel einen Farbwert und seine Bildtiefe, ausgehend von der Farbe des Hintergrundes und dessen Entfernung vom Beobachter. Bei Bearbeitung der Facetten wird für das aktuelle Pixel der Farbwert und die Bildtiefe im Z-Puffer nur dann aktualisiert, wenn es näher zum Beobachter liegt als die schon eingetragene Bildtiefe. Z-Buffer besagt nur, dass die Bildtiefe in Z-Richtung orientiert ist und folglich auf die XY-Ebene projiziert wird.

Hybride Verfahren
lösen die Aufgaben teils im Objektraum, teils im Bildraum.

- **RayCasting** ist eine abgespeckte Version von RayTracing, arbeitet zunächst im Objektraum und nutzt das Prinzip der Strahlverfolgung. Vom Beobachterstandort wird nacheinander ein Strahl durch jedes Pixel der Projektionsebene in die 3D-Szene geschickt und der Schnittpunkt mit Facetten bestimmt. Die Facette mit dem nächstgelegenen Schnittpunkt ist sichtbar. Gibt es keinen Schnittpunkt, dann gilt die Hintergrundfarbe.
- **RayTracing** (1963) ist das dominierende Verfahren für die Darstellung von Beleuchtung und Schatten. Es wird der Schnittpunkt nicht nur dazu benutzt, die vorderste Facette zu berechnen, sondern der Strahl wird weiterverfolgt. Es gibt dann zwei Möglichkeiten: Entweder wurde er an der Facette gespiegelt oder gebrochen, meistens treten beide Effekte gemeinsam auf. Und deswegen handelt es sich eigentlich nicht mehr um einen Sehstrahl, sondern um einen Lichtstrahl.

Tab. 9.3 Algorithmen im Überblick

Algorithmus	Objektraum-	Bildraum-	Hybrider
Methode	Exakte Sichtbarkeitsbestimmung am virtuellen Modell	Sichtbarkeit wird an diskreten Bildpunkten bestimmt (Pixel)	Nutzt die Genauigkeit des Objektraums, zeichnet im Bildraum
Hardware	Unabhängig	Abhängig	
Bearbeitet	Jedes Objekt **n**	Jedes Pixel **p**	
Aufwand	n^2	$n \cdot p$	
Punkt-orientiert	–	**Z-Buffer** **Depth Sort**	**RayCasting**
Linien-orientiert	**Maler** (Painter) **Appel** **Haloed Lines**	**Scanline** **Watkin**	**Objektraum-Rasterzeilen**
Flächen-orientiert	**Tiefensortierung** **Weiler-Atherton**	**Warnock** (BSP)	**Tiefensortierung** **Prioritätsliste** **BSP**

- **Prioritätslisten** erstellen im Objektraum eine Liste der Facetten mit deren Entfernung zum Beobachter. Die Liste (Prioritätsliste) wird nach abnehmender Entfernung sortiert. Das Sichtbarkeitsproblem löst sich ganz automatisch, wenn im Bildraum die Facetten in der Reihenfolge der Prioritätsliste dargestellt werden, d. h., die letzte Facette liegt dann am nächsten zum Beobachter.
- **Der Objektraum-Rasterzeilen-Algorithmus** arbeitet mit einer Rasterzeile des virtuellen Bildes im Objektraum und kann alle Berechnungen mit der Gleitkommagenauigkeit durchführen. Die ‚Objektraum-Rasterzeile‘ wird anschließend in die Bildraum-Rasterzeile transformiert und dargestellt.

Der Einsatz dieser Algorithmen hängt sehr stark von der jeweiligen Aufgabenstellung ab (Tab. 9.3). Da sich Ausstattung und Leistungsspektrum der Hardware ständig und stark ändern, lassen sich heute allgemeingültige Empfehlungen für das eine oder andere Verfahren nicht geben, sie können morgen bereits überholt sein. Nur soviel scheint dauerhaft zu sein:

- Für Strichzeichnungen ohne Verdeckung durch Facetten sind Objektraumalgorithmen vorzuziehen.
- Für flächenhafte Darstellung eignen sich hybride oder nur Bildraumverfahren besser.

Die meisten Verfahren stehen in engem Zusammenhang mit leistungsfähigen Algorithmen durch Ausnutzung aller sich bietenden Kohärenzeigenschaften. Bei den Algorithmen geht es vor allem um folgende Aufgaben:

- Berechnung von sich schneidenden Facetten-Kanten.
- Ermittlung der Schnittpunkte von Geraden innerhalb von Facetten. Allein die Schnittpunktberechnungen können in manchen Verfahren einen Zeitanteil von 90–95 % beanspruchen.
- Sortierung von ungeordneten Listen oder beinahe sortierten Listen, dies erfordert ganz unterschiedliche Sortieralgorithmen.

Als Kohärenz wird die Abhängigkeit einzelner Bildbestandteile zueinander bezeichnet. Dahinter steht die Wahrscheinlichkeit, dass aufgrund von Abhängigkeiten nicht stets alle Berechnungen/Tests des jeweiligen Verfahrens durchzuführen sind, sondern ein Teil durch einfache Überlegungen vermieden werden kann, beispielsweise bei der:

- **Kantenkohärenz.** Die Sichtbarkeit/Unsichtbarkeit einer Kante ändert sich nur, wenn sie eine andere Kante kreuzt.
- **Flächenkohärenz.** Eine kleine Fläche eines Bildes liegt wahrscheinlich innerhalb einer einzigen Facette.
- **Objektkohärenz.** Die Sichtbarkeit eines Objekts (Facette) lässt sich häufig durch die Untersuchung eines umschreibenden Objekts ermitteln.
- **Abtastzeilenkohärenz.** Bereiche, die innerhalb der aktuellen Abtastzeile sichtbar sind, sind mit großer Wahrscheinlichkeit auch in der folgenden Abtastzeile sichtbar. Wenn eine Kante die aktuelle Abtastzeile schneidet, schneidet sie höchstwahrscheinlich auch die folgende Abtastzeile.
- **Einzelbildkohärenz.** Ein Abbild ändert sich von Einzelbild zu Einzelbild (Animationen) nur wenig.

Für den statischen Teil – die Verdeckungsberechnung – hat sich weitgehend der **Z-Buffer**-Algorithmus und für die realistische Bildsynthese **RayTracing** durchgesetzt. „Den besten" Algorithmus für alle Anwendungen gibt es nicht.

9.5.2 Bildspeicher

Als Bildspeicher in einem VB.NET-Programm wird meist ein *PictureBox*-Steuerelement verwendet. Dessen Größe kann zur Entwurfszeit eingestellt, und ggf. vom Programm auch zur Laufzeit verändert werden. Die Bildgröße gibt an, aus wie vielen Pixeln der Bildspeicher besteht. Diese Daten lassen sich ebenfalls zur Laufzeit abfragen und ändern und stehen als **Size.Width** und **Size.Height** zur Verfügung (Abb. 9.8). Da auch die Sizewerte der PictureBox von 0 an gezählt werden, berechnet sich die Gesamtzahl der Pixel zu:

$$\Sigma \text{ Pixel} = (\text{Size.Width} + 1) \cdot (\text{Size.Height} + 1)$$

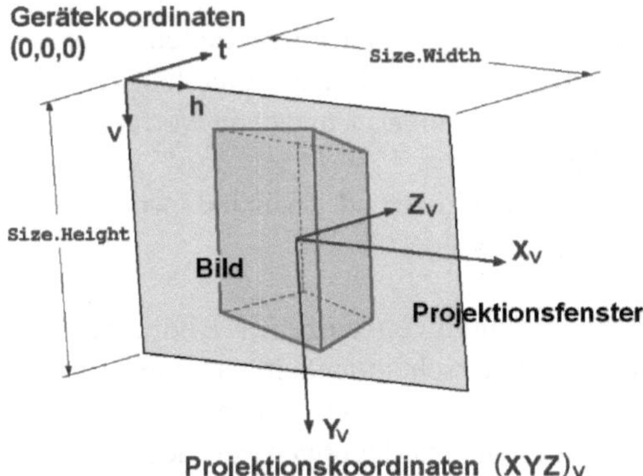

Abb. 9.8 Bildspeicher: zur Verfügung stehende Daten

Das Projektionsfenster ist identisch mit dem Bildspeicher. Diesem steht ein Framebuffer als Teil des Video-RAM im Computer zur Seite – meist direkt auf der Grafikkarte – und er stellt die physische Verbindung zur Hardware her. Der Framebuffer ist eine 1 : 1-Kopie des Bildspeichers.

9.5.3   Maler-/Painteralgorithmus

Die Idee zu diesem Algorithmus ist sehr einfach. Seine Funktion entspricht der Arbeitsweise eines Kunstmalers, der die Bildinhalte vom Hintergrund zum Vordergrund malt und ggf. auch Teile wieder übermalt. Dadurch löst sich das Sichtbarkeitsproblem von selbst, weil hinten liegende Facetten durch vorne liegende übermalt werden. Hinten und vorne ist dabei festgelegt durch die Blickrichtung in Raumtiefe senkrecht zur Projektionsebene. Der Algorithmus ist hauptsächlich von der Szene und kaum vom Beobachterstandort abhängig.

Damit wird auch das Problem dieses Algorithmus deutlich: Die Facetten sind zuerst in „Tiefenrichtung" so zu ordnen, dass sie in der richtigen Reihenfolge gemalt, die gegenseitigen Verdeckungen richtig darstellen. Aufgrund dieser Merkmale sind auch die Bezeichnungen Tiefenpuffer- und Prioritätslistenalgorithmus gängig, die im Grunde beide das Gleiche bezeichnen. Der Tiefenpuffer ist zunächst nur die Liste mit den Werten der Facettentiefen. Wenn der Tiefenpufferalgorithmus diese bearbeitet hat, wird sie zur Prioritätsliste. Das Malen erfolgt in der Reihenfolge der Prioritätsliste: das erste Listenelement enthält die am weitesten vom Beobachter entfernte Facette. Diese liegt also ganz hinten und wird zuerst gemalt, das letzte Listenelement enthält die „vorderste" Facette, die zuletzt gemalt wird.

Der Datensatz der Facetten wird in der folgenden Datenstruktur erfasst, ähnlich der im Abschn. 6.1.2 verwendeten. Die Bedeutung der Variablen ist jeweils als Kommentar erläutert.

```
Public Structure Elemente       ' Struktur der Facetten
  Public Bez As String          ' z.B. BSTF-12345
  Public GrundFarbe As Color    ' Grundton der Farbe
  Public P0 As Short            '
  Public P1 As Short            ' alle 2 | 3 | 4
  Public P2 As Short            ' Knoten-LFNR
  Public P3 As Short            '
  Public nx As Single           '
  Public ny As Single           ' Ebenen
  Public nz As Single           ' Gleichung
  Public eD As Single           '
  Public mitlZ As Single        ' mittlere Z-Tiefe der Facette
  Public MiniZ As Single        ' kleinste Z-Tiefe der Facette
  Public sicht As Boolean       ' =T wenn sichtbar, sonst =F
  Public fGlg As Boolean        ' =T wenn Eb-Gleichung  berechnet
End Structure
```

Bei den Facettendaten sind Koordinaten ihrer Eckpunkte, die man sortieren könnte,
normalerweise nicht gespeichert, sondern nur deren Zeiger $P_0 - P_3$ auf die zugehörigen Knoten. Es sind zwei Z_V-Werte vorgesehen:

$$\textbf{mitlZ} = \text{die gemittelte Z-Tiefe aller Knoten,}$$

$$\textbf{MiniZ} = \text{die kleinste Z-Tiefe eines Knotens der Facette.}$$

Im ersten Schritt sind die Facettendaten zu ergänzen mit diesen Z_V-Koordinaten.
Die Sortierung erfolgt absteigend nach **.mitlZ**, damit die am weitesten entfernte Facette an den Anfang, die zum Beobachter nächstgelegene ans Ende der Sortierliste
kommt. Nun folgt der eigentliche Tiefensortieralgorithmus. Dieser prüft in einer
Schleife für die jeweils „hinterste" Facette, ob es eine oder mehrere andere Facetten
gibt, die zu falschen Verdeckungen mit dieser führen und ordnet ggf. die fraglichen
Facetten um.

Tiefenwerte mit Prioritätsliste werden im Objektraum in Globalkoordinaten aufgebaut. Bei **n** Facetten in der Szene sind insgesamt n^2 Schritte nötig, d. h., jede
Facette muss gegen jede andere geprüft werden. Das Gerüst eines Tiefensortier-
oder Prioritätslistenalgorithmus ist nachfolgend als fragmentarischer VB-Code mit
eingelagerter Beschreibung wiedergegeben:

```
Public Facette(4711) As Elemente ' alle Facetten
Public AnzFacet As Short         ' Anzahl Facetten
'
j = 1                            ' eingestellt auf erste Facette
                                 ' Facette(0) ist Zwischenspeicher
Do
  Fehler = False
  Facette(j).tausch = False
```

Im Folgenden geht es ausschließlich um die am weitesten hinten liegende Facette
F(j)!

Abb. 9.9 Koordinatenvergleich für die X_V-Richtung

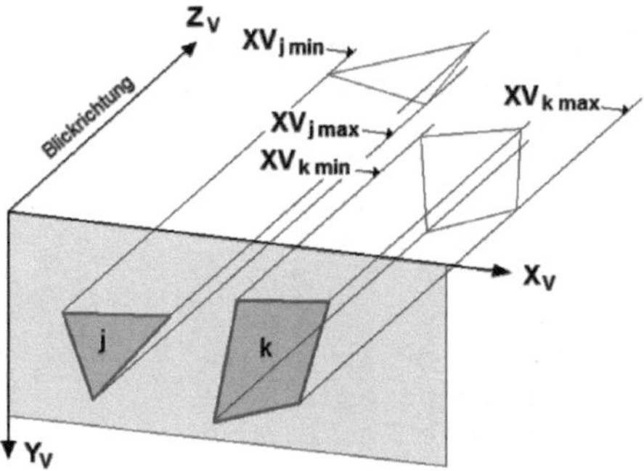

Wenn F(j) wirklich die am weitesten hinten liegende Facette ist/sein soll, darf sie weder eine andere verdecken – die dann ja noch weiter hinten läge – noch mit anderen Facetten eine nicht eindeutige Verdeckung bilden. Dies muss für alle in der Liste noch folgenden Facetten geprüft werden.

ZVjmin $=$ kleinste Z_V-Koordinate aller Knoten von Facette(j)

```
For k = j+1 To AnzFacet
```

Bei den ersten drei Prüfungen geht es um die Frage, ob F(j) und die zu prüfenden Facetten voneinander separiert sind, d. h., sie sind entweder in Tiefenrichtung ohne Überschneidung hintereinander positioniert, oder sie liegen auf der Projektionsfläche horizontal nebeneinander oder vertikal untereinander. Hierzu genügen Koordinatenvergleiche (Abb. 9.9).

Begonnen wird mit der Z_V-Richtung um sicherzustellen, dass die Tiefensortierung stimmt. Sobald einer der Tests zutrifft, sind weitere Prüfungen nicht mehr nötig, diese werden mit **„GoTo Ende_k"** übersprungen, der Facettenzähler j wird um 1 erhöht, und für den Rest der Liste beginnt die ganze Prozedur von vorne.

ZVkmax $=$ größte Z_V-Koordinate aller Knoten von Facette(k)

```
' in Tiefenrichtung separiert ?
' prüfen in ZV-Richtung
If ZVjmin >= ZVkmax Then
```

F(j) liegt hinter F(k) und wird ggf. beim Zeichnen von F(k) ganz oder teilweise übermalt. F(j) kann also an der aktuellen Stelle der Liste bleiben. Weitergehende Prüfungen mit allen anderen Facetten sind nicht nötig, da diese ja nach absteigenden Z_V-Werten sortiert sind.

```
   GoTo Ende_k
End If
' horizontal separiert ?
```

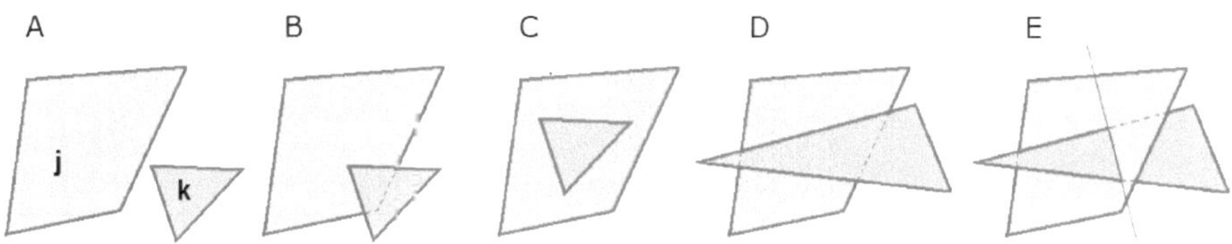

Abb. 9.10 Lage zweier Facetten F(j) und F(k) zueinander in der Projektionsebene

Wenn **ZVjmin** < **ZVkmax** ist, überdecken sich die Knoten von F(k) mit denen von F(j) in Z_V-Richtung. Das ist unkritisch, solange beide Facetten voneinander separiert sind. Dies wird in XV- und YV-Richtung geprüft:

XVjmax = größte XV-Koordinate von F(j)
XVjmin = kleinste XV-Koordinate von F(j)
XVkmax = größte XV-Koordinate von F(k)
XVkmin = kleinste XV-Koordinate von F(k)

```
If XVjmax < =  XVkmin Or XVkmax < = XVjmin Then
```

F(k) liegt vollständig entweder rechts oder links neben F(j)

```
    GoTo Ende_k      ' nächste Facette
End If
' vertikal separiert ?
```

YVjmax = größte YV-Koordinate von F(j)
YVjmin = kleinste YV-Koordinate von F(j)
YVkmax = größte YV-Koordinate von F(k)
YVkmin = kleinste YV-Koordinate von F(k)

```
If YVjmax < = YVkmin Or YVkmax < = YVjmin Then
```

F(k) liegt vollständig entweder über oder unter F(j)

```
    GoTo Fertig_k     ' nächste Facette
End If
```

Diese drei Tests finden durch Vergleich der Facettenkoordinaten – genaugenommen deren Knoten – heraus, ob die Facetten in mindestens einer der drei Projektionsrichtungen voneinander separiert sind. Maßgebend bleibt dann die Z-Sortierung beider Facetten für die Reihenfolge in der Prioritätenliste. Die nächsten, weitergehenden Tests prüfen die Reihenfolge mit deutlich mehr Aufwand teils in der Projektionsebene, teils im Objektraum.

Sind die Facetten nicht separiert, verdeckt (höchstwahrscheinlich) eine Facette die andere teilweise oder ganz. Die folgenden Skizzen in Abb. 9.10 zeigen, wie zwei Facetten F(j) und F(k) auf der XY-Projektionsebene zueinander liegen können. Sichtbar ist das grüne Dreieck, wenn seine Z-Koordinaten kleiner sind als die des roten Vierecks, sodass die Z-Sortierung gilt und Umordnen nicht erforderlich ist (Fälle A–D).

Abb. 9.11 Überdeckung zweier Facetten

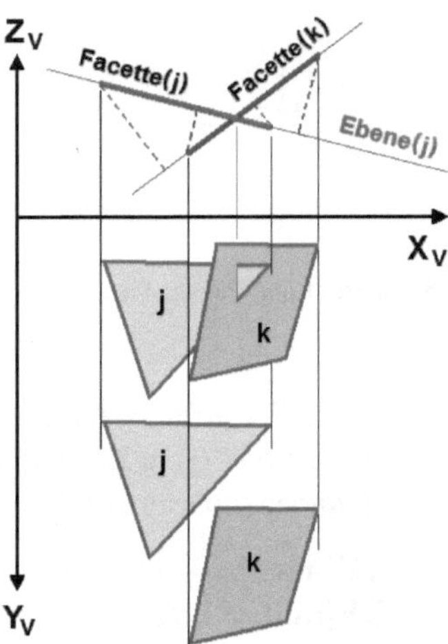

Ob nun Knoten der Facette(k) im Inneren der Facette(j) liegen und umgekehrt ist für den Painteralgorithmus nicht von Belang. Allerdings lässt sich das Programm beschleunigen, wenn vollständig abgedeckte Facetten – Fall C in Abb. 9.10 – als unsichtbar markiert werden, wenn also alle Z-Koordinaten der grünen Facette größer sind als die des roten Vierecks. Man erspart sich damit die wiederholte Prüfung einer Facette, von der bekannt ist, dass sie von einer anderen vollständig verdeckt wird. Dieser zusätzliche Test ist umso effektiver je unterschiedlicher die Facettengrößen sind.

Call Verdeckt (prüfen ob Facette(k) Facette(j) überdeckt)

Die zugehörigen Ebenen zweier Facetten haben normalerweise eine beliebige Lage und werden sich irgendwo schneiden, sofern sie nicht parallel sind. Dies gilt für alle in Abb. 9.10 skizzierten Fälle A–E. Liegen zwei Facetten dagegen unmittelbar im Schnittbereich ihrer Ebenen, so entsteht eine Durchdringung wie im Fall E. Dieser Fall wird im Programm zwar als „Modellfehler" erkannt, aber nicht weiter behandelt. Hierzu prüft das Programm ‚**Call Abstand**', ob alle Knoten von F(k) auf der gleichen Seite der durch F(j) aufgespannten Ebene liegen; ebenfalls auch die Gegenprobe: alle Knoten von F(j) einseitig zu der durch F(k) aufgespannten Ebene.

Call Abstand(Ebene(j), alle Knoten(k), berechne **Abstk** und **InAus**)
Call Abstand(Ebene(k), alle Knoten(j), berechne **Abstj** und **InAus**)

Die Ebenengleichung von F(j) lässt sich mit den Koordinaten ihrer Knoten aufstellen; siehe Abschn. 11.3.4. Die (senkrechten) Abstände aller Knoten von F(k) haben das gleiche Vorzeichen, wenn sie auf der gleichen Seite der durch F(j) aufgespannten Ebene liegen; siehe Abschn. 11.3.6.

Wenn sich zwei Facetten schneiden wie in Abb. 9.11 rechts oben, liegen die Abstände der Knoten von F(k) sowohl auf der Vorder- wie auch auf der Rückseite der Ebene zu F(j); sinngemäß die Abstände von F(j) zur Ebene F(k).

Eine Durchdringung liegt nur dann vor, wenn die Knotenabstände **beider** Facetten sowohl positiv wie auch negativ sind und in der Projektion mindestens ein Knoten einer Facette im Inneren der anderen liegt (vgl. Abb. 9.11 Mitte).

Hat wenigstens eine der beiden Facetten nur positive oder nur negative Abstände zur anderen Ebene, dann schneiden sich zwar ganz normal die Ebenen, die Facetten jedoch nicht. Sie überdecken sich entweder, oder sind vollständig voneinander separiert: Abb. 9.11 unten.

Der Aufruf des Programmes ‚**Call Abstand**‘ muss neben den Abständen auch einen Schalter liefern, der die einheitlichen Vorzeichen der Abstände kenntlich macht. Dieser Schalter sei ‚**InAus**‘ und nimmt folgende Werte an:

$$\textbf{InAus} = \textbf{2}, \quad \text{beide Facetten liegen einseitig}$$
$$= \textbf{1}, \quad \text{eine Facette einseitig}$$
$$= \textbf{0}, \quad \text{Facetten schneiden sich.}$$

Bevor mit der detaillierten Untersuchung der Tiefenstaffelung begonnen wird, lässt sich der einfache Fall eliminieren, bei dem beide Abstände gleich null sind. Das ist immer der Fall, wenn Facetten (meist nebeneinander) in einer Ebene liegen.

```
If (Abstk = 0) And (Abstj = 0) Then
  If MinZk <  MinZj Then GoTo Ende_k   ' minimale Z-Koordinate
  If SumZk <= SumZj Then GoTo Ende_k   ' gemittelte
                                         Z-Koordinaten
  GoTo Schieben
End If
```

Im nächsten Schritt wird die gegenseitige Tiefenstaffelung der Facetten abhängig vom Schalter ‚**InAus**‘ geprüft.

```
If InAus > 0 Then                   ' =2 und =1
  '
  ' beide oder eine Facette liegt einseitig
  If (Abstk < 0.0) And (Abstj > 0.0) GoTo Ende_k
    If MinZk <  MinZj Then GoTo Ende_k
    If SumZk <= SumZj Then GoTo Ende_k
  End If
Else                                ' InAus =0
  '
  ' Knoten liegen teils auf der Vor-, teils auf der Rückseite
  ' der Bezugsebene, kein Knoten der einen darf innerhalb
  ' der anderen Facette liegen. Bei Key=0 Knoten ausserhalb.
  Call KnoInFac(j, Knoten(k) bzgl. Ebene(j), Keyj)
  Call KnoInFac(k, Knoten(j) bzgl. Ebene(k), Keyk)
```

```
    If (Keyj + Keyk) > 0 Then
      MsgBox("Objekt enthält eine Durchdringung",,)
      Facette(k).sicht = False      ' Facette unsichtbar machen
    End If
    GoTo Ende_k
  End If
```

Wenn bis hierher alle Tests durchlaufen sind und keine Bedingung erfüllt werden konnte, muss Facette(k) vor Facette(j) eingeordnet werden. Hierzu werden alle Facetten von (j) bis (k − 1) in der Liste jeweils um einen Platz nach hinten verschoben und die ehemalige Facette(k) auf den Platz von F(j) abgelegt. Diese Vorgehensweise bringt die Sortierung der Z_V-Werte nicht so durcheinander wie beim Austausch von (k) durch (j), was in der Regel weitere Vertauschungen zwischen (k) und (j) nach sich zieht.

```
Schieben:
    Facette(0) = Facette(k)
    For m = k - 1 To j Step -1
      Facette(m + 1) = Facette(m)
    Next
    Facette(j) = Facette(0)
    Fehler = True               ' Fehler-Schalter wegen Verschiebung
    GoTo Ende_j
Ende_k:
    Next k
    '
Ende_j:
    If Fehler Then
```

Der Index j wird nicht erhöht, weil Facetten verschoben wurden und nun mit der neuen Facette(j) die restlichen Facetten(k) in gleicher Weise zu prüfen sind.

```
    Else
```

Wenn alle Facetten(k) gegen F(j) fehlerfrei geprüft wurden, ist die Position von F(j) in der Liste in Ordnung. Die Prozedur wird fortgesetzt mit der nächsten Facette(j) und dem noch folgenden Rest(k).

```
    j = j + 1
  End If
  Loop Until j = AnzFacet - 1
```

Ein Algorithmus zur Tiefensortierung kann nahezu beliebig kompliziert werden, abhängig davon, welche Sonderfälle zu berücksichtigen sind. Auch dann ist es nicht immer möglich, eine für jeden beliebigen Fall fehlerfreie Prioritätsliste zu erstellen, beispielsweise bei großen Verzerrungen in Zentralprojektionen.

9.5.4 Z-Buffer-Verfahren

„Z-Buffer" besagt zunächst nur, dass die Bildtiefe in Z-Richtung orientiert ist und folglich auf die XY-Ebene projiziert wird. Das Prinzip des Z-Buffer-Verfahrens ist von der Idee her ähnlich einfach wie das Painterverfahren. Im Gegensatz zu diesem ist das Z-Buffer-Verfahren kein Objektraum- sondern ein Bildraumverfahren.

Eine oberflächliche Gegenüberstellung:

- **Painter**: Der Aufwand liegt im Aufbau der Prioritätsliste, die die Reihenfolge der Facetten in Z-Richtung enthält. Zum Aufbau dieser Liste werden die Koordinaten im Global- bzw. Viewsystem verwendet und die Berechnungen erfolgen mit Gleitkommagenauigkeit. Anhand der Prioritätsliste wird jede Facette einzeln mithilfe der **GDI**-Funktionen **DrawPolygon, FillPolygon** mit Gerätekoordinaten in den Bildspeicher geschrieben.
- **Z-Buffer** malt keine einzelnen Facetten, sondern am Ende der Aufbereitung den gesamten Bildspeicher auf einmal. Für jede 1 Quadratpixel große Teilfläche einer Facette wird mittels ihrer Ebenengleichung deren Z-Tiefe ermittelt. Ist diese kleiner als die im Bildspeicher für das Pixel bereits eingetragene Tiefe einer anderen Facette, wird die Tiefe mit der neuen Z-Tiefe und die Farbe mit der aktuellen Farbe der Teilfläche überschrieben und damit pixelweise das Verdeckungsproblem gelöst. Im Gegensatz zum **Painter** ist eine Prioritätsliste für die Facetten nicht erforderlich, die Reihenfolge ihrer Verarbeitung ist ganz beliebig.

Das Z-Buffer-Verfahren benötigt für jedes Pixel zwei Informationen: den Farbwert und die Z-Koordinate der zugehörigen Facetten-Teilfläche. Beides wird in folgender Datenstruktur deklariert:

```
Public Structure Buffer
   Public Farbe As Color          ' Pixelfarbe    4 Byte
   Public Tiefe As Single         ' Z-Koordinate  4 Byte
End Structure
```

Bei einem mittelprächtigen Bildspeicher von beispielsweise 600×800 Pixel

```
Public Bild(600,800) As Buffer        ' Bildspeicher
```

ergibt sich die Array-Größe zu $600 \times 800 \times 8 = 3{,}84$ MB. In den Anfangsjahren der Computerei waren RAM-Speicher in dieser Größe eine Utopie. Alle Bemühungen liefen notgedrungen darauf hinaus, Verfahren zu entwickeln, die mit möglichst wenig Speicher auskamen. Man ging sowohl beim Farbmodell als auch beim Speichern der Tiefenwerte Kompromisse ein, die zu kleineren Bildspeichern führten. Ein paar Beispiele nachfolgend.

Die Variable **Farbe** kann man ohne Verlust von Informationen auch durch ihre RGB-Komponenten beschreiben, die jeweils nur 1 Byte lang sind; siehe auch Kap. 4.

```
Public Rot As Byte      }
Public Grun As Byte     }    jeweils 256 > Farbe >= 0
Public Blau As Byte     }
```

Nachteilig und mit Rechenzeit verbunden ist die pixelweise Konvertierung in einen
Color-Wert bei der Ausgabe des Bildspeichers.

$$\text{Farbwert} \cong \boxed{01111111\,00011001\,01101101\,00001110} \cong (127, 25, 109, 14)$$

$$\quad\quad\quad\text{alpha}\quad\quad\text{rot}\quad\quad\text{grün}\quad\quad\text{blau}\quad\quad\quad\text{alpha r g b}$$

Diese Vorgehensweise ist vor allem geeignet bei Szenen, deren Facetten gleichmäßig eingefärbt sind. In diesem Falle kann man alternativ alle unterschiedlichen
Farben der ganzen Szenerie in eine separate Tabelle stellen und speichert nur einen
Zeiger auf diese Farbtabelle. Hierfür genügt eine 2-Byte-Variable, wenn weniger
als 32 767 verschiedene Farben verwendet werden. Bei der Ausgabe des Bildspeichers sind dann mittels **Zeiger** die Farben aus der Tabelle einzusetzen. Bei Farb-
verläufen infolge von Beleuchtung und Schattierung wird in beiden Varianten der
Rechenaufwand zu groß.

Mit dem jetzt im Farbmodell von VB.NET eingeführten α Wert im ersten Byte
der Color-Variablen lässt sich Transparenz von Facetten nachbilden. Im Z-Buffer-
Verfahren ist dies allerdings nur partiell und nur mit viel Aufwand zu realisieren.

Der geringstmögliche Speicher wäre also folgender:

```
Public Structure Buffer
   Public Zeiger As Short   ' Zeiger auf Farb-Tabelle   2 Byte
   Public Tiefe As Short    ' ganzzahlige Z-Koordinate  2 Byte
End Structure
```

Für die **Tiefe** ist nicht unbedingt ein Gleitkommawert erforderlich. Skaliert man
nämlich die Szenerie in Z-Richtung so, dass alle Z-Werte ganzzahlig zwischen 0
und 32 767 liegen, dann genügt auch eine Short-Variable; oben bereits verwendet.
Da permanent **Tiefe**werte verglichen werden, sind Vergleiche mit Ganzzahlen deutlich schneller als mit Gleitkommazahlen. Um das Aufspalten der RGB-Farbanteile
zu vermeiden, wird hier folgende Datenstruktur verwendet:

```
Public Structure Buffer
   Public Farbe As Color        ' Pixelfarbe     4 Byte
   Public Tiefe As Short        ' Z-Koordinate   2 Byte
End Structure
```

Verknüpft man für die Ausgabe den Farbepuffer beispielsweise unmittelbar mit dem
PictureBox-Steuerelement, dann stört in dieser Datenstruktur der Tiefewert. Es ist
dann zweckmäßig anstatt der Datenstruktur „Buffer" beide Variablen als einzelne
Arrays zu verwenden:

```
Public Farbe(600,800)  As Color
Public Tiefe(600,800)  As Short
```

Nach diesen Betrachtungen über den RAM-Verbrauch des Bildspeichers ist klar,
dass die zu erwartende Rechenzeit irgendwie proportional zu dessen Größe sein
wird, die Anzahl und Größe von Facetten ist dagegen nachrangig.

Abb. 9.12 Skalierung der Z_V-Koordinaten

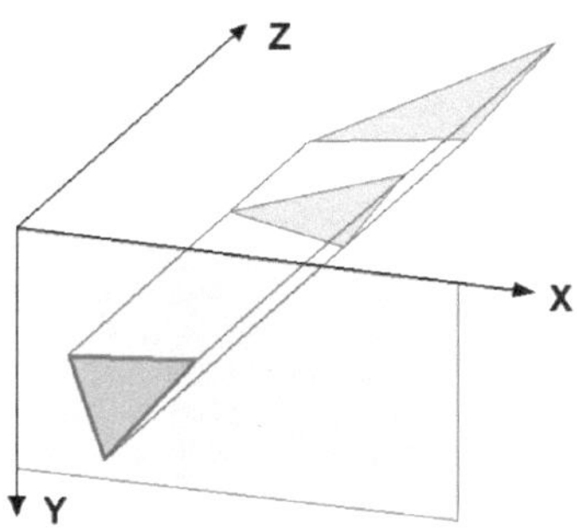

Im ersten Schritt ist eine affine Abbildung der Szenerie – genaugenommen des ausgewählten Clippingbereiches – auf den Bereich des Bildspeichers vorzunehmen. Hierzu werden die Seitenkoordinaten des View- bzw. Projektionssystems auf die Größe des Bildspeichers (**Size.Width, Size.Height**) transformiert und der Ursprung des Projektionssystems in den Ursprung der Gerätekoordinaten verschoben. Dies erfolgt noch ohne Verlust an Genauigkeit mit Gleitkommaarithmetik. Das Ergebnis sind Seitenkoordinaten in der Größenordnung der Gerätekoordinaten jedoch ohne den Übergang zu ganzzahligen Gerätekoordinaten.

Anschließend werden die Z_V-Koordinaten skaliert (Abb. 9.12). Die Optik der ganzen Szenerie wird dadurch in Z-Richtung stark verlängert, was nicht weiter stört, denn auf Darstellungen in der XY-Ebene wirken sich Skalierungen in Z-Richtung nicht aus. Da der **Tiefe**wert nur 2 Byte groß sein soll, darf die Tiefe nur zwischen 0 und 32 767 liegen. Zweckmäßig begrenzt man auf $Z_V < 30\,000$, damit geringe Abweichungen später nicht zu einem 2-Byte-Überlauf führen. Die in den Geräteursprung verschobenen und skalierten Projektionskoordinaten $\mathbf{XYZ_V}$ stehen weiterhin als „genaue" Gleitkommawerte zur Verfügung.

Bevor mit der Verarbeitung der Facetten begonnen wird, ist der Hintergrund zu initialisieren. Hierzu gibt es mehrere Möglichkeiten:

- Setzen einer gleichmäßigen Hintergrundfarbe,
- Übernehmen einer Textur,
- Kopieren einer Bild- oder Motivvorlage

in den **Farbe**speicher. Der **Tiefe**wert wird hierfür mit 32 767 festgelegt und liegt damit noch hinter der größten Z-Tiefe der Szenerie, die wir bei 30 000 begrenzt haben.

Um die Facetten nacheinander in den Bildspeicher zu schreiben, nutzt man ein sogenanntes Scanlineverfahren, bei dem die Pixel zeilenweise oder spaltenweise untersucht werden. Wie in Abb. 9.13 dargestellt, wird hier eine vertikale Scanline verwendet. Mit dieser ist die interne Adressrechnung für den Bildspeicher schneller als bei einer Scanline-Zeile; siehe Abschn. 6.1.1 ‚Arrays'. Für das dargestellte Dreieck (Abb. 9.13) überstreicht unsere Scanline alle Spalten des Bildspeichers von

Abb. 9.13 Scanlineverfahren

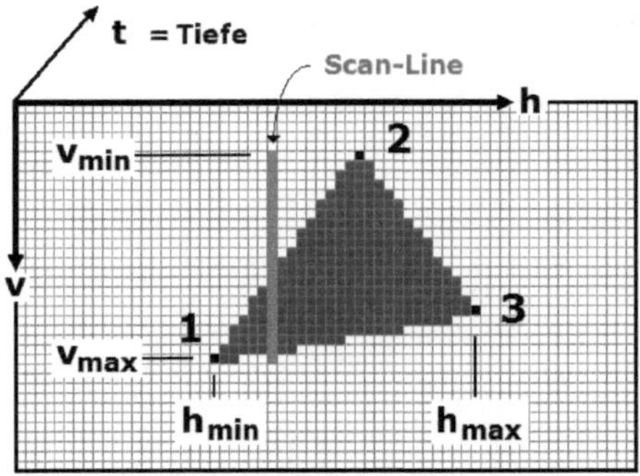

h_{min} bis h_{max}. In der Scanline selbst sind alle Pixel zwischen v_{min} und v_{max} zu untersuchen. Als störende Nebenbedingung ist lediglich zu beachten, dass keine Pixel außerhalb der Facette angefasst werden, d. h., die Untersuchung beginnt erst beim Erreichen einer Facettenkante und endet mit einer solchen.

Damit ist auch schon die erste Teilaufgabe angesprochen: Die beiden Dreiecksseiten in Abb. 9.13 seien so als Treppenzüge darzustellen, dass diese die von der Scanline geschnittenen Geraden 1–2 und 1–3 möglichst genau repräsentieren. Die Anzahl „Treppen", die z. B. zwischen den Ecken 1 und 2 liegen, ergeben sich aus der Koordinatendifferenz $P_{1y} - P_{2y}$. Diese Anzahl ist auf die Strecke $P_{1h} - P_{2h}$ zu verteilen. (Die Indizes x, y, z beziehen sich auf Gleitkomma-, h, v, t auf ganzzahlige Koordinaten). Damit sind die Steigungen der Geraden 1–2 und 1–3

$$dv_{12} = (P_{1y} - P_{2v})/(P_{1h} - P_{2h})$$
$$dv_{13} = (P_{1y} - P_{3v})/(P_{1h} - P_{3h})$$

Die Abstände auf der h-Achse sind konstant und werden ganzzahlig verwendet. In v-Richtung ergeben sich für die dv_{ik} Kommawerte, die die Steigungen – die Anzahl der Stufen – zur nächsten Scanline ausmitteln.

Wenn in Abb. 9.13 die Scanline den Bereich zwischen den beiden Ecken 1 und 2 bzw. h_{min} und h_{max} durchläuft, trifft man irgendwo dazwischen auf die dritte Ecke; entweder oben oder unten auf der Scanline. Im Beispiel ändert sich an der Ecke 2 die Steigung und gültig wird dv_{23} für den rechten Teil der Facette. Zwischen den Ecken 1 und 3 dagegen ist die Steigung stetig.

Zweckmäßig teilt man deshalb eine Facette wie in Abb. 9.14 skizziert in drei Bereiche auf:

- linkes Teildreieck,
- eine Scanline mit Ecke (oben oder unten),
- rechtes Teildreieck.

Die Fälle mit einer senkrechten Seite rechts oder links, d. h., zwei Ecken übereinander, sind damit ebenfalls erfasst.

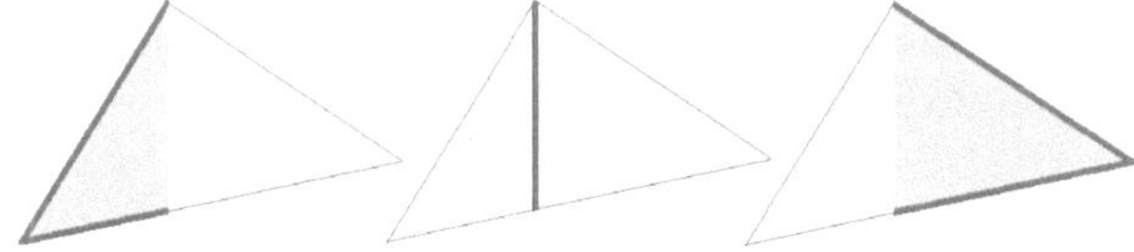

Abb. 9.14 Aufteilung einer Facette

Mit den Steigungsdaten dv_{ik} lässt sich Anfang und Ende des Innenbereichs der Facette einstellen, d. h., den Start- und Endpunkt der Scanline festlegen. In diesem Bereich sind für jedes Pixel die Tiefenwerte der projizierten Teilfläche mittels ihrer Ebengleichung zu berechnen. Mit dem durch die Skalierung modifizierten Koordinatentripel liefern die Ebenengleichungen entsprechend größere und besser differenzierte Tiefen und rechtfertigen damit erst ihre Speicherung als ganzzahligen 2-Byte-Wert.

Die Ebenengleichung einer dreieckigen Facette lässt sich mit den Koordinaten ihrer Eckpunkte leicht bestimmen; siehe Abschn. 11.3.5. Für unsere Belange genügt die Grundform der Ebenengleichung, für die in Projektionskoordinaten gilt:

$$A \cdot x + B \cdot y + C \cdot z + D = 0$$

mit

$$A = (y_2 - y_1) \cdot (z_3 - z_1) - (y_3 - y_1) \cdot (z_2 - z_1)$$
$$B = (z_2 - z_1) \cdot (x_3 - x_1) - (z_3 - z_1) \cdot (x_2 - x_1)$$
$$C = (x_2 - x_1) \cdot (y_3 - y_1) - (x_3 - x_1) \cdot (y_2 - y_1)$$
$$D = -(A \cdot P_{1x} + B \cdot P_{1y} + C \cdot P_{1z})$$

hieraus die Tiefe

$$z = -(A \cdot x + B \cdot y + D)/C$$

Da die Ebenengleichung in allen 3 Koordinaten linear ist, sind auch die Tiefen z benachbarter Punkte linear abhängig; etwa

$$z_{neu} = z_{alt} + \Delta z$$

Für den Nachbarpunkt $y + \Delta y$ auf der Scanline gilt dann folgende Ebenengleichung:

$$A \cdot x + B \cdot (y + \Delta y) + C \cdot (z_{alt} + \Delta z) + D = 0$$

dies ausmultipliziert und umgestellt ergibt

$$(A \cdot x + B \cdot y + C \cdot z_{alt} + D) + B \cdot \Delta y + C \cdot \Delta z = 0$$

wobei der Klammerausdruck die ursprüngliche Ebenengleichung darstellt und somit $= 0$ ist. Die Änderung der Z-Tiefe zum Nachbarpunkt $y + \Delta y$ ist also

$$\Delta z = -\Delta y \cdot B/C$$

Da die Abstände Δy konstant $= 1$ Pixel sind, ändert sich die Z-Tiefe auf der Scanline von Pixel zu Pixel um den konstanten Faktor

$$\Delta z = -B/C$$

Δz ist eine Konstante in y-Richtung, sie gilt für die ganze Facette und braucht nur einmal berechnet zu werden. Lediglich am Beginn einer Scanline – wenn sich die x-Koordinate ändert – ist einmal die Anfangstiefe mit der Ebenengleichung zu ermitteln. Alle anderen Tiefen auf einer Scanline ergeben sich einfach durch Addition von Δz (**VStep**). Dieser Ablauf ist weit einfacher, als Z-Werte innerhalb der Facette zu interpolieren.

```
Private Sub EbGlg()
  '
  Dim x1, y1, z1, x2, y2, z2, x3, y3, z3 As Double
  '
  ' Koordinaten der Ecken
  With Ecke(1) : x1 = .x : y1 = .y : z1 = .z : End With
  With Ecke(2) : x2 = .x : y2 = .y : z2 = .z : End With
  With Ecke(3) : x3 = .x : y3 = .y : z3 = .z : End With
  '
  ' Ebenen-Gleichung aus Determinante
  EbenA = (y2 - y1) * (z3 - z1) - (y3 - y1) * (z2 - z1)
  EbenB = (z2 - z1) * (x3 - x1) - (z3 - z1) * (x2 - x1)
  EbenC = (x2 - x1) * (y3 - y1) - (x3 - x1) * (y2 - y1)
  EbenD = -EbenA * x1 - EbenB * y1 - EbenC * z1
  '
  VStep = IIf(EbenC = 0, 0.0, -EbenB / EbenC)
End Sub
```

Die Ebenenkonstante C wird sich immer dann $= 0$ ergeben, wenn eine Facette senkrecht zur Projektionsebene steht. Bei kleinen C-Werten können sich nach Division unsinnig große Z-Werte ergeben, was besagt, dass die Facette nahezu senkrecht auf der Projektionsebene steht und in beiden Fällen nicht sichtbar ist.

Das Z-Buffer-Verfahren wird zwar zu den Bildraumverfahren gezählt, was aber nicht zwangsläufig bedeutet, dass nur noch mit ganzzahligen Gerätekoordinaten gerechnet wird. Vielmehr stützt man sich so lange wie möglich auf die Gleitkommakoordinaten der Darstellungstransformationen. Diese lassen sich leider nicht ohne Verlust an Genauigkeit in ganzzahlige Gerätekoordinaten **hvt** überführen. Da aber genau dies erforderlich ist, wird die dargestellte Szenerie letztendlich unmerklich vom Original abweichen.

Ausgehend von den Projektionskoordinaten $\mathbf{XYZ_V}$ der Darstellungstransformationen aus Kap. 8 lässt sich ein Z-Buffer-Programm wie folgt skizzieren:

Call Projektion()
   Darstellungstransformationen und bereitstellen der Projektionskoordinaten.
Call AffinTrans()
   Bildmaßstab festlegen; horizontale und vertikale Verschiebung auf Bild-

schirmkoordinaten für **hvt**-System mit Ursprung links oben; Z-Skalierung
für die Tiefe.

Call Umsetzen()

Auflösen viereckiger Facetten in zwei Dreiecke.

Call ZBuffer()

Hintergrund und Tiefe des Bildspeichers einstellen

```
' Bildspeicher, Hintergrund und Tiefe einstellen
HorzPic = picBild.Size.Width
VertPic = picBild.Size.Height
kanz = (HorzPic + 1) * (VertPic + 1)
ReDim Farbe(kanz)
ReDim Tiefe(kanz)
For idx = 0 To kanz
  Farbe(idx) = Color.FromArgb(255, 255, 255, 255)
  Tiefe(idx) = 32767
Next
```

Ecken der Dreiecke umordnen auf Standardablauf; Ebenengleichung ermitteln, bei C = 0 nächstes Dreieck. Scanlines abarbeiten: Dreieck links, mittig 1-Pixel-Column, und Dreieck rechts. (Es folgt ein Fragment zum Teildreieck).

```
' 1.Teil, Dreieck links von der Mitte
dv12 = IIf(dh12 = 0, 0.0, (Ecke(1).y - Ecke(2).y) / dh12)
dv13 = IIf(dh13 = 0, 0.0, (Ecke(1).y - Ecke(3).y) / dh13)
'
' beginnt mit einer Ecke
kanfv = Ecke(1).y - 0.5 * dv12
kendv = Ecke(1).y - 0.5 * dv13
ColAnf = Ecke(1).h
ColEnd = Min(Ecke(2).h, Ecke(3).h)
For kordh = ColAnf To ColEnd - 1
  kanfv += dv12
  kendv += dv13
  If kordh = ColAnf Then
    LineAnf = Min(Ecke(1).y, kanfv)
    LineEnd = Max(Ecke(1).y, kendv)
  Else
    LineAnf = kanfv
    LineEnd = kendv
  End If
  Call ScanLine()
Next kordh
```

Bildspeicher füllen:

```
Private Sub ScanLine()
  Dim Temp As Short
  Dim Tief As Single
  '
  ' Anfang und Ende der Scanline in den Arrays
  Offset = (VertPic + 1) * kordh + LineAnf
```

```
      kanz = Offset + LineEnd - LineAnf
      '
      ' Anfangswert der Tiefe
      Tief = -(EbenA * kordh + EbenB * LineAnf + EbenD) / EbenC
      If Tief < 32767.0 And Tief > 0.0 Then
        '
        ' Scanline
        For idx = Offset To kanz
          Temp = Tief
          If Temp < Tiefe(idx) Then
            Tiefe(idx) = Temp
            Farbe(idx) = MyColor
          End If
          Tief += VStep                     ' Tiefe-Änderung
        Next idx
      End If
    End Sub
```

Ausgabe des Bildspeichers (pixelweise)

```
    picBild = frmGrafik.DefInstance.picBild.CreateGraphics()
    picBild.Clear(frmGrafik.DefInstance.picBild.BackColor)
    '
    ' Elemente zeichnen
    myPen.Width = 1
    idx = 0
    For k = 0 To HorzPic
      For j = 0 To VertPic
        idx = idx + 1
        myPen.Color = Farbe(idx)
        picBild.DrawRectangle(myPen, k, j, 1, 1)
      Next j
    Next k
```

Exakt auf der Schnittkante zweier Facetten liegen nur die beiden Eckknoten der
Kante. Alle Pixel dazwischen weichen mehr oder weniger stark vom exakten Kantenverlauf ab, folglich sind auch die für die Pixel-Position berechneten Z-Werte
nicht identisch mit jenen für den exakten Kantenverlauf. Dieser Sachverhalt gilt
auch für die zweite Facette, sodass die berechneten Z-Werte – und damit die Farben
der Pixel – an der Kante mal von der einen, mal von der anderen Facette bestimmt
werden. Das führt zu einem ausgefransten Farbverlauf an den Schnittkanten. Dieser
Effekt tritt umso stärker in Erscheinung, je „orthogonaler" zwei Facetten zueinander
stehen.

Abschließend ein Vergleich der beiden Visualisierungen unseres Quaders (siehe
auch Skizze in Abb. 9.16), links mit dem Painter, rechts mit dem Z-Buffer. Die hier
verwendete Zentralprojektion mit einem recht kurzen Abstand des Beobachters zur
Projektionsebene führt zu größeren Verzerrungen, wobei die Seitenwand mit den
Ecken 3–7–8–4 vollständig abgedeckt wird.

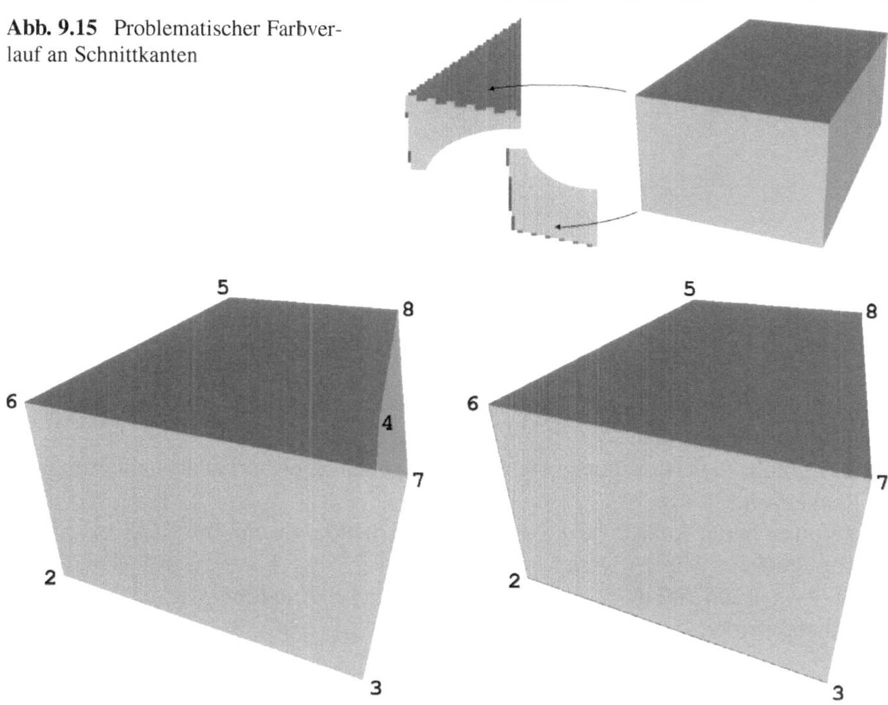

Abb. 9.15 Problematischer Farbverlauf an Schnittkanten

Abb. 9.16 Zentralprojektion, *links* Painter, *rechts* Z-Buffer

Der Painter (Abb. 9.16 links) hat Schwierigkeiten, die Prioritätsliste richtig zu erstellen und übermalt den Deckel 5–6–7–8 mit der Seite 3–7–8–4. Danach wird die Vorderfront 2–3–7–6 gezeichnet. In der folgenden Prioritätsliste sind gewichtete (Z_1) und minimale Z-Werte Z_2 angegeben.

	Z_1	Z_2
Facette 1–4–8–5	22,2446	21,3486
Facette 1–2–6–5	16,4226	10,7328
Facette 1–2–3–4	15,7507	9,1949
Facette 5–6–7–8	11,8804	2,3261
Facette 3–7–8–4	11,5161	2,3261
Facette 2–3–7–6	7,8173	2,3261

Beim Z-Buffer (Abb. 9.16 rechts) wird die Seitenwand richtig abgedeckt, aber die Kanten sind teilweise ausgefranst.

Darstellungsfehler entlang der Kanten lassen sich teilweise durch **Supersampling** eliminieren. Darunter versteht man die Erhöhung der Speicherauflösung gegenüber der Bildschirmauflösung um das Doppelte in h- und v-Richtung. Dadurch

Abb. 9.17 Hierarchischer Z-Buffer

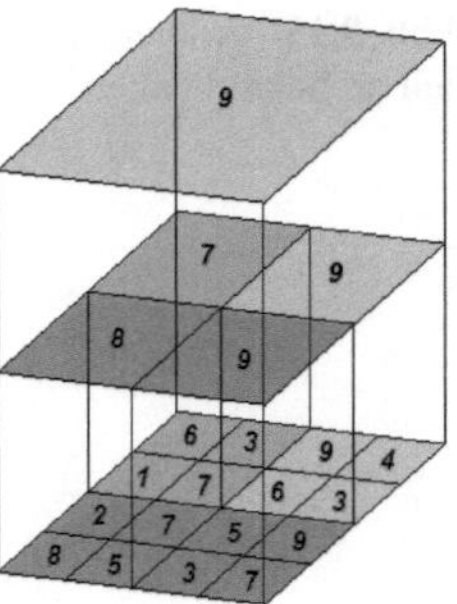

erhält man vier Z-Daten eines Pixels, die zum Schluss gefiltert und einem einzigen Pixel zugeordnet werden.

Dies erhöht nicht nur den sowieso schon großen Speicherbedarf sondern auch die Rechenzeit.

Die unsauberen Kanten ließen sich leicht vermeiden, wenn die Rückseiten des Quaders entfernt worden wären (vgl. Abschn. 9.3). Die Facetten 3–7–8–4, 1–4–8–5, 1–2–3–4 und 1–2–6–5 wären dann inaktiv gesetzt und müssten gar nicht erst gezeichnet werden.

Z-Buffer-Varianten

Vom Z-Buffer-Verfahren gibt es eine Fülle unterschiedlichste Varianten, von denen hier nur zwei kurz erläutert werden.

Hierarchischer Z-Buffer

Beim hierarchischen Z-Buffer werden die Tiefenwerte anstatt in nur einem Buffer in mehreren Etagen (Z-Pyramide) mit unterschiedlicher Auflösung gespeichert. In der untersten Etage liegt die maximale Auflösung. In den darüber liegenden werden jeweils mehrere Pixel zu einem Bereich zusammengefasst, für den der maximale vorkommende Z-Wert der Pixel des unter ihm liegenden Bereiches gespeichert wird. Fasst man immer nur vier Pixel in der nächsthöheren Etage zusammen, dann erreicht man schnell 8–10 Etagen. Für jede Etage ist ein entsprechend großes Array erforderlich, und sich dort durchzufragen kostet Rechenzeit. Die Organisation eines hierarchischen Z-Buffers ist also vor allem ein Optimierungsproblem.

Eine neue Facette wird nun nicht mehr pixelweise, sondern mit einem ganzen Bereich, beginnend in der obersten Etage, verglichen. Ist sein Z-Wert größer, kann gleich zum nächsten Bereich gegangen werden, man spart sich dementsprechende Tests. Ist der Z-Wert kleiner, muss der Vergleich in der nächstkleineren Etage durchgeführt werden (Abb. 9.17).

Diese Vorgehensweise nutzt Kohärenzeffekte aus, was bedeutet, dass aufgrund der Größe einer Facette der Z-Wert eines Bildpunktes in einem kleinen Bereich mit hoher Wahrscheinlichkeit gleich oder ähnlich den Z-Werten seiner benachbarten Pixel ist.

Randomisierte Z-Buffer

Hier wird auf jeder Facette zufällig eine bestimmte Anzahl von *Sample Points* gewählt und deren Tiefen- und Intensitätswerte gespeichert. Die restlichen Werte zwischen den Sample Points werden durch Interpolation gewonnen. Auch hier wird wieder Kohärenz, also der Umstand, dass die Werte einer Fläche über kleine Bereiche homogen sind, ausgenutzt. Die Genauigkeit der Rekonstruktion wird dabei durch die geschickte Wahl und die Anzahl der Sample Points beeinflusst.

Animationen

Das Z-Buffer-Verfahren lässt sich auch sehr effizient bei Animationen einsetzen, bei denen sich der Beobachterstandort nicht ändert. Die unbeweglichen Objekte werden separat gerendert und zur Wiederverwendung für die nächste Bildsequenz zwischengespeichert. Nur die sich bewegenden Objekte müssen von Bild zu Bild jeweils neu berechnet werden. Anschließend werden beide Bildspeicher hinsichtlich ihrer Z-Werte „gemischt". Wenn sich ein bewegendes Objekt hinter ein statisches begibt, wird dies anhand der Z-Werte festgestellt und das sich bewegende Objekt wird korrekt von dem statischen verdeckt. Beispielsweise könnte man sich mit einem Zeigersymbol, dem Tiefenwerte zugewiesen sind, in der Szenerie bewegen. Der Zeiger wird verdeckt, sobald er sich hinter Facetten begibt, deren Tiefen kleiner sind als die des Zeigers.

Vorteile des Z-Buffers:

- Einfache Implementierung als Software oder direkt in Hardware.
- Vorsortierung der Facetten wie beim **Painter** ist nicht erforderlich.
- Die Komplexität einer Szenerie ist ohne Einfluss.
- In die fertige Szenerie können nachträglich Facetten eingefügt werden.
- Sind große Bildspeicher erforderlich, kann man das Bild in Teilbilder zerlegen und mit einem entsprechend kleineren Speicher nacheinander jedes Teilbild generieren und anschließend zusammenfügen.

Nachteile:

- Alle Facetten müssen bearbeitet werden; ihre Sichtbarkeit stellt sich erst am Schluss heraus.
- Die Genauigkeit in der Darstellung ist eingeschränkt, weil bei unklaren Tiefen-Informationen die Farbe von der Reihenfolge der Facetten bei der Verarbeitung bestimmt wird.
- Keine exakte Glättung wie beim Painter.
- Kein Antialiasing.
- Transparenz ist nur mit viel Aufwand und nur partiell möglich, weil pro Bildpunkt nur Daten von einer, der sichtbaren, Facette gespeichert sind.

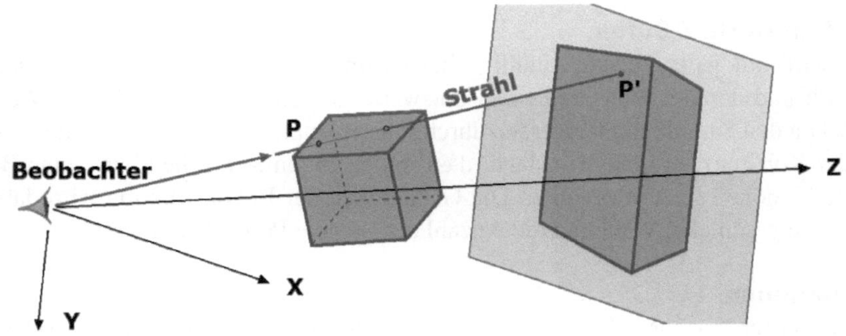

Abb. 9.18 Skizzierte Strahlverfolgung

Die Rechenzeit des Z-Buffers ist im Wesentlichen abhängig von der Anzahl der Bildpunkte des Bildspeichers, die Komplexität der Szenerie hat dagegen wenig Einfluss. Für die feste Pixelanzahl einer Projektionsfläche ist die Rechenzeit nahezu konstant. Wie schon erwähnt, ist die Anzahl der Facetten meist umgekehrt proportional zu ihrer Größe: Je mehr Facetten es gibt, umso kleiner sind diese, und folglich überdecken sie jeweils auch nur einen kleinen Pixelbereich. Deshalb ist die Rechenzeit eher proportional zur Gesamtfläche aller Facetten und zur Größe der Projektionsfläche. Für einfache großflächige Szenen ist der Z-Buffer vergleichsweise langsam, wird aber relativ leistungsfähiger, je mehr Facetten vorhanden sind und je mehr RAM zur Verfügung steht.

Überhaupt hängt die Leistungsfähigkeit der Bildraumverfahren ganz wesentlich ab vom verfügbaren RAM-Speicher. Da dieser heute – in Verbindung mit 32/64-Bit Betriebssystemen – ausreichend gegeben ist, haben sich in den letzten Jahren die Varianten der Z-Buffer-Verfahren weitgehend durchgesetzt.

9.5.5　RayCasting

RayCasting – Strahlverfolgung – basiert auf einer ganz anderen und ebenfalls verblüffend einfachen Idee: Ausgehend vom Projektionszentrum wird zu jedem Pixel der Projektionsfläche ein Strahl gelegt und berechnet, ob überhaupt und wenn ja, welche Facette der Szenerie der Strahl zuerst schneidet. Die Farbe dieser Facette legt die Farbe des Pixels fest. Wird keine Facette geschnitten, bestimmt der Hintergrund die Farbe.

In Abb. 9.18 schneidet der Strahl bei **P** zuerst die Vorderfront des Quaders und danach den Deckel. Da der Schnitt mit der Vorderfront den kleineren Z-Wert liefert als der Schnitt mit dem Deckel, wird **P** als **P′** mit der Farbe der Vorderfront auf der Projektionsfläche abgebildet. *Zuerst* bedeutet allerdings, dass man alle Schnittpunkte mit denjenigen Facetten berechnen muss, die im Einzugsbereich des Strahls liegen. Erst dann lässt sich entscheiden, welche Facette zuerst getroffen wird.

In der Skizze der Abb. 9.18 ist eine Zentralprojektion angedeutet, bei der jeder Strahl vom Beobachter zum Pixel eine andere Richtung hat. Das erschwert die Aufgabe, weil

- der Strahl im Normalfall die Ebene jeder Facette schneidet und zusätzlich zum Schnittpunkt Strahl/Ebene auch noch festgestellt werden muss, ob der Schnittpunkt innerhalb der Facette liegt, und
- das frühzeitige Ausschließen von Facetten, die der Strahl gar nicht schneiden kann, nur mit zusätzlichem Aufwand möglich ist.

Im Falle einer Zentralprojektion wie oben skizziert lautet die Gleichung einer Geraden vom Beobachter zum Punkt P in Komponenten:

$$x = b_x + t \cdot (P_x - b_x) = b_x + t \cdot g_x$$
$$y = b_y + t \cdot (P_y - b_y) = b_y + t \cdot g_y$$
$$z = b_z + t \cdot (P_z - b_z) = b_z + t \cdot g_z$$

Hierin legt $\{g\}$ die Steigung der Geraden fest. Die Ebenengleichung einer Facette lässt sich mit den Koordinaten von drei ihrer Eckpunkte leicht bestimmen (sofern diese nicht auf einer Geraden liegen); siehe Abschn. 11.3.5:

$$A \cdot x + B \cdot y + C \cdot z + D = 0$$

mit

$$A = (y_2 - y_1) \cdot (z_3 - z_1) - (y_3 - y_1) \cdot (z_2 - z_1)$$
$$B = (z_2 - z_1) \cdot (x_3 - x_1) - (z_3 - z_1) \cdot (x_2 - x_1)$$
$$C = (x_2 - x_1) \cdot (y_3 - y_1) - (x_3 - x_1) \cdot (y_2 - y_1)$$
$$D = -(A \cdot P_{1x} + B \cdot P_{1y} + C \cdot P_{1z})$$

Bringt man Gerade und Ebene zum Schnitt durch Einsetzen der Geradenkoordinaten in die Ebenengleichung, dann ergibt sich für

$$t = -\frac{A \cdot b_x + B \cdot b_y + C \cdot b_z + D}{A \cdot g_x + B \cdot g_y + C \cdot g_z}$$

Der Nenner wird immer dann $= 0$, wenn die betrachtete Ebene parallel zum Strahl liegt und daher kein Abbild erzeugt. Mit **t** lassen sich nun die Schnittkoordinaten durch Einsetzen in die Geradengleichung bestimmen. Damit ist erst eine Teilaufgabe, die Ermittlung der Z-Tiefe, erledigt. Die andere muss klären, ob der Schnittpunkt innerhalb der Facette liegt. Um dies festzustellen, verwendet man die Projektion der Facette auf die XY-Ebene (Abb. 9.19) und prüft anhand der ‚natürlichen Dreieckskoordinaten' des Schnittpunktes **S** seine Lage ebenfalls in der XY-Ebene

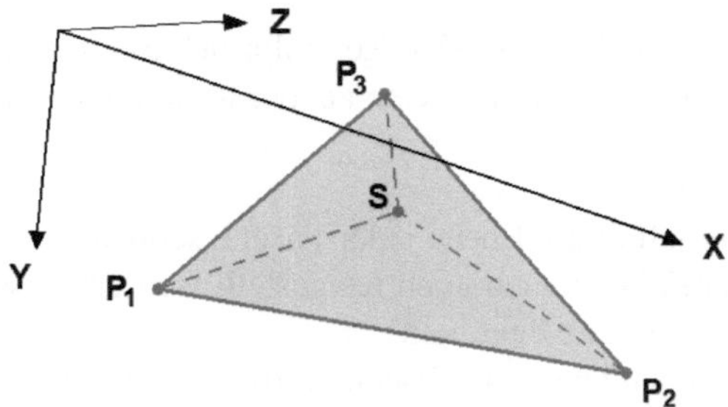

Abb. 9.19 Projektion der Facette in die XY-Ebene zur Überprüfung der Lage des Schnittpunktes S

mit $\Sigma\delta_k = 1$; siehe Abschn. 11.3.10. Wegen der häufigen Schnittpunktberechnungen generiert das Verfahren einen hohen Rechenaufwand.

Führt man dagegen zuerst eine perspektivische Transformation durch und projiziert anschließend mittels einer Parallelprojektion, dann verlaufen alle Strahlen parallel zur Z-Achse – der Projektionsrichtung – durch die Pixel. Das hat den großen Vorteil, dass man diejenigen Facetten von vornherein aus der weiteren Betrachtung ausschließen kann, die aufgrund ihrer XY-Koordinaten neben dem Strahl liegen und folglich keinen Schnittpunkt haben.

Damit hat $\{g\}$ $(0, 0, 1)$ nur noch eine Komponente in Z-Richtung. Die Komponenten b_x und b_y des Ortsvektors sind nun beliebig und durchlaufen den ganzen Pixelbereich der Projektionsfläche. Die Geradengleichung reduziert sich auf

$$x = b_x$$
$$y = b_y$$
$$z = b_z + t \cdot g_z$$

und der Schnitt mit einer Ebenengleichung liefert

$$A \cdot b_x + B \cdot b_y + C \cdot (b_z + t) + D = 0$$
$$t = -b_z - (A \cdot b_x + B \cdot b_y + D)/C$$

Dies in die Geradengleichung zur Ermittlung des Z-Wertes eingesetzt führt zu dem schon früher beim Z-Buffer verwendetem Ergebnis

$$z = -(A \cdot x + B \cdot y + D)/C$$

Vom Ablauf her ist für den Strahl durch x, y zu prüfen, ob es in diesem Bereich überhaupt Facetten gibt, für die $x_{min} < x < x_{max}$ und $y_{min} < y < y_{max}$ gilt. Wenn dies der Fall ist, wird geprüft, ob sich der Schnitt x, y innerhalb der Facette befindet und ggf. der Z-Wert berechnet. Der Vergleich mit weiteren Facetten, die ebenfalls im Schnittbereich des Strahls liegen, ermöglicht, die nächstgelegene Facette zu finden.

Eine Effizienzverbesserung lässt sich durch Realisierung dieser Kohärenzbetrachtungen erreichen:

- Schneidet der Strahl eine Facette, brauchen Schnitte mit dahinterliegenden Facetten nicht berechnet zu werden.
- Die Facette, die von einem Strahl getroffen wird, wird wahrscheinlich auch vom Strahl durch das Nachbarpixel getroffen.
- Benachbarte Pixel liegen meistens auf der gleichen Facette.

Eine Effizienzverbesserung lässt sich auch durch Unterteilung der Projektionsfläche erreichen, beispielsweise durch einen QuadTree, wie im Abschn. 5.2.3 beschrieben. Trotzdem bleibt das ganze Procedere recht unökonomisch. Ein Vergleich mit dem Z-Buffer macht das deutlich:

RayCasting	Z-Buffer
Es wird der gesamte Pixelbereich der Projektionsfläche abgeklappert und für jedes Pixel geprüft, ob überhaupt und welche Facetten im Bereich des Strahls liegen. Für die vom Strahl geschnittenen Facetten sind die Z-Werte zu berechnen. Die Facette mit dem kleinsten Z-Wert ist sichtbar und färbt das Pixel.	Es werden nur die Pixel angefasst, die von einer Facette überdeckt werden. In die Tiefe gestaffelte Facetten im gleichen Pixelbereich lösen die Verdeckung über den Vergleich ihrer Z-Werte automatisch. Es sind weder Schnittpunkte zu berechnen noch ihre Lage innerhalb der Facette zu prüfen.

RayCasting hat für die Verdeckungsberechnung wenig Bedeutung, wird aber als Weiterentwicklung zum klassischem RayTracing für die Darstellung von Beleuchtung und Schatten zum dominierenden Verfahren. RayCasting wird oftmals als eine vereinfachte Form des RayTracing bezeichnet, weil das Verfahren mit dem Abtasten und Aufeinandertreffen des Strahls auf eine Facette beendet ist und damit tatsächlich nur eine Verdeckungsberechnung erfolgt.

Beim RayTracing wird der Schnittpunkt nicht nur dazu benutzt, die vorderste Facette zu berechnen, sondern er wird weiterverfolgt. Auch ist es möglich, Licht und Schatten in die Visualisierung einzubeziehen.

Mit dem Thema „Verdeckungen" sind die ingenieurtechnischen Belange normalerweise abgedeckt. Weitergehende, realistischere Visualisierungen erfordern die Simulation der Beleuchtungsverhältnisse einer Szene. Damit begibt man sich auf das Gebiet der (foto-)realistischen Bildsynthese.

9.6 Beleuchtungsmodelle

Mathematische Nachbildung der Beleuchtungsverhältnisse in einer Szene mit dem Ziel, möglichst realitätsnahe 3D-Computergrafiken zu erzeugen. [Lexi]

Es gibt eine Vielzahl von Beleuchtungsmodellen, die jeweils mehr oder weniger realistische Bilder liefern. Am einfachsten ist ein lokales Beleuchtungsmodell, in das man nur den Einfluss aller emittierenden Lichtquellen in die Szene mit einbezieht. Es werden also Objekte, die Licht reflektieren, nicht als eigene Lichtquellen behandelt, was man bei genauer Einhaltung der physikalischen Gesetze eigentlich tun müsste. Überhaupt werden diese oft nicht streng eingehalten, teils um die Berechnungen zu vereinfachen, teils um die Laufzeiten zu verkürzen – oder beides. Allen Beleuchtungsmodellen ist daher gemeinsam, dass sie die unterschiedlichsten Effekte mit mehr oder weniger gut interpretierbaren Parametern abbilden, die zumeist empirisch ermittelt wurden.

Beleuchtungsmodelle legen die Farbe einer Fläche an einem bestimmten Punkt fest. Sie sind letztlich verantwortlich dafür, wie realitätsnah eine Szene dargestellt wird. Dabei werden Materialeigenschaften der Oberflächen, Farbe und Helligkeit der Lichtquellen, Position von Szene, Lichtquellen und Beobachter berücksichtigt. In ein Beleuchtungsmodell fließen daher alle Komponenten ein, die zur Berechnung der Lichtverteilung gebraucht werden. Das sind:

- Licht und Farben (siehe auch Kap. 4),
- Lichtquellen, mit denen bestimmte Lichtverhältnisse erst eingerichtet werden und
- Oberflächen, die etwas aussagen über Reflexions-, Absorptions- und Brechungsverhalten; die glatt oder rau sind und ggf. auch strukturiert.

Mit einer *Beleuchtungsgleichung*, deren Variablen dem jeweiligen Punkt auf der Oberfläche der Facette zugeordnet sind, wird ein Beleuchtungsmodell beschrieben. Die Auswertung der Beleuchtungsgleichung an einem oder mehreren Punkten einer Facette nennt man *Beleuchten* der Facette.

9.6.1 Licht und Farbe

Das für Menschen sichtbare Licht ist nur ein schmaler Bereich der elektromagnetischen Strahlung mit einer Wellenlänge von etwa 380 bis 780 nm. Eine scharfe Abgrenzung gibt es nicht, da die Empfindlichkeit des menschlichen Auges an den Wahrnehmungsgrenzen nicht abrupt, sondern allmählich abnimmt. Angrenzend an das sichtbare Licht liegen die Bereiche der Infrarot- und Ultraviolettstrahlung, die allerdings in der Computergrafik keine Rolle spielen.

Das uns umgebende Licht besitzt unterschiedliche Wellenlängen. Durch ein optisches Gitter oder ein Prisma kann man dieses mehrfarbige Licht in seine einfarbigen Bestandteile zerlegen. Fällt Licht mit einer geeigneten spektralen Verteilung (beispielsweise Tageslicht) durch ein Prisma, so werden Strahlungsanteile unterschiedlicher Wellenlängen verschieden stark abgelenkt (Abb. 9.20). Kurzwelliges blaues Licht wird stärker gebrochen als langwelliges rotes. Da die Brechzahl des Prismenglases von der Wellenlänge abhängt, tritt das Licht je nach Wellenlänge unter einem anderen Winkel aus dem Prisma aus. In der Skizze ist das ganze Spektrum

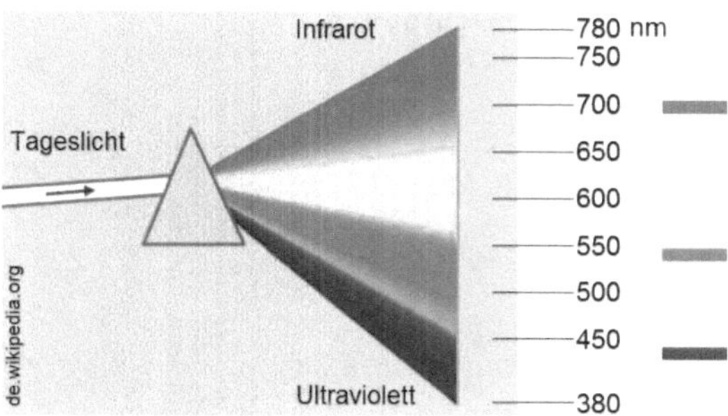

Abb. 9.20 Spektralbereich des für Menschen sichtbaren Lichts

zur besseren Darstellung stark gespreizt. Die ungefähren Wellenlängen der Farben sind angegeben. Rechts die drei RGB-Farben mit Wellenlängen.

Die monochromatischen Lichtkomponenten werden als Spektralfarben, auch als Regenbogenfarben bezeichnet. Weißes Licht ist nicht monochromatisch, sondern nur durch Mischung erzeugbar. Die einzelnen Farbbereiche im Spektrum enthalten jeweils verschiedene Farbtöne. So erkennt man im Bereich zwischen Blau und Grün die Farbe Türkis oder Cyan. Andere Farben – beispielsweise Braun – ergeben sich als additive Farbmischung, wenn unterschiedliche Wellenlängen in passender Kombination gleichzeitig vorkommen. Aus mehreren Farbanteilen zusammengesetztes Licht ist nötig, um Objektfarben wahrnehmen zu können. Auch von den in der Computergrafik verwendeten Lichtquellen wird angenommen, dass sie nur Licht in RGB-Anteilen mit unterschiedlicher Zusammensetzung aussenden.

Monochromatisch bedeutet „einfarbig" im Sinne einer Spektralfarbe des Lichts; im weiteren Sinn durch eine elektromagnetische Strahlung definierter Wellenlänge. Mit **monochrom** bezeichnet man in der Regel eine einzelne Farbe vor dem Hintergrund einer anderen.

Im RGB-Farbmodell werden anstatt eines kontinuierlichen Spektrums nur drei diskrete Wellenlängen als monochromatisches Licht verwendet, nämlich Rot, Grün und Blau – RGB. Diese Spektralfarben werden hauptsächlich deswegen verwendet, weil sie in Experimenten mit Rot = 700, Grün = 546,2 und Blau = 435,8 nm am ehesten zu einer physiologisch akzeptablen Farbwahrnehmung führen. Die Beschränkung auf diese drei Wellenlängen hat natürlich im Umkehrschluss zur Folge, dass einige Aspekte der Computergrafik, die von der Wellenlänge des Lichts abhängen, sich auch nur eingeschränkt darstellen lassen.

Diese drei Farben werden wie Elemente eines 3-dimensionalen Vektorraumes behandelt. Eine beliebigen Farbe kann dann als Linearkombination dreier voneinander unabhängige Primärfarben – beispielsweise in den oben angegebenen Wellenlängen – definiert und als Farbvektor $\{\mathbf{F}\} = (r, g, b)$ dargestellt und verwendet werden.

Im Grunde „passt" dieses (und auch ein paar andere) Farbmodell zu unseren Augen. Das Auge ist trichromatisch angelegt, denn es hat drei Arten lichtempfindlicher Sehzäpfchen. Diese reagieren verschieden stark auf unterschiedliche Wellenlän-

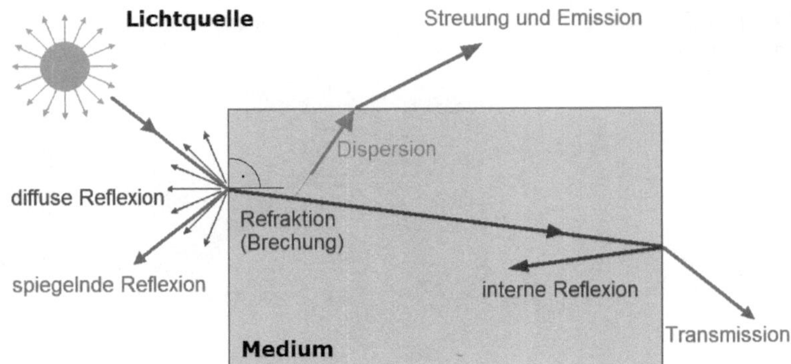

Abb. 9.21 Lichtstrahl beim Auftreffen auf ein Medium

gen und ermöglichen dadurch die Farbwahrnehmung. Die Sehstäbchen sind zwar farbblind, aber empfindlicher als die Sehzäpfchen und registrieren die Lichtstärke. Auch entsprechen obige Wellenlängen ungefähr den Empfindungsmaxima der Sehzäpfchen. Das menschliche Auge ermöglicht somit eine additive Farbmischung.

In der Computergrafik wird Licht als „Lichtstrahl" betrachtet wie in der geometrischen Optik. Dabei kann ein Strahl auf seinem Weg an oder durch ein Medium vielfältig beeinflusst werden. In Abb. 9.21 trifft ein Strahl von links oben auf die Oberfläche eines Mediums mit anderen Ausbreitungseigenschaften. Ein Teil der Strahlung wird zum Lot hin gebrochen (transmittierter Teil), ein anderer reflektiert. Die Reflexion an einer Grenzfläche erfolgt in der Regel nur teilweise (partielle Reflexion), der andere Teil wird transmittiert. Der Reflexionsgrad ist definiert als das Verhältnis der reflektierten zur einfallenden Lichtintensität. Der restliche Anteil der Welle breitet sich im zweiten Medium weiter aus. Durch den geänderten Wellenwiderstand erfährt die Welle dabei eine Richtungs- (Brechung) und Geschwindigkeitsänderung. Nachfolgend sind einige weitere Begriffe zusammengestellt.

- **Diffuse Reflexion**: Die meisten Facetten haben eine raue und keine ideal spiegelnde Oberfläche, sodass einfallende Lichtstrahlen nicht nur in eine einzige, sondern in alle Richtungen reflektiert werden.
- **Spiegelnde Reflexion**: Facetten mit einer ideal spiegelnden Oberfläche reflektieren einfallende Lichtstrahlen in genau eine Richtung (= spekulare Reflexion).
- **Totalreflexion** ist ein Spezialfall der Reflexion, bei der die Welle beim Einfall auf ein Medium mit niedrigerem Wellenwiderstand vollständig an der Grenzfläche reflektiert wird. Genau betrachtet tritt dies nur bei ideal transparenten Medien auf.
- **Interne Reflexion**: ein Teil des Lichts wird innerhalb des Mediums reflektiert.
- **Transmission** ist der Durchgang von Strahlung durch ein Medium. Der Transmissionsgrad beschreibt den Anteil des einfallenden Lichtstroms, der ein transparentes Objekt komplett durchdringt. Ein weiteres Maß für die Beschreibung

derselben Materialeigenschaft ist der Kehrwert des Transmissionsgrades, die **Opazität**. Ergänzend hierzu bezeichnet man vollständig lichtdurchlässige Objekte als **transparent**, dagegen werden begrenzt lichtdurchlässige als **opaque** (oder **opak**) bezeichnet.

- **Dispersion/Streuung** beschreibt die Abhängigkeit einer physikalischen Größe oder Erscheinung von der Wellenlänge; im engeren Sinn die Wellenlängenabhängigkeit der Brechzahl und damit der Ausbreitungsgeschwindigkeit des Lichts in einem Medium. Dieser Effekt ermöglicht beispielsweise die Zerlegung von weißem Licht in seine Spektralfarben.

- **Absorption** ist die Schwächung einer Strahlung beim Durchgang durch Materie. Die Energie der absorbierten Strahlung wird dabei in andere Energieformen, z. B. in Wärme, umgewandelt. Durch Absorption und Emission kann sich das Fortpflanzen einer Welle verzögern.

- **Refraktion/Brechung** beschreibt die Brechung – die Richtungsänderung – von Licht beim Auftreffen auf eine Grenzfläche zweier Medien. Hierzu gehört die **Brechzahl** (oft auch als **Brechungsindex** bezeichnet) als eine dimensionslose physikalische Größe, die von der Wellenlänge des Lichts abhängig ist. Brechzahlen sind Materialkonstanten und werden in homogenen Medien als konstant angenommen.
  Eine andere Art der Richtungsänderung, die in der Computergrafik nicht betrachtet wird, ist die **Beugung**. Der Unterschied zwischen Brechung und Beugung ist folgender: Während Brechung die Richtungsänderung einer Welle durch veränderte Geschwindigkeit in unterschiedlichen Medien ist, bedeutet Beugung die Ablenkung an einem Hindernis (Spalt, Gitter, Linsenrand usw.).

- **Emission** ist das Aussenden einer Strahlung durch ein atomares System, z. B. die Emission von Licht durch leuchtende Körper (Lumineszenz) oder durch Licht (Fotoeffekt). Emission tritt auf, wenn die Teilchen von einem höheren in ein niedrigeres Energieniveau zurückfallen, weil sie zuvor angeregt wurden.

9.6.2 Lichtquellen

Man unterscheidet hauptsächlich vier verschiedene Arten von Lichtquellen, und ihre Simulation in der Computergrafik ist in der dargestellten Reihenfolge unterschiedlich komplex (Abb. 9.22).

Ambientes Licht ist eine indirekte Lichtquelle, d. h. das Licht hat keine bestimmte Richtung, sondern es kommt als Umgebungslicht aus allen Richtungen mit der Intensität I_a. Ambientes Licht entsteht durch Reflexion des Lichts an matten Oberflächen infolge einer anderen Lichtquelle. Es bewirkt eine gewisse Grundhelligkeit auch in den Bereichen, die nicht direkt von anderen Lichtquellen beleuchtet werden. Man nennt es deshalb auch indirekte oder Hintergrundbeleuchtung.

Gerichtetes Licht kommt aus Punktlichtquellen, die soweit von der Szene entfernt sind, dass ihre Lichtstrahlen nahezu parallel aus der Richtung $-\mathbf{L_d}$ mit der Intensität I_p auf die Facetten treffen, z. B. Sonnenlicht.

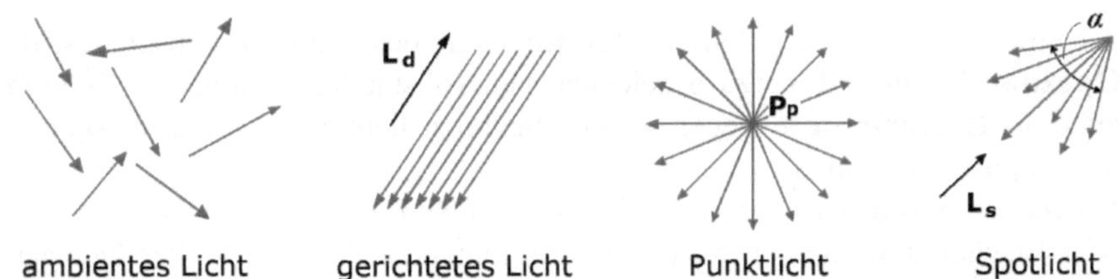

Abb. 9.22 Simulation vom Lichtquellen in der Computergrafik

Die Intensität gerichteten Lichts ist noch relativ leicht zu bestimmen, weil das Licht ja parallel einfällt und somit der Winkel zwischen einfallendem Lichtstrahl und Facettennormale nur von dieser bestimmt wird und nicht durch die Position der Facette. Ist also für eine Facette die Beleuchtung berechnet, so kann diese für jede gleich orientierte Facette, die sich an einem anderen Ort der Szene befindet, übernommen werden.

Um Schattenbildung zu vermeiden, wird die Lichtquelle in diesem Fall immer genau in die Position des Beobachters gesetzt. Dies bezeichnet man als „head light". Die mit der Entfernung abnehmende Beleuchtungsstärke simuliert man durch Dämpfung der Intensität an der Facette. Dieses Verfahren wird als „depth cueing" bezeichnet.

Punktlichtquellen sind im Raum platziert und infinitesimal klein. Die Punktförmigkeit lässt sich rechnerisch allerdings nicht durchhalten, weil Strahlen praktisch keine Chance haben, jemals eine *Punkt*-Lichtquelle zu treffen. Deshalb mutieren die Punktlichtquellen zu *Kugellichtquellen* mit sehr kleinem Durchmesser. Punktlichtquellen ergeben eine begrenzte Beleuchtung in der „Nähe" der Lichtquelle.

Eine Punktlichtquelle wird charakterisiert durch den Punkt $\mathbf{P_p}$, an dem sie lokalisiert ist, und der Intensität $\mathbf{I_p}$, die sie in alle Richtungen des Raumes abstrahlt. Sie ist in ihrem Lichtkegel nicht beschränkt. Ihr Beleuchtungsanteil muss für jede neue Richtung zu einem anderen Facettenelement neu berechnet werden. Mehrere Punktlichtquellen können nicht zu einer zusammengefasst werden, sondern ihre jeweiligen Beiträge zur Beleuchtung überlagern sich, d. h., einzelne Beleuchtungsanteile müssen addiert werden.

Spotlichtquellen sind eine Variation der Punktlichtquellen mit begrenztem Lichtkegel. Dieser ist durch den Ausbreitungswinkel α festgelegt und ist rings um die Hauptstrahlungsrichtung $-\mathbf{L_S}$ der Spotlichtquelle lokalisiert. Mit dem *Konzentrationsexponent* $\mathbf{c_S}$ wird die Intensität $\mathbf{I_p}$ des Strahlers variiert.

Spotlichtquellen haben in der Hauptstrahlungsrichtung die größte Intensität. In Richtung der Ränder des Strahlungskegels wird geringere Intensität abgestrahlt. Spotlichter erfordern einen höheren Aufwand, um mit lokalen Beleuchtungsmodellen nachgebildet zu werden. Globale Beleuchtungsmodelle wie RayTracing und Radiosity sind dagegen in der Lage, jede erdenkliche Lichtquellenart nachzubilden. Mit beiden Modellen ist der Strahlungskegel eines Spotlichts auf beleuchteten Objekten deutlich wahrnehmbar.

Flächenlichtquellen sind aus kleinen Lichtquellen kompakt zusammengesetzt. Da die Szene durch eine Vielzahl von Facetten angenähert wird, kann man auch eine beliebig geformte Lichtquelle durch kleine Flächenlichtquellen annähern. Ändert sich die abgestrahlte Intensität einer Flächenlichtquelle nicht, wird sie als homogen bezeichnet.

Die Merkmale einer homogenen Flächenlichtquelle sind ihre Intensität $\mathbf{I_h}$, die Position des Mittelpunktes $\mathbf{P_h}$ und die Fläche der Lichtquelle $\mathbf{A_h}$, sowie die Flächennormale $\{\mathbf{n_h}\}$ der Ausstrahlungsrichtung. Flächenlichtquellen werden üblicherweise nur bei RayTracing oder Radiosity eingesetzt.

9.6.3 Lokale Beleuchtungsmodelle

Lokale Beleuchtungsmodelle sind einfache Modelle und schnell berechenbar. In der Grundform können keine Schatten erzeugt werden, weil die Lichtquelle als „head light" am Ort des Beobachters steht. Auch werden keine Reflexionen *zwischen* den Facetten berücksichtigt. Trotzdem geben sie einen einigermaßen realistischen dreidimensionalen Eindruck der Szene wieder. Mit dieser fiktive Beleuchtung lassen sich die Helligkeiten der Facettenfarben korrigieren anhand des Winkels zwischen Flächennormale und der Projektionsrichtung.

Dieser einfache Ansatz wird verbessert durch das Simulieren des Verhaltens von Licht auf Oberflächen. Dabei wird die Helligkeit bzw. Farbe eines von einem Punkt auf dieser Oberfläche in eine bestimmte Richtung reflektierten Lichtstrahls berechnet. Hierzu verwendet man die Blickrichtung, die Lichtquelle mit Einfallswinkel und die Materialeigenschaften der Oberflächen.

Die lokalen Beleuchtungsmodelle lassen sich in zwei Gruppen einteilen; in die rein empirischen, die ohne physikalischen Bezug auskommen und in die „physikalischen", die die relevanten physikalischen Gesetze einbinden.

empirisch:	physikalisch:
Lambert (1760)	Cook Torrance (1977)
Phong (1975)	Schlick (1994)
Blinn (1977)	
Warn (1983)	

Lokale Beleuchtungsmodelle sind vor allem deshalb so weit in ihrer Komplexität reduziert, damit sie in Echtzeit berechnet werden können. Neben der Computergrafik finden sie hauptsächlich in 3D-Computerspielen ihre Anwendung [1].

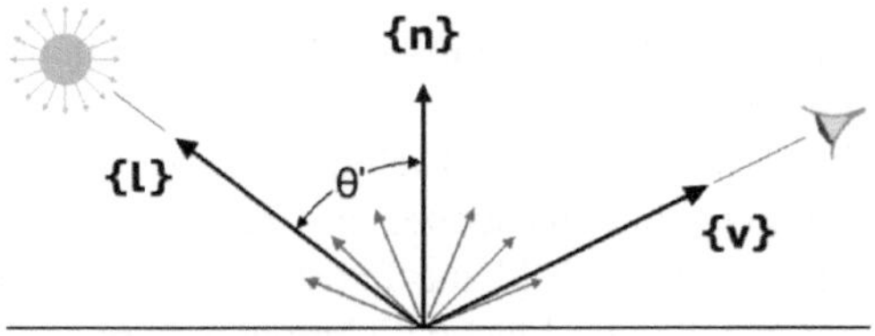

Abb. 9.23 Modell der diffusen Reflexion

9.6.3.1 Ambiente Beleuchtung

Indirektes Licht kommt aus allen Richtungen, man kann also die Richtung des einfallenden Lichtes nicht berechnen, sondern nimmt an, dass es an jedem Punkt mit gleicher Intensität I_a wirkt. Auch ist ambientes Licht unabhängig vom Blickwinkel des Beobachters. Da jede Facette verschieden stark reflektieren kann, wird ihr ein Reflexionskoeffizient k_a zugeordnet. Damit können wir eine sogenannte Beleuchtungsgleichung für das Modell der ambienten Beleuchtung aufstellen:

$$I = I_a \cdot k_a$$

Diese Gleichung ist unabhängig von der Orientierung der jeweiligen Facette innerhalb der Szene und gilt für alle Punkte eine Facette, weshalb man sie nur einmal für jede Facette auswerten muss. Die Intensität des indirekten Lichts wird für alle Facetten der Szene als konstant angenommen. Der *ambiente Reflexionskoeffizient* k_a liegt zwischen 0 und 1 und ist für jede Facette unterschiedlich. Er gibt den Anteil des indirekten Lichts an, den die Oberfläche reflektiert. Sind mehrere ambiente Lichtquellen vorhanden, können ihre Intensitäten zusammengefasst werden.

Der individuelle, ambiente Reflexionskoeffizient k_a zählt damit zu den *Materialeigenschaften* einer Oberfläche. Er steht nicht in direkter Verbindung zu einer physikalischen Eigenschaft des Materials, sondern ist eine empirische Größe.

9.6.3.2 Diffuse Reflektion, das Lambert-Modell

Bei diffuser Reflexion wird das Licht unabhängig vom Standpunkt des Beobachters in alle Richtungen reflektiert. Bei stumpfen, matten Flächen tritt *Lambert-Reflexion* oder *diffuse Reflexion* auf. Das Lambertsche Gesetz – auch Lambertsches Kosinusgesetz –, formuliert von Johann Heinrich Lambert (1728–1777), beschreibt die Abhängigkeit der Lichtstärke eines ideal diffus reflektierenden Flächenstücks (einer sogenannten Lambert-Fläche) vom Betrachtungswinkel θ'.

Das Modell der diffusen Reflexion (Abb. 9.23) basiert auf einer punktförmigen anstatt einer indirekten Lichtquelle. Somit ändert sich die Helligkeit an jedem Punkt einer Facette je nach Entfernung und Richtung zur Lichtquelle. Da bei diesem Modell alle Flächen als diffuse Lambert-Reflektoren angenommen sind, erscheinen sie aus allen Richtungen betrachtet gleich hell, da sie das Licht mit gleicher Intensität in alle Richtungen gleichförmig reflektieren. Das bedeutet, dass die Helligkeit ei-

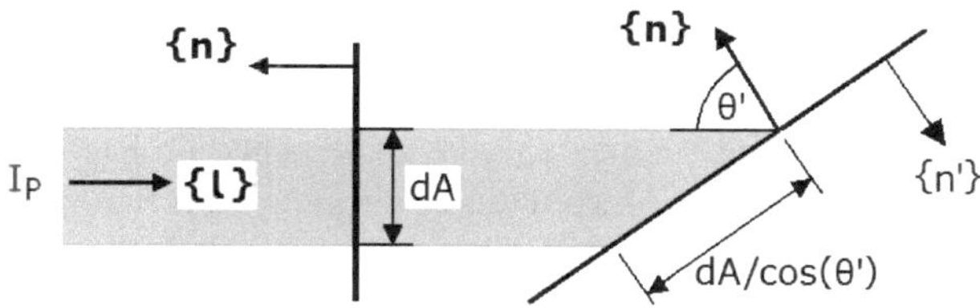

Abb. 9.24 Modell zur Bestimmung der Intensität pro Flächeneinheit

ner Fläche unabhängig vom Beobachterstandort ist, jedoch abhängig vom Winkel θ' zwischen der Richtung $\{l\}$ zur Lichtquelle und der Flächennormalen $\{n\}$.

Wenn eine punktförmige Lichtquelle weit genug entfernt ist, sind alle Lichtstrahlen annähernd parallel und sie schneiden alle Facetten unter annähernd dem gleichen Winkel. In diesem Fall wird Punktlicht zu gerichtetem Licht und die Richtung $\{l\}$ ist dann an jedem Punkt konstant.

Zur Bestimmung der Intensität pro Flächeneinheit (Abb. 9.24) betrachtet man die Fläche, die ein Lichtstrahl trifft. Die Größe der Fläche ist dA und sie entspricht dem Querschnitt des Lichtstrahls. Da ein unter dem Winkel θ' zur Normale $\{n\}$ einfallender Lichtstrahl eine um den Faktor $1/\cos(\theta')$ größere differenzielle Fläche trifft als ein parallel zur Normalen einfallender Lichtstrahl, nimmt die Intensität der beleuchteten Fläche folglich um den Faktor $\cos(\theta')$ ab. Die Beleuchtungsgleichung zu diesem Modell lautet also:

$$I = I_P \cdot k_d \cdot \cos(\theta')$$

I_p ist dabei die Intensität der punktförmigen Lichtquelle, k_d ist der diffuse Reflexionskoeffizient. Wie bei ambienter Beleuchtung ist dieser eine Materialkonstante und muss zwischen 0 und 1 liegen.

Die volle Intensität I_P bleibt nur erhalten, wenn der Lichtstrahl senkrecht auf eine Fläche trifft. Auf jeder bzgl. $\{l\}$ schrägen Fläche ist $I < I_P$. Normalen wie $\{n'\}$ führen zu einem Winkel $\theta' > 90°$, also $\cos(\theta') < 0$, folglich ist $\cos(\theta')$ stets mit seinem Betrag zu verwenden. Diese Konstellation ist durchaus möglich bei Flächenmodellen, die aus Datenbeständen anderer Anwendungen generiert wurden und dort nicht auf die Computergrafik abgestimmt sind, z. B. CAD und FEM.

Bei normierten Vektoren $\{n\}$ und $\{l\}$ lässt sich $\cos(\theta')$ einfach als Skalarprodukt berechnen: $\cos(\theta') = (n) \cdot \{l\}$ (auch: $\cos^n(\theta') = ((n) \cdot \{l\})^n$. Im Folgenden werden wir die etwas einfachere Schreibweise mit $\cos(\theta')$ beibehalten.

9.6.3.3 Abschwächung der Lichtintensität

Die Intensität des Lichts kann aus mehreren Gründen abnehmen, bis es eine Facette erreicht, beispielsweise Abschwächung durch

- die Entfernung,
- Dunst und Nebeleffekte,
- die Medien selbst.

Dämpfung durch Entfernung

Die Dämpfung der Intensität in Abhängigkeit von der Entfernung wird „Fading"
oder „depth cueing" genannt. Gemessen wird dabei stets die Entfernung von der
Lichtquelle zum Facettenpunkt, obwohl die Entfernung zum Beobachter natürlich
auch eine gewisse Rolle spielt, die aber unberücksichtigt bleibt.

Die Beleuchtungsgleichung erfordert eine Korrektur mit einem Faktor $f(e)$ der
die Entfernung e berücksichtigt. Hierfür gibt es mehrere Möglichkeiten:

- eine physikalische, nach der die Intensität einer punktförmigen Lichtquelle mit
  der Entfernung quadratisch abnimmt: $f(e) = 1/e^2$
- mehrere empirische, die iterativ zu einer verbesserten Bildästhetik führen.

Die folgende Dämpfungsfunktion deckt die meisten anderen ab. Ihre Parameter c_1,
c_2 und c_3 variiert man in Testreihen und tastet sich so an die gewünschte Bildqualität
heran.

$$f(e) = \min\left(\frac{1}{c_1 + c_2 \cdot e + c_3 \cdot e^2}, 1\right)$$

Für große Entfernungen wird der Dämpfungskoeffizient sehr klein. Im Vergleich
mit anderen großen Entfernungen werden die Dämpfungskoeffizienten sich nur geringfügig unterscheiden, mit der Folge, dass auch die Intensität nur ein geringes
Unterscheidungspotenzial hat. Bei nahe gelegenen Lichtquellen schwanken die Unterschiede dagegen stark. Dadurch werden entfernte und nahe Flächen bei gleichem
Winkel sehr unterschiedlich schattiert. Das ist zwar für punktförmige Lichtquellen theoretisch korrekt, aber in der Natur werden Szenen typischerweise nicht von
punktförmigen Lichtquellen beleuchtet und schon gar nicht mit vereinfachten Beleuchtungsmodellen schattiert.

Die Dämpfungsfunktion bietet neben der quadratischen Abhängigkeit auch die
Möglichkeit einer feineren Abstimmung mittels linearer Abhängigkeit und einer zu-
sätzlichen Konstanten. Hierin verhindert c_1, dass der Nenner zu klein und damit die
Dämpfung zu groß wird, wenn sich die Lichtquelle sehr nahe am Objekt befindet.

Weder die ambiente noch die diffuse Beleuchtung ergeben, jeweils einzeln verwendet, eine halbwegs natürliche Darstellung der Szene. Ohne zusätzliche Schattierung liefert die ambiente Beleuchtung nur schemenhafte Silhouetten. Nur mit
diffuser Beleuchtung ergibt sich eine zu grelle Darstellung, als würde ein dunkler Raum von einem Blitz beleuchtet. Um einer realistischen Darstellung näher zu
kommen, kombiniert man die beiden Modelle miteinander, indem man den ambienten und den diffusen Lichtanteil zusammen verwendet und auch den Einfluss
der Entfernung berücksichtigt:

$$I = I_a \cdot k_a + f(e) \cdot I_P \cdot k_d \cdot \cos(\theta')$$

Da für das Licht ebenfalls das Superpositionsgesetz gilt, können alle Effekte aus
Linearkombinationen der Einzeleffekte zusammengesetzt werden.

Abschwächung durch Dunst oder Nebel

Dunst oder Nebel lassen sich recht einfach simulieren. Da beides mit der Entfernung vom Beobachter dichter wird, hilft dieser Effekt bei der Tiefenschätzung. Da Dunst und Nebel selbst beleuchtet werden, beleuchten die darin enthaltenen Wasserteilchen ihrerseits die Umgebung.

In der Praxis wird Nebel simuliert, indem man die durch direkte Beleuchtung entstehende Facettenfarbe mit einer „Nebelfarbe" mischt. Dabei hängt das Mischungsverhältnis vom Abstand t des Beobachters zur Facette ab. Um die Dichte des Nebels beeinflussen zu können, erfolgt die Mischung nur innerhalb eines Tiefenintervalls $t_{min} < t < t_{max}$.

Bezeichnet O_F die Facettenfarbe nach der normalen Beleuchtung und O_N die Nebelfarbe, dann ergibt sich die darzustellende Farbe O_t in der Entfernung t zu:

$$O_t = O_F \cdot (1 - f) + O_N \cdot f \quad \text{mit} \quad f = n_{max} \cdot (t - t_{min})/(t_{max} - t_{min})$$

$$\text{Nebelobergrenze } 0 < n_{max} \le 1$$

Hinter t_{max} wird mit $n_{max} = 1$ die Szene vollständig vernebelt, mit $n_{max} < 1$ bleibt die Szene noch schemenhaft sichtbar. Neben diesem linearen Verlauf sind auch exponentielle Nebelfunktionen in Gebrauch.

Dämpfung durch das Medium

Die von Lichtquellen beleuchteten Objekte werden das Licht in einer für sie charakteristischen Weise weiter verbreiten und dabei die empfangene Intensität verändern. Eine weiße Fläche gibt beispielsweise jede Intensität wie empfangen weiter. Wird dagegen eine grüne Fläche mit rotem Licht beleuchtet, so erscheint sie schwarz.

Eine weitere Veränderung der Intensität tritt bei Medien auf, die das Licht dämpfen. Je länger der Weg des Lichtes durch das Medium ist, desto geringer wird seine Intensität. Physikalisch handelt es sich um Absorption wobei der verlorengegangene Teil der innewohnenden Energie in Wärme umgewandelt wird. Das Absorptionsgesetz besagt, dass die Abschwächung des Lichtes von der eingedrungenen Intensität I_0, dem Absorptionskoeffizienten $\alpha > 0$ und dem zurückgelegten Weg l des Mediums abhängt:

$$I = I_0 \cdot e^{-\alpha \cdot l}$$

Durchsichtige Körper haben niedrige Absorptionskoeffizienten, nicht durchscheinende relativ hohe. Für die praktische Umsetzung ist die Berechnung auf allen „Lichtwegen" sehr zeitaufwendig, sodass oft mit vereinfachten Methoden gearbeitet wird, wie z. B. bei *Abschwächung durch Entfernung*.

9.6.3.4 Spiegelnde Reflexion (spekulare Reflexion)

Die *spiegelnde* oder *gerichtete Reflexion* kann man an jeder glänzenden Fläche beobachten. In Abb. 9.25 werden ein grüner Ball und eine blaue Vase mit gerichtetem Licht beleuchtet und es entsteht eine Spiegelung durch gerichtete Reflexion. Das von beiden Objekten reflektierte Licht entsteht durch diffuse Reflexion. An den

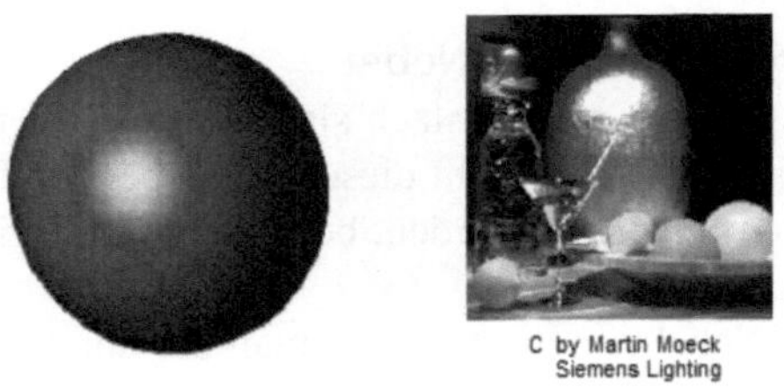

Abb. 9.25 Spiegelnde Reflexion

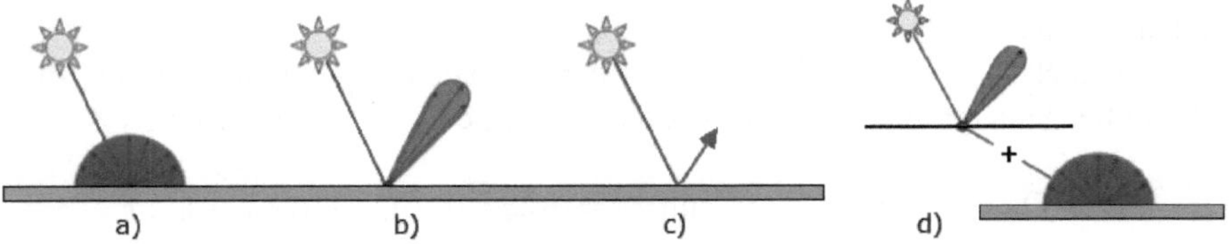

Abb. 9.26 Lichtreflexion in Abhängigkeit von Material und Einfallswinkel

spiegelnden Stellen sieht man nicht die Farben der Objekte, sondern die Farbe der Lichtquelle, die sie beleuchtet, nämlich weiß (siehe auch Abb. 9.66).

Objekte wie diese haben eine transparente Oberfläche. Kunststoffe bestehen zumeist aus Pigmentteilchen, die in ein transparentes Material eingebettet sind. Das Licht, das durch die Reflexion an der farblosen Oberfläche entsteht, hat dann die Farbe der Lichtquelle. Verändert der Beobachter seinen Standort – also seine Blickrichtung – bewegt sich auch das Glanzlicht.

Die meisten Materialien sind – wie beim diffusen Modell angenommen – keine perfekten Lambert-Reflektoren. Dies bedeutet, dass Licht eben nicht gleichmäßig in alle Richtungen reflektiert wird wie in Abb. 9.26a. Es gibt bestimmte Einfallswinkel, bei denen das reflektierte Licht nicht mehr nach allen Richtungen gestreut wird, sondern nur noch innerhalb eines bestimmten Bereiches reflektiert wird (Abb. 9.26b). Im Extremfall wird es nur noch in eine Richtung reflektiert wie bei einem Spiegel (Abb. 9.26c).

Viele Materialien reflektieren Licht nicht nur direkt an der Oberfläche, sondern auch noch in einer zweiten Schicht darunter. Die oberste Schicht verhält sich bei glänzendem Material wie ein nichtoptimaler Spiegel, die untere Schicht wie ein Lambert-Reflektor. Es liegt also nahe, die Modelle ‚diffuse Reflexion‘ und ‚spiegelnde Reflexion‘ zu kombinieren: Abb. 9.26d. Weil auch hier das Superpositionsgesetz gilt, wird die Reflexion von Licht als Kombination der Beleuchtungsmodelle aus ambienter, ideal diffuser und ideal spiegelnder Reflexion zusammengeführt:

$$I = I_{ambient} + I_{diffus} + I_{spekular}$$

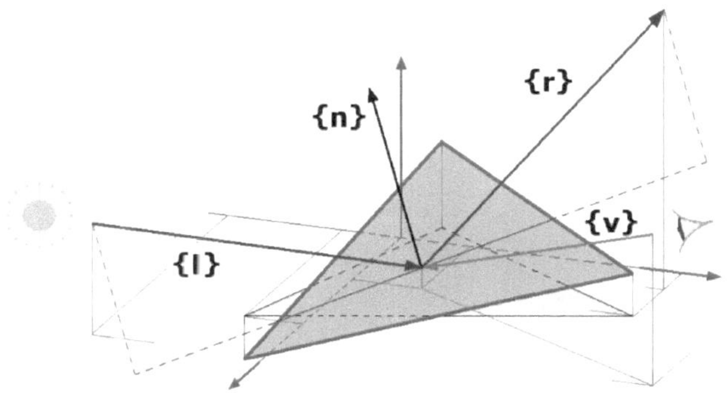

Abb. 9.27 Spiegelung an einem absolut perfekten Spiegel

Das Phong-Modell

Von Phong Bui-Tuong stammt ein immer noch häufig genutztes (weil nicht besonders rechenintensives) Beleuchtungsmodell für nicht perfekte Reflektoren. Bei diesem – und allen anderen auf dem Phong-Modell basierenden – handelt es sich um ein vollständig empirisches Modell. Abbildungen 9.27 und 9.28 zeigen die gleiche Situation bei einer spiegelnden Reflexion. [„Phong-Beleuchtungsmodell"/Wiki]

Ein absolut perfekter Spiegel reflektiert Licht nur in die Richtung $\{r\}$, die durch Spiegeln von $\{l\}$ an $\{n\}$ entsteht. ($\{r\} = \{l\} - 2 \cdot \{n\} \cdot ((n) \cdot \{l\})$, siehe Abschn. 11.3.9). Glänzende Flächen dagegen reflektieren in einem Streuungskegel mit dem Öffnungswinkel φ um $\{r\}$. Die Blickrichtung $\{v\}$ des Beobachters liegt irgendwo auf dem Kegelmantel, d. h., $\{v\}$ liegt *nicht* in der Ebene, die durch $\{l\}$ und $\{r\}$ aufgespannt wird. Oder umgekehrt: Der Öffnungswinkel φ des Streuungskegels wird gebildet durch $\{r\}$ und $\{v\}$.

Phong ging davon aus, dass die Reflexion maximal wird, wenn $\varphi = 0$ ist. Ein Beobachter wird also nur dann reflektiertes Licht sehen, wenn seine Blickrichtung mit der Reflexionsrichtung $\{v\} = -\{r\}$ zusammenfällt und damit $\varphi = 0$ ist. Je mehr der Winkel φ vom Ausfallswinkel θ abweicht, umso schneller nimmt die Reflexion ab. Ausgehend von der Lichtintensität I_P ist der spiegelnde Anteil der Intensität in Richtung $\{r\}$ nach Phong:

$$I_S = I_P \cdot \omega(\theta', \lambda) \cdot \cos^a(\varphi)$$
$$= I_P \cdot k_s \cdot \cos^a(\varphi)$$

Die Funktion $\omega(\theta', \lambda)$ wird als Spiegelreflexionskoeffizient $k_s = \omega(\theta', \lambda)$ eingeführt, analog zur ambienten und diffusen Reflexion. k_s hängt vom Material ab und bestimmt die Stärke der Spiegelung in Abhängigkeit vom Einfallswinkel θ' und der Wellenlänge λ des Lichts. Für viele Materialien ist $\omega(\theta', \lambda)$ und damit der Spiegelreflexionskoeffizient k_s konstant. Man legt ihn experimentell so fest, dass zufriedenstellende Grafiken entstehen.

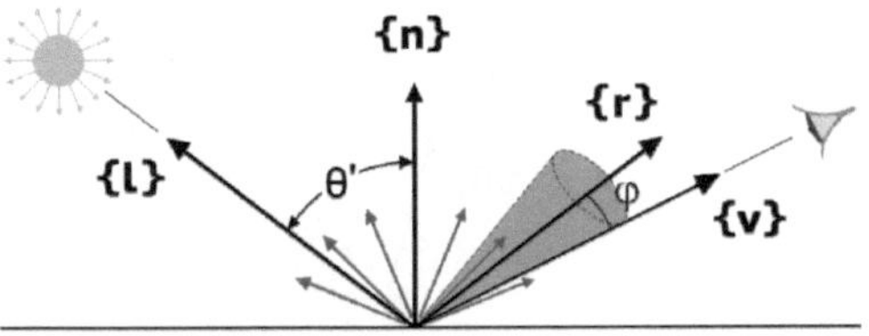

Abb. 9.28 Spiegelung auf glänzender Fläche mit Streuungskegel

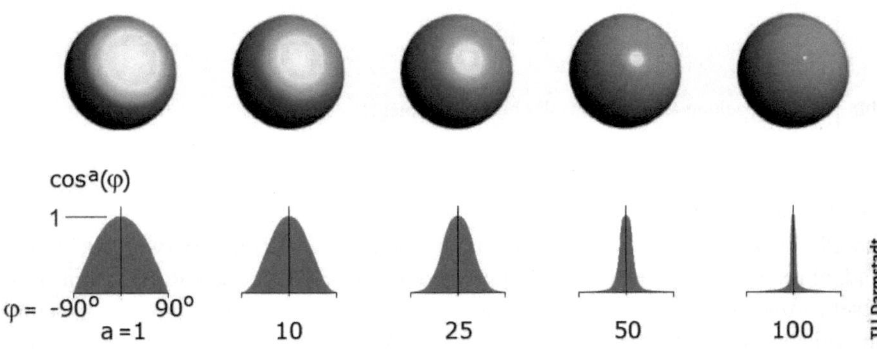

Abb. 9.29 Abklingfunktion $\cos^a(\varphi)$

Die Abklingfunktion $\cos^a(\varphi)$ approximiert dieses Verhalten sehr gut (Abb. 9.29). Dabei bestimmt a die Stärke des Abklingens, je größer φ wird. Kleine a-Werte erzeugen eine langsame Intensitätsabnahme, große Werte ein kleines, scharfes Glanzlicht. Der Abklingfaktor a ist ein weiterer Materialkoeffizient zur Berücksichtigung der Oberflächenbeschaffenheit. a-Werte < 32 stehen für raue, a > 32 für glatte Oberflächen und a $= \infty$ ist ein perfekter Spiegel.

Wir nehmen nun alle drei Reflexionen zusammen, ambiente sowie diffuse und spiegelnde, wobei der Term in eckigen Klammern für den Anteil des reflektierten Lichtes infolge diffuser und spiegelnder Reflexion steht.

$$I = k_a \cdot I_a + f(d) \cdot I_P \cdot [k_d \cdot \cos(\theta') + k_s \cdot \cos^a(\varphi)]$$

Bei mehreren Lichtquellen wiederholt sich der zweite Term ggf. mehrfach:

$$I = k_a \cdot I_a + \sum_L (f(d) \cdot I_P \cdot [k_d \cdot \cos(\theta') + k_s \cdot \cos^a(\varphi)])$$

Wie oben schon erwähnt, gelten die Gleichungen für jede Wellenlänge λ des sichtbaren Lichts. Hier und im Folgenden müssen deshalb alle Terme, die von der Wellenlänge λ abhängig sind, theoretisch für jede Wellenlänge des sichtbaren Spektrums ausgewertet werden. Praktisch – und aus ökonomischen Gründen – jedoch nur für die Wellenlängen, die dem jeweiligen Farbmodell zugrunde liegen, beim RGB-Modell also für Rot, Grün und Blau.

Deshalb werden für die Intensitäten und auch für die Materialkonstanten – hier zunächst nur die Reflexionskoeffizienten - dreidimensionale Vektoren definiert, wie beispielsweise $\{\mathbf{I}\} = (I_\mathbf{R}, I_\mathbf{G}, I_\mathbf{B})$ oder $\{\mathbf{k_D}\} = (0.1, 0.8, 0.7)$. Dies macht schon deshalb Sinn, weil dann auch die Materialkonstanten dem jeweiligen Farbkanal zugeordnet werden können und mithin jeder Farbkanal einzeln beeinflussbar ist. Wird z. B. eine Facette mit obigem $\{\mathbf{k_D}\}$-Wert durch weißes Licht beleuchtet, erscheint seine Oberfläche etwa Cyan/Türkis (RGB-Werte $0.1 \cdot 255 = 26/204/178$).

Obige verkürzte Notation lautet nun in den drei RGB-Komponenten:

$$\begin{Bmatrix} I_R \\ I_G \\ I_B \end{Bmatrix} = I_a \cdot \begin{Bmatrix} (k_a \cdot O_d)_R \\ (k_a \cdot O_d)_G \\ (k_a \cdot O_d)_B \end{Bmatrix} + f(d) \cdot I_P \cdot \begin{Bmatrix} [(k_d \cdot O_d)_R \cdot \cos(\theta') + (k_s \cdot O_S)_R \cdot \cos^a(\varphi)] \\ [(k_d \cdot O_d)_G \cdot \cos(\theta') + (k_s \cdot O_S)_G \cdot \cos^a(\varphi)] \\ [(k_d \cdot O_d)_B \cdot \cos(\theta') + (k_s \cdot O_S)_B \cdot \cos^a(\varphi)] \end{Bmatrix}$$

Beispielsweise wird die diffuse Farbe durch je einen Wert O_d für jede RGB-Komponente dargestellt $\{O_d\} = (O_{dR}, O_{dG}, O_{dB})$. Mit der Schreibweise $(k_a \cdot O_d)_R$ ist gemeint $k_{aR} \cdot O_{dR}$ usw. Die Beleuchtungsgleichung mit den ergänzten Farben sieht nun folgendermaßen aus:

$$\overset{\textbf{ambiente}}{} \qquad \overset{\textbf{diffuse}}{} \qquad \overset{\textbf{spekulareReflexion}}{}$$
$$I = k_a \cdot I_a \cdot O_d + f(d) \cdot I_P \cdot [k_d \cdot O_d \cos(\theta') + k_s \cdot O_S \cos^a(\varphi)]$$

Es bedeuten:

Reflexionskoeffizienten	k_a	ambiente Beleuchtung
	k_d	diffuse $\quad k_d \leq 1$
	k_s	spekulare $\quad k_s \leq 1, k_d + k_s \leq 1$
Intensitäten	I_a	ambientes und
	I_P	gerichtetes Licht
Farben	O_d	diffuse Reflexion
	O_s	spekulare
Funktionen	$f(d)$	Abminderung wegen Entfernung
	$\cos^a(\varphi)$	Abklingfunktion
	a	Materialkonstante
Winkel	$\theta'\,\theta$	Einfalls-/Ausfallswinkel
	φ	Streuungswinkel zw. $\{\mathbf{r}\}$ und $\{\mathbf{v}\}$
Winkelfunktionen	$\cos(\theta') = (\mathbf{n}) \cdot \{\mathbf{l}\}, \geq 0$ und ≤ 1	
	$\cos(\varphi) = (\mathbf{r}) \cdot \{\mathbf{v}\}$	

Ambiente und diffuse Reflexion haben die Farbe O_d der Facette. Gerichtete Reflexion nimmt dagegen die Farbe O_s der Lichtquelle an, beide sind nicht gleich. Auch hängt die Farbe des Glanzpunkts nicht von den Materialeigenschaften ab, deshalb ist O_d nur als Faktor in den Komponenten ambienter und diffuser Reflexion enthalten. Der ambiente Reflexionskoeffizient k_a kann der Einfachheit halber mit k_d

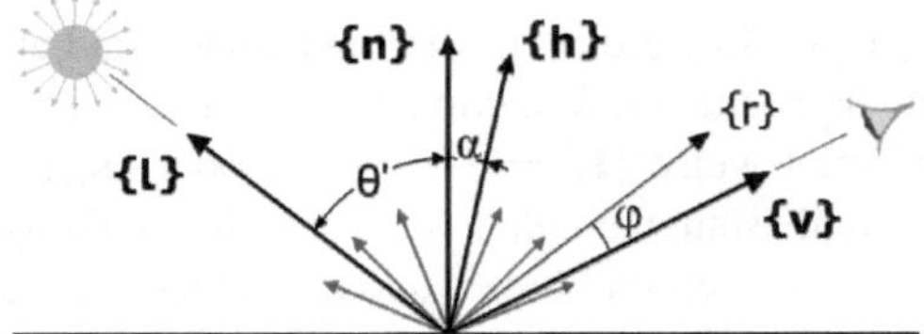

Abb. 9.30 Blinn-Modell: Bildung des Halfwayvektors {h} aus der Beleuchtungsrichtung {l} und der Blickrichtung {v}

übereinstimmen. Die drei Komponenten von k_S werden oft gleich gesetzt, da die Farbe der Reflexion mit der der Lichtquelle identisch ist.

Das Blinn-Modell

Das Blinn-Beleuchtungsmodell ist ebenfalls ein lokales Beleuchtungsmodell auf der Grundlage des Phong-Modells. Es wurde 1977 von James F. Blinn beschrieben und läuft darauf hinaus, sich einen Winkel φ für die Abklingfunktion $\cos^a(\varphi)$ auf andere Art zu beschaffen. Hierzu wird ein sogenannter Halfwayvektor {h} verwendet, der aus der Beleuchtungsrichtung {l} und der Blickrichtung {v} gebildet wird. Der Reflexionsvektor {r} wird dazu nicht gebraucht, sodass man ihn folglich gar nicht erst berechnen muss (Abb. 9.30).

Auch hier liegt die Blickrichtung {v} im Allgemeinen *nicht* in der Ebene, die durch {l} und {n} aufgespannt wird. Nur für den Sonderfall, das {v} in dieser Ebene liegt, gilt $2\alpha = \varphi$. Der Vektor {h} stellt die Winkelhalbierende zwischen {l} und {v} dar und ist identisch mit einer der beiden Diagonalen des durch {l} und {v} gebildeten Rhombus. Mit normierten Vektoren gilt

$$\{h\} = \{l\} + \{v\}$$

Liegen die Lichtquelle und der Beobachterstandort im Unendlichen (Parallelprojektion), sind {l} und {v} unveränderlich und damit ist {h} konstant und braucht nur einmal für die ganze Szene berechnet zu werden. Für jede Facette gilt der Winkel α, der sich wieder als Skalarprodukt aus $\cos(\alpha) = (n) \cdot \{h\}$ ergibt. Der spekulare Anteil berechnet sich damit zu

$$I_{sp} = I_P \cdot k_s \cdot \cos^a(\alpha)$$

Durch diesen leicht vereinfachten Ansatz werden die Berechnungen etwas beschleunigt ohne die Qualität der Grafik merklich zu beeinflussen. Da in den Phong-Modellen nahezu alle Parameter empirischer Natur sind, können sie zur Steuerung in Grenzen variiert werden, bis zufriedenstellende Grafiken entstehen.

Das Modell von Warn

Das Modell von Warn ist eine Ergänzung des Phong-Modells und funktioniert lediglich ein Punktlicht um als Spotlight mit einem definierten Strahlungswinkel. Die

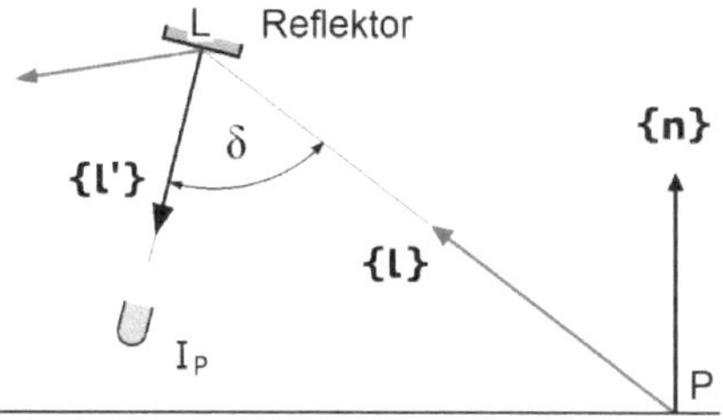

Abb. 9.31 Modell von Warn: Punktlicht als Spotlight mit definiertem Strahlungswinkel

Lichtquelle I_P beleuchtet dabei mittels einer gerichteten Reflexion über einen imaginären Reflektor die Szene. Zusätzlich zum Ort der Lichtquelle wird die Normale $\{l'\}$ der Reflektorebene definiert (Abb. 9.31).

Mit der Beleuchtungsgleichung von Phong kann man die Intensität einer imaginären Lichtquelle im Reflektor bei L in Abhängigkeit vom Winkel δ zwischen $\{l'\}$ und $\{l\}$ berechnen, d. h., δ fungiert als Einstellwinkel des Reflektors zur Beleuchtung von P. Wenn dieser nur gerichtetes Licht reflektiert und der Reflexionskoeffizient 1 ist, beträgt die Intensität des Lichts an einem Punkt P auf der Facette:

$$I_P \cdot \cos^a(\delta) \quad \text{mit} \quad \cos(\delta) = -(l) \cdot \{l'\}$$

Ein großer Exponent a simuliert einen stark gerichteten Spot, kleines a ein diffuses Flutlicht. Bei a = 0 ergibt sich eine gleichförmig strahlende punktförmige Lichtquelle. Diesen Term kann man nun als zusätzliche Lichtquelle in die Beleuchtungsgleichungen einbauen. Man erhält damit die Möglichkeit, der Lichtquelle eine Richtung und einen Strahlungswinkel zu geben. Der Streuungskegel, der die Größe des Glanzlichtes festlegt, wird bei Phong durch den Winkel φ, bei Warn durch den Winkel δ gebildet.

Das Cook-Torrance-Modell

Das Cook-Torrance-Beleuchtungsmodell ist ebenfalls ein lokales Beleuchtungsmodell. Es basiert auf physikalischen Überlegungen im Gegensatz zu den weitgehend empirischen Phong-Modellen. Bei den „physikalischen" Beleuchtungsmodellen trifft man Annahmen über die Oberflächenbeschaffenheit und ihr Reflexionsvermögen [2].

Ausgehend von der beim Phong-Modell entwickelten Gleichung für die Intensität

$$I = k_a \cdot I_a + f(e) \cdot I_P \cdot [k_d \cdot \cos(\theta') + k_s \cdot \cos^a(\varphi)]$$

geht es im Cook-Torrance-Modell darum, nur den letzten Term $k_s \cdot \cos^a(\varphi)$, der ja die spiegelnde Reflexion beschreibt, durch eine bessere, physikalisch basierte Lösung zu ersetzen. Die ambiente und die diffuse Reflexion sind hiervon nicht betroffen und werden unverändert übernommen. Mit den gleich noch zu erläuternden Parametern ist die neue Gleichung für die Intensität:

$$I = k_a \cdot I_a + f(e) \cdot I_P \cdot [k_d \cdot \cos(\theta') + k_s \cdot D \cdot G \cdot F/((n) \cdot \{v\})]$$

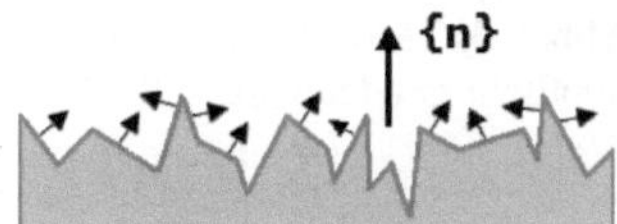

Abb. 9.32 Chaotische Orientierung der Mikrofacetten auf einer rauen (isotropen) Oberfläche

Auch hier sind noch die Farben $\{O\}_{RGB}$ wie bei Phong einzubinden. Der Nenner im Spiegelungsterm berücksichtigt die Neigung der Oberfläche zum Beobachter. Somit wächst die Anzahl der reflektierenden Punkte mit dem Ausdruck $1/((n) \cdot \{v\})$. Bei der diffusen Reflexion eliminiert sich dieser Effekt.

Die Verbesserungen des Modells betreffen die Physik der Oberflächen (Parameter D), der Selbstabschattung (Parameter G), sowie der Reflexion und Brechung (Parameter F).

Oberflächen (Parameter D): Anstelle der bisherigen glatten werden jetzt raue Oberflächen angenommen. Diese werden aus unterschiedlich gerichteten, ideal reflektierenden Mikrofacetten ähnlich kleiner Spiegel modelliert. Zeigen deren Normalen alle in dieselbe Richtung wie die Normale $\{n\}$ der Oberfläche, liegt eine glatte, stark glänzende Oberfläche vor. Ist die Orientierung der Mikrofacetten wie in Abb. 9.32 skizziert ganz chaotisch, wirkt die Oberfläche matt und die Ränder der Glanzlichter sind unscharf. Diese Oberflächen bezeichnet man als isotrop.

Es wird wieder der Halfwayvektor $\{h\}$ des Blinn-Modells herangezogen, der aus der Beleuchtungsrichtung $\{l\}$ und der Blickrichtung $\{v\}$ des Beobachters gebildet wird. Der Winkel α liegt zwischen $\{n\}$ und $\{h\}$ und wird aus dem Skalarprodukt $\cos(\alpha) = (n) \cdot \{h\}$ ermittelt (Abb. 9.33).

Die Rauheit der Oberfläche wird in der Verteilungsfunktion D (distribution function) angegeben. Sie gibt den Prozentsatz jener Mikrofacetten an, deren lokale Normalenvektoren in Richtung $\{h\}$ zeigen, denn nur diese tragen zur Reflexion bei. Aufgrund unterschiedlicher Ansätze sind für D mehrere Verteilungsfunktionen entwickelt worden:

$D = \cos^a(\varphi)$	$a \geqslant 0$	Phong	empirisch
$D = \left(\dfrac{c^2}{\cos^2(\alpha) \cdot \{c^2 - 1\} + 1\}} \right)$	$0 \leqslant c \leqslant 1$	Trowbridge-Reitz	analytisch
$D = \left(\dfrac{k}{k + 1 - \cos(\alpha)} \right)$	$k \geqslant 0$		
$D = d \cdot e^{-(\alpha/m)^2}$	$d \geqslant 0$	Gauß	
$D = \dfrac{1}{4 \cdot m^2 \cdot \cos^4(\alpha)} \cdot e^{-\left(\frac{\tan(\alpha)}{m}\right)^2}$		Beckmann	

Abb. 9.33 Halfwayvektor {**h**} zur Ermittlung des Winkels α

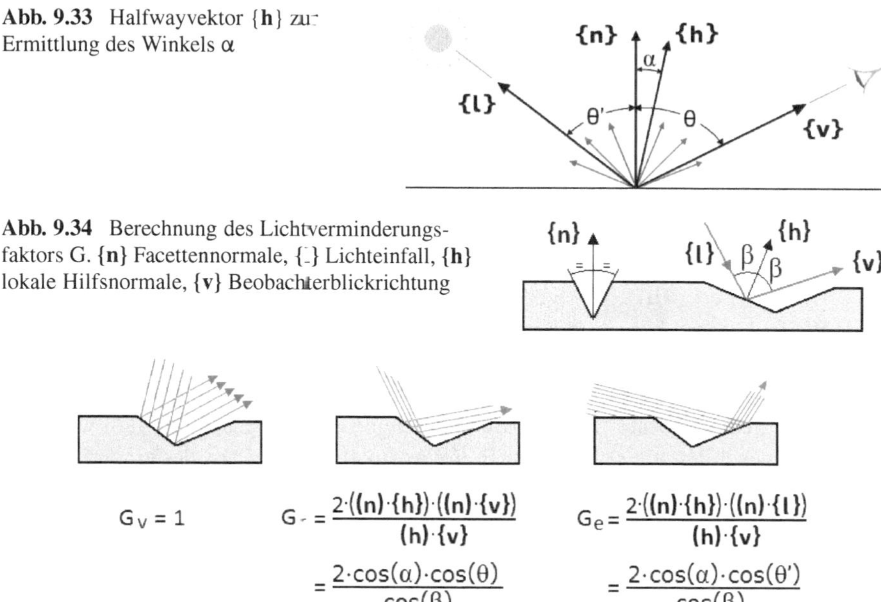

Abb. 9.34 Berechnung des Lichtverminderungsfaktors G. {**n**} Facettennormale, {**l**} Lichteinfall, {**h**} lokale Hilfsnormale, {**v**} Beobachterblickrichtung

Abb. 9.35 Unvollständige Lichtreflexion an rauen Oberflächen. *Links* verlustfreie Reflexion, *Mitte* Abschattung des reflektierten Lichts, *rechts* Abschattung des einfallenden Lichts

Hierin ist m das quadratische Mittel der Neigungen s_i der Mikrofacetten:

$$m = \sqrt{\frac{1}{n}\sum_{i=1}^{n} s_i{}^2}$$

sowie c, d und k als beliebige Konstanten in den angegebenen Grenzen. Für $\varphi = 0$ bzw. $\alpha = 0$ liefern die ersten vier Funktionen den maximalen Wert $D = 1$. Bei der Beckmann-Verteilung ist der Grenzfall nur noch abhängig vom quadratischen Mittel m der Neigungen der Mikrofacetten.

Selbstabschattung (Parameter G): G ist ein Lichtverminderungsfaktor (geometrical attenuation coefficient), der ebenfalls von der Rauheit der Oberfläche abhängig ist. Er ist das Maß für die Menge an Licht, die infolge einer rauen Oberfläche am Einfall oder an der Reflexion gehindert wird. Zur Berechnung von G wird angenommen, dass die Mikrofacetten in v-förmigen, symmetrischen Rillen angeordnet sind, und die „Winkelhalbierende" der Rille parallel zur Facettennormalen {**n**} liegt. Wenn Licht auf eine raue Fläche fällt, wird je nach Einfallswinkel nicht alles Licht reflektiert (Abb. 9.35).

G ergibt sich im Wesentlichen aus den Skalarprodukten der involvierten Richtungen, d. h., die Werte liegen zwischen 0 und 1 mit $G = \min(1, G_r, G_e)$.

Reflexion und Brechung (Parameter F) Der Parameter F leitet sich aus dem Reflexionsgesetz von Fresnel her. F ist das Verhältnis von reflektiertem zu absorbiertem bzw. durchgelassenem Licht in Abhängigkeit vom Einfallswinkel, dem Beobachterwinkel, dem Brechungsindex und dem Absorptionskoeffizienten des Materials sowie von der Wellenlänge des Lichts (siehe auch Abschn. 9.6.5.2).

$$F = F(\beta,\lambda) = \frac{(g-c)^2}{2\cdot(g+c)^2}\cdot\left(1 + \frac{(c\cdot(g+c)-1)^2}{(c\cdot(g-c)+1)^2}\right) \qquad 0 \leqslant F \leqslant 1$$

Hierin ist $c = (\mathbf{h})\cdot\{\mathbf{v}\} = \cos(\beta)$ und $g = \sqrt{(n_\lambda^2 + c^2 - 1)}$ mit dem von der Wellenlänge abhängigen Brechungsindex n_λ. Die Brechungsindizes sind nur selten verfügbar, und auch die verfügbaren sind sicher nicht auf die im RGB-Farbraum verwendeten Wellenlängen abgestimmt. Deshalb müssen diese für verschiedenen Materialien und Wellenlängen experimentell ermittelt werden. Dies geschieht meist für einen Einfallswinkel von $\beta = 0°$, der einen Funktionswert $F(0°, \lambda)$ liefert und auf den man Bezug nimmt. Für $\beta = 90°$ ist stets $F(90°, \lambda) = 1$ als obere Grenze bei beliebiger Wellenlänge. Mit dem experimentellen $F(0°, \lambda)$ lässt sich der Brechungsindex näherungsweise berechnen zu:

$$n_\lambda = \frac{1 + \sqrt{F(0°,\lambda)}}{1 - \sqrt{F(0°,\lambda)}}$$

Für transparente Objekte liegt der Brechungsindex n_λ nahe bei 1, woraus kleine Werte für F folgen. Metalle haben üblicherweise große Brechungsindizes, die zu F-Werten nahe bei 1 führen (siehe auch Abschn. 9.6.1).

Wegen der Abhängigkeit des Reflexionsvermögens von der Wellenlänge und dem Einfallswinkel ergibt sich eine Farbverschiebung des reflektierten Lichts. Die für den Beobachter sichtbare Farbe entspricht für $\beta = 0°$ der Objektfarbe. Sie verschiebt sich für zunehmendes β hin zur Farbe der Lichtquelle. Für $\beta = 90°$ liegen $\{\mathbf{l}\}$ und $\{\mathbf{v}\}$ direkt hintereinander, sodass der Beobachter direkt in die Lichtquelle schaut und deren Farbe – meist weiß – sieht; siehe Hinweis und Bilder in Abschn. 9.6.5.2. Eine einfache Methode zur Berechnung der Farbverschiebung für einen beliebigen Winkel β ist die lineare Interpolation zwischen Objekt- und Lichtquellenfarbe.

Im Vergleich mit den zuvor beschriebenen empirischen Beleuchtungsmodellen kommt das Cook-Torrance-Modell der Realität schon sehr nahe. Die recht aufwendige physikalische Nachbildung der Beleuchtungsverhältnisse führt allerdings zu komplexen Berechnungen mit langer Rechenzeit. Die Nutzung dieses Modells mit seiner relativ hohen Genauigkeit macht nur dann Sinn, wenn auch alle anderen Parameter im Renderprozess mit etwa gleicher Genauigkeit gegeben sind, wie z. B. Reflexionskoeffizienten oder Brechzahlen. Das Cook-Torrance-Modell wird nur selten verwendet, weil das folgende Schlick-Modell – mit weiteren Verbesserungen – in der Anwendung deutlich ökonomischer arbeitet.

Das Schlick-Modell

Das Modell wurde 1994 von Christophe Schlick [3] präsentiert und ist das heute gängige lokale Beleuchtungsmodell auf physikalischer Basis (im Gegensatz zu den empirischen Phong-Modellen). Es setzt die Arbeit fort, die bereits durch Cook-Torrance-Sparrow in deren Modell realisiert wurde. Auch hier geht es zunächst nur um die weitere Verbesserung der spekularen Reflexion! Unnötige physikalische Genauigkeit wird vermieden, weil erfahrungsgemäß andere Phasen des Renderprozesses wesentlich ungenauer sind als die hier zu implementierenden Abläufe. Seine wesentlichen Merkmale sind:

- Es hält die relevanten physikalischen Gesetze ein, wie z. B. die Theorie der Microfacetten, den Energieerhaltungssatz, das Helmholtz-Reziprozitätsgesetz und die Fresnel-Gleichung.
- Es basiert auf einer geringeren Anzahl von Parametern. Diese können entweder intuitiv erfasst und ohne große physikalische Vorkenntnisse definiert, oder sie können experimentell sowohl überprüft als auch ermittelt werden.
- Es ist möglich, den Formelsatz nur mit den physikalischen Eigenschaften zu verwenden, die für die Aufgabenstellung wirklich erforderlich sind, z. B. isotrope oder anisotrope Reflexion, homogenes oder heterogenes Material, Spektralmodifikationen und Selbstabschattung.

Bei den empirischen Beleuchtungsmodellen ist die Intensität nur abhängig vom Winkel φ (Phong) oder α (Blinn). Bei den analytischen Modellen von Cook-Torrance und Schlick ist sie abhängig von den vier Winkeln α, β, θ, θ'. Wenn im Schlick-Modell zusätzlich Anisotropie des Oberflächenmaterials berücksichtigt wird, ist der Tangentenvektor $\{t\}$ erforderlich. Dieser liegt gewissermaßen in den Rillen der Kratzer. Eine raue Oberfläche ist anisotrop, wenn die Orientierung ihrer „Kratzer" – die Mikrofacetten - nicht chaotisch verteilt, sondern in eine definierte Richtung $\{t\}$ ausgerichtet sind. In dieser Richtung ist die Oberfläche isotrop, senkrecht hierzu anisotrop. Die Richtung $\{t\}$ wird für einen mehr oder weniger großen Bereich – nicht nur für eine Facette – gelten und ist deshalb eher als Materialkonstante zu verstehen. Des Weiteren kommt hinzu der Vektor $\{h'\}$ als Projektion von $\{h\}$ in Richtung $\{n\}$ auf die Oberfläche. Ausgehend von $\{t\}$ nach $\{h'\}$ wird der Winkel γ gemessen, der das Maß der Anisotropie festlegt.

In Abb. 9.36 ist $\{v\}$ die Richtung zum Beobachter, in die Licht reflektiert wird. Diese Richtung ist *nicht* die Reflexionsrichtung $\{r\}$ der Beleuchtungsrichtung $\{v'\}$. Sowohl der Halfwayvektor $\{h\}$ als auch der Winkel α wurden bereits in den früheren Modellen verwendet. Auch die diversen Richtungen bzw. Vektoren sind identisch mit denen der anderen Beleuchtungsmodelle. Die Winkel ergeben sich wieder aus den Skalarprodukten der anliegenden Vektoren; im Einzelnen bedeuten:

Das Schlick-Modell unterscheidet zwei Arten von Oberflächen:

- *einschichtige*, aus Material mit homogenen optischen Eigenschaften, wie z. B. Metall, Glas, Papier, Gewebe; oder

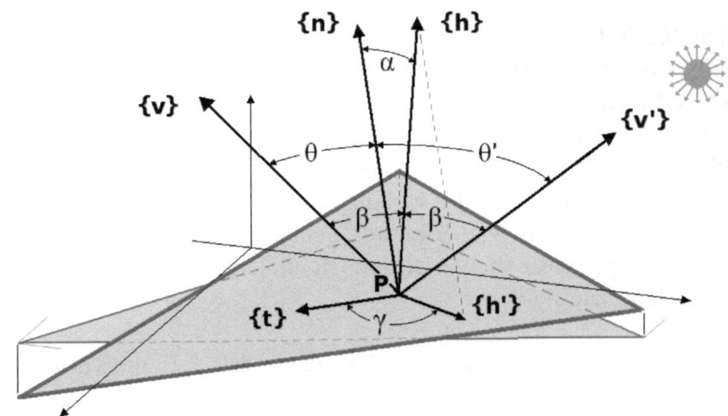

Abb. 9.36 Reflexion an anisotroper rauer Oberfläche. $\{n\}$ Oberflächen-/Facettennormale ($t = \cos(\alpha) = (n) \cdot \{h\}$); $\{v'\}$ Lichteinfallsrichtung, früher $\{l\}$ ($v' = \cos(\theta') = (n) \cdot \{v'\}$); $\{v\}$ Beobachterrichtung ($v = \cos(\theta) = (n) \cdot \{v\}$); $\{h\}$ Halfwayvektor zwischen $\{v'\}$ und $\{v\}$ ($u = \cos(\beta) = (v) \cdot \{h\}$); $\{t\}$ Tangentenvektor in der Oberfläche ($w = \cos(\gamma) = (t) \cdot \{h'\}$); $\{h'\}$ Projektion von $\{h\}$ auf die Oberfläche

- *doppelschichtige*, aus Oberflächen mit heterogenen optischen Eigenschaften, die aus zwei Schichten bestehen, deren obere transparent ist und mit einer undurchsichtigen unteren. Jede Schicht für sich ist vom Typ ‚einschichtig'.

Das Material jeder Schicht wird mit folgenden Parametern charakterisiert:

C_λ Reflexionskoeffizient für Licht der Wellenlänge λ, mit $0 \le C_\lambda \le 1$.

r   Rauheitsfaktor, mit $r = 0$ für perfekt spiegelnd, $r = 1$ perfekt diffus. r ist abhängig vom quadratischen Mittel der Neigungen der Mikrofacetten, siehe Cook-Torrance-Modell.

p   Isotropiefaktor, mit $p = 0$ für perfekt anisotrop, $p = 1$ perfekt isotrop. Die Orientierung der „Kratzer" auf der Oberfläche erfolgt mit dem Winkel γ. Bei $\gamma = 0$ sind die Richtungen von $\{t\}$ und $\{h'\}$ identisch. Das Licht scheint dann parallel zu den Kratzern und wird nicht abgeschattet. In dieser Lage mit $\gamma = 0$ handelt es sich um eine isotrope, senkrecht hierzu bei $\gamma = 90°$ um eine anisotrope Oberfläche (d. h. Teil einer Oberfläche).

Diese Parameter gelten für beide Schichten. Für doppelschichtige Oberflächen sind daher zwei vollständige Datentripel erforderlich, eines für jede Schicht. Die Wahl dieser Parameter soll hauptsächlich die praktische Anwendung unterstützen, wie man schon an deren Wertebereiche erkennt: Sie können intuitiv erfasst und definiert werden ohne große physikalischen Vorkenntnisse, und sie können experimentell sowohl überprüft als auch ermittelt werden.

Bei den Phong-Modellen berechnet sich die Intensität als Linearkombination eines diffusen (d, D) und spekularen (s, S) Anteils zu

$$I_\lambda = d \cdot D_\lambda + s \cdot S_\lambda \cdot t^n \quad \text{mit} \quad d + s = 1$$

und den bekannten Reflexionskoeffizienten $d = k_d$ für diffuse und $s = k_s$ für spekulare Reflexion. Beide Konstanten liegen zwischen 0 und 1. Die Abklingfunktion t^n steuert das Glanzlicht, mit $1 \leq n \leq \infty$ sowie dem Skalarprodukt $t = \cos(\alpha) = (\mathbf{n}) \cdot \{\mathbf{h}\}$; das Ganze ist abhängig von nur einem Winkel, nämlich α. Beim Schlick-Modell setzt sich die Intensität in gleicher Weise aus einem diffusen und einem spekularen Anteil zusammen, allerdings hier als Funktion von maximal fünf Winkeln. Je nach Oberflächentyp gilt für

$$\begin{aligned}
\textit{einschichtige}: \quad & I_\lambda(t, u, v, v', w) = S_\lambda(u) \cdot D(t, v, v', w) \\
\textit{doppelschichtige}: \quad & I_\lambda(t, u, v, v', w) = S_\lambda(u) \cdot D(t, v, v', w) \\
& \qquad\qquad + [1 - S_\lambda(u)] \cdot S'_\lambda(u) \cdot D'(t, v, v', w)
\end{aligned}$$

In diesen Gleichungen beschreibt die Spektralfunktion $S_\lambda()$ den spekularen und die Verteilungsfunktionen $D()$ bzw. $D'()$ den diffusen Beitrag zur Intensität I_λ. Für beide Funktionen sind mehrere Varianten gegeben, die mehr oder weniger Genauigkeit realisieren und folglich mehr oder weniger rechenintensiv sind. *(Die Variable v darf nicht verwechselt werden mit der Richtung {v} usw.)*

Spektralfunktion (S)

Die einfachste Variante ist gegeben, wenn $S_\lambda()$ als Konstante verwendet wird, also von keinem Winkel abhängig ist:

$$S_\lambda() = C_\lambda$$

C_λ ist dann ein dreidimensionaler Vektor der Reflexionskoeffizienten für die drei RGB-Wellenlängen. Setzt man hierfür – weiter vereinfachend – drei gleiche Werte an, wird C_λ zum Skalar. Mit diesem Vorgehen ist allerdings nicht viel gewonnen, denn $S_\lambda(u)$ ist eine Funktion des Einfallswinkels β, die das Fresnel-Gesetz einhalten muss. Anstatt der genauen Lösung wird hierfür eine hinreichend gute Näherung verwendet:

$$S_\lambda(u) = C_\lambda + (1 - C_\lambda) \cdot (1 - u)^5 \quad \text{mit} \quad u = \cos(\beta)$$

Verteilungsfunktion D()

Sehr viel aufwendiger gestaltet sich die Berücksichtigung der Oberflächenphysik, da hier mehrere Eigenschaften einfließen. Als Ausgangspunkt verwendet Schlick die Gleichung

$$D(t, v, v', w) = \frac{1}{4 \cdot \pi \cdot v \cdot v'} \cdot Z(t) \cdot A(w)$$

Hierin ist t $= \cos(\alpha)$ der Kippwinkel von {**h**} gegen die Oberflächennormale (**n**), und w $= \cos(\gamma)$ ist die Anisotropierichtung. Die Funktion Z(t) regelt den spekularen, A(w) den diffusen Anteil, wobei beide Funktionen entkoppelt sind. Mit den Funktionen

$$Z(t) = \frac{r}{(1 + r\,t^2 - t^2)^2} \qquad A(w) = \sqrt{\frac{p}{p^2 - p^2 w^2 + w^2}}$$

erfüllt diese Gleichung sowohl den Energieerhaltungssatz als auch das Reziprozitätsgesetz. Setzt man den Rauheitsfaktor r $= 1$, ist Z(t) $= 1$ und die Oberfläche ist perfekt diffus, mit r $= 0$ ergibt sich für Z(t) eine Dirac-Funktion und die Oberfläche ist perfekt spekular. Für die Funktion A(w) ergibt sich ein ähnlicher Zusammenhang, wobei sich ebenfalls ein kontinuierlicher Übergang einstellt von p $= 1$ bei einer perfekt isotropen zu p $= 0$ bei einer perfekt anisotropen Oberfläche.

In der vollständigen Funktion D(...) verhindern die Winkel v $\cdot$ v$'$ im Nenner den kontinuierlichen Übergang von perfekt spekular zu perfekt diffus. Abhilfe schafft man durch Aufteilung der diffusen Reflexion in einen Lambert-Anteil plus den Rest von D(...):

$$D(t,v,v',w) = \frac{r}{\pi} \cdot A(w) + \frac{1-r}{4 \cdot \pi \cdot v \cdot v'} \cdot Z(t) \cdot A(w)$$

Setzt man nun r $= 1$ für perfekt diffus, entfällt der zweite Term und der Übergang wird kontinuierlich.

Selbstabschattungsfunktion (G)

G ist ein Lichtverminderungsfaktor (geometrical attenuation factor), der sowohl von der Rauheit der Oberfläche, als auch von den Richtungen des einfallenden {**v**$'$} und des zum Beobachter hin reflektierten Lichts {**v**} abhängt. Wird dieser Einfluss berücksichtigt, ist lediglich der Rauheitsfaktor r zu ersetzt durch

$$r = 1 - G(v) \cdot G(v')$$

Auch hier werden für die Funktionen G() anstatt genauer Lösungen hinreichend gute Näherungen verwendet:

$$G(v) = \frac{v}{r - r \cdot v + v} \qquad G(v') = \frac{v'}{r - r \cdot v' + v'}$$

Beide Funktionen G() in die Verteilungsfunktion eingesetzt führt zum Gesamtergebnis

$$D(t,v,v',w) = \frac{1 - G(v) \cdot G(v')}{\pi} \cdot A(w) + \frac{G(v) \cdot G(v')}{4 \cdot \pi \cdot v \cdot v'} \cdot Z(t) \cdot A(w)$$

Zusammenfassung:

Im Cook-Torrance-Modell wird lediglich der spekulare Anteil der Reflexion analytisch untermauert. Ambiente und diffuse Reflexion entsprechen dem Phong-Modell und Isotropie des Oberflächenmaterials ist nicht enthalten. Das Schlick-Modell unterscheidet homogenes bzw. heterogenes Oberflächenmaterial, wahlweise lassen sich Anisotropie und Selbstabschattung einbinden. Bei heterogenem Material – also doppelschichtigen Oberflächen – sind vorstehende Gleichungen auf beide Schichten anzuwenden, wobei $S'_\lambda()$ und $\cdot D'()$ für die zweite Schicht stehen:

$$I_\lambda(t, u, v, v', w) = S_\lambda(u) \cdot D(t, v, v', w) + [1 - S_\lambda(u)] \cdot S'_\lambda(u) \cdot D'(t, v, v', w)$$

Als weitere Materialkonstante ist die Isotropierichtung mit dem Vektor $\{t\}$ anzugeben. Wird auf Anisotropie verzichtet, ist die Funktion $A(w) = 1$ und braucht praktisch nicht berücksichtigt zu werden.

9.6.4 Schattierung

Nachdem nun einige Beleuchtungsmodelle zur Berechnung der Lichtintensitäten vorgestellt sind, geht es als Nächstes darum, diese Intensitäten als abgestufte Farben auf den Oberflächen sichtbar zu machen. Hierzu wird „Schattierung" – *Shading* – benötigt, die nicht verwechselt werden darf mit **Schattenwurf**. Die Schattierung ist zuständig für die farbliche Abstufung der Oberflächen, während Schattenwurf die Abdeckung von Licht durch Hindernisse bedeutet.

Im Rahmen technisch-wissenschaftlicher Anwendungen spielt der Schattenwurf nur eine untergeordnete Rolle, im Bereich ingenieurtechnischer Anwendungen ist er von großer Bedeutung zur realistischen Darstellung dreidimensionaler Szenen wie Gebäude, Brücken u. a. Die Berücksichtigung des Schattenwurfes besitzt eine gewisse Analogie zum Verdeckungsproblem: Was aus der Position einer Lichtquelle sichtbar ist, wird direkt von ihr beleuchtet und liegt folglich nicht im Schatten.

Wir kommen nochmals zurück zu einer der Intensitätsgleichungen und setzen für die Winkelfunktionen jetzt doch die Skalarprodukte der Vektoren ein:

$$\begin{aligned}
I &= k_a \cdot I_a - f(d) \cdot I_P \cdot [k_d \cdot \cos(\theta') + k_s \cdot \cos^a(\varphi)] \\
&= k_a \cdot I_a + f(d) \cdot I_P \cdot [k_d \cdot ((\mathbf{n}) \cdot \{\mathbf{l}\}) + k_s \cdot ((\mathbf{r}) \cdot \{\mathbf{v}\})^a]
\end{aligned}$$

In dieser Form wird deutlich, dass die zu berechnende Intensität ganz wesentlich vom Normalenvektor $\{\mathbf{n}\}$ der Oberfläche bestimmt wird (auch an $\{r\}$ ist $\{n\}$ beteiligt), d. h., es werden letztlich alle Facettennormalen gebraucht. Sind diese berechnet, kann man sich den Aufwand aussuchen, an welchen Punkten der Szenerie die Intensitäten berechnet werden. Der rechnerische Aufwand steigt in der angegebenen Reihenfolge der Schattierungsverfahren.

- Flat Shading
  Mit dem Normalenvektor der Facette wird ihre Intensität berechnet und damit die ganze Facette eingefärbt; dies entspricht konstanter Schattierung.

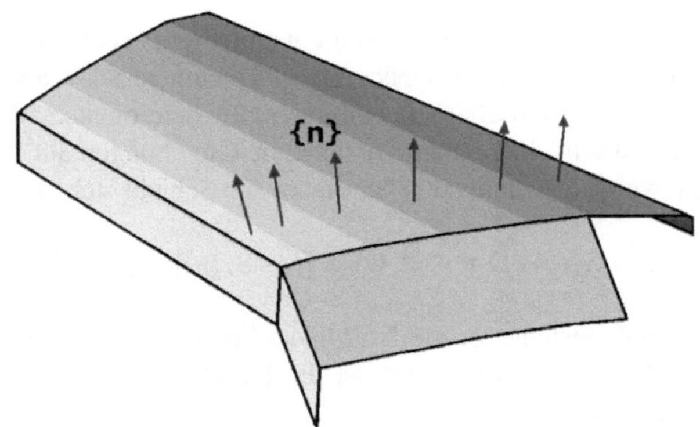

Abb. 9.37 Konstante Schattierung mit Flat Shading

Eine nur geringfügige Verbesserung wird als „glatt" bezeichnet. Da die Flächennormalen natürlich auch an den Ecken einer Facette gelten, und an einer Ecke ggf. mehrere Facetten angrenzen, werden alle Normalen einer Ecke gemittelt, mit diesem Mittelwert die Intensitäten berechnet und damit die ganze Facette eingefärbt; auch dies ist eine konstante Schattierung.

- Gouraud-Shading
  Die Flächennormalen werden nur für die Ecken gemittelt und mit diesem Mittelwert die Intensitäten an jeder Ecke berechnet. Innerhalb der Facette werden die Intensitäten aus den Eckwerten linear interpoliert.
- Phong-Shading
  Auch hier werden die Normalen in den Facettenecken gemittelt. Im Gegensatz zur Gouraud-Schattierung werden innerhalb der Facette nicht Intensitäten interpoliert, sondern für jeden inneren Punkt neue Normalen aus den Normalen der Ecken eingerechnet oder interpoliert und erst damit die Intensitäten für jeden inneren Punkt bestimmt.

Beim Flat Shading erfolgt gar keine, beim Gouraud-Shading und beim Phong-Shading erfolgt nur eine lokale Nachahmung von Beleuchtungsverhältnissen und Schattenwurf wird gar nicht berücksichtigt. Dieser zusätzliche Effekt kann mit dem Strahlungsverfahren **Radiosity** oder dem Strahlverfolgungsverfahren **RayTracing** nachgebildet werden.

9.6.4.1 Flat Shading

Das einfachste und schnellste Schattierungsmodell ist die konstante Schattierung, für die man überhaupt keine umfangreichen Berechnungen für Oberflächenpunkte durchführt. Man bestimmt lediglich die Normale {n} einer Facette, berechnet damit das Beleuchtungsmodell und färbt dann die ganze Facette in der berechneten Intensität ein (Abb. 9.37). Eine konstante Schattierung kann für matte Oberflächen, die

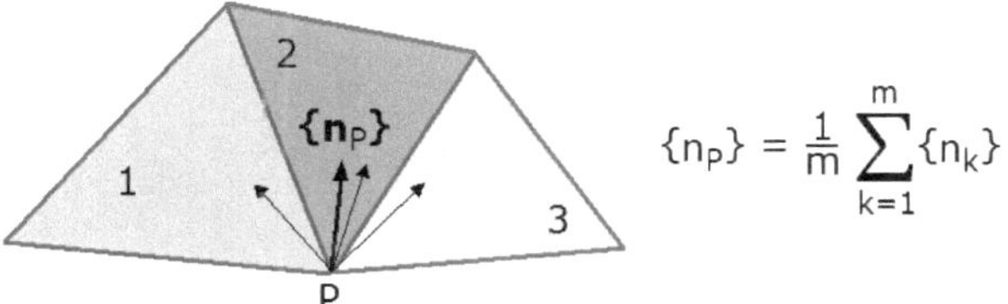

$$\{n_P\} = \frac{1}{m} \sum_{k=1}^{m} \{n_k\}$$

Abb. 9.38 Gemittelte Normale am Punkt P

Abb. 9.39 Interpolation der Intensitäten I_1, I_2, I_3 entlang der Rasterzeile

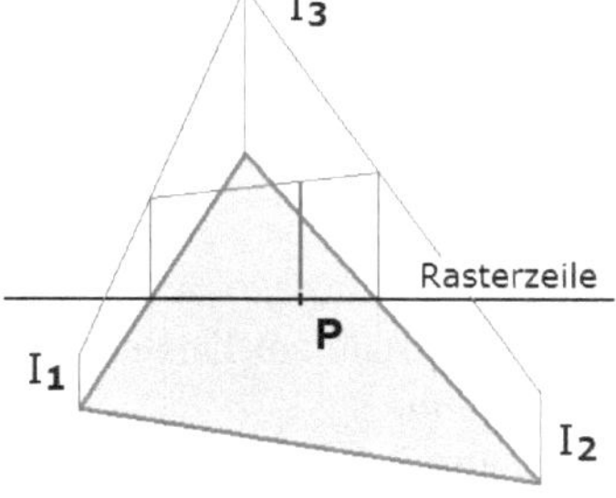

von relativ weit entfernten Lichtquellen beleuchtet werden, gute Ergebnisse bringen, weil sich die diffuse Komponente auf jeder Fläche nur wenig ändert.

Diese Methode hat offensichtlich auch gravierende Nachteile: zwischen den einzelnen Facettenkanten gibt es (ggf. starke) Intensitätssprünge, die vor allem bei einer kleinen Anzahl von Facetten – also bei großformatigen – sehr störend wirken. Ein weiterer Schwachpunkt wird deutlich, wenn man mit ebenen Facetten eine gekrümmte Fläche modelliert. Die diskontinuierlichen Übergänge an den Facettengrenzen sind als „Konturen" mehr oder weniger deutlich sichtbar. Und oftmals geht die gerichtete Reflexion der Lichtquelle – das Glanzlicht – ganz verloren. Enthält die ausgewählte Facette jedoch gerade das Glanzlicht, ist seine Farbe meist mit der eigenen und der der Lichtquelle verschmiert.

9.6.4.2 Gouraud-Shading

Beim Gouraud-Shading werden zwar auch die Facettennormalen gebraucht, aber das Verfahren basiert auf den Normalen an den Facettenecken. Da eine Ecke meist zu mehreren Facetten gehört, werden alle angrenzenden Normalen gemittelt (Abb. 9.38).

Hierbei ist vorausgesetzt, dass alle $\{\mathbf{n}\}$ normiert sind. Im nächsten Schritt berechnet man das Beleuchtungsmodell mit den so gewonnenen Normalen und interpoliert die Intensitäten I_k innerhalb der Facette zunächst entlang der Kanten und dann zwischen den Kanten entlang der Rasterzeile für den Punkt P. Ob vertikale oder horizontale Rasterzeilen verwendet werden, ist dabei nicht von Belang (Abb. 9.39).

In vielen Anwendungsbereichen werden Freiformflächen genutzt, z. B. beim Automobil- und Flugzeugbau u. v. a. Werden diese gekrümmten Oberflächen mit ebenen Dreiecken modelliert, mittelt man die Normalenvektoren der angrenzenden

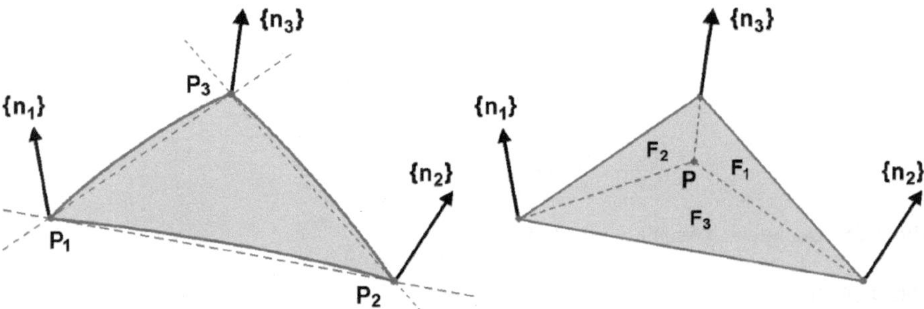

Abb. 9.40 Normalenberechnung mit natürlichen Dreieckskoordinaten

Facetten im Knoten wie in Abb. 9.38 dargestellt. Eine andere Möglichkeit ist, die exakte Normale am Knoten aus der Tangentialebene an dem betreffenden Knoten zu ermitteln.

Probleme treten bei der Gouraud-Schattierung auf, wenn Facetten sehr dicht an einer Lichtquelle liegen. Ihre Ecken haben dann nahezu die gleiche Intensität, und dadurch erhält die ganze Facette eine konstante Schattierung.

Die Rate der Änderung von Farbtönen ist beim Gouraud-Shading nicht gleichförmig, unter Umständen stellen sich störende „Mach-Band"-Effekte ein. Und auch Glanzlichter sind nur schwer darstellbar. Die Phong-Schattierung vermeidet beide Probleme.

9.6.4.3 Phong-Shading

Das folgende Phong-Schattierungsmodell darf nicht mit dem Phong-Beleuchtungsmodell verwechselt werden, es handelt sich hierbei um zwei komplett verschiedene Themen.

Wie bei Gouraud werden zuerst die Normalen an den Facettenecken bestimmt. Für jeden inneren Facettenpunkt (Pixel) werden entweder Normalen interpoliert (die einfache Variante), oder berechnet (die teure Variante). In beiden Varianten hat jeder Facettenpunkt eine eigene Normale, mit der das Beleuchtungsmodell durchgerechnet wird, und jeder Facettenpunkt hat folglich seine eigene, exakte Intensität. „Exakt" stimmt nicht ganz: An den Ecken sind die Normalen gemittelt und bei der einfachen Variante im Inneren interpoliert.

Die exakte Berechnung der Normalen im Inneren einer Facette erfolgt recht elegant mit natürlichen Dreieckskoordinaten, siehe Abb. 9.40 und Abschn. 11.3.10. Mit dieser Methode könnte man natürlich auch bei Gouraud die Intensitäten im Inneren der Facetten einrechnen anstatt sie zu interpolieren.

Das Phong-Beleuchtungsmodell ist relativ zeitaufwendig, da es in jedem Punkt unter Verwendung der Normalenvektoren berechnet wird. Die Bildqualität ist jedoch erheblich besser (Abb. 9.41). Die Unterschiede zwischen Phong und Gouraud machen sich vor allem beim Glanzpunkt bemerkbar. Fällt ein Glanzpunkt direkt in die Mitte einer Facette, so wird er vom Gouraud-Modell unterdrückt, da an dieser

Abb. 9.41 Beispielzylinder als grobes Modell mit Flat-Shading (*links*) und als feines Modell mit Phong-Shading (*rechts*)

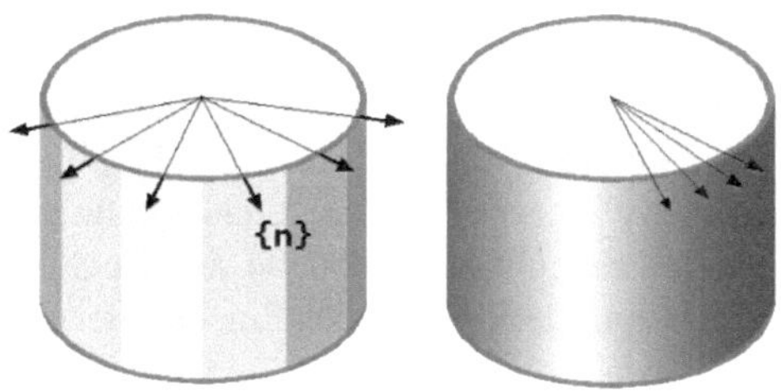

Tab. 9.4 Beleuchtungsmodelle im Vergleich

Merkmal	Beleuchtungsmodell	
	lokal	**global**
Berechnung der Szene erfolgt	Punktweise	Global
Lichteffekte	Einfach	Komplex
Reflexionen	Einfach	Mehrfach
Wechselwirkungen durch Mehrfachreflexion	Nein	Ja
Farbabstufung durch Schattierung	Ja	Ja
Intensitätsübergang zwischen Facetten	Nein	Ja
Berücksichtigung verdeckter Lichtquellen	Nein	Ja
Echter Schattenwurf	Nein	Nein
Echter Schattenwurf durch Zusatzfunktion	Bedingt	Ja
Heterogenes Oberflächenmaterial	Nein	Ja
Anisotropie der Oberfläche	Nein	Ja
Numerischer Aufwand	Überschaubar	Recht hoch

Stelle nur Randintensitäten interpoliert wurden. Fällt ein Glanzpunkt direkt auf eine Ecke, so wird bei Gouraud wegen der Interpolation die Darstellung verschmiert.

9.6.5 Globale Beleuchtungsmodelle

Wie realistisch ein gerendertes Bild wirkt, hängt maßgeblich davon ab, inwieweit die Verteilung des Lichts innerhalb der Szene berücksichtigt wird. Im Gegensatz zu den lokalen Beleuchtungsmodellen berücksichtigen globale Beleuchtungsmodelle alle Arten der Lichtreflexion und alle Möglichkeiten der Ausbreitung von Licht in einer Szene. Tabelle 9.4 stellt nochmals die wesentlichen Unterschiede heraus zwischen lokalen und globalen Beleuchtungsmodellen.

Mit jeder Verfeinerung des Beleuchtungsmodells kommt man zwar einer realistischen Darstellung näher, jedoch deutlich schneller ufert die Rechenzeit aus. Es ist deshalb zweckmäßig, das Beleuchtungsmodell von der jeweiligen Aufgabenstellung abhängig zu machen. Oft kommt man mit einem lokalen Beleuchtungsmodell aus, das nur die Oberflächen simuliert. Globale Beleuchtungsmodelle dagegen basieren auf physikalischen Gesetzen und berechnen die Ausbreitung von Licht innerhalb einer Szene. Als man 1986 anfing, komplexere Szenen mit diesem deutlich höheren Aufwand zu berechnen, waren stundenlange Rechenzeiten der Normalfall. Für das gleiche Beispiel benötigen heutige Rechner nur noch ca. 1/50 000 der früheren Rechenzeit. Für Echtzeitanwendungen mit größere Szenerien und einem der globalen Beleuchtungsmodelle sind Rechner mit höchster Leistungsfähigkeit erforderlich, um die Vielzahl der Einzelbilder zu berechnen [4, 5].

Bei den globalen Beleuchtungsmodellen sind eigentlich nur zwei Verfahren von Interesse: Das Strahlungsverfahren **Radiosity** und das Strahlverfolgungsverfahren **RayTracing** mit weiteren daraus abgeleiteten Varianten. Beide berücksichtigen nicht nur emittierende Lichtquellen, sondern beziehen auch reflektiertes und transmittiertes Licht mit ein.

Ergänzend erwähnt sei noch, dass neben diesen beiden großen Techniken, vor allem in der Filmtechnik, Varianten des **REYES**-Systems (renders everything you ever saw) zum Einsatz kommen. Er wurde in den 1980-er Jahren von der *Lucasfilms Computer Graphics Research Group* – heute Pixar – entwickelt und erstmals für den Kinofilm Star Trek II „Der Zorn des Khan" eingesetzt [„REYES (Computergrafik)"/Wiki]; [6].

9.6.5.1 Radiosity

Methode zur Visualisierung von 3D-Modellen bei Einbeziehung einer Beleuchtungssimulation, die insbesondere die diffuse Reflexion berücksichtigt. [Lexi]

In der Bildsynthese ist Radiosity eines der beiden gängigen Verfahren. Es basiert auf dem Energieerhaltungssatz, denn alle Energie bzw. Strahlung, die eine Facette empfängt und nicht absorbiert, muss sie wieder emittieren. Zusätzlich kann sie selbst – als lokale Beleuchtung – auch Strahlung abgeben [7, 8].

Das Verfahren ermittelt, wie sich die lokale Energiedichte einer Facette (engl. Patch) auf die Nachbarfacetten verteilt; genaugenommen auf *jede* andere Facette der Szene, auch auf die für den Beobachter unsichtbaren. Diese Verteilungswerte werden Formfaktoren genannt und sind dimensionslos. Die weitere Vorgehensweise ist ähnlich der bekannten Finite-Elemente-Methode (FEM). Genau wie dort wird mit den Facettendaten, gleichbedeutend den Elementen in der FEM, ein lineares Gleichungssystems (LGS) der Verteilungswerte aufgebaut. Für die von mehr oder weniger vielen Facetten als Beleuchtung abgegebene Energie ist das LGS zu lösen. Als Ergebnis erhält man die Energieverteilung – die Radiosity – in der Szene, die später für jede Facettenecke gebraucht wird für die farbliche Darstellung.

Die Energieverteilung ist ganz unabhängig vom Standort des Beobachters, der für die weitere Betrachtung keine Rolle spielt. Dieser Umstand ist besonders vorteilhaft, wenn man einen statischen von einem dynamischen Anteil der Szene trennen kann. So berechnet man zunächst nur einmal die Lichtverteilung in der statischen Szene und überlagert dieses Ergebnis – gegebenenfalls mehrfach – mit unterschiedlichen Ansichten und/oder dynamischen Elementen. Die einmal berechnete Lichtverteilung gilt für jeden Beobachterstandort. Verändert der Beobachter diesen, dann muss lediglich die Projektion (mit Verdeckung) neu berechnet werden. Die interne

Abb. 9.42 Lichtverteilung einer Facette auf alle anderen Facetten einer Szene

Abb. 9.43 Gerenderte Szene; *links* mit Radiosity, *rechts* mit RayTracing

Lichtverteilung ist davon nicht betroffen, sie werden nur aus einem anderen Standort betrachtet.

Die von einer Facette abgestrahlte Energie setzt sich zusammen aus der eigenen Energie – falls sie eine Lichtquelle ist – und der gewichteten Summe aller auf diese Facette auftreffenden Energien anderer Facetten. Die Helligkeit und Farbe einer Facette wird dann nicht mehr allein aufgrund der direkten Beleuchtung durch eine Lichtquelle, sondern auch durch die Wechselwirkung von diffus reflektiertem Licht anderer Facetten bestimmt (Abb. 9.42). Die Facetten selbst werden wie ideal diffuse Reflektoren und die Lichtquellen wie ideal diffuse Strahler betrachtet. Mit dieser Einschränkung sind also von vornherein spekulare Reflexionen ausgeschlossen.

In Abb. 9.43 erkennt man links deutlich, dass das Licht von den Kugeln auf den weißen Boden reflektiert wird und dort die jeweilige Kugelfarbe hinterlässt. Der gleiche Effekt funktioniert auch in der Gegenrichtung: Der weiße Boden bestrahlt alle drei Kugeln, sodass sie insgesamt heller wirken und ein weicheres Bild ergeben. Durch die weiße Rückwand werden die Kugeln auch von hinten aufgehellt. Beide Effekte werden von RayTracing nicht realisiert.

Analytisch definierte Primitiven – Polygone, Quader, Zylinder, Kugeln usw. – werden zum Aufbau einer Szene durch bestimmte Modellierungsprogramme verwendet. Radiosity kann diese Primitiven nicht ohne Weiteres verarbeiten, weil dies

zwingend ein Oberflächenmodell erfordert und folglich die Primitiven erst aufgelöst und in ein Oberflächenmodell überführt werden müssen. Es sei daran erinnert,
dass wir uns hier ausschließlich mit triangulierten Oberflächen der Szene befassen.

Für eine möglichst realistische Darstellung muss auch die globale Beleuchtung
vollständig – also mit Spiegelungen – simuliert werden, was nicht immer und oft
nur mit großem Aufwand möglich ist. Die Berücksichtigung nahezu beliebiger
Beleuchtungsmodelle einschließlich transparenter Facetten ist zwar grundsätzlich
möglich, hat jedoch keine breite Verwendung gefunden, da RayTracing derartige
Effekte schneller und präziser realisiert.

Um sichtbare Kanten an Facettengrenzen (siehe auch Abschn. 9.4) zu vermeiden, ist eine möglichst feine Unterteilung der Szenengeometrie erforderlich. Dies
gilt auch besonders in Bereichen, wo ein hoher Radiositygradient zu erwarten ist,
z. B. in der Nähe der Strahler. Je feinmaschiger das Netz, desto realistischer die
Ergebnisse. Der damit verbundene große numerische Aufwand wird zumeist sehr
schnell begrenzt durch die verfügbaren Ressourcen.

Kommerzielle Verwendung findet Radiosity hauptsächlich noch bei der Darstellung von Architekturmodellen, bei denen eine zeitaufwendige Vorausberechnung
vertretbar ist. Weitere Anwendungsfelder sind die Klimaforschung und Wärmever-
teilung, weil diese eher diffus als gerichtet erfolgen.

Berechnung der Formfaktoren

Der aufwendigste Schritt beim Radiosityverfahren ist die Berechnung der Formfaktoren. Der Formfaktor ist lediglich ein Faktor für die von einer Facette an eine
andere Facette abgegebene Energie. Er ist nur abhängig von der Geometrie der Szene und wird durch die Lage von jeweils zwei Facetten zueinander und von deren
Flächengröße bestimmt. Der Formfaktor ist unabhängig vom Reflexionskoeffizient und der Facettenfarbe. Weil diese Eigenschaften erst später in die Berechnung
einfließen, können sie nach Belieben geändert werden ohne die Formfaktoren zu
beeinflussen.

Zur Berechnung der Formfaktoren kann man unterschiedlich komplexe Basisfunktionen verwenden; ähnlich wie bei der FEM für die Elemente. Mit ihrer Wahl
legt man die Verteilung der Radiosity auf der Elementfläche fest:

- bei 1 Unbekannten: konstante Radiosity über die ganze Fläche,
- bei 3 Unbekannten: linearer Verlauf und
- bei 6 Unbekannten: quadratischer Verlauf entlang der Kanten (beide erfordern
  Interpolationen).

Für den „einfachen" Fall konstanter Basisfunktion ist nur eine Unbekannte erforderlich, die für alle Ecken bzw. Punkte einer Facette gilt. Die Ordnung des LGS
entspricht damit der Anzahl der Facetten in der Szene. Auch die dieser Unbekannten entsprechende Radiosity gilt für alle Ecken bzw. Punkte der Facette.

Bei linearem und quadratischem Verlauf wächst die Zahl der Unbekannten
schnell und sie ist letztlich abhängig von den Verknüpfungen der Facetten unterein-

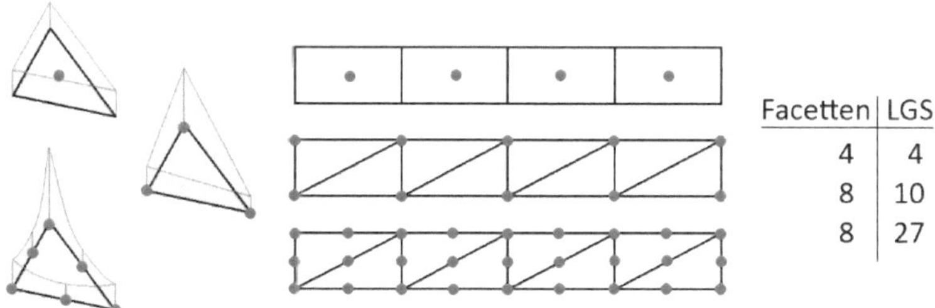

Abb. 9.44 Abhängigkeit der Zahl der Unbekannten von der Basisfunktion

ander. In Abb. 9.44 ist dies schematisch dargestellt. LGS bezeichnet die Zahl der Unbekannten und stellt damit zugleich die Ordnung des zugehörigen LGS dar.

Bei quadratischem Verlauf lässt sich die Explosion der Unbekannten etwas eindämmen, indem man die Facetten größer wählt, denn eine quadratische Basisfunktion liefert bessere Ergebnisse als z. B. vier Facetten mit konstanter Basisfunktion. Und mit einem linearen oder quadratischen Ansatz lassen sich in Bereichen mit einem hohen Radiositygradienten „glattere" Bilder generieren. Für die lineare und quadratische Funktion ist allerdings der numerische Aufwand viel zu groß und steht in keinem akzeptablen Verhältnis zum erreichbaren Ergebnis. In der Praxis verwendet man deshalb hauptsächlich ein feinmaschiges Netz in Verbindung mit der konstanten Basisfunktion.

Dies für die weitere Betrachtung vorausgesetzt, charakterisiert ein Punkt der Facette alle anderen Punkte. Die so berechnete Radiosity ist daher ebenfalls konstant über die Facette und „passt" somit zu den beiden Konstanten des Reflexionskoeffizienten und der Farbe, beide sind wie folgt festgelegt:

- jede Facette ist homogen bezüglich ihrer Eigenschaften. Sowohl die Farbe als auch der Reflexionskoeffizient ρ ist konstant, wobei letzterer von der Wellenlänge des Lichts abhängig ist (wie schon bei den früheren Beleuchtungsmodellen).
- die Facetten sind eben, ihre Oberflächen sind ideal diffuse Reflektoren.

Eine rechenintensive Teilaufgabe bei der Berechnung der Formfaktoren ist die Feststellung der Sichtbarkeit der Facetten untereinander, die im Folgenden als gegeben angenommen wird. Zwischen zwei Facetten, die sich nicht „sehen" können, erfolgt auch kein Austausch von Strahlungsintensität. Wie viel davon tatsächlich ausgetauscht wird, ist durch den Formfaktor festgelegt, wobei die Menge zwischen null und höchstens eins bei vollständigem Austausch liegt.

Bei konstanter Radiosityverteilung und mit den Daten aus Abb. 9.45 ist die Gleichung für den differenziellen Formfaktor F:

$$F_{s,e}\, dA_s\, dA_e = \frac{\cos(\varphi_s)\cos(\varphi_e)}{r^2\,\pi}$$

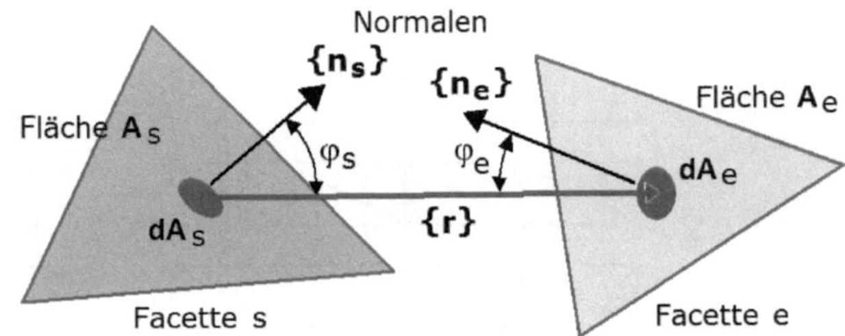

Abb. 9.45 Fläche-zu-Fläche-Formfaktor

Zu beachten ist hier, dass bei Integration dieser Gleichung dA die zugehörige
Fläche überstreicht und folglich die Winkel φ nicht konstant sind; ebenso wenig
der Abstand r. Die Integration über beide Flächen (Fläche-zu-Fläche-Formfaktor)
liefert nun die allgemeine Gleichung für den Formfaktor:

$$F_{s,e} = V_{s,e}\,\frac{1}{A_s} \int_{A_s} \int_{A_e} \frac{1}{r^2\,\pi}\cos(\varphi_s)\,\cos(\varphi_e)\,dA_s\,dA_e$$

Eingefügt ist zusätzlich eine Visibilitätsfunktion $V_{s,e}$ mit Werten $= 1$ bei Facetten, die sich gegenseitig sehen können, sonst ist $V_{s,e} = 0$, und damit ist auch der
Formfaktor $= 0$. Es bedeuten:

$F_{s,e}$ = Formfaktor zwischen dem Sender S und dem Empfänger E (Indizes s und e)
A_s = Fläche des Senders S
A_e = Fläche des Empfängers E
r = Entfernung zwischen Sender S und Empfänger E
$V_{s,e}$ = 1 wenn Empfänger vom Sender aus sichtbar, sonst = 0.
φ_s = Winkel zwischen Normale $\{n_s\}$ und Richtung $\{r\}$
φ_e = Winkel zwischen Normale $\{n_e\}$ und Richtung $\{r\}$

Bei dieser Betrachtung wird deutlich, dass jede Facette 1-mal Sender ist für alle
anderen Facetten und $(N-1)$-mal Empfänger von anderen Facetten. Die Formfaktoren von Sender und Empfänger sind über das Reziprozitätsgesetz miteinander
verknüpft:

$$A_e \cdot F_{e,s} = A_s \cdot F_{s,e}$$

Wenn zwei Facetten sich sehen können, ist der zugehörige Formfaktor $F_{s,e} > 0$.
Bei normalerweise unterschiedlich großen Flächen $A_s \neq A_e$ sind die zugehörigen
Formfaktoren nicht gleich, $F_{s,e} \neq F_{e,s}$. Aus diesem Grunde ist auch ihre Matrix
$[F]^t \neq [F]$ nicht symmetrisch. Bei einer Szene mit N Facetten sind $N \cdot (N-1)$
Formfaktoren zu berechnen. Macht man vom Reziprozitätsgesetz Gebrauch, kommt
man mit der Hälfte aus, denn $F_{e,s} = F_{s,e} \cdot A_s/A_e$.

Eine Facette kann zwar Strahlung emittieren, aber von ihr selbst kommt keine
Energie, die sie selbst reflektierten könnte, und deshalb gilt:

$$F_{s,s} = 0$$

In einer abgeschlossenen Szenerie ist aufgrund der Energieerhaltung die Summe aller Formfaktoren einer Facette gleich 1 (bei offenen Szenerien auch < 1). Die Facette s kann also von allen anderen Facetten niemals mehr als die gesamte Strahlungsintensität bekommen.

$$\sum_{e=1}^{N} F_{s,e} = 1 \quad 1 \leqslant s \leqslant N$$

Die Berechnung der Formfaktoren über das Doppelintegral ist ausgesprochen schwierig, sodass man zuerst nach Vereinfachungen zu ihrer Berechnung sucht. Eine recht einfache Näherung lässt sich angeben, wenn die Flächen relativ klein sind im Verhältnis zu ihren gegenseitigen Abstand. In diesem Fall erfolgt die Integration über eine kleine Fläche mit einem nahezu konstanten Winkel φ und damit ist auch der Abstand r konstant. Diese Variablen lassen sich dann vor das Doppelintegral ziehen:

$$F_{s,e} = V_{s,e} \cdot \frac{1}{A_s} \cdot \frac{\cos(\varphi_s)\cos(\varphi_e)}{\pi r^2} \cdot \int_{A_s} \int_{A_e} dA_s \, dA_e$$

und nach Integration über beide Flächen erhält man den Formfaktor zu

$$F_{s,e} = V_{s,e} \cdot \frac{\cos(\varphi_s)\cos(\varphi_e)}{\pi} \cdot \frac{A_e}{r^2}$$

Aus *kleine Fläche und großer Abstand* lässt sich leicht ein Winkel als Schalter konstruieren. Damit hat man in der Hand, bis zu welchem Winkel man diese Näherung verwenden will. Bis zu einem Winkel von z. B. $\pm 2{,}5°$ hat der Cosinus eine Abweichung von nur 1 ‰; bei $\pm 8°$ liegt die Abweichung noch unter 1 %. Im Hinblick auf ökonomische Rechenzeiten sollte man diesen Aspekt bedenken, denn die Formfaktoren müssen keinesfalls genauer sein als z. B. die Reflexionskoeffizienten oder die Emissionsdaten. Variiert man die Parameter in vernünftigen Grenzen, wird man jeweils eine leicht veränderte Grafik erhalten.

Eine korrekte Lösung des Doppelintegrals stammt von *Nusselt*. Das sogenannte „Nusselt-Analogon" ist eine elegante, geometrisch basierte Lösung der Integralgleichung der Formfaktoren mittels einer Einheitshalbkugel (Abb. 9.46).

Die Fläche A_e einer Facette wird auf die Kugeloberfläche projiziert zu A_e' mit dem Projektionsmittelpunkt dA_s wodurch $\cos(\varphi_e)/r^2$ berücksichtigt ist. Die so auf die Halbkugel projizierte Fläche wird anschließend orthogonal auf die Kreisfläche zu A_e'' projiziert, wofür $\cos(\varphi_s)$ zuständig ist (Abb. 9.47). Der Formfaktor ist nun das Verhältnis dieser Fläche zur gesamten Kreisfläche, also $F_{s,e} = A_e''/\pi$.

Die Fläche A_e'' liegt immer innerhalb des Einheitskreises um S ganz unabhängig vom Richtungswinkel φ_e oder von der Lage der Ebene s bzw. ihrer Normale $\{n_s\}$.

Im Detail ist der Ablauf wie folgt: Das differenzielle Senderelement dA_S sei der Mittelpunkt S der Facette s. Die auf die Halbkugel projizierte Fläche interessiert an

Abb. 9.46 Lösung des Doppelintegrals: Nusselt-Analogon

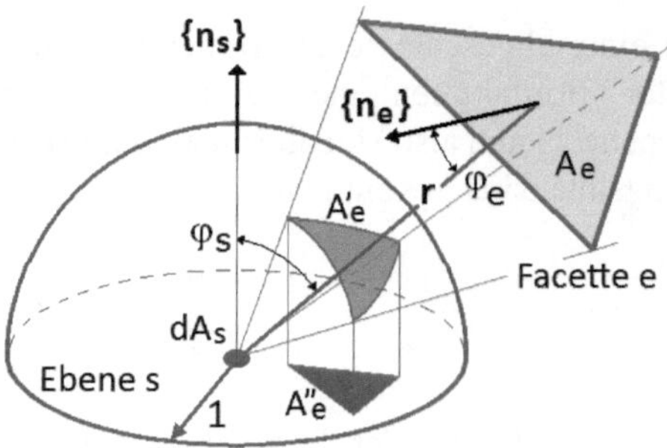

Abb. 9.47 Projektion einer Facette auf die Halbkugel, dann auf ihre Basisfläche

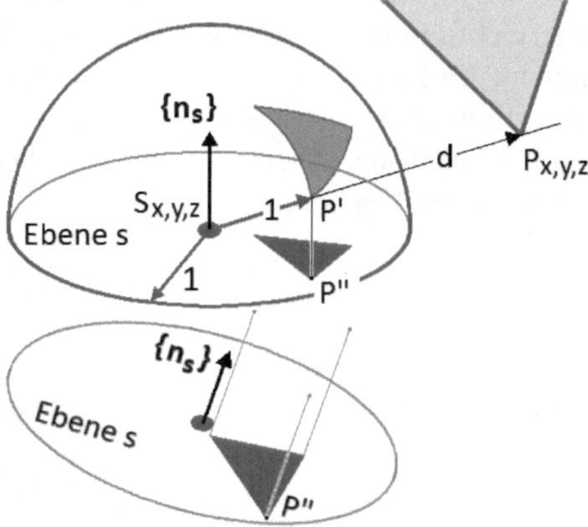

sich nicht, nur die Koordinaten ihrer Eckpunkte. Diese sind über Proportionalitätsbetrachtungen leicht zu bestimmen:

$$P' = S + (P - S)/d$$

wobei d der Abstand ist zwischen P und S, der für jeden Eckpunkt unterschiedlich ist. Erst jetzt geht die Orientierung der Ebene s ein, gegeben durch ihren Normalenvektor $\{n_S\}$. Damit ergibt sich P'' als Lot von P' auf die Ebene s parallel zur Normale $\{n_S\}$. Die Länge des Lotes L ist einfach die Projektion des Vektors $\{P' - S\}$ auf die Normale $\{n_S\}$; siehe auch Abschn. 11.3.8:

$$L = (P' - S) \cdot \{n_S\}$$

und damit hat man auch die Koordinaten von P''

$$P'' = P' - L \cdot \{n_S\}$$

Diese Prozedur gilt für jede der drei Ecken; sie lässt sich sehr gut parallelisieren. Die z-Koordinaten liegen jetzt alle in der Ebene s und werden nicht mehr gebraucht.

Abb. 9.48 Formfaktor zu $F_{s,e} = 2F/2\pi$
für alle dreieckigen Facetten mit Eck-
punkten auf den drei Strahlen

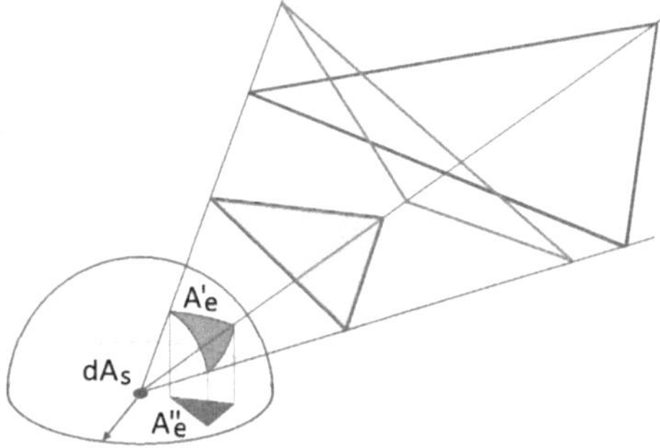

Abb. 9.49 Prismamethode

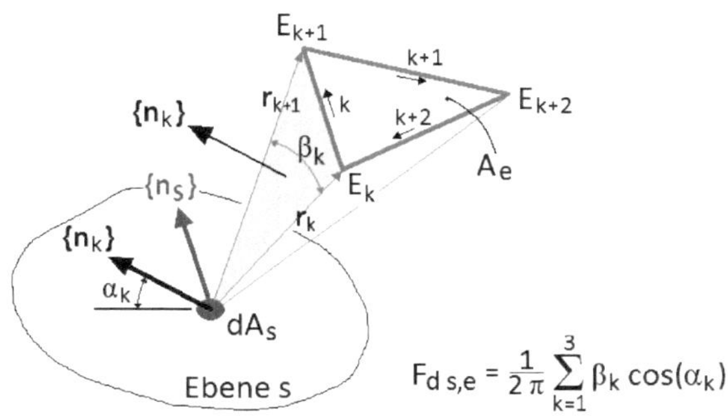

$$F_{d\,s,e} = \frac{1}{2\pi} \sum_{k=1}^{3} \beta_k \cos(\alpha_k)$$

Mit den x-y-Koordinaten aller drei P'' berechnet sich dann die Dreiecksfläche (vgl. Abschn. 11.3.10) aus:

$$2F = \begin{vmatrix} 1 & x_1 & y_1 \\ 1 & x_2 & y_2 \\ 1 & x_3 & y_3 \end{vmatrix}$$

und damit schließlich der Formfaktor zu $F_{s,e} = 2F/2\pi$. Die aufwendige Unterteilung der Kugeloberfläche und der Kreisbasis zur Berechnung von Deltaformfaktoren, wie sie beim „Hemi-Cube"-Verfahren verwendet werden, ist nicht nötig [9].

Auch jede andere dreieckige Facette, deren Ecken auf den drei Strahlen liegen, hat den gleichen Formfaktor (Abb. 9.48).

Das Doppelintegral zur Berechnung der Formfaktoren lässt sich mit dem Satz von *Stokes* in ein Konturintegral überführen. Darauf aufbauend berechnet sich der Formfaktor mittels der sogenannten Prismamethode (Abb. 9.49). Hierzu wird über den Sender ein Prisma mit seiner Spitze in dA_s gespannt. Nur mit den Daten entlang der Facettenkontur wird der Formfaktor berechnet (Punkt-zu-Fläche-Formfaktor). Der Facettenabstand und die Flächengröße sind nur noch indirekt beteiligt.

Für jede Prismenfläche ist mittels ihrer Kanten $\{r\}$ der eingeschlossene Winkel β und die Flächennormale $\{n\}$ zu ermitteln. Der Winkel α zwischen $\{n_k\}$ und der Ebene s ergibt sich als Skalarprodukt zu $\sin(\alpha_k) = (n_{k)} \cdot \{n_s\}$. Der Formfaktor ist damit nur noch eine Funktion der Winkel α und β.

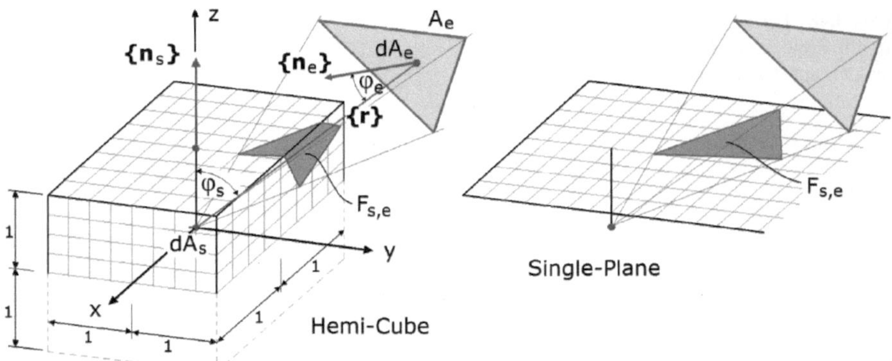

Abb. 9.50 Hemi-Cube-Verfahren und Single-Plane-Verfahren

Die Nusselt-Projektion und die Prismamethode befriedigen beide die Integralgleichung. Beide lassen sich im Objektraum rechnen und sie sind unabhängig von
sekundären Facettenattributen, von der abgestrahlten Energie und natürlich von jeder Darstellungstransformation.

Die Näherungsverfahren setzen auf beim Nusselt-Analogon. Von **Cohen** et al.
[10] stammt das sogenannte „Hemi-Cube"-Verfahren, das anstatt einer Einheitshalbkugel einen Einheitshalbwürfel verwendet, genannt „Hemi-Cube", mit Kan-
tenlängen von 2 Längeneinheiten. In seinem Zentrum liegt das differenzielle Facettenelement dA_S.

Sillion und **Puech** [11] vereinfachen das Verfahren noch weiter, indem nur noch
auf den Deckel des Würfels, also auf eine „Single-Plane", projiziert wird. Gerecht-
fertigt ist dieses Vorgehen besonders bei nahezu orthogonal projizierten Facetten,
denn die auf die Würfelseiten projizierten Anteile liefern keinen nennenswerten
Beitrag zur gesamten Radiosity. Das weitere Vorgehen ist für beide Verfahren recht
ähnlich (Abb. 9.50).

Die fünf Würfeloberflächen werden durch quadratische Gitterzellen diskretisiert
mit einer Auflösung von ca. 50*50 bis zu mehreren Hundert Pixel. Jedes Quadrat
wird als Pixel bezeichnet (hat aber mit dem Bildschirmpixel nichts zu tun).

Als Hilfsgröße verwendet man den Delta-Formfaktor, ΔF_p der angibt, welchen
Anteil das Pixel p zum Formfaktor beiträgt. Aufgrund ihrer unterschiedlichen Lage
auf den Oberflächen des Halbwürfels ergibt sich für jedes Pixel ein anderer Raum-
winkel zu dA_S und deshalb ein anderer Beitrag zum Formfaktor.

Die Delta-Formfaktoren werden für alle Pixel auf den fünf Oberflächen
(Abb. 9.51) berechnet. Ausgangspunkt ist die früher schon verwendete Gleichung
für den differenziellen Formfaktor, hier umgestellt für den Punkt k mit der Pixelflä-
che Δk:

$$\Delta F_k = \frac{\cos(\varphi_s)\cos(\varphi_e)}{r^2\,\pi} \cdot \Delta k$$

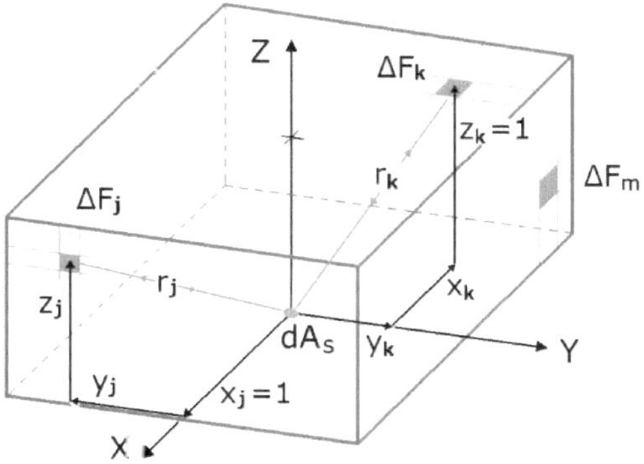

Abb. 9.51 Berechnung der Delta-Formfaktoren am Halbwürfel

Die beiden Winkel φ_s und φ_e sind gleich, da die Normalen von A_e und p parallel sind. Damit ergibt sich für den cos() jeweils $1/r$ bzw. $1/\sqrt{(x_k^2 + y_k^2 + z_k^2)}$. Dies auf die drei Oberflächen zugeschnitten liefert folgende Delta-Formfaktoren:

$$\Delta F_k = \frac{\Delta k}{\pi \cdot (x_k^2 + y_k^2 + 1)^2} \qquad \text{oben, } z = +1$$

$$\Delta F_j = \frac{\Delta j}{\pi \cdot (1 + y_j^2 + z_j^2)^2} \qquad \text{Seite, } x = \pm 1$$

$$\Delta F_m = \frac{\Delta m}{\pi \cdot (x_m^2 + 1 + z_m^2)^2} \qquad \text{Seite, } y = \pm 1$$

Die Fläche eines Pixel Δp ergibt sich aus der Unterteilung. Ist diese quadratisch, sind alle Pixelflächen gleich. Da die Delta-Formfaktoren für alle Halbwürfel (gleicher Auflösung) gleich sind, kann man sie im Voraus berechnen und zur Wiederverwendung speichern. Hierzu wird für jede der fünf Halbwürfelflächen ein *Item-Buffer* angelegt. Dieser enthält für jede Gitterzelle den Delta-Formfaktor und die Identität der Facette, die darauf projiziert wurde. Werden durch die Projektion der Facette A_e auf den Halbwürfel R Pixel auf dessen Oberflächen überdeckt, dann berechnet sich der Formfaktor $F_{e,s}$ als Summe der so gewichteten Delta-Formfaktoren ΔF_p der überdeckten Pixel:

$$F_{e,s} = \sum_{p=1}^{R} \Delta F_p$$

Die Berechnung selbst läuft so ab, dass jede Facette einmal Sender ist und ein Hemi-Cube über die Facette gelegt wird wie in Abb. 9.51 skizziert. Alle anderen vom Sender sichtbaren Facetten projizieren nacheinander auf den Hemi-Cube, sodass ihre Formfaktoren aus den jeweils überdeckten Pixeln bestimmt werden können.

Bei **Sillion** wird die Projektionsfläche anstatt in Pixel in eine ungerade Anzahl Proxel (projection elements) in beiden Richtungen aufgeteilt. Diese Gitter-

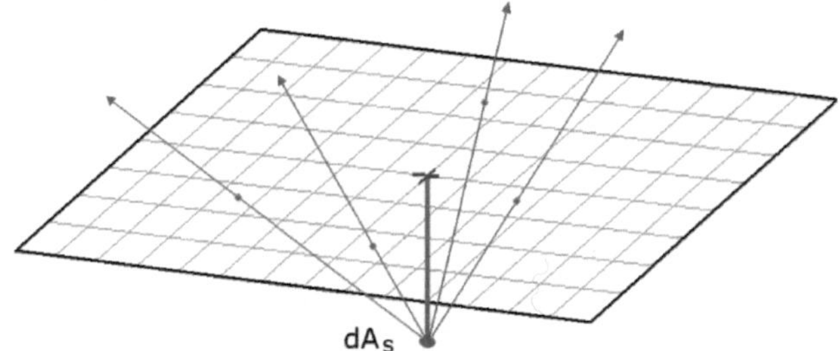

Abb. 9.52 Umgekehrte Ermittlung der Delta-Formfaktoren an der Single Plane

zellen sind unterschiedlich groß festgelegt, damit sich für alle der gleiche Delta-Formfaktor ergibt. Bei Verwendung des Hemi-Cube wird jede beliebige Facette immer vollständig auf den Halbwürfel projiziert. Projektionen auf die Single-Plane führen zu Problemen, wenn die Normale einer Facette einen nahezu schleifenden Schnitt mit der Single-Plane hat und wegen deren begrenzter Größe einige Delta-Formfaktoren verloren gehen. Dann ist folglich die Summe der Formfaktoren zu einem Sender kleiner als eins.

Gegenüber anderen Verfahren bestechen beide Verfahren hauptsächlich durch ihre Geschwindigkeit. So lässt sich die Projektion der Facetten auf die Flächen des Halbwürfels oder der Single-Plane mittels Hardware ausführen, wobei verdeckte Flächen mit dem *Z-Buffer* automatisch eliminiert werden können.

Es sind eine Reihe weiterer Verfahren entwickelt worden, die die bisherige Betrachtungsweise umkehren: Anstatt auf das Projektionselement zu projizieren, sendet man (Projektions) Strahlen von dA$_s$ aus durch jedes Pixel in die Szene (Abb. 9.52). Diejenigen Pixel, die sich einer getroffenen Facette (unter Beachtung der Sichtbarkeit) zuordnen lassen, sind ihre Delta-Formfaktoren die zusammen den Formfaktor ergeben.

Auch mit der Nusselt-Analogie ist eine umgekehrte Betrachtungsweise möglich, Abb. 9.53. Der Einheitskreis der Halbkugel wird in gleichgroße Teilflächen aufgeteilt. Die Senkrechte auf einer Teilfläche hat einen Schnittpunkt mit der Halbkugel. Die Verbindungslinie von dA$_s$ mit diesem Schnittpunkt wird als Strahl in die Szenerie geschickt bis er auf eine Facette trifft. Die Summe aller Teilflächen, die auf diese Weise die gleiche Facette treffen, ist der zugehörige Formfaktor ($\Sigma \Delta F/\pi$).

Da die Formfaktoren über endlich viele Flächenelemente bestimmt werden, ist nicht verwunderlich, dass sich Rundungsfehler bzw. Aliasingeffekte an den Facettenkonturen ergeben. Die Größe der Fehler ist abhängig von der Auflösung der Projektionsebene und von der zufälligen Positionierung einer Facette auf dem Projektionsraster wie das Abb. 9.54 zeigt

Diese fünf Positionen führen zu einer ganz unterschiedlichen Anzahl überdeckter Pixel und damit zu unterschiedlichen Formfaktoren. Bei doppelter Auflösung der Projektionsfläche(n) (Abb. 9.55) ergeben sich naturgemäß andere Formfakto-

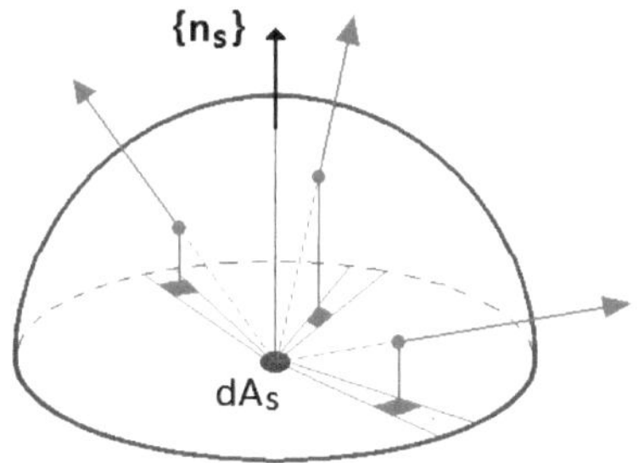

Abb. 9.53 Umgekehrte Ermittlung der Delta-Formfaktoren mittels Nusselt-Analogie

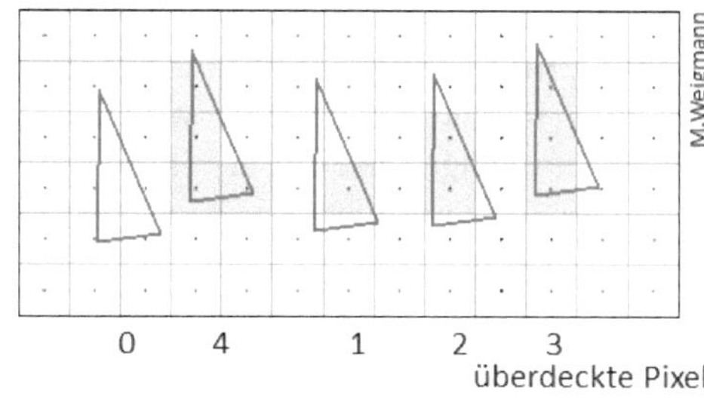

Abb. 9.54 Anzahl Delta-Formfaktoren abhängig von Auflösung und Positionierung

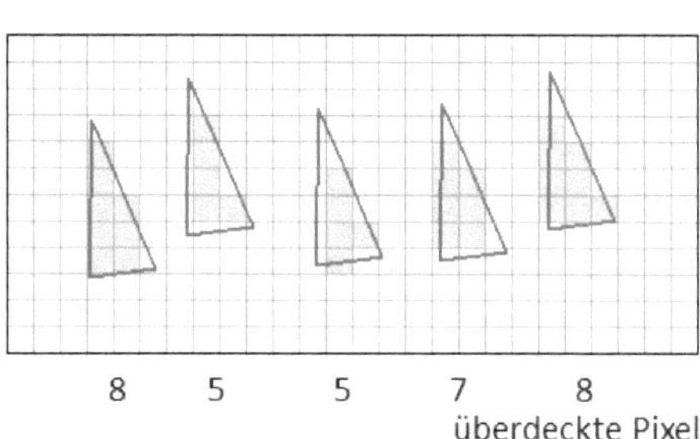

Abb. 9.55 Wie Abb. 9.54 bei doppelter Auflösuung

ren, die hier mit dem Faktor $\frac{1}{4}$ mit den obigen vergleichbar sind. Für die linken beiden Positionen ergeben sich völlig andere Werte, die rechten drei sind annähernd vergleichbar.

Eine höhere Auflösung löst das Problem dieser Aliasingeffekte also nicht generell und auch die Formel „höhere Auflösung = genauerer Formfaktor" ist nur bedingt richtig. Richtig ist allerdings, dass man nur mit viel Rechenzeit die Genauigkeit der Formfaktoren von beispielsweise zwei auf drei Ziffern erhöhen kann. Leider ist dieser Mehraufwand beim Ergebnis, dem gerenderten Bild, meistens nicht zu erkennen weil dieses nur subjektiv als stimmig oder unbefriedigend bewertet werden kann. Ein „genaues" Vergleichsbild gibt es nicht in der Computergrafik. Bei den vielen Annahmen und Vereinfachungen, die bis hierher getroffen wurden, macht es deshalb wenig Sinn, *zuviel* numerische Genauigkeit in die Formfaktoren zu investieren.

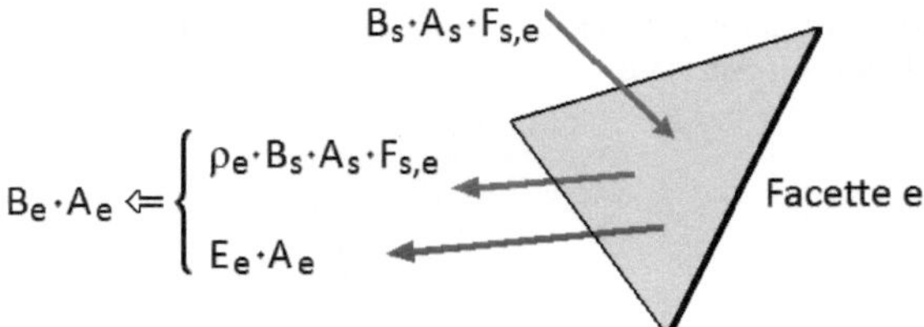

Abb. 9.56 Darstellung der Radiositygleichung

Aufbau und Lösung der Radiositygleichung

Von einer Facette s als Sender wird die Energie $B_s \cdot A_s$ abgestrahlt. Die Facette e als Empfänger erreicht davon nur ein um den Formfaktor reduzierter Anteil $B_s \cdot A_s \cdot F_{s,e}$. Diese Energie wird wiederum durch den Reflexionskoeffizienten der Facette e gemindert und strahlt dann auf alle anderen, sichtbaren Facetten. Wenn die Facette e zusätzlich selbstleuchtend ist, kommt deren gesamte Emission $E_e \cdot A_e$ hinzu (Abb. 9.56).

Diese Betrachtung lässt sich in eine Gleichung fassen:

$$B_e \cdot A_e = E_e \cdot A_e + \rho_e \sum_{s=1}^{N} F_{s,e} \cdot B_s \cdot A_s$$

Verwendet man das Reziprozitätsgesetz mit $A_s \cdot F_{s,e} = A_e \cdot F_{e,s}$, dann lässt sich A_e ganz eliminieren und man erhält die Radiositygleichung

$$B_e = E_e + \rho_e \sum_{s=1}^{N} F_{e,s} \cdot B_s$$

mit

$N =$ Anzahl der Facetten in der Szene

$E_e =$ Eigenstrahlung bzw. Emission [Energie/Fläche]; die von der Facette e abgegebene Energiedichte ohne reflektierte Anteile anderer Facetten. Infolge dieser Emission wird die Energieverteilung in der Szene gesucht (die *Rechte Seite* des LGS)

$B_e =$ Radiosity der Facette e [Energie/Fläche]; ist die gesamte von der Facette e abgestrahlte Energiedichte als Summe aus der Eigenstrahlung E_e der Facette e (falls sie emittiert) plus der mit dem diffusen Reflexionsfaktor ρ_e gewichteten Summe der Radiosity B_s von allen anderen Facetten s

$B_s =$ Radiosity der Facette s [Energie/Fläche]; die von der Facette s abgegebene Energiedichte.

$\rho_e =$ Reflexionskoeffizient der Facette e [−]

$F_{s,e}; F_{e,s} =$ Formfaktoren [−]; legen fest, welcher Anteil der von der Facette s/e abgegebenen Energie auf die Facette e/s auftrifft.

Die Radiositygleichung lässt sich als lineares Gleichungssystem als Matrizenschema darstellen, wobei darin die Unterscheidung nach e, s nicht mehr nötig ist:

$$\begin{Bmatrix} B_1 \\ B_2 \\ B_3 \\ \\ B_N \end{Bmatrix} = \begin{Bmatrix} E_1 \\ E_2 \\ E_3 \\ \\ E_N \end{Bmatrix} + \begin{bmatrix} \rho_1 & & & \\ & \rho_2 & & \\ & & \rho_3 & \\ & & & \\ & & & \rho_N \end{bmatrix} \cdot \begin{bmatrix} 0 & F_{12} & F_{13} & & F_{1N} \\ F_{21} & 0 & & & \\ F_{31} & & 0 & & \\ & & & & \\ F_{N1} & & & & 0 \end{bmatrix} \cdot \begin{Bmatrix} B_1 \\ B_2 \\ B_3 \\ \\ B_N \end{Bmatrix}$$

Radiosity $\{B\}$ und Emission $\{E\}$ sind jetzt Vektoren der Ordnung N. Die Reflexionskoeffizienten $|\rho|$ werden als Diagonalmatrix verarbeitet und $[F]$ ist die Matrix der Formfaktoren, deren Diagonalwerte sind $f_{jj} = 0$ aus besagten Gründen. Sowohl $|\rho|$ als auch $[F]$ sind jeweils von der Ordnung N bzw. N^2. Das Ganze als Matrizengleichung:

$$\{B\} = \{E\} + |\rho| \cdot [F] \cdot \{B\}$$

Unveränderlich sind in dieser Gleichung nur die Formfaktoren. Wegen der gegenseitigen „Unsichtbarkeit" mancher Facetten ist die Matrix $[F]$ niemals voll besetzt.

Abhängig vom Aufbau der Szene kann man in der $[F]$-Matrix zwischen 15–35 % Nullwerte erwarten. Wie früher schon erwähnt, sind die Reflexionskoeffizienten abhängig von der Wellenlänge des Lichts. Die Matrizengleichung ist deshalb für jede der drei RGB-Farben mit den zugehörigen Koeffizienten für ρ_R, ρ_G und ρ_B separat zu lösen. Als Ergebnis erhält man drei Radiosityvektoren $\{B_R\}$, $\{B_G\}$ und $\{B_B\}$, die zur aktuellen Farbe zusammengesetzt werden müssen.

Die Radiositygleichung lässt sich auch noch etwas anders umstellen, wobei ebenfalls die Unterscheidung nach e, s unnötig ist. Beide Radiosityvektoren $\{B\}$ sind jetzt identisch:

$$B_e - \rho_e \sum_{s=1}^{N} F_{e,s} \cdot B_s = E_e$$

$$\begin{bmatrix} 1 & -\rho_1 F_{12} & -\rho_1 F_{13} & & & -\rho_1 F_{1N} \\ -\rho_2 F_{21} & 1 & & & & \\ -\rho_3 F_{31} & & 1 & & & \\ & & & 1 & & \\ & & & & 1 & \\ -\rho_N F_{N1} & & & & & 1 \end{bmatrix} \cdot \begin{Bmatrix} B_1 \\ B_2 \\ B_3 \\ \\ B_N \end{Bmatrix} = \begin{Bmatrix} E_1 \\ E_2 \\ E_3 \\ \\ E_N \end{Bmatrix}$$

bzw. kurz
$$[T] \cdot \{B\} = \{E\}$$

Mit der Einheitsmatrix $[I]$ ergibt sich die Systemmatrix zu $[T] = [I] - |\rho| \cdot [F]$. Auch hier sind die ρ-Werte nacheinander zu ersetzen durch ρ_R, ρ_G und ρ_B. Den Radiosityvektor $\{B\}$ erhält man formal durch Inversion von $[T]$ zu $\{B\} = [T]^{-1} \cdot \{E\}$. Dieser Lösungsweg ist allerdings extrem aufwendig für nur eine Unbekannte $\{B\}$, denn die Inversion ist gleichbedeutend mit der Bestimmung von N Unbekannten, also N rechten Seiten. Es sei nochmals daran erinnert, dass $[F]$ nicht symmetrisch ist und damit ist auch $[T]^t \neq [T]$. Für die Außerdiagonalelemente gilt $t_{j,k} = \rho \cdot F \ll 1$,

d. h. $[T]$ ist diagonaldominant. Diese Eigenschaft ist Voraussetzung zur iterativen Lösung des Gleichungssystems.

Die Gauß-Seidel-Iteration ist eine Möglichkeit, das LGS zu lösen. Eine erste Näherung erhält man, wenn man obiges Schema nach den Diagonalgliedern auflöst (t, b, e sind die Elemente der Matrizen $[T]$, $\{B\}$, $\{E\}$):

$$
\begin{aligned}
t_{11} \cdot b_1 &= e_1 && - t_{12} \cdot b_2 - t_{13} \cdot b_3 - t_{14} \cdot b_4 - \dots \\
t_{22} \cdot b_2 &= e_2 - t_{21} \cdot b_1 && - t_{23} \cdot b_3 - t_{24} \cdot b_4 - \dots \\
t_{33} \cdot b_3 &= e_3 - t_{31} \cdot b_1 - t_{32} \cdot b_2 && - t_{34} \cdot b_4 - \dots \\
t_{44} \cdot b_4 &= e_4 - t_{41} \cdot b_1 - t_{42} \cdot b_2 - t_{43} \cdot b_3 && - \dots
\end{aligned}
$$

Bei dominanten Hauptdiagonalelementen t_{kk} lassen sich die rechts stehenden Glieder als relativ kleine Korrekturen auffassen. Aus der ersten Gleichung erhält man das Element b_1 als neue Näherung, das bereits in der zweiten Gleichung verwendet wird. In der zweiten Gleichung ergibt sich ein verbessertes b_2, das schon mit dem verbesserten b_1 berechnet wurde usw. Dieser Ablauf wird so lange wiederholt, bis alle Elemente von $\{B\}$ innerhalb einer gegebenen Toleranz stabil sind. Ein Iterationsschritt lautet also:

$$
{}^2 b_k = \frac{1}{t_{kk}} \left(e_k - \sum_{j=1}^{N} t_{kj} \, {}^1 b_j \right)
$$

Hierin ist vorausgesetzt, dass die Diagonalelemente t_{kk} aus der $[T]$-Matrix entfernt sind und separat als $1/t_{kk}$ vorgehalten werden. Die Summenbildung erfolgt als Skalarprodukt einer Matrixzeile $(t_{k,..})$ mit dem Spaltenvektor $\{B\}$; siehe Abschn. 11.2. Da die Ordnung N der Systemmatrix $[T]$ groß ist, muss folglich das Skalarprodukt sehr effektiv programmiert werden. Leider macht es wenig Sinn, diese N Skalarprodukte zu parallelisieren, da ja stets auf die bereits zuvor berechneten b_k zurückgegriffen wird. Die ganze Vorgehensweise wird als „Full-Matrix"-Methode bezeichnet.

Für die praktische Berechnung ist die Bildung von $[T]$ ein ganz unnötiger Schritt. Die beiden folgenden Verfahren verwenden die Ausgangsdaten unmittelbar.

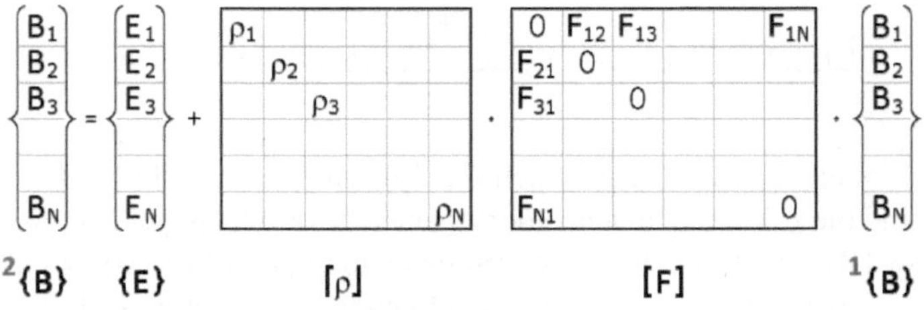

$$
{}^2\{B\} = \{E\} + \lfloor \rho \rceil \cdot [F] \cdot {}^1\{B\}
$$

Neben der „Full-Matrix"-Methode gibt es zwei weitere, ebenfalls iterative Lösungsstrategien, deren Bezeichnungen sich aus ihrer matriziellen Organisation ableiten: **Gathering** und **Shooting**.

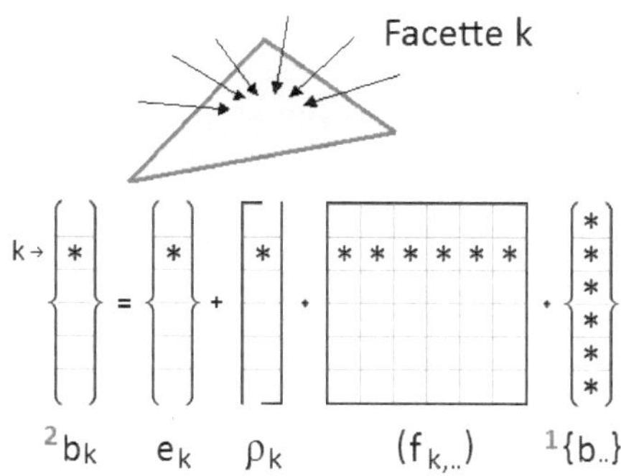

Abb. 9.57 Gathering (einsammeln) der Radiosity für Facette k

Gathering (einsammeln)

Beim Gathering wird die Radiosity b_k einer Facette von allen anderen von ihr aus sichtbaren Facetten „eingesammelt" mittels des Skalarprodukts $\rho_k \cdot (\mathbf{F}_{k,..}) \cdot \{\mathbf{B}\}$ (Abb. 9.57). Bei diesem zeilenweisen Ablauf verbessert jedes Skalarprodukt immer nur eine Unbekannte b_k.

Die Iteration beginnt mit $^1\{\mathbf{B}\} = \{\mathbf{E}\}$. Der zweite und jeder weitere Iterationsschritt besteht aus $^2\{\mathbf{B}\} = \{\mathbf{E}\} + \rho_k \cdot (\mathbf{F}_{k,..}) \cdot {}^1\{\mathbf{B}\}$. Um jede $\{\mathbf{B}\}$-Komponente zu verbessern ist stets ein voller Durchlauf über die Ordnung N der Formfaktoren $[\mathbf{F}]$ erforderlich, d. h., es werden nacheinander alle Zeilen der $[\mathbf{F}]$-Matrix benötigt.

Mit jeder Iteration wird die Umverteilung der Radiosity fortgesetzt, bis sich das Ergebnis $\{\mathbf{B}\}$ im Rahmen einer vorgegebenen Toleranz stabilisiert. Dieser Ablauf entspricht einer Gauß-Seidel-Iteration.

Bei Gauß-Seidel haben sich auch „Sparse"techniken für $[\mathbf{F}]$ bewährt, um 15–35 % leere Operationen beim Skalarprodukt zu vermeiden. Neben Gauß-Seidel kommt auch die Jacobi-Iteration zum Einsatz.

Shooting (verteilen)

Ausgangspunkt ist hier ein einzelner Term aus dem Skalarprodukt. Dieser stellt den Anteil zur Radiosity der Facette k dar, der nur von Facette j stammt:

$$\Delta R_k = \rho_k \cdot f_{kj} \cdot b_j$$

Fasst man b_j als temporäre Konstante auf, wird ihre Radiosity mit dieser Gleichung gewissermaßen auf alle von ihr aus sichtbaren Facetten „geschossen", also verteilt. Markiert sind diese durch $f_{kj} > 0$ in Spalte j der $[\mathbf{F}]$-Matrix (Abb. 9.58).

Um die Strahlung der j-ten Facette zu verteilen, wird die j-te Spalte der Formfaktoren $[\mathbf{F}]$ benötigt. Verteilt man immer die jeweils größten Strahlung $b_j \cdot A_j$, werden ineffektive Umverteilungen vermieden und die Konvergenz beschleunigt.

Da vom Skalarprodukt nur einzelne Teilprodukte verarbeitet werden, sind insgesamt zwar mehr, dafür aber einfachere Iterationen erforderlich als beim Gathering.

Auf diesem Prinzip beruhende Algorithmen sind Southwell-Iteration und Progressive-Refinement-Algorithmus. Die großen Matrizen vollständig im Haupt-

Abb. 9.58 Verteilung (Shooting) der Radiosity von Facette j auf alle von ihr aus sichtbaren Facetten

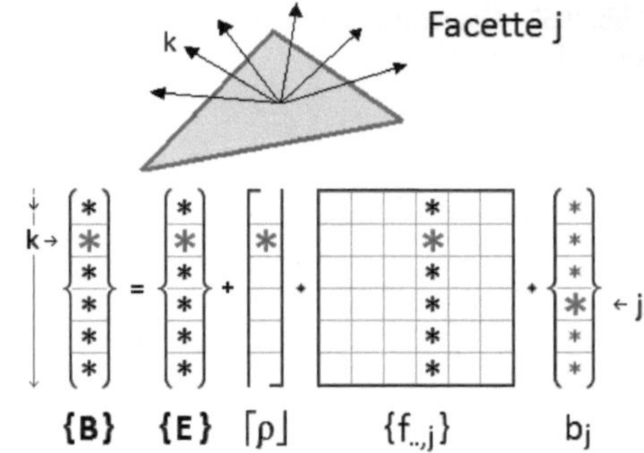

speicher zu halten ist praktisch nicht möglich, denn schon immer wuchsen die Ambitionen der Anwender schneller als die verfügbaren Ressourcen! Und auch die Frage, was oder wie viel „groß" beinhaltet, ist für einen PC oder einen Großrechner unterschiedlich zu beantworten.

Bei den Methoden „Full-Matrix" und „Gauss-Seidel" sind die Formfaktoren [F] im Voraus zu berechnen. Sie müssen zwangsläufig auf einem externen Datenträger so abgelegt werden, dass sie zeilenweise für das Skalarprodukt zur Verfügung stehen. Der Zugriff muss dabei so organisiert sein, dass I/O-Operationen die rechenintensive Iterationsschleife nicht ausbremsen. Der Kern einer Gauss-Seidel-Iteration ist im folgenden Programmcode realisiert, worin die Formfaktoren der Einfachheit halber unmittelbar verwendet werden.

```
' Gauss-Seidel Iteration
' ----------------------
Dim Nung As Integer            ' Ordnung Matrizen & Vektoren
Dim konv As Integer            ' Konvergenz-Zähler
Dim Temps, eps As Single       ' Hilfswert und Fehlerschranke
ReDim FF(Nung,Nung) As Single  ' Formfaktoren [F]
ReDim B(Nung), Em(Nung), rho(Nung) As Single
'
' Schleife bis Konvergenz
Do
  konv = 0
  For k = 1 To Nung
    Temps = Em(k)
    For j = 1 To Nung
      Temps += FF(k, j) * B(j)
    Next j
    Temps = Temps * rho(k)
    If Abs(1.0 - Abs(B(k) / Temps)) < eps Then konv += 1
    B(k) = Temps
  Next k
Loop Until (konv = Nung)
```

Beim Progressive-Refinement-Algorithmus wird der umgekehrte Weg beschritten: Die Strahlung der Facette j wird verteilt. Hierzu sind zunächst nur die Formfaktoren derjenigen Facetten relevant, die die Facette j sehen kann. Zu ihrer Berechnung ist nur ein einziger *Hemi-Cube* – oder eine *Single-Plane* – um die Facette j zu legen, mit dem man dann alle k Formfaktoren berechnet. Diese nur zur Facette j gehörenden Formfaktoren speichert man auf Vorrat, falls Facette j im weiteren Verlauf der Iteration abermals etwas zu verteilen hat. Normalerweise ist dieser Programmteil in der Iterationsschleife integriert (nicht im folgenden Code) [12].

Der Vektor {**B**} bekommt im Laufe der Iteration die umverteilte Radiosity. Die Umverteilung selbst erfolgt über den Vektor $\Delta B \rightarrow$ {del**B**}, dessen Komponenten nach und nach kleiner werden, bis die Umverteilung hinreichend genau erfolgt ist. Beide Vektoren werden vorbesetzt mit jeweils der halben Emission {Em}, sodass am Ende der Umverteilung diese auch nur einmal enthalten ist.

Jeder Iterationsschritt verteilt die Strahlung derjenigen Facette mit der größten Reststrahlung {del**B**} · {**A**}, das ist die Position „lfnr" im Vektor. Der zugehörige Umverteilungs„wert" ist zugleich Schalter für den Abbruch der Iterationsschleife. {**A**} ist die Facettenfläche. Die relativ schnelle Konvergenz des Algorithmus basiert auf dieser Vorgehensweise, denn „unergiebige" Strahlungen werden gar nicht erst angefasst.

```
' Progressive-Refinement
' ---------------------
Dim Nung As Integer            ' Ordnung Matrizen & Vektoren
Dim lfnr As Integer            ' Ort der größten Strahlung
Dim Wert, delR As Single       ' Strahlungswert und Verteiler
ReDim FF(Nung,Nung) As Single  ' Formfaktoren [F]
ReDim B(Nung), delB(Nung), A(Nung) As Single
ReDim Em(Nung), rhc(Nung) As Single
'
' initialisieren mit Emission {Em}
For k = 1 To Nung
  Wert = 0.5 * Em(k)
  B(k) = Wert
  delB(k) = Wert
Next
'
' Schleife bis Konvergenz
Do
  For k = 1 To Nung
    '
    ' größten Wert suchen
    Wert = 0.0
    For j = 1 To Nung
      If delB(j) * A(j) > Wert Then
        lfnr = j
        Wert = delB(lfnr) * A(j)
      End If
    Next j
    Wert = delB(lfnr)
    '
    ' verteilen auf alle Facetten
```

Progressive Refinement

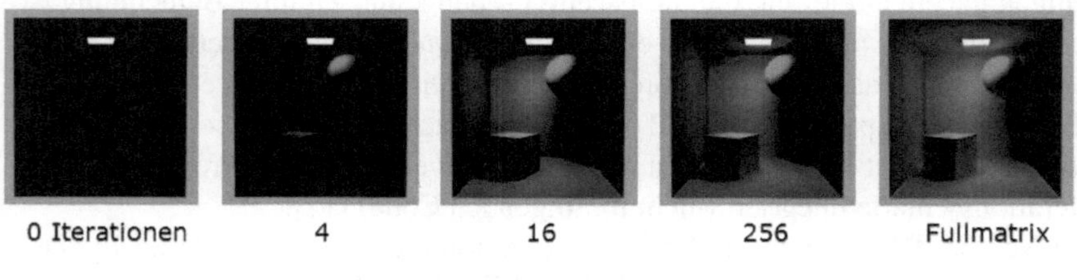

| 0 Iterationen | 4 | 16 | 256 | Fullmatrix |

Progressive Refinement mit ambientem Term

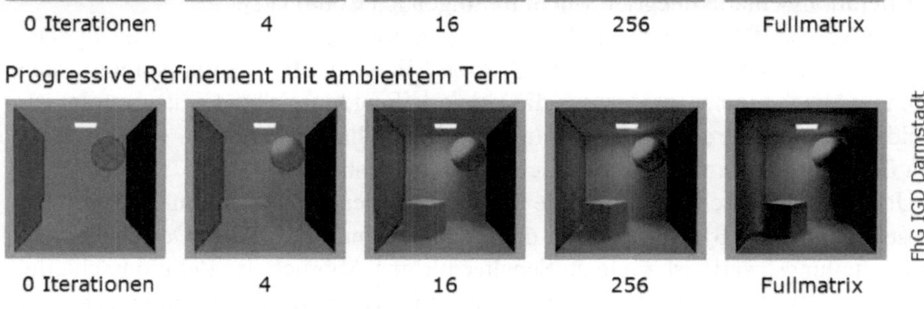

| 0 Iterationen | 4 | 16 | 256 | Fullmatrix |

FhG IGD Darmstadt

Abb. 9.59 Progressive-Refinement-Algorithmus

```
For j = 1 To Nung
  FFaktor = FF(j, lfnr)
  If FFaktor > 0 Then
    delR = rho(j) * FFaktor * Wert
    delB(j) += delR
    B(j) += delR
  End If
Next j
delB(lfnr) = 0.0
Next k
Loop Until Wert < eps
```

Da mit jedem Iterationsschritt alle Unbekannten modifiziert werden, kann man den Effekt der Umverteilung sofort sehen. Zu Beginn der Iteration – noch vor der ersten Umverteilung – leuchten nur die emittierenden Facetten auf. Die Bereiche, in denen das Licht nicht direkt und nur langsam eintrifft, bleiben anfangs noch sehr dunkel, weil die Umverteilung nur langsam sichtbar wird; vgl. obere Bildreihe in Abb. 9.59.

Um die Darstellung gleich am Anfang zu verbessern, überlagert man die Iteration um einen ambienten Term, der die dunklen Bereiche aufhellt. In dem gleichen Maße wie ΔB kleiner wird, wird auch der ambiente Term kleiner und verschwindet schließlich ganz. Auf diese Weise ist es möglich, schon nach der ersten Iteration ein erkennbares Bild zu erhalten; vgl. untere Bildreihe in Abb. 9.59.

Der ambiente Term wird wie folgt abgeschätzt:

Eine erste grobe Näherung für die Formfaktoren lässt sich angeben, ohne auf die geometrischen Verhältnisse der Facetten und ihre gegenseitige Sichtbarkeit einzugehen. Hierzu setzt man einfach eine Facettenfläche ins Verhältnis zur gesamten

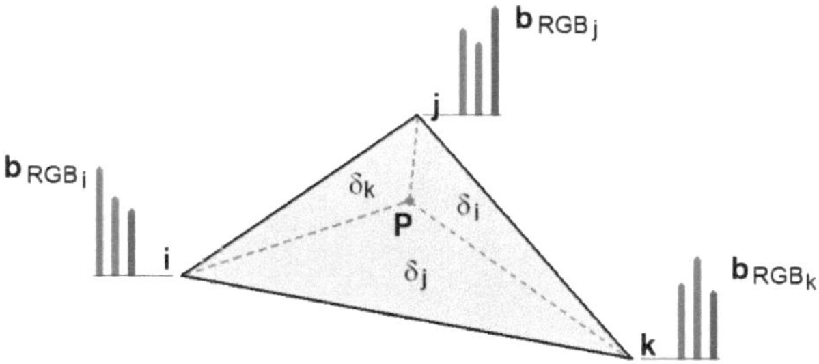

Abb. 9.60 Eck-Mittelwerte für die Radiosity aus angrenzenden Facetten

Fläche aller Facetten:

$$F_{*,j} \sim \frac{A_j}{\sum_{j=1}^{N} A_j} \qquad \rho_{avg} = \frac{\sum_{j=1}^{N} \rho_j \cdot A_j}{\sum_{j=1}^{N} A_j}$$

Auf dieser Basis lässt sich auch ein durchschnittlicher (average) Reflexionsfaktor ρ_{avg} für alle Facetten berechnen. Damit wird ein ambienter Term B_{amb} proportional zu ΔB angesetzt, also proportional zur noch unverteilten Radiosity:

$$B_{amb} = \frac{1}{1-\rho_{avg}} \sum_{j=1}^{N} F_{*,j}\, \Delta B_j$$

Die Radiosityiteration liefert die Strahlung im Vektor $\{\mathbf{B}\}$. Nur für die Darstellung des Bildes wird der ambiente Term hinzugefügt:

$$\{\mathbf{B}_i^{\mathbf{D}}\} = \{\mathbf{B}_i\} + \rho_i \cdot B_{amb}$$

Die Darstellung selbst erfolgt mit den Daten aus $\{\mathbf{B^D}\}$. Im Laufe der weiteren Iteration konvergiert $\{\mathbf{B^D}\}$ nach $\{\mathbf{B}\}$. Diese Vorgehensweise führt dazu, dass die Darstellung anfangs von der ambienten Reflexion dominiert wird, und erst am Ende der Iteration von den echten Radiositywerten.

Um zur farblichen Darstellung zu gelangen, ist die Radiosity für die drei Grundfarben R, G, B zu bestimmen. Die variablen Parameter sind hier die von den Farben der Facetten abhängigen Reflexionskoeffizienten $\rho_{\mathbf{RGB}}$, d. h., das LGS ist jeweils für $\rho_{\mathbf{R}}$, $\rho_{\mathbf{G}}$ und $\rho_{\mathbf{B}}$ separat zu lösen und liefert nacheinander drei Radiosityvektoren $\{\mathbf{B_R}\}$, $\{\mathbf{B_G}\}$ und $\{\mathbf{B_B}\}$.

Da wir mit konstanten Basisfunktionen arbeiten, sind die berechneten Radiositywerte für jede Facette konstant, z. B. $b_{\mathbf{R}j}$, $b_{\mathbf{G}j}$ und $b_{\mathbf{B}j}$ für die Facette j. Man sollte nun nicht auf die Idee kommen, die ganze Facette mit einer diesen Werten zugehörigen Farbe auszumalen. Das hätte zur Folge, dass Facettenkonturen sichtbar werden, wenn die Nachbarfacetten andere Farbtöne haben (was wahrscheinlich ist).

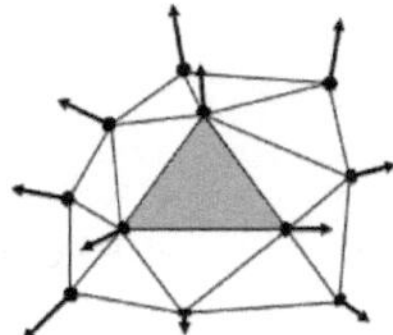

Abb. 9.61 Ermittlung der „Nachbarschaftsbeziehungen" involvierter
Facetten

Vielmehr müssen die b_{RGB}-Werte in zweifacher Hinsicht interpoliert werden.
Hierzu können wir auf die schon für die Schattierung beschriebene Vorgehensweise
zurückgreifen. Die berechneten Radositywerte gelten ja nicht nur für die Facette
„im Inneren", sondern natürlich auch für ihre Ecken. Gehört eine Ecke zu mehreren
Facetten, wird für diese Ecke die Radiosity aller angrenzenden Facetten gemittelt,
und zwar separat für R,G und B. Damit ist der Einfluss der Nachbarfacetten an der
Ecke hinreichend berücksichtigt. In der Skizze (Abb. 9.60) sei die Mittelwertbildung bereits vollzogen:

Wegen der Mittelwertbildung an den Ecken sind „Nachbarschaftsbeziehungen"
nötig, um den Zugriff auf die involvierten Facetten zu beschleunigen. Da an einer
Ecke durchaus mehrere Facetten zusammentreffen können, ist eine Liste erforderlich, die zu jeder Ecke alle Adressen derjenigen Facetten enthält, die die gleiche
Ecke verwenden (Abb. 9.61).

Die zweite Interpolation erfolgt für einen beliebigen Punkt P im Inneren oder
auf einer Kante der Facette mit den gemittelten Eckwerten. Das Detail hierzu ist
in Abschn. 11.3.10 beschrieben. Anstatt der dort verwendeten Normalenvektoren werden hier die Radositywerte mittels der natürlichen Dreieckskoordinaten δ
interpoliert:

$$^Pb_R = \delta_i b_{Ri} + \delta_j b_{Rj} + \delta_k b_{Rk}$$

$$^Pb_G = \delta_i b_{Gi} + \delta_j b_{Gj} + \delta_k b_{Gk}$$

$$^Pb_B = \delta_i b_{Bi} + \delta_j b_{Bj} + \delta_k b_{Bk}$$

Gute Radositybilder erreicht man durch möglichst homogene physikalische Eigenschaften der Facettenoberfläche, also der Farbe und dem Reflexionsvermögen.
Da nur ein konstanter Energiewert pro Facette berechnet wird (konstante Energieverteilung), ist es zweckmäßig, große Facetten zu unterteilen, um eine homogene
Darstellung zu erreichen.

Wie eingangs schon erwähnt, ist die Radiosityberechnung einer Szene unabhängig vom Beobachterstandort. Eine vollständige Neuberechnung der Szene muss
durchgeführt werden, wenn sich die Szenengeometrie oder die Reflexionseigen-
schaften von Facetten ändern. Falls die Beleuchtung geändert wird, müssen nur
diejenigen Formfaktoren und Leuchtdichten neu berechnet werden, die davon betroffen sind. Mit den geänderten Daten ist dann das LGS abermals zu lösen für die
drei Farben. Den gesamten Ablauf einer Radiosityberechnung zeigt das folgende

Diagramm:

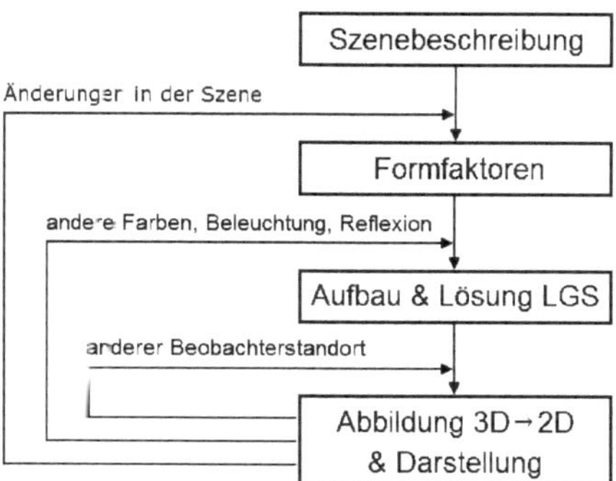

9.6.5.2 RayTracing

Das zuvor behandelte Radiosityverfahren hat physikalische Grundlagen und wird als **Strahlungsmethode** bezeichnet. Dagegen ist RayTracing eine **Strahlverfolgungsmethode** und basiert auf den optischen Gesetzen für ideale Spiegelung und Lichtbrechung, wobei das Licht immer als eine Gruppe von Strahlen verstanden wird. Im Gegensatz zum RayCasting wird bei RayTracing das Abtasten mit dem Auftreffen des Strahls auf eine Facette nicht beendet, sondern der Strahl wird weiterverfolgt. Es handelt sich nun nicht mehr nur um einen Sehstrahl, sondern um einen Lichtstrahl [11, 13, 14]. Das Verfahren ermöglicht verschiedene, sehr anspruchsvolle Arten der Schattierung. Durch Verfolgung von Strahlen, die durch Brechung oder Reflexion an einer Körperoberfläche entstehen, können realitätsnahe Computergrafiken erzeugt werden.

Vom Prinzip her wird das Licht entgegen seiner natürlichen Ausbreitungsrichtung vom Beobachter durch jedes Pixel der Projektionsfläche zurück in die Szene verfolgt, weshalb diese Vorgehensweise auch als *backward* RayTracing bezeichnet wird. Die unausweichliche Folge ist, dass RayTracing vom Standort des Beobachters abhängt, denn wechselt er diesen, muss die Szene komplett neu berechnet werden. Im Gegensatz dazu macht das *foreward* RayTracing wenig Sinn. Es erfordert eine Menge Untersuchungen um alle Strahlen frühzeitig zu eliminieren, die an der Projektionsfläche vorbei irgendwo im Unendlichen verschwinden.

Bei RayTracing wird davon ausgegangen, dass Licht immer nur aus einer Farbe besteht, d. h., nur eine Wellenlänge hat. Separate Berechnungen für jede der drei Farbkomponenten RGB sind deshalb nicht nötig. Die aktuelle Farbe eines Pixels wird an den Schnittstellen der Strahlen mit dem Objekt abgegriffen und setzt sich ggf. aus mehreren Anteilen zusammen. Weil nur einfarbiges Licht verwendet wird, kann dieses Licht nicht mit einem Prisma in weitere Spektralfarben – mit anderen Wellenlängen – zerlegt werden. Auch spezielle optische Effekte, wie etwa das Bündeln von Lichtstrahlen in Linsen oder Hohlspiegeln, können nicht erzeugt werden.

RayTracing hat also qua Definition keine diffuse Strahlung. Genau diese aber verhilft Bildern zu mehr Realität. Um dieses Manko auszugleichen, simuliert man ambientes Licht durch viele kleine Lichtquellen, die zur allgemeinen Beleuchtung der Szene beitragen und damit eine diffuse Beleuchtung ersetzen. Einen ambienten Term wie bei Radiosity kennt RayTracing nicht. Auch die Beleuchtung einer Facette mit der reflektierten Farbe einer anderen ist mit RayTracing nicht möglich, d. h., die Farbe einer Facette färbt nicht ab auf ihre unmittelbare Umgebung wie bei Radiosity (Abb. 9.43).

Das fehlende ambiente Licht ist auch für den typischen scharfen Schattenwurf bei RayTracing verantwortlich. Weil die Lichtquellen normalerweise keine mathematischen Punkte sind, erzeugen sie weiche Schatten mit einem Halbschatten, der den Kernschatten umgibt. Da von reflektierenden Körpern auch immer Licht auf einen Schatten fällt, ist dieser selten tiefschwarz.

RayTracing berücksichtigt die Spiegelungen und Brechungen an Facetten. Dabei gibt es drei Möglichkeiten: Entweder wird der Strahl an einer Facette gespiegelt, gebrochen oder absorbiert. Meistens treten diese Effekte in unterschiedlicher Ausprägung gemeinsam auf, sodass aus einem Strahl oft zwei werden können und jeder für sich weiter verfolgt werden muss. Für diffuse Reflektionen ist RayTracing deshalb nicht geeignet, weil ein eintreffender Lichtstrahl in alle – also unendlich viele – Richtungen reflektiert wird und es nicht möglich ist, unendlich viele Strahlen weiter zu verfolgen. RayTracing realisiert daher nur ideale Spiegelung, Brechung und Transmission.

Einer der Gründe für den Erfolg von RayTracing liegt in seiner leichten Erweiterbarkeit. Mit steigender Rechenleistung kamen mehrere Erweiterungen und Varianten auf, die die Möglichkeiten von RayTracing beträchtlich erweitern [„Raytracing"/Wiki]:

- **Diffuses RayTracing** (stochastisches oder distributed RayTracing) wurde 1984 von Cook et al. veröffentlicht[15]. Beispielsweise lassen sich weiche Schatten mit Kern- und Halbschatten erzeugen, indem die Richtungen der Schattenstrahlen zufällig verteilt die Oberfläche der Lichtquelle abtasten. Der Nachteil ist, dass dabei Bildrauschen entsteht, wenn zu wenige Strahlen verwendet werden.
- **Path Tracing und Light RayTracing** Obwohl diffuses RayTracing zahlreiche Effekte ermöglicht, ist es nicht in der Lage, die globale Beleuchtung mit Effekten wie diffuser Interreflexion und Kaustiken zu simulieren. James Kajiya beschreibt 1986 eine Rendergleichung, die die mathematische Basis für alle Methoden der globalen Beleuchtung bildet [16]. Seine Methode ist heute als Path Tracing bekannt, da ein Strahl sich vom Beobachter aus seinen „Weg" durch die Szene sucht.
- **Bidirektionales Path Tracing**, wurde unabhängig voneinander 1993 und 1994 von Lafortune und Willems sowie von Veach und Guibas entwickelt. Es ist eine direkte Erweiterung des Path Tracing, bei der Strahlen sowohl vom Beobachter als auch von den Lichtquellen aus gesendet und anschließend kombiniert werden.
- **Metropolis Light Transport (MLT)** ist eine Erweiterung des bidirektionalen Path Tracing und wurde 1997 von Veach und Guibas vorgestellt [17]. Bei MLT

Abb. 9.62 Beispiele für RayTracing-Bilder

werden die Lichtstrahlen so ausgesendet, dass sie sich der Beleuchtung anpassen und die Szene „erkunden". MLT bietet oft deutliche Geschwindigkeitsvorteile und vernünftige Ergebnisse bei Szenen, die mit anderen Algorithmen nur schwer korrekt zu simulieren sind.

- **Photon Mapping** wurde 1994 von **H. W. Jensen** vorgestellt als Ergänzung anderer RayTracing-Methoden, meistens um diffuses RayTracing auf globale Beleuchtung zu erweitern.
  Das Verfahren läuft in zwei Phasen ab. Zuerst wird die Photon-Map (Photonenkarte) erstellt und dann durch *Rendering* – unter Mithilfe der Photonenkarte – das eigentliche Bild erzeugt. Dabei wird an einer bestimmten Stelle im Bild die Energie der Photonen auf Basis der Photonenkarte bestimmt. So lässt sich durch Addition der indirekten, aus der Photonenkarte errechneten, und der berechneten direkten Beleuchtung die globale Beleuchtung der Szene bestimmen. Die verwendbaren Lichtquellen beim Photon Mapping sind nahezu unbegrenzt.
  Das Photon Mapping liefert neben der globalen Beleuchtung gleichzeitig auch Kaustiken. Das sind Bereiche, die sich durch Brechung klar in ihrer Helligkeit von den übrigen, meist dunkler beleuchteten, Bereichen abgrenzen – gut zu erkennen bei Wassergläsern, Glaskugeln und auch in bewegtem Wasser.

In der Literatur findet sich eine Fülle von RayTracing-Beispielen ähnlich den folgenden. Die dargestellten Szenen sind sorgfältig komponiert, um die Merkmale des RayTracing zu demonstrieren. So enthalten die meisten Beispiele sowohl stark reflektierende wie auch transparente Objekte, und stets sind Kugeln mit diesen Eigenschaften dabei. Damit lassen sich z. B. Spiegelungen zwischen Objekten behandeln oder auch Schattenwurf darstellen. Solche eindrucksvollen Bilder sind sofort und zweifelsfrei als RayTracing-Bilder zu erkennen (Abb. 9.62).

Trotzdem stellt RayTracing auch nur eine Teillösung des globalen Beleuchtungsproblems dar, ebenso wie Radiosity eine andere Teillösung ist. Für anspruchsvolle Grafiken gibt es, insbesondere bei komplexen Szenen mit unterschiedlichsten Materialien, keine Alternative zu RayTracing und seinen Weiterentwicklungen. Sein größter Vorteil ist, dass es elegant aus einzelnen Modulen kombiniert werden kann. Seine größten Nachteile sind die gleichen wie bei Radiosity: der extrem hohe Verbrauch an Speicherplatz (RAM) und eine lange Rechenzeit.

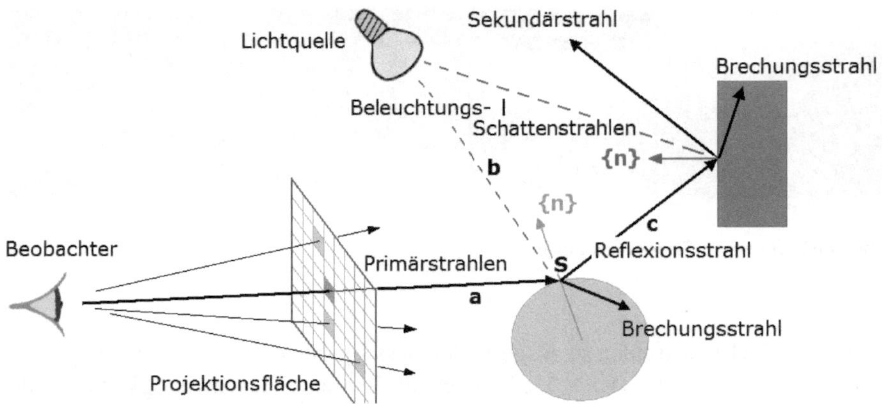

Abb. 9.63 Alle wesentlichen RayTracing-Elemente (Bedeutung der einzelnen Strahlen siehe Text)

Bisher haben wir uns ausnahmslos mit triangularisierten Oberflächenmodellen befasst, d. h., mit Szenen, die aus dreieckigen Facetten gebildet wurden. In einem so einfachen Modell ist die Funktionalität von RayTracing sehr eingeschränkt. Mit RayTracing können Grundobjekte analytisch sehr effektiv behandelt werden. So kann z. B. eine Kugel exakt als einzelnes, selbständiges Objekt verarbeitet werden ohne die Annäherung durch viele Facetten. Im Folgenden werden deshalb auch Objekte wie Quader und Kugeln in die Betrachtungen einbezogen.

Das Prinzip

RayTracing arbeitet vollständig im Objektraum und projiziert auf eine virtuelle Projektionsfläche. Diese ist ein affines Abbild des Bildschirmfensters, in das hinein die reale Darstellung erfolgen soll. Die Anzahl der „virtuellen" Pixel ist damit vorgegeben. Der äquidistante Pixelabstand (horizontal und vertikal) im Objektraum ist in Grenzen einstellbar mit den geometrischen Abmessungen der Szene einerseits und andererseits aus den Abständen der Projektionsfläche zum Beobachter bzw. zur Szene. Diese beiden Abstände und der Beobachterstandort formen letztlich den Blickwinkel und damit die Perspektive. Vorgelagerte Darstellungstransformationen sind bei RayTracing an sich nicht erforderlich, gelegentlich aber doch zweckmäßig.

Im Folgenden wird der „Strahl" als Universalbegriff missbraucht: im Berechnungsteil ist der Strahl einerseits ein rein geometrisches Objekt. Da das Ergebnis von RayTracing aber ein Bild ist, transportiert der Strahl andererseits auch immer Lichtintensität zur Ermittlung der Pixelfarbe. Was im Einzelfall gemeint ist, geht zweifelsfrei aus dem Text hervor.

Alle wesentlichen Elemente, die bei RayTracing verwendet werden, sind in Abb. 9.63 dargestellt; vgl. hierzu auch Abb. 9.21. Alle vom Auge des Beobachters ausgehenden Strahlen sind Primärstrahlen, alle reflektierten sind Sekundärstrahlen.

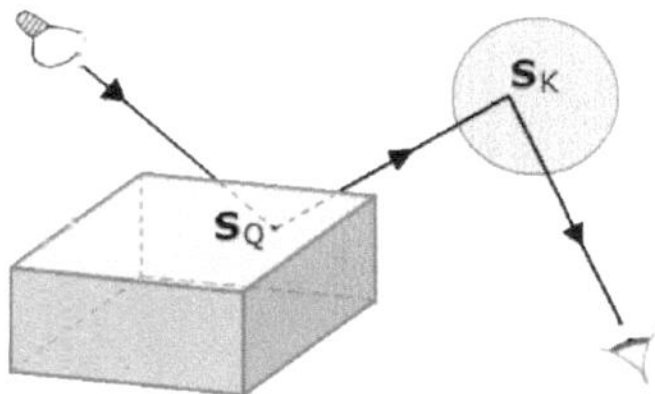

Abb. 9.64 Reflexionsstrahl: Strahl trifft erst nach Reflexion an anderen Objekten auf das Zielobjekt

Sichtstrahl: Der durch das aktuelle Pixel geschickte Primärstrahl wird zum Sichtstrahl (eye ray) für einen Berechnungsschritt. Zuerst ist zu prüfen, ob der Sichtstrahl überhaupt auf ein Objekt der Szene trifft.

- Trifft er kein Objekt, dann verliert sich der Strahl im Unendlichen. Dem Pixel wird die Hintergrundfarbe zugewiesen und die Berechnung ist für dieses Pixel beendet.
- Trifft er auf ein Objekt, dann wird zunächst geprüft, ob das getroffene Objekt durch die Lichtquelle beleuchtet wird. Ausgehend vom Schnittpunkt **S** mit dem Objekt wird ein Strahl **b** zur Lichtquelle gezogen (ggf. zu jeder weiteren Lichtquelle in der Szene).
  * Der Strahl trifft auf ein anderes Objekt: In diesem Falle geht man davon aus, dass kein Licht auf das Pixel fällt, er also im Schatten des Objekts liegt und die Farbe Schwarz bekommt. Dieser Strahl wird als Schattenstrahl (shadow ray) bezeichnet.
  * Trifft der Strahl die Lichtquelle, wird er als *Beleuchtungsstrahl* (illumination ray) bezeichnet. Da das Objekt von der Lichtquelle beleuchtet wird, ist eine spezielle Farbzuordnung für das Pixel nötig, die separat untersucht wird.

Beleuchtungsstrahl: b sei ein Beleuchtungsstrahl, der das Objekt beleuchtet. Um zu ermitteln, welche Farbe das Pixel hat, sind mehrere Untersuchungen nötig, nämlich:

- welche Farbe das Licht hat, das auf das Objekts trifft.
- welche Eigenschaften die Oberfläche des Objekts hat. Hierzu gehören die Farbe, die Reflexions-, Absorptions-, Transmissions- und Brechungseigenschaften. Diese Daten sind bekannt und in der Szenebeschreibung enthalten. Ist die Oberfläche reflektierend, muss untersucht werden, ob und welche Strahlen von anderen Objekten sich unter Umständen in dem Objekt spiegeln.

Reflexionsstrahl c: In komplexen Szenen ist es möglich, dass ein Strahl erst nach der Reflexion an anderen Objekten auf das zu untersuchende Objekt trifft, wie in Abb. 9.64 dargestellt. Es dürfen deshalb die für den Beobachter von seinem Standort eigentlich nicht direkt sichtbaren Rückseiten von Objekten nicht entfernt werden. Wird nämlich der Beleuchtungsstrahl im Schnitt

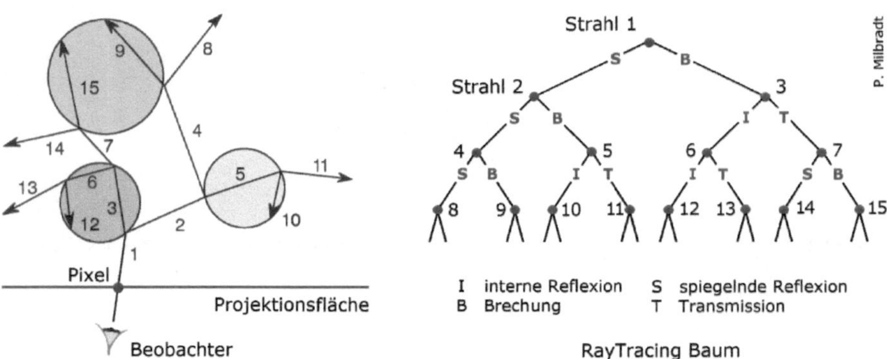

Abb. 9.65 Strahlverfolgung/Reflektion an drei halbtransparenten Kugeln mit zugehörigem RayTracing-Baum (*rechts*)

S_Q an der Rückwand des Quaders reflektiert, gelangt er über den Schnitt S_K mit der Kugel zum Beobachter, und für ihn ist die Rückwand als Spiegelung in der Kugel nun doch indirekt sichtbar.

Brechungsstrahl: Am Schnittpunkt eines Strahls mit einer Oberfläche wird immer ein Reflexionsstrahl generiert (sofern die Oberfläche ihn nicht vollständig absorbiert), ein Brechungsstrahl nur dann, wenn das Material des Objekts lichtdurchlässig ist.

An jedem Schnittpunkt S mit einem Objekt wird der Strahl höchstens in zwei Richtungen aufgespalten: in einen Reflexionsstrahl immer, in einen Brechungsstrahl nur bei lichtdurchlässigen Objekten. Für die Berechnung muss die Szenebeschreibung deshalb Angaben enthalten über

- die Materialeigenschaften hinsichtlich Transparenz und Brechung;
- die Lichtquellen;
- die lokalen Beleuchtungsmodelle mit Parametern, die die Farben bestimmen.

In den früheren, einfachen lokalen Beleuchtungs- bzw. Reflektionsmodellen wird nur die Beeinflussung von Oberflächenpunkten mit direkter Beleuchtung von Lichtquellen betrachtet. Im Allgemeinen jedoch erreicht ein Lichtstrahl irgendwie immer die Oberfläche, meist indirekt via Reflexion an anderen Oberflächen oder über Durchlässigkeit durch teilweise transparente Objekte oder einer Kombination von beiden. Dies wird deutlich an folgendem Beispiel (Abb. 9.65).

Dargestellt sind drei halbtransparente Kugeln, die sowohl reflektiertes wie gebrochenes Licht durchlassen. Ausgehend vom Beobachter wird (Sicht-/Primär-) Strahl 1 durch ein Pixel auf der Projektionsfläche zurückverfolgt. Hierbei ergeben sich drei Fragestellungen: wie läuft der Strahl durch die Szene, welcher Anteil wird reflektiert, welcher gebrochen und welche Farbe hat schließlich das Pixel infolge der vielen Einflüsse aus Reflexion und Brechung.

Strahlverfolgung: Es ist der Schnittpunkt von Strahl 1 mit der roten Kugel zu bestimmen. An diesem Punkt wird ein Teil des Strahls spiegelnd reflektiert als Strahl 2, ein anderer führt in die Kugel hinein und wird zum Lot hin gebrochen als Brechungsstrahl 3. Vom Brechungsstrahl 3 wird ein Teil intern gespiegelt als Strahl 6, ein anderer Teil verlässt die Kugel als transmittierter Strahl 7. Zunächst für die Strahlen 2, 4 und 7 wiederholt sich die Prozedur, dann auch noch für Strahl 5 und 6, sobald die Strahlen 2 und 3 abgearbeitet sind. Die Spiegelung ist eine rein geometrische Aufgabe, wogegen die Brechung und Transmission nach optischen Gesetzen erfolgt; hierzu sind zusätzlich Materialdaten erforderlich.

In Abb. 9.65 rechts ist der zugehörige „RayTracing-Baum" dargestellt. Dieser entwickelt sich in der Reihenfolge der Strahlverfolgung, indem jeder Strahl nach jeder Verzweigung zuerst in die Tiefe verfolgt wird und dann von links nach rechts. So wird im Beispiel zuerst Stahl 2 und alle seine untergeordneten Strahlen abgearbeitet bevor Strahl 3 bearbeitet wird. Ein ähnlicher RayTracing-Baum ergibt sich für jedes Pixel der Projektionsfläche.

Der Unterschied zwischen den früheren einfachen, lokalen Beleuchtungs- und Reflektionsmodellen und RayTracing ist die „Tiefe" in der untersucht wird. Es macht wenig Sinn, die aufgespaltenen Strahlen *ad infinitum* weiter zu verfolgen; das verhindert schon die ausufernde Rechenzeit. Vielmehr wird der Ablauf ab einer – wählbaren oder festgelegten – Strahlverfolgungstiefe *(trace level)* abgebrochen und an einer höheren Stelle des RayTracing-Baums mit einem anderen Strahl wieder aufgenommen.

Die Größe des RayTracing-Baums hängt ab von der Verfolgungstiefe n, dem trace level, und ergibt *maximal* $2^n - 1$ Schnittpunkte. Im Beispiel oben ist $n = 4$, was zu $2^4 - 1 = 15$ Schnittpunkten führt. Die Strahlen nach den Schnittpunkten 8, 11, 13 und 14 wurden nicht weiter verfolgt und treffen deshalb auf den Hintergrund.

Farbe: In Abschn. 9.6.3.4 haben wir bereits gesehen, dass die Farbe des Objekts nicht unbedingt die Farbe ist, die wir nach der Projektion sehen bzw. die dargestellt wird. Wenn der grüne Ball und die blaue Vase in einer RayTracing-Szene eingebaut sind, sehen wir den gleichen Effekt, der schon in Abschn. 9.6.3 bei den lokalen Beleuchtungsmodellen beschrieben wurde: An den spiegelnden Stellen sieht man nicht die Farben der Objekte, sondern die Farbe der Lichtquelle, die sie beleuchtet (Abb. 9.66).

Schon daraus wird deutlich, dass sich die Pixelfarbe aus mehreren Anteilen zusammensetzt:

- lokale Farbe, aus direkter Beleuchtung der Oberfläche und Streulicht;
- ein Farbanteil aus der Reflektion des Strahls, der aus der Reflektionsrichtung kommt, z. B. auch aus einer Lichtquelle (Strahl 2) und

Abb. 9.66 Veränderung der Farben durch Beleuchtungseffekte

Abb. 9.67 Oberflächenmodell mit einfachen Facette für jedes beliebige Objekt. *Links* mit einfachem Flat-Shading, *rechts* nach Gouraud-Shading

– ein Farbanteil aus der Fortleitung eines Strahls, der aus der Brechungsrichtung stammt (Strahl 3).

Strahlverfolgung und Schnittpunkte

Die Ermittlung des Schnittpunkts eines Strahls mit einem Objekt ist das Herzstück des RayTracing. Diese Aufgabe ist ggf. für eine Vielzahl von Objekten zu lösen: für die schon verwendeten Dreiecke, aber auch für Kugeln, Quader, Zylinder und weitere. Bei unseren bisherigen Oberflächenmodellen aus dreieckigen Facetten ist nur eine Reflexion des Strahls möglich. Zur Brechung gehören aber stets mehr oder weniger transparente Volumenobjekte wie die oben erwähnten. Viele Grafikprogramme verzichten allerdings auf diese, zugunsten einfacher Mathematik und übersichtlicher Programme. Auch aus Oberflächenmodellen mit einfachen Facetten lässt sich jedes beliebige Objekt mit guter Näherung zusammensetzen (Abb. 9.67).

Der jeweils aktuelle Primärstrahl wird als Sichtstrahl $\{s\}$ bezeichnet und verläuft vom Beobachter durch ein Pixel in die Szene. Mit den Koordinaten der Beobachterposition $\{B\}$ und denen des Pixel $\{P\}$ lässt sich die Richtung dieses Strahls angeben:

$$\{s\} = \{P\} - \{B\}$$

und damit die Gleichung des Strahls zu:

$$\{B\} + t \cdot \{s\} \quad \text{mit } \{B\}\ (B_x, B_y, B_z)$$
$$\{s\}\ (s_x, s_y, s_z)$$
$$t > 0 \text{ legt Strahl-Länge fest} \rightarrow \text{Halbgerade}$$

In der weiteren Strahlverfolgung markiert der Strahl $\{B\} + t \cdot \{s\}$ den Schnittpunkt $\{S\}$ mit einem Objekt (sofern es einen gibt). Der Anfangspunkt des nächsten Strahls sei $\{\mathbf{M}\}$ (um Verwechselungen mit $\{\mathbf{B}\}$ zu unterbinden) und fällt mit $\{\mathbf{S}\}$ zusammen. Seine neue Richtung $\{\mathbf{g}\}$ ergibt sich aus der Reflexion am Objekt. Ist dieses lichtdurchlässig, wird ggf. durch Brechung ein weiterer Strahl generiert.

Für jedes Objekt der Szene ist nun zu ermitteln, ob der Strahl einen Schnittpunkt mit dem Objekt hat. Gibt es einen Schnittpunkt, dann ist auch die Entfernung vom Schnittpunkt zum Beobachter zu berechnen. Das für den Beobachter sichtbare Objekt ist das zu ihm nächstgelegene.

Schnittpunkt mit ebener Facette

Im Normalfall wird eine beliebige Gerade immer eine beliebige Ebene – beispielsweise eine Facetten*ebene* – schneiden. Zwei Fälle interessieren jedoch in diesem Zusammenhang nicht:

- der Schnittpunkt mit der Ebene liegt außerhalb der Facette, und
- ein Verlängerungsfaktor $t < 0$ des Strahls besagt, dass er in seine Gegenrichtung zeigt und damit der Schnittpunkt außerhalb der Projektion liegt.

Der Schnittpunkt eines Strahls mit einer ebenen Facette ist detailliert im Abschn. 11.3.6 beschrieben. Kurz zusammengefasst:

Geradengleichung	$\{\mathbf{M}\} + t \cdot \{\mathbf{g}\}$
Ebenengleichung für drei Punkte (Abschn. 11.3.5) liefert $\{\mathbf{n}\}$; normieren berechnen mit einem Dreieckspunkt	$t = -\dfrac{(\mathbf{M}-\mathbf{P_1}) \cdot \{\mathbf{n}\}}{(\mathbf{g}) \cdot \{\mathbf{n}\}}$
prüfen $t > 0$	
Schnitt innerhalb, wenn	$\lambda > 0,\ \mu > 0$ und $(\lambda + \mu) \leq 1$
Koordinaten des Schnittpunktes	S_x, S_y, S_z

Der Schnittpunkt mit einem Quader – allgemein mit einem Polyeder – läuft auf die Bestimmung der Schnittpunkte mit seinen Oberflächen hinaus, und zwar jeweils für die Vorder- und Rückseite. Zwischen den Schnittpunkten ist die „Dicke" definiert, die zur Berechnung der Brechung gebraucht wird. Parallelflächige Objekte erleichtern die Arbeit erheblich.

Schnittpunkt mit einer Kugel

Eindrucksvolle Bilder erzeugen spiegelnde und (halb-) transparente Kugeln, die die Bilder einer umgebenden Szene verzerrt oder durch Brechung und Spiegelung auf den Kopf gestellt reflektieren. Der Schnittpunkttest (Abb. 9.68) ist eine relativ kurze und einfache Prozedur, was zum Teil die Popularität von Kugeln auf RayTracing-Bildern erklärt. (Der Radiusvektor $\{\mathbf{r}\}$ der Kugel darf nicht verwechselt werden mit dem Reflexionsvektor $\{\mathbf{r}\}$!)

Abb. 9.68 Schnitttest an einer Kugel

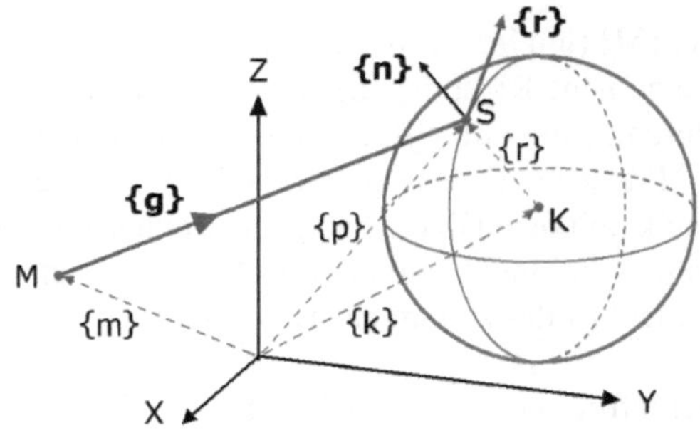

Die Vektorgleichung der Kugel lautet

$$|p - k| = r$$

Hier und im Folgenden sind die Klammern { } zur Kennzeichnung der Vektoren weggelassen um die Lesbarkeit zu verbessern. Auch so ist klar, dass es sich bei den Multiplikationen mit Vektoren um Skalarprodukte handelt.

Um herauszufinden, ob ein Strahl $m + t \cdot g$ die Kugel schneidet, ersetzen wir p durch $m + t \cdot g$ und quadrieren beide Seiten

$$|m + t \cdot g - k|^2 = r^2$$

Ausmultiplizieren:

$$r^2 = (m - k + t \cdot g) \cdot (m - k + t \cdot g)$$
$$= (m - k) \cdot (m - k + t \cdot g) + t \cdot g \cdot (m - k + t \cdot g)$$
$$= (m - k)^2 + 2 \cdot t \cdot g \cdot (m - k) + t^2 \cdot |g|^2$$

Dies ist eine quadratische Gleichung in t:

$$a \cdot t^2 + 2 \cdot b \cdot t + c = 0$$

und mit

$$a = |g|^2$$
$$b = g \cdot (m - k)$$
$$c = |m - k|^2 - r^2;$$

ist die Lösung:

$$t_{1,2} = [-b \pm \sqrt{(b^2 - a \cdot c)}]/a$$

Daran lässt sich immer noch nicht ablesen, ob es überhaupt Schnittpunkte gibt, und ggf. welche. Hierzu ist der Wurzelausdruck auszuwerten:

$b^2 - a \cdot c < 0$ kein Schnittpunkt; uninteressant $\rightarrow$ u.

$\quad = 0$ der Strahl oder seine Gegenrichtung berührt die Kugel; (u).

$\quad > 0$ zwei mögliche Schnitte t_1 und t_2:

Sind beide kleiner null, wird die Kugel von der Gegenrichtung des Strahls geschnitten; jedoch nicht vom Strahl selbst; (u).

Ist einer der beiden Werte gleich null, beginnt der Strahl auf der Kugeloberfläche und schneidet sie nur dann, wenn der andere Wert positiv ist; (u).

Haben beide Werte unterschiedliche Vorzeichen, beginnt der Strahl im Inneren der Kugel und schneidet sie einmal; (u).

Sind beide Werte positiv, schneidet der Strahl die Kugel zweimal, er tritt an einer Stelle ein und an anderer Stelle wieder aus. Der kleinere Wert von $t_{1,2}$ gehört zu dem Schnittpunkt, der näher am Ursprung des Strahls liegt. Nur dieser Strahl wird weiterverfolgt.

Die Oberflächennormale $\{n\}$ im Schnittpunkt ist der normierte Vektor vom Zentrum der Kugel durch den Schnittpunkt und ergibt sich zu

$$\{n\} = \{S - K\}/r$$

Die Normale wird sowohl zur Berechnung des reflektierten Strahls, als auch zur Berechnung des lokalen Farbanteils benötigt. Bei (halb-)transparenten Kugeln wird am Schnittpunkt ein Strahl generiert, der durch Brechung seine Richtung in der Kugel verändert, an ihrer gegenüberliegenden Oberfläche wieder austritt und dort seine Richtung abermals ändert. Dieser Strahl wird normalerweise weiterverfolgt, es sei denn, der *trace level* ist erreicht.

Reflexionen

Bei der regulären gerichteten Reflexio, auch Spiegelung, an hinreichend glatten Flächen liegen die Normale, der ankommende und der reflektierte Strahl in einer Ebene, der Reflexionsebene. Diese wird gebildet aus dem Vektor $\{g\}$ des Strahls und dem Normalenvektor $\{n\}$ der Oberfläche und geht durch den Reflektions- bzw. Schnittpunkt S; siehe Abschn. 11.3.9. Sofern man die Normale einer Oberfläche kennt, ist die Berechnung von reflektierten Strahlen für die Oberflächen aller Objekte gleich.

Der Anfangspunkt des neuen Strahls ist S, seine Richtung gegeben aus

$$\{r\} = \{g\} - 2 \cdot \{n\} \cdot ((g) \cdot \{n\})$$

Wichtig für die Farbzuordnung ist auch das Reflexionsvermögen (Reflexionsgrad) der Oberfläche, eine Materialkonstante. Sie ist das Verhältnis der reflektierten zur einfallenden Strahlungsintensität und hängt ab vom Oberflächenmaterial und dem Einfallswinkel. Es wird stets nur ein Teil des Lichts reflektiert, der Rest wird absorbiert oder gebrochen.

Brechung

oder Refraktion von Wellen, also auch von Licht, tritt ein infolge unterschiedlicher Lichtgeschwindigkeiten c in verschiedenen, lichtdurchlässigen Medien. Brechung

Abb. 9.69 Brechung von Licht beim Übertritt in ein anderes
Medium

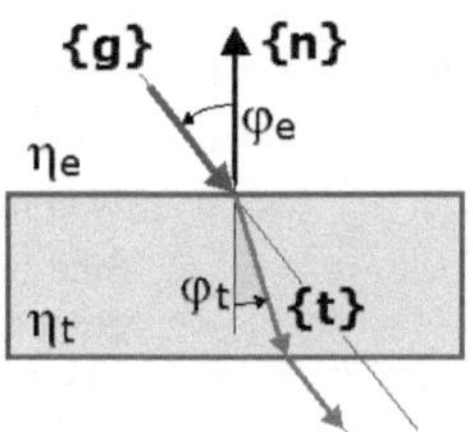

ist nicht zu verwechseln mit Beugung. Hierunter versteht man die Abweichung von
der geradlinigen Ausbreitung an Hindernissen, beispielsweise an einer Kante oder
einem Spalt.

Beim Übergang von Licht aus einem optisch dünneren (z. B. Luft mit Brechzahl
η_e) in ein optisch dichteres Medium (z. B. Wasser Brechzahl mit $\eta_t > \eta_e$) tritt
Brechung hin zum Einfallslot des dichteren Mediums auf (Abb. 9.69). Der Winkel
zwischen einfallendem Strahl {g} und Normale {n} heißt Einfallswinkel φ_e, der
Winkel zwischen gebrochenem Strahl {t} und Normale ist der Brechungswinkel φ_t.
Die Normale, der einfallende und der gebrochene Strahl liegen in einer Ebene, der
Einfallsebene, die identisch ist mit der oben erwähnten Reflexionsebene.

An der Grenzfläche zwischen isotropen Stoffen gilt das Brechungsgesetz nach
Snell mit den Brechungsparametern η:

$$\frac{\sin \varphi_e}{\sin \varphi_t} = \frac{c_e}{c_t} = \frac{\eta_t}{\eta_e} \qquad \text{bzw.} \qquad \sin \varphi_e \cdot \eta_e = \sin \varphi_t \cdot \eta_t$$

Die Richtung des gebrochenen Strahls berechnet sich mit $\eta = \eta_t/\eta_e$ zu:

$$\{t\} = \eta \cdot \{g\} + \left(\eta \cdot \cos \varphi_e - \sqrt{1 - \eta^2 + (\eta \cdot \cos \varphi_e)^2}\right) \cdot \{n\}$$

Der Winkel $\cos \varphi_e$ ist nicht bekannt und muss berechnet werden. Hierzu verwendet
man zweckmäßig das Skalarprodukt mit (normierten) Vektoren: $\cos \varphi_e = (g) \cdot \{n\}$.

Für die neue Richtung {t} seien drei Grenzwerte betrachtet:

- $\varphi_e = 0$
  Der Strahl {g} fällt mit der Normalen $-\{n\}$ zusammen und wird bei diesem Einfallswinkel nicht gebrochen. Setzt man $\varphi_e = 0$ in die Gleichung ein, ergibt sich
  $\{t\} = \eta \cdot \{g\} + (\eta - 1) \cdot \{n\}$. Mit $\{g\} = \{n\}$ folgt schließlich $\{t\} = \{g\}$.
- $\eta = 1$
  Die Brechzahlen beider Medien sind gleich, folglich gibt es keine Brechung
  und auch die Richtungen sind gleich. Der ganze Klammerausdruck wird null,
  es bleibt $\{t\} = \{g\}$.
- Wenn der Term unter der Wurzel negativ wird, überschreitet man die Schwelle
  zur Totalreflexion. In diesem Falle gibt es keine Brechung, sondern einfache
  Reflexion wie oben.

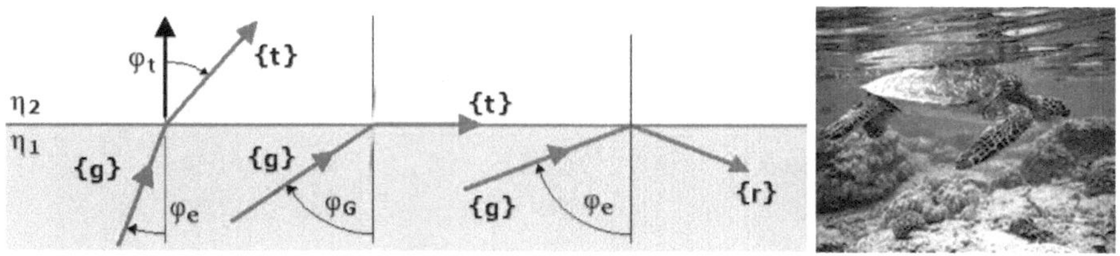

Abb. 9.70 Sonderfall der Brechung: Totalreflexion (Erklärung im Text)

Beim Übergang aus einem dichteren in ein dünneres Medium gibt es den Sonderfall der Totalreflexion. Ein Strahl, der aus einem optisch dichteren Medium (Brechzahl η_1) kommt und auf die Grenzfläche zu einem optisch dünneren Medium (η_2) fällt, wird vom Einfallslot weg gebrochen. Abbildung 9.70 zeigt von links:

- der Brechungswinkel φ_t ist größer als der Einfallswinkel φ_e; das ist der Normalfall bei $\varphi_e < \varphi_G$ und $\eta_1 > \eta_2$.
- vergrößert man den Einfallswinkel φ_e auf einen bestimmten Wert, so verläuft der Strahl {t} in der Grenzfläche der Medien und wird dort absorbiert. Dieser Winkel wird *Grenzwinkel der Totalreflexion* (auch kritischer Winkel) φ_G genannt, er ist wie folgt abhängig von den Brechzahlen:

$$\varphi_G = \arcsin(\eta_2/\eta_1)$$

- für den Einfallswinkel $\varphi_e > \varphi_G$ kommt Brechung nicht zustande, weil der Reflexionsstrahl {r} das Medium (an dieser Stelle) nicht verlassen kann. Der Reflexionswinkel ist wie bei der normalen Reflexion gleich dem Einfallswinkel. Dieser Fall wird als Totalreflexion bezeichnet.
- Totalreflexion kann man z. B. in einem Aquariumsbecken beobachten: Die Sehstrahlen des Beobachters können nicht durch die Wasseroberfläche hinaus in das Medium Luft, vielmehr werden sie an der Wasseroberfläche reflektiert und man sieht den Panzer der Schildkröte von oben als Spiegelbild infolge Totalreflexion. Bei senkrechtem Einblick in das gefüllte Aquariumsbecken erscheint seine Tiefe deutlich geringer als bei leerem Becken.

Auch das Funkeln geschliffener Diamanten beruht hauptsächlich auf Totalreflexion. Trotz der hohen Brechzahl von Diamant kommen zwar Lichtstrahlen in den Diamanten hinein, aber erst nach einer mehr oder weniger großen Anzahl von Totalreflexionen wieder heraus. Das ist das Ergebnis der Kunst des Diamantschleifers.

Die Tab. 9.5 enthält Brechzahlen für verschiedene Materialien. Da auch die Brechzahlen von der Wellenlänge des Lichts abhängig sind, gelten diese für eine Wellenlänge von 589 nm; ~Gelb.

Am Schnittpunkt eines Strahls mit einem transparenten Objekt treten beide Phänomene gleichzeitig auf: Reflexion und Brechung. Es ist also noch zu klären, wie viel von der ankommenden Intensität an den reflektierten und an den gebrochenen

Tab. 9.5 Vergleich von Brechzahlen unterschiedlicher Materialien

Material	Brechzahl n (bei 589 nm)	Material	Brechzahl n (bei 589 nm)
Vakuum	exakt 1	Quarz	1,54
Luft (bodennah)	1,003	Steinsalz	1,54
Aerogel	1,007 … 1,24	Polystyrol (PS)	1,58
Eis	1,31	Polycarbonat (PC)	1,585
Wasser	1,33	Epoxidharz	~1,55 … 1,63
Augenlinse	1,35 … 1,42	Kohlenstoffdisulfid (liq.)	1,63
Äthylalkohol	1,36	Rubin (Aluminiumoxid)	1,76
Magnesiumfluorid	1,38	Flintglas	~1,56 … 1,93
Flussspat	1,43	Glas	1,45 … 2,14
menschliche Haut	1,45	Bleikristall	bis 1,93
Tetrachlorkohlenstoff (liq.)	1,46	Zirkon	1,92
Quarzglas	1,46	Schwefel	2,00
Glyzerin	1,47399	Zinksulfid	2,37
Celluloseacetat	1,48	Diamant	2,42
Plexiglas	1,49	Titandioxyd (Anatas)	2,52
Benzol	1,49	Siliciumcarbid	2,65 … 2,69
Kronglas	~1,46 … 1,65	Titandioxyd (Rutil)	3,10
Mikroskopiegläser	1,523	Bleisulfid	3,90

Strahl weitergegeben wird. Aus der Anschauung lassen sich bereits zwei Grenzwerte angeben: Bei senkrechtem Einfall wandert der Strahl ohne Reflexion durch das transparente Objekt. Bei einem sehr flachen Schnitt gibt es praktisch nur Reflexion.

Mit Fresnels Gesetz lässt sich das Verhältnis von reflektierter zu transmittierter Intensität angeben. Dieses Verhältnis ist auch abhängig von der Wellenlänge und Polarisierung des Lichts, was für die Belange des RayTracing eher störend ist. Besser eignet sich ein Ansatz der nur mit dem Einfallswinkel φ_e auskommt [18]:

$$F \approx \frac{1}{2} \cdot \frac{(d-c)^2}{(d+c)^2} \cdot \left(1 + \frac{[c \cdot (d+c) - 1]^2}{[c \cdot (d-c) + 1]^2}\right)$$

$$c = \{g\} \cdot \{n\} \quad = \cos \varphi_e$$

$$d = \sqrt{\eta^2 + c^2 - 1}$$

$$\eta = \eta_t / \eta_e$$

In Abb. 9.71 ist der Verlauf dieser Verteilungsfunktion über den ganzen Bereich des Einfallswinkels für $\varphi_e = 0\text{–}90°$ und für das Brechungsverhältnis $\eta = \eta_t / \eta_e = 1{,}33$ aufgetragen. Sie trennt den Bereich Brechung von Reflexion am unteren Kurvenrand. Im Beleuchtungsmodell von Schlick (Abschn. 9.6.3.4) wurde bereits eine genäherte Verteilungsfunktion angegeben, die mit den hier verwendeten Bezeich-

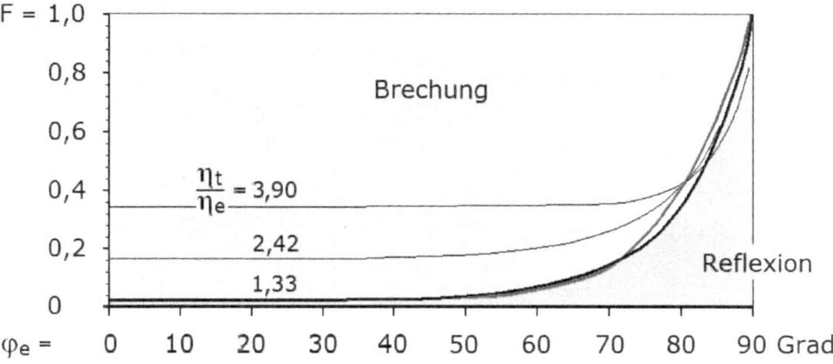

Abb. 9.71 Verlauf o. g. Verteilungsfunktion für $\varphi_e = 0\text{–}90°$ und für $\eta = \eta_t/\eta_e = 1,33$

nungen folgendermaßen aussieht:

$$F = F_0 + (1 - F_0) \cdot (1 - \cos \varphi_e)^5$$

$$F_0 = \left(\frac{\eta - 1}{\eta + 1}\right)^2 \qquad \eta = \eta_e/\eta_t$$

Der Verlauf dieser sehr viel einfacheren Verteilungsfunktion bildet die obere Grenze für das Brechungsverhältnis. Die Abweichungen sind so minimal, dass man im RayTracing die Schlick-Formel nutzen sollte. In einem relativ großen Bereich bis ca. 45° ist der Reflexionsanteil sehr gering. Je größer das Brechungsverhältnis η_t/η_e wird, umso größer wird der Anteil der Reflexion.

Farbe

Bei der Berechnung des Schnittpunktes eines Sehstrahls mit einem Objekt bestimmt man auch die Distanz zum Beobachter und berechnet die Flächennormale des Objekts am Schnittpunkt. Mit diesen Informationen lässt sich die zum Beobachter reflektierte „Lichtintensität" und somit die Farbe ermitteln. Diesen für die Farbe zuständigen Part nennt man **Shader**.

Zuerst ist zu prüfen, ob das zu untersuchende Pixel möglicherweise im Schatten liegt. In diesem Falle wird es schwarz eingefärbt und man kann sich die weitere Farbbestimmung ersparen.

Ausgehend vom Schnittpunkt **S** wird ein Schattenstrahl (Abb. 9.63) zur Lichtquelle gezogen (ggf. zu jeder weiteren Lichtquelle in der Szene). Trifft der Strahl auf ein anderes Objekt, geht man davon aus, dass kein Licht auf das Pixel fällt, er also im Schatten des Objekts liegt und die Farbe Schwarz bekommt. Nur wenn der Strahl die Lichtquelle trifft, also das Pixel beleuchtet wird, ist die Farbe zu ermitteln.

In Abb. 9.72 wird Strahl 1 durch ein Pixel in die Umgebung hinein verfolgt. Das erste Objekt, auf das er trifft, sei eine halbtransparente Kugel. Die Farbe am Schnittpunkt **S**, die von ihrer Oberfläche kommt – und damit die Pixelfarbe – besteht aus drei Anteilen:

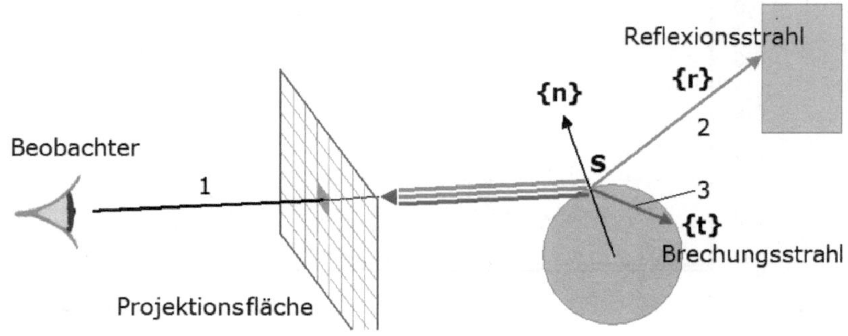

Abb. 9.72 Verfolgung eines Strahls durch ein Pixel in die Umgebung hinein

- ein lokaler Farbanteil aus direkter Beleuchtung.
- ein reflektierter Farbanteil, der aus der Reflektionsrichtung {r} kommt. Dieser Anteil kann durch Rückverfolgen von Strahl 2 zu dessen ersten Schnitt mit einem anderen Objekt (wenn es ein solches gibt) bestimmt werden. Die Farbe bei diesem nächsten Schnitt setzt sich seinerseits wiederum aus drei Anteilen zusammen: lokaler, reflektierter und durchlässiger.
- ein transmittierter Farbanteil, der aus der Brechungsrichtung {t} kommt, Strahl 3. Dieser in die Kugel durchgelassene Anteil von Strahl 1 wird in derselben Weise rückverfolgt wie Strahl 2. Bei einer Kugel wird also zuerst der Schnitt gesucht den der Transmissionsstrahl {t} – durch das Kugelinnere kommend – mit ihrer Oberfläche hat. Hier kommt es wieder zu einer Verzweigung usw.
Ein lichtundurchlässiges Objekt generiert keinen Brechungsstrahl und natürlich auch keinen Farbanteil daraus.

Ist die Verfolgung eines Lichtstrahls mit seinen Verästelungen komplett abgeschlossen, wird für die Farbbestimmung des Pixels das lokale Beleuchtungsmodell nach Phong eingesetzt (siehe Abschn. 9.6.3.4). Dort wurde die lokale Beleuchtung aus ambienter, ideal diffuser und ideal spiegelnder Reflexion zusammengeführt zur Intensität:

$$I = I_{ambient} + I_{diffus} + I_{spiegelnd}$$
$$I = k_a \cdot I_a + f(d) \cdot I_P \cdot [k_d \cdot \cos(\theta') + k_s \cdot \cos^a(\varphi)]$$

Da RayTracing eigentlich keine diffuse Strahlung I_a als Grundbeleuchtung kennt, wird ein mehr oder weniger großer Strahlungsanteil abgezweigt und konstant als $k_a \cdot I_a$ verteilt. Die Funktion $f(d)$ zur Intensitätsminderung infolge der Entfernung zur Lichtquelle I_P wird bei RayTracing in anderer Weise berücksichtigt.

Im Gegensatz zur direkten lokalen Beleuchtung zeichnet sich globale Beleuchtung durch die Wechselwirkung aus, die von direktem Licht mit reflektierenden und transparenten Objekten ausgeht. Um das Phong-Modell auch für globale Beleuchtung verwenden zu können, wird es um zwei Terme ergänzt. Dies sind die Beiträge des reflektierten und eines transmittierten Strahls (sofern das Objekt transparent ist), also der Reflexions- und Transmissionsanteil I_{ref} und I_{tran}. Damit stellt sich das erweiterte Phong-Modell nur wie folgt dar:

$$
\begin{aligned}
I = \; &I_a \cdot k_a && \text{glo,} && \text{diffuses Streu-Licht} \\
&+ I_P \cdot k_d \cdot \cos(\theta') && \text{loc,} && \text{diffus reflektierte direkte Beleuchtung} \\
&+ I_P \cdot k_s \cdot \cos^a(\varphi) && \text{loc,} && \text{spiegelnd reflektierte direkte Beleuchtung} \\
&+ k_r \cdot I_{ref} && \text{glo,} && \text{reflektiertes Licht an Oberflächen} \\
&+ k_t \cdot I_{tran} && \text{glo,} && \text{transmittiertes Licht infolge Brechung}
\end{aligned}
$$

Die Kürzel *glo* und *loc* stehen jeweils für globale oder lokale Beiträge. Die Intensitäten I_{ref} und I_{tran} sind hierin das Ergebnis von Strahlverfolgungen und gelten jeweils am ersten Schnittpunkt eines Strahls mit einem Objekt. Diese fünf Terme lassen sich für jeden beliebigen Schnittpunkt S zu den oben beschriebenen drei Farbanteilen zusammenfassen, womit diese drei Anteile präzisiert sind:

$$
I_S = I_{loc} + k_r \cdot I_{ref} + k_t \cdot I_{tran}
$$

Der lokale Anteil I_{loc} deckt den ‚lokalen Phong' ab einschließlich Streulicht I_a, weil dieses ohnehin als konstant angenommen wird. Genau die Summierung dieser drei Anteile an einem Schnittpunkt stellt einen rekursiven Prozess dar. Denn I_{tran} benötigt seinerseits bei der nächsten Oberfläche, die vom transmittierten Strahl geschnitten wird, einen äquivalenten Ausdruck für I, und für I_{ref} gilt das Gleiche, wenn der reflektierten Strahl die nächste Oberfläche trifft usw.

Diese Rekursion setzt sich fort, bis

- man den vorgegebenen trace level erreich hat, oder
- kein weiteres Objekt geschnitten wird, oder
- die Lichtintensität so gering geworden ist, dass ihr Einfluss auf das aktuelle Pixel vernachlässigt werden kann.
- alle Äste des RayTracing-Baumes abgearbeitet sind.

Die Materialkonstanten – hier die Reflexionskoeffizienten k_* – haben die gleiche Bedeutung wie im ‚lokalen Phong'. Hinzugekommen ist der Koeffizient k_t für die Transmission. Die beiden Spiegelungskoeffizienten k_s für direkte, spekulare Spiegelung und k_r für Reflexionen bei Strahlverfolgung sind normalerweise gleich (Abb. 9.73).

Vermeidbarer Aufwand

Die Generierung hochwertiger Grafiken mit RayTracing ist stets mit viel Rechenzeit verbunden. Es ist deshalb zweckmäßig, schon beim Entwurf eines Programmes und bei seiner Implementierung alles zu unterbinden, was formal zwar richtig und

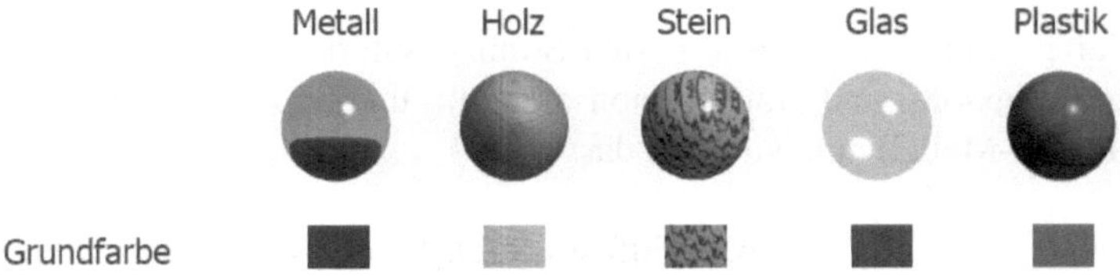

	Metall	Holz	Stein	Glas	Plastik
Grundfarbe					
Glanzlicht Stärke	85%	15%	50%	85%	75%
Glanzlicht Fokus	90%	10%	50%	90%	50%
Reflexion	60%	0%	0%	30%	0%
Transparenz	0%	0%	0%	85%	0%
Brechung	0%	0%	0%	24%	0%

CorelDREAM 3D

Abb. 9.73 Einige Faktoren für unterschiedliches Material

logisch ist, aber auf die aktuelle Grafik wenig oder keinen Einfluss hat. Deshalb folgen zunächst einige Hinweise auf vermeidbare Arbeiten im Sinne von Optimierung, die am besten gleich in einem Programmentwurf berücksichtigt werden.

Die Anzahl der ausgesandten Primärstrahlen entspricht der Anzahl der Pixel des zu erzeugenden Bildes. Damit ist die Rechenzeit in erster Näherung direkt von der Größe des Bildes abhängig. Ohne Optimierung müsste jeder Strahl gegen alle Objekte – als zweiter Zeitfaktor – getestet werden. Dies gilt nicht nur für die Primärstrahlen, sondern auch für alle Sekundärstrahlen, also den Reflexions- und Brechungsstrahlen. Diese ziehen weitere Strahlen und Schnittpunkte nach sich wie im RayTracing-Baum gargestellt. Da ca. 90 % der Rechenzeit für Schnittpunktberechnungen verbraucht wird, kommt es also hauptsächlich darauf an, sowohl ihre Anzahl zu reduzieren als auch den Algorithmus zu ihrer Berechnung zu optimieren.

Schachtelungstiefe

Eine sehr simple Optimierung ist der Abbruch der Strahlverfolgung bei Erreichen der vorgegebenen Schachtelungstiefe, dem trace level. Ist diese erreicht, berechnet man nur noch die Lokalfarbe und beendet den Ast im Tracing-Baum. Besonders effektiv ist diese Methode nicht. Gerade in Bildern mit vielen intensiven Spiegelungen ist eine adaptive Tiefenkontrolle empfehlenswert, die abhängt von der weitergeleiteten Strahlung und erst (bzw. schon) abbricht, wenn diese so gering ist, dass sie keinen nennenswerten Einfluss auf die Farbe am Punkt P hat.

Fresnel-Formel

An jedem Schnittpunkt S mit einem Objekt wird der Strahl höchstens in zwei Richtungen aufgespalten: in einen Reflexionsstrahl immer, in einen Brechungsstrahl nur bei lichtdurchlässigen Objekten. Die Fresnel-Formel legt die Aufteilung der Strahlungsintensität zwischen dem Reflexions- und dem Brechungsstrahl fest. Sie ist stark abhängig vom Brechungsverhältnis η und bei Einstrahlwinkeln φ_e bis zu etwa 45° nahezu konstant. Bei voll transparenten Objekten mit dem üblichen kleinen

Abb. 9.74 Schnittpunktberechnung

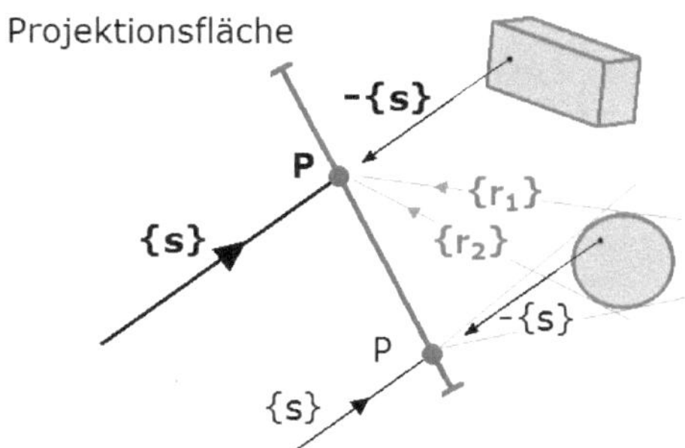

Brechungsverhältnis bekommt der Reflexionsstrahl meist nur einen relativ kleinen Anteil, d. h., seine Weiterverfolgung und damit sein Einfluss auf die Farbe ist sehr schnell vernachlässigbar. Zur Berechnung der Aufteilung genügt die Näherung von Schlick, denn alle anderen im Verfahren verwendeten Konstanten haben größere Toleranzen.

Schnittpunkte

Die Anzahl der zu berechnenden Schnittpunkte lässt sich wie folgt reduzieren (Abb. 9.74): $\{s\}$ ist der Primärstrahl zwischen der Beobachterposition und dem aktuellen Pixel **P**. Mit der Richtung dieses Primärstrahls und einer reversen Betrachtung können alle zu untersuchenden Objekte vorgeprüft werden, ob mit der vorgegebenen Richtung $-\{s\}$ überhaupt eine Chance besteht, das Pixel **P** zu treffen. In Abb. 9.74 ist das für den Quader der Fall, nicht jedoch für die Richtungen $\{r_1\}$ und $\{r_2\}$.

Von einem anderen Objekt, beispielsweise einer Kugel, werden zwei Hilfsrichtungen $\{r_1\}$ und $\{r_2\}$ zum Pixel P ermittelt. Nur wenn die Richtung $-\{s\}$ innerhalb dieser beiden Richtungen liegt, ist die Kugel (oder Teile davon) aus Richtung $\{s\}$ sichtbar. Alle Objekte, die diese Bedingung nicht erfüllen, brauchen auf Schnitte mit der Richtung $\{s\}$ gar nicht erst untersucht zu werden. Die Distanzen vom Objekt zu P, also die wahren Längen von $\{r_{1,2}\}$, werden eigentlich gar nicht gebraucht, sind aber zu ihrer Normierung und zum Vergleich mit $\{s\}$ erforderlich.

Diese Technik lässt sich erweitern auf eine Gruppe von Objekten, indem man mehrere davon in einer Objekthierarchie zusammenfasst und sie einem Containerobjekt zuordnet; in Abb. 9.75 in einer Kugel. Liegt die Richtung $-\{s\}$ nicht innerhalb $\{r_{1,2}\}$ des Containerobjekts, brauchen alle Objekte des Containers nicht auf Schnitte getestet zu werden.

Mit der Richtung $-\{s\}$ wird zuerst der ‚Eltern'container geprüft. Ist ein Schnittpunkt möglich, werden nacheinander für seine ‚Kind'container neue Richtungen $\{r_{1,2}\}$ ermittelt und alle ‚Kind'container übergangen, die nicht die Richtung $-\{s\}$ einschließen. Sind die ‚Kind'container abgearbeitet, werden die enthaltenen Objekte wie oben selbst geprüft. Ergeben sich Schnitte an mehreren Objekten, so ist das zu P nächstgelegene maßgebend.

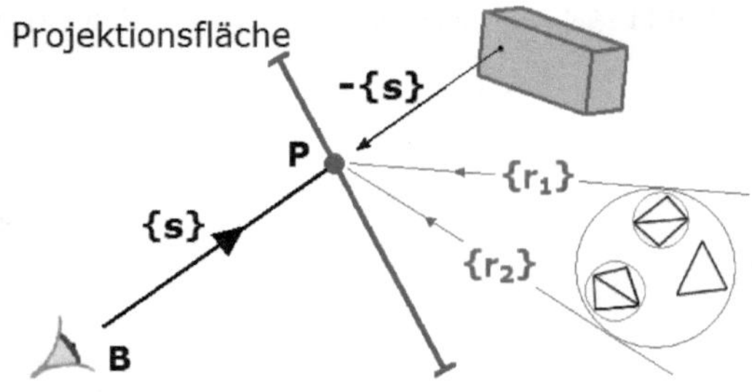

Abb. 9.75 Zusammenfassung einer Gruppe von Objekten in einem Containerobjekt

Dieses Vorgehen erfordert weiteren organisatorischen Aufwand zur Beschreibung der Szene. Zusätzlich zu den realen Objekten müssen virtuelle Containerobjekte definiert und reale Objekte mit diesen verknüpft werden. Als Container eignen sich besonders gut Kugeln, wenn die eingelagerten Objekte nicht gerade lang und dünn sind. Aber auch andere Container – Würfel, Quader, Zylinder – werden verwendet. In jedem Falle hat man zwischen Geschwindigkeit des Schnittpunkttests und der Genauigkeit der Containerapproximation abzuwägen. Der Aufwand zur Berechnung des Strahl-Container-Schnittpunktes wird umso höher, je komplizierter der Container ist. Unter Umständen gewinnt man gar keinen Geschwindigkeitsvorteil mehr, was wiederum für die Kugel als Container spricht, auch weil die Schnittpunktbestimmung mit einer Kugel recht einfach ist.

Eine Alternative zu dieser Objekthierarchie ist die Raumaufteilung der Szene in mehr oder weniger große Bereiche, die dann nur noch Teilmengen der Szene enthalten. Der hierfür nötige organisatorische Aufwand ist minimal, der weitere Ablauf ansonsten ähnlich dem obigen. Diese Methode wird vorzugsweise bei Architekturmodellen angewandt.

Algorithmus

Die Schnittpunktberechnung eines Strahls an einer ebenen Facette ist detailliert im Abschn. 11.3.6 beschrieben. Zweckmäßig verwendet man die 2. Variante.

Darstellungstransformationen

Wie eingangs zum Kap. 8 erwähnt, sind die Objekte der Szenerie durch Knoten und ebene Facetten modelliert, wobei nur die Knoten die äußere Form festlegen. Die Darstellungstransformationen liefern lediglich einen Satz neuer Koordinaten, zwischen denen sich die Facetten „einhängen". In allen Skizzen zur Beschreibung von RayTracing werden Primärstrahlen stets vom/zum Auge des Beobachters verfolgt, wodurch – ohne besondere Erwähnung – automatisch immer (und nur) Zentralprojektionen betrachtet werden. Der Primärstrahl {s} vom Auge des Beobachters durch das aktuelle Pixel hat dabei jedes Mal eine andere Richtung.

Diese Ausgangssituation lässt sich weiter vereinfachen. Im Abschn. 8.6 wurde eine Zentralprojektion in zwei Schritten erzeugt: In einem separaten Vorlauf werden die Koordinaten gemäß einer Zentralprojektion transformiert und die so

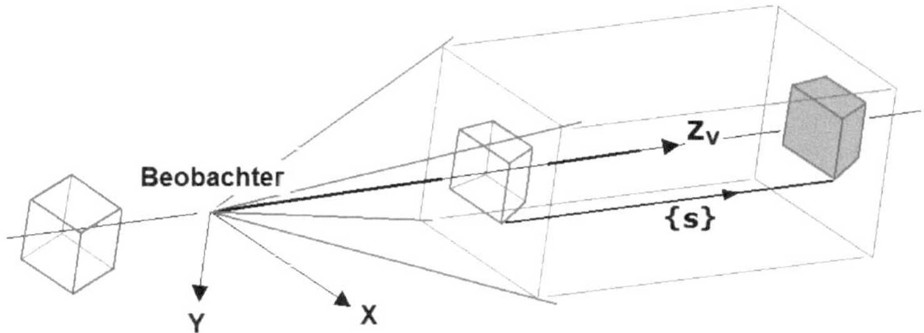

Abb. 9.76 Zentralprojektion in zwei Schritten. *Links* Szene, *Mittelteil* vorgeschaltete Zentralprojektion; *rechts* RayTracing mit Parallelprojektion

modifizierte Szene anschließend als Parallelprojektion dargestellt. Nach der Zentralprojektion hat die Distanz zur Projektionsfläche keine Relevanz mehr und man legt den Ursprung des Viewsystems am besten in die Projektionsebene. Diese Abfolge funktioniert auch mit RayTracing (Abb. 9.76)!

Für RayTracing wird auf diese Weise der Einfluss des Beobachters bzgl. Position und Entfernung zur Szene eliminiert. Die Primärstrahlen {s} sind jetzt alle parallel und haben alle die Richtung der Z_V-Achse des Projektionssystems. Dies führt zumindest beim Ausblenden nicht geschnittener Objekte zu einer gewissen Vereinfachung. Die Lage der Projektionsfläche ist nun ganz beliebig, am besten liegt sie bei $Z_V = 0$ und die Primärstrahlen beginnen alle auf der Projektionsfläche. Dieses Vorgehen ist besonders effektiv bei RayCasting, wo es ja nur auf den ersten Schnitt mit einem Objekt ankommt. Bei RayTracing werden die reflektierten und gebrochenen Sekundärstrahlen konventionell weiter verfolgt.

Z_V-Sort

Da die Primärstrahlen nun alle die gleiche (Z_V-)Richtung haben ist naheliegend, die Objekte und Container der Szenerie in Z_V-Richtung zu sortieren. Dadurch wird sichergestellt, dass die entfernten Objekte wirklich hinten liegen. Es interessiert immer nur der erste Schnitt mit {s}, weiter entfernte oder überdeckte Objekte oder Container brauchen nicht näher untersucht zu werden. Danach ändert der (möglicherweise aufgeteilte) Strahl seine Richtung und die Sortierung müsste für jede neue Richtung ab dem jeweilig neuen Startpunkt erneut durchgeführt werden. Aus diesem Grund erscheint es zweckmäßig, die Sortierung nur für die Primärstrahlen vorzunehmen. Die reflektierten und gebrochenen Sekundärstrahlen werden konventionell weiter verfolgt.

In dem Bemühen, die Anzahl der Schnittpunktberechnungen zu reduzieren, generiert man zwangsläufig Rechenzeit für jeden zusätzlichen Algorithmus, der das vermeiden soll. Man hat also stets abzuwägen zwischen einer möglichen Beschleunigung und dem zu investierenden numerischen Aufwand.

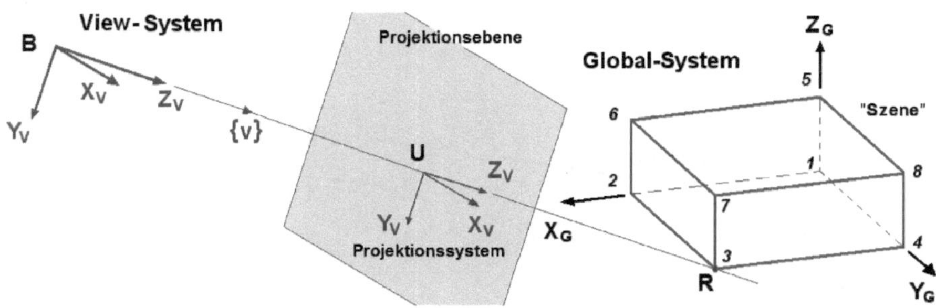

Abb. 9.77 Virtuelle Projektionsfläche als affines Abbild der realen Projektionsfläche des Bildschirms (Szene mit Beispielquader)

Ein einfaches RayTracing-Programm

Der simple Hinweis, dass von – einem – Auge des Beobachters **B** ein Sehstrahl durch ein Pixel der Projektionsfläche in die Szene geschickt und weiterverfolgt wird, ignoriert ein relativ wichtiges Detail: Wie schon beim „Prinzip" erwähnt, arbeitet RayTracing vollständig im Objektraum. Sowohl Szene als auch Beobachterposition sind in metrischen Welt- bzw. Globalkoordinaten beschrieben und passen folglich nicht zum Pixelraster des Bildschirms (oder Druckers). Man verwendet daher zunächst eine virtuelle Projektionsfläche als affines Abbild der realen Projektionsfläche des Bildschirms und überträgt das Pixelraster proportional auf die virtuelle Projektionsfläche (Abb. 9.77).

Mit der Beobachterposition B und einem beliebigen Referenzpunkt R in der Szene (für die der bekannte Quader herhalten muss) lässt sich der Vektor {v} berechnen. Im allgemeinen Fall liegt er schief im Raum und hat mehrere Eigenschaften:

- {v} ist die Projektionsrichtung bzw. Sichtachse.
- in Richtung {v} verläuft die Z_V-Achse des View- und Projektionssystems.
- {v} bzw. Z_V steht senkrecht auf der Projektionsfläche, die genau wie {v} schief im Raum liegt.
- {v} ist zugleich die Normale {n} der Projektionsfläche. Mit normiertem {n} ist außerdem die Ebenengleichung der Projektionsfläche bekannt. Die fehlende Konstante ergibt sich mit {v} aus der gegebenen Distanz **d** zwischen Beobachter B und Ursprung U des Projektionssystems. (Dieser Zusammenhang ist nur interessant in Verbindung mit dem Globalsystem).

Das Viewsystem in Abb. 9.77 hat seinen Ursprung beim Beobachter, das Projektionssystem auf der Projektionsfläche. Zwischen beiden liegt die Distanz **d** (senkrechter Abstand!), ansonsten sind beide Systeme identisch.

Nun kann die Projektionsgeometrie festgelegt werden. Hierzu ist die **Distanz d** vom Beobachter zur Projektionsfläche sowie deren Breite **Horz** als Eingabedaten erforderlich (Abb. 9.78). Die Höhe **Vert** wird nicht eingegeben, sondern aus dem

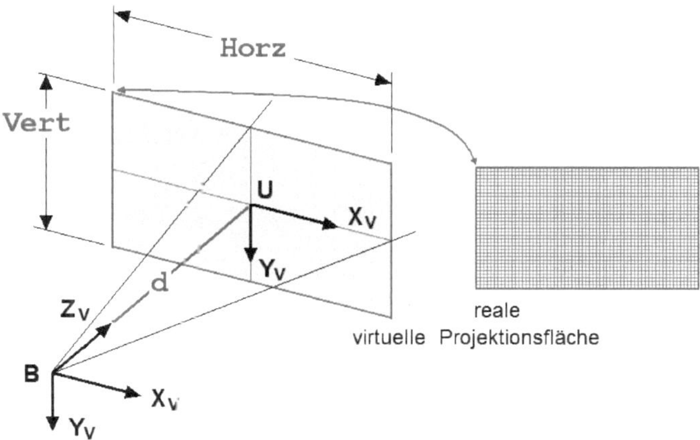

Abb. 9.78 Proportionale Übertragung der Pixelraster auf die virtuelle Projektionsfläche

Seitenverhältnis der realen Projektionsfläche ermittelt. Damit ist der Öffnungswinkel festgelegt, mit dem der Beobachter die Szene sieht.

Heutzutage können wir davon ausgehen, dass der Rasterabstand der Pixel in horizontaler und vertikaler Richtung gleich ist, das war nicht immer so. Ist dies nicht der Fall müsste man auf Verzerrungen infolge ungleicher Seitenlängen der Pixel achten. Für unsere Betrachtungen hat allerdings ein Pixel weder Seiten noch eine Fläche, obwohl man aus den Rasterabständen beides berechnen könnte. Wir legen also ein Pixel in den Schnittpunkt zweier Rasterlinien und lassen das jeweils erste Pixel $xv = 0$ und $yv = 0$ außer Acht.

Mit diesen Angaben lässt sich ein Programm für die Lage der virtuellen Pixel schreiben. Rechnerisch wird die Projektionsfläche spaltenweise abgetastet, d. h., das Ergebnis wird spaltenweise generiert:

Deklaration der Variablen:

```
Dim HorzPix, VertPix As Integer    ' Bild-Größe in Pixel
Dim h, v As Short                  ' Schleifen-Index
Dim Distanz As Single              ' Distanz des Beobachters
Dim delX, delY As Single           ' virtuelles Raster
Dim Horz, Vert As Single           ' Größe virtuelles Bild
Dim XvAnf, YvAnf As Single         ' Pixel-Anfangswerte
Dim xv, yv As Single               ' Pixel-Koordinaten
```

Die Pixelanzahl im Darstellungsbereich stellt das Programm zur Verfügung:

```
' Projektionsfläche als Picture-Box mit Namen picBild
HorzPix = Me.picBild.Width         ' horizontale Pixel
VertPix = Me.picBild.Height        ' vertikale   Pixel
Vert = Horz * VertPix / HorzPix    ' Höhe virtuelle P-Fläche
```

Die ersten und letzten Pixel liegen jeweils genau auf den Rändern der Projektionsfläche. Die Startwerte am linken und am oberen Rand sind dann:

```
' Startwerte links und oben auf Projektionsfläche
XvAnf = -0.5 * Horz
YvAnf = -0.5 * Vert
```

Dazwischen liegen **HorzPix-1**-Abstände in X_V- und **VertPix-1**-Abstände in Y_V-Richtung; diese Abstände sind:

```
delX = Horz / (HorzPix - 1)        ' Pixel-Abstände
delY = Vert / (VertPix - 1)
'
' Schleifen über alle Pixel
xv = XvAnf
For h = 1 To HorzPix
  yv = YvAnf
  For v = 1 To VertPix

  hier RayTracing-Kern, liefert Farbe am Punkt (xv,yv)

    yv += delY
  Next v
  xv += delX
Next h
```

Mit dieser Einrichtung der virtuellen Projektionsfläche lässt sich eine Zentralprojektion ohne weitere Vorarbeiten realisieren. Der RayTracing-Kern sieht ähnlich aus wie der nachfolgend beschriebene.

Mit den Vereinfachungen gemäß Abschn. 8.6 und 9.6.5.2 kann man die Zentralprojektion vom RayTracing-Prozess trennen. Es sind zwar einige Vorarbeiten nötig, aber die aufgewandte Rechenzeit spart man im Programmkern.

Im ersten Schritt wird die Szene in die Projektionsrichtung {v} transformiert. Dies betrifft ohnehin nur die Knotenkoordinaten und verbraucht wenig Rechenzeit. Ab Abschn. 8.3.1 sind die nötigen Erläuterungen und die entsprechende Transformationsmatrix für {v} gegeben:

$$\begin{array}{cc} & \begin{array}{ccc} \textbf{Global-} & & \\ \mathsf{X} & \mathsf{Y} & \mathsf{Z} \end{array} \\ \textbf{View-}\begin{array}{c} \mathsf{X_V} \\ \mathsf{Y_V} \\ \mathsf{Z_V} \end{array} & \left[\begin{array}{ccc} v_y & -v_x & 0 \\ v_x \cdot v_z & v_y \cdot v_z & -v_x^2 - v_y^2 \\ v_x & v_y & v_z \end{array}\right] \end{array} = [\mathsf{T_{GV}}]$$

- Szene drehen in Projektionsrichtung, liefert Koordinaten im Viewsystem:

$$[\mathbf{T_{GV}}] \cdot [\mathbf{P_G}] = [\mathbf{P_V}]$$

- **[P$_V$]** vormultiplizieren mit der Projektionsmatrix **[Z$_P$]**, darin der Betrachtungsabstand 1/d für die Z_V-Richtung, führt zur Zentralprojektion:

$$[\mathbf{Z_P}] \cdot [\mathbf{P_V}] = [\mathbf{P_{ZP}}]$$

$$\begin{array}{c}\text{Knoten}\\ \begin{array}{cccccccc} 1 & 2 & 3 & 4 & 5 & 6 & 7 & 8 \end{array}\end{array}$$

$$\left[\begin{array}{rrrrrrrr} .00 & -2.86 & 2.11 & 3.09 & .00 & -3.22 & 2.42 & 3.33 \\ .00 & 2.86 & 4.08 & .42 & -1.99 & -.25 & .55 & -1.75 \\ .00 & -7.23 & -10.3 & -1.06 & -.79 & -9.50 & -13.5 & -2.01 \\ 1. & 1. & 1. & 1. & 1. & 1. & 1. & 1. \end{array}\right] = [P_{ZP}] \quad \begin{array}{l} X_V \\ Y_V \\ Z_V \\ w \end{array}$$

Stellt man dieses Objekt mit diesen Koordinaten als Parallelprojektion dar, erhält man die Optik einer Zentralprojektion. (Die Zahlenrechnung stammt von Abschn. 8.3.1.) Es ist kein Problem, wenn im Beispiel die Z_V-Koordinaten negativ sind, da man jetzt die Projektionsfläche entlang der Z_V-Achse beliebig verschieben kann.

Bei den Facettendaten sind Koordinaten ihrer Eckpunkte, die man sortieren könnte, normalerweise nicht gespeichert, sondern nur deren Zeiger P_0–P_3 auf die zugehörigen Knoten. Mit einem Vorlaufprogramm werden für jede Facette die Z_V-Koordinaten ihrer Knoten zusammengesucht und daraus der Mittelwert **mitlZ** gebildet. Dieser Wert gehört in die Datenstruktur der Elemente. Anschließend werden die Facetten sortiert nach fallenden Z_V-Werten.

```
Public Structure Elemente              ' Struktur der Elemente
   Public ElKno As Short               ' Anzahl Element-Knoten
   Public GrundFarbe As Color          ' Grundton der Farbe
   Public P0, P1, P2, P3 As Short      ' alle 2 | 3 | 4 Knoten-lfnr
   Public nx, ny, nz, eD As Single     ' Ebenen-Gleichung
   Public mitlZ As Single              ' mittlere Z-Tiefe Facette
   Public Xmax, Xmin As Single         ' max / min X-Ausdehnung
   Public Ymax, Ymin As Single         ' max / min Y-Ausdehnung
End Structure
```

Im gleichen Arbeitsgang lassen sich auch die maximalen/minimalen Ausdehnungen der einzelnen Facetten auf der Projektionsfläche in X_V- und Y_V-Richtung feststellen. Diese sind hilfreich bei der Ermittlung der Hilfsrichtungen $\{r_1\}$ und $\{r_2\}$, siehe Skizze oben und Abschn. 9.5.3. Und schließlich lässt sich ebenfalls im gleichen Arbeitsgang die gesamte Breite und Höhe der Szene ermitteln:

```
Dim j, k As Short
Dim Ecke(3) As Short                   ' lfnr-Zeiger auf die Knoten
Dim Temp As Single                     ' Zwischenspeicher
Dim Hmax, Hmin As Single               ' max / min Xv-Koordinate
Dim Vmax, Vmin As Single               ' max / min Yv-Koordinate
Dim Horzmax, Horzmin As Single         ' max / min Szenen-Breite
Dim Vertmax, Vertmin As Single         ' max / min Szenen-Höhe
Const Wert As Single = 9999.99
'
Horzmax = -Wert : Horzmin = Wert
Vertmax = -Wert : Vertmin = Wert
'
' Schleife über alle Facetten
For j = 1 To AnzFacet
```

```
With Facette(j)
  '
  ' Knotenfolge der Facette
  Ecke(0)=.P0 : Ecke(1)=.P1 : Ecke(2)=.P2 : Ecke(3)=.P3
  '
  Temp = 0.0
  Hmax = -Wert : Hmin = Wert
  Vmax = -Wert : Vmin = Wert
  For k = 0 To ElKno
    With Knoten(Ecke(k))
      Temp += .zv
      '
      ' min / max Xv und Yv
      Hmin = Min(Hmin, .xv)
      Hmax = Max(Hmax, .xv)
      Vmin = Min(Vmin, .yv)
      Vmax = Max(Vmax, .yv)
    End With
  Next k
  '
  ' mittlere Z-Tiefe
  .mitlZ = Temp / ElKno
  '
  .Xmax = Hmax
  .Xmin = Hmin
  .Ymax = Vmax
  .Ymin = Vmin
  '
End With
Horzmin = Min(Hmin,Horzmin)
Horzmax = Max(Hmax,Horzmax)
Vertmin = Min(Vmin,Vertmin)
Vertmax = Max(Vmax,Vertmax)
Next j
```

Damit ist auch die Gesamtbreite/-höhe der Szene bekannt. Die virtuelle Projektionsfläche wählt man geringfügig größer, beispielsweise

```
Horz = 1.03 * (Horzmax ? Horzmin)
Vert = 1.03 * (Vertmax ? Vertmin)
```

und passt die Werte an das Seitenverhältnis der realen Projektionsfläche an. Mit kleineren Werten kann man den Ausschnitt auf das gewünschte Maß beschränken. Die Unterteilung der virtuellen Projektionsfläche erfolgt wie oben.

Nach diesen Vorbereitungen ist der Sachstand jetzt folgender (Abb. 9.79):

- View- und Projektionssystem fallen jetzt zusammen und ihr Ursprung liegt in der Projektionsfläche.
- alle Primärstrahlen $\{s\}$ sind parallel zur Z_V-Richtung, vektoriell also $(0, 0, 1)$;

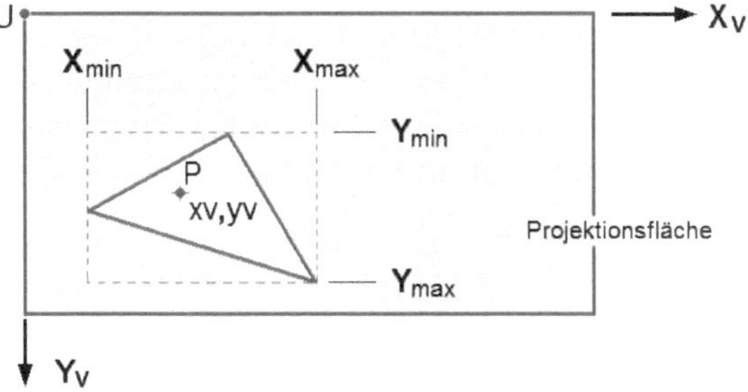

Abb. 9.79 Einbettung der Facette in einem rechteckigen Container

- der Startpunkt eines Primärstrahls {s} beginnt auf der virtuellen Projektionsfläche im Punkt (xv, yv, 0), damit hat jeder Primärstrahl die Gleichung:

$$\{s\} = \left\{\begin{matrix} xv \\ yv \\ 0 \end{matrix}\right\} + t \cdot \left\{\begin{matrix} 0 \\ 0 \\ 1 \end{matrix}\right\}$$

- die Facetten sind sortiert und ihre maximalen/minimalen Abmessungen auf der Projektionsfläche sind ermittelt. Mit diesen lässt sich ein rechteckiger Container bilden, in dem die Facette eingebettet ist. Möglicherweise schneidet ein Strahl durch Pixel P(xv, yv, 0) die Facette, wenn P innerhalb des Containers liegt. Erst wenn dies der Fall ist wird detailliert geprüft, ob der Schnitt innerhalb der Facette liegt.

Nacheinander werden alle Primärstrahlen ausgehend vom Punkt (xv, yv, 0) der virtuellen Projektionsfläche generiert und durch die Szene verfolgt. Jede einzelne Strahlverfolgung ist dabei unabhängig vom Verlauf/Ergebnis jedes anderen Strahls. Prinzipiell kann man die Berechnung für jeden einzelnen Primärstrahl als eigenständigen Prozess betrachten und diese Prozesse parallelisieren. Bei Rechnern mit nur einem Prozessor macht das wenig Sinn. Hat man aber ein Prozesscluster zur Verfügung, verkürzt sich die Berechnungszeit erheblich.

Die Strahlverfolgung liefert einen Farbwert für den Punkt (xv, yv, 0), der dem realen Pixel unmittelbar zugewiesen wird (was nicht immer zweckmäßig ist), oder der z. B. in einem einspaltigen Array

```
Dim RaySpalte() As Color
```

extern zwischengespeichert wird. Der Bildaufbau erfolgt dann später mit allen fertigen Spalten. Da RayTracing von der Beobachterposition abhängig ist, gelten die oben ermittelten Daten nicht für andere Beobachterpositionen, sondern müssen für diese neu berechnet werden.

Für den eigentlichen RayTracing-Kern sind in der Literatur unzählige, mehr oder weniger detaillierte Pseudocodes verfügbar. Abweichend von dieser Praxis wird hier das Wesentliche in Blockdiagrammen vermittelt. Der Prozess wird aufgespalten, sodass im trace level = 0 nur Primärstrahlen verarbeitet werden. Belässt man es hierbei, hat man es mit RayCasting zu tun, und die Ähnlichkeiten zum Z-Buffer-Verfahren sind evident. Hierfür ausreichend ist das erste Diagramm.

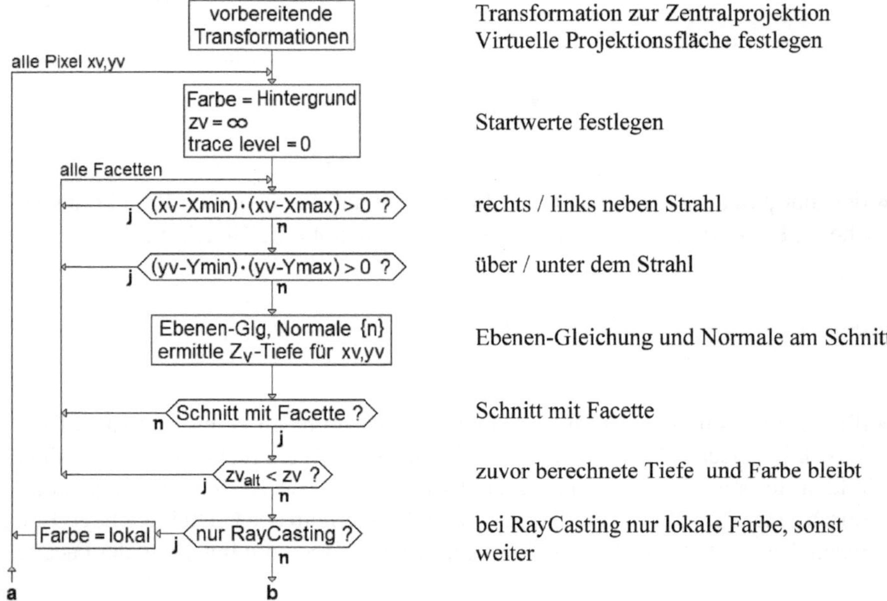

Prinzipiell sind an jedem Schnitt 1 Reflexionsstrahl, 1 Brechungsstrahl und x Schattenstrahlen möglich (bei x Lichtquellen). Diese sind zu jeder Lichtquelle in der Szene auszuwerten. Wenn der Punkt (xv, yv) vollständig abgedeckt ist, also im Schatten einer Facette liegt, wird er keine Strahlen reflektieren und man kann ihn bei der weiteren Strahlverfolgung übergehen.

Die Vor- und Nachteile des RayTracing im Überblick:

- RayTracing arbeitet vollständig im Objektraum. Der Übergang zu Gerätekoordinaten erfolgt erst am Ende der Berechnung.
- Verdeckungen, Schatten, Reflexionen und Transparenzen werden alle mit erledigt.
- perspektivische Transformationen und Clippingberechnungen sind nicht nötig.
- RayTracing ist leicht erweiterungsfähig für andere Aufgaben.

Nachteile:

- das generierte Bild ist abhängig von der Beobachterposition, ändert sich diese, muss das Bild neu erzeugt werden. Das betrifft folglich auch die Schatten, obwohl sich die internen Verhältnisse in der Szene nicht ändern.

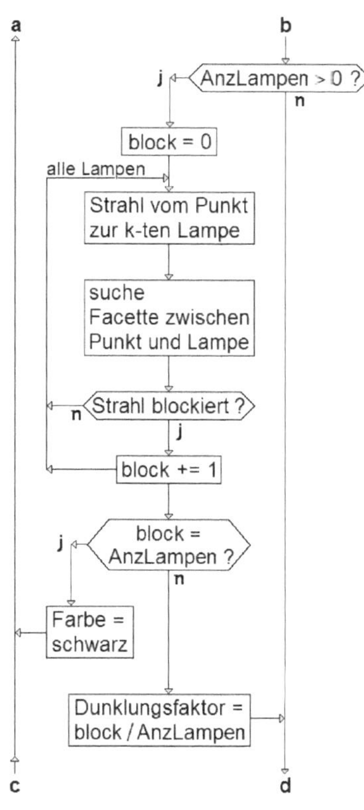

Sind Beleuchtungskörper (kurz "Lampen") vorhanden ?

Schattenstrahl generieren

jede Facetten prüfen, ob diese vom Strahl getroffen wird. Gibt es einen Schnitt und liegt dieser zwischen Punkt und Lampe, ist der Punkt abgedeckt, also blockiert. Es interessiert nur der erste Schnitt mit einer Facette.

zählt die Anzahl Blockierungen

wird der Punkt von keiner Lampe beleuchtet,

liegt er im Dunklen und bekommt die Farbe schwarz.

Ist der Punkt teils beleuchtet, teils abgedeckt, wird die resultierende Farbe abgedunkelt.

- großer Rechenaufwand für die Schnittpunktberechnungen.
- Schatten haben scharfe Grenzen, weiche Halbschatten sind mit dem Standardverfahren nicht möglich.
- keine Mehrfachreflexionen an diffusen Oberflächen (diese bildet aber den Hauptanteil der Beleuchtung in Innenräumen). Diese Aufgabe löst Radiosity zuverlässig.

9.6.6 Zusammenfassung

Die beschriebenen Beleuchtungsmodelle führen zu immer komplexeren Berechnungen. Mit herkömmlichen Rechnern wird man sich auf lokale Beleuchtungsmodelle konzentrieren müssen. Für diese gibt es noch einige Erweiterungen, die im Text nicht angesprochen wurden, wie z. B. Transparenz, echte Spiegelungen und Schattenwurf. Diese Erweiterungen führen auch mit lokalen Beleuchtungsmodellen zu akzeptablen Darstellungen bei vertretbarem Rechenaufwand.

Ein physikalisch und theoretisch völlig korrektes, also ein globales Beleuchtungsmodell verschlingt sehr viel Rechenzeit. In der Praxis wird stets das Original

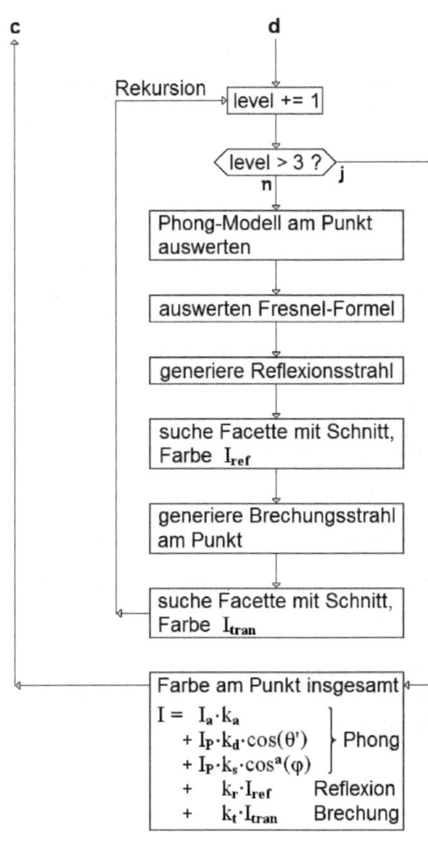

$$I = I_a \cdot k_a$$
$$+\; I_P \cdot k_d \cdot \cos(\theta')$$
$$+\; I_P \cdot k_s \cdot \cos^a(\varphi)$$
Phong
$$+\; k_r \cdot I_{ref} \quad \text{Reflexion}$$
$$+\; k_t \cdot I_{tran} \quad \text{Brechung}$$

hier beginnt die Strahlverfolgung

zählt den trace-level

und beendet bei trace-level > 3. Ein anderes Abbruchkriterium wäre z.B. die weitergeleitete Intensität.

Grundfarbe am Punkt

Aufteilung in Reflexions- und Brechungsstrahl.

Jeder Strahl wird mehrstufig weiter verfolgt. Hierzu rufen sich die Programme gegenseitig auf (Rekursion, komprimierter Code, evtl. langsamer), oder man verwendet ein Steuerungs-Array, das die Abfolge der Strahlverfolgung festhält; ohne Rekursion, mehr Programm-Code, dafür meist schneller.

Farbauswertung

(der Szene) durch ein Modell entweder fein oder grob angenähert. Und auch ein physikalisch korrektes Modell ist noch angewiesen auf – meist empirisch ermittelte – Materialkonstanten. Beides macht unser Modell zu einer mehr oder weniger guten Näherung. Deshalb sollte die Genauigkeit der einzelnen Bereiche, wie z. B. das Modell, die Beleuchtung oder die Materialkonstanten aufeinander abgestimmt sein. Es macht wenig Sinn, ein aufwendiges Modell mit theoretisch 1 % Genauigkeit zu berechnen, wenn anderen Teilaufgaben nur um eine Zehnerpotenz ungenauer verfügbar sind. Es gibt also weder eine „genaue" noch die beste Computergrafik. Möglich ist entweder hohe Realitätstreue *oder* niedrige Rechenzeit.

Literatur

1 U. Weidenbacher: Physikalische Grundlagen, Beleuchtungsmodelle. (http://animalrace.uni-ulm.de/lehre/courses/ss02/ModellingAndRendering/ 04-beleuchtungsmodelle.pdf)

2 K.H. Franke: Beleuchtung und Schattierung (http://kb-bmts.rz.tu-ilmenau.de/Franke/Scripte/Grafik/v4_v5.pdf)

3 Christophe Schlick, A Customizable Reflectance Model for Everyday Rendering, Fourth Eurographics Workshop on Rendering, 1993

4 P. Schenzel: Globale Beleuchtungsverfahren – Radiosity (http://users.informatik.uni-halle.de/~schenzel/ss07/Uebung-C/radiosity.pdf)

5 W. Kurth: Globale Beleuchtungsmodelle (Raytracing, Radiosity) (http://www.uni-forst.gwdg.de/~wkurth/cb/html/cg_v12a.pdf)

6 Cook, Carpenter, Catmull: The Reyes Image Rendering Architecture. Computer Graphics (SIGGRAPH '87 Proceedings), S. 95–102.

7 Michael F. Cohen, John R. Wallace: Radiosity and Realistic Image Synthesis. Academic Press, Inc. 1995

8 François X. Sillion, Claude Puech: Radiosity and Global Illumination. Morgan Kaufmann, San Francisco 1994, ISBN 1-5586-027-71.

9 Akio Doi, Takayuki Itoh: Acceleration Radiosity Solutions through the use of Hemisphere-base Formfactor Calculation. Journal of Visualization & Computer Animation, Vol. 9(1), pp. 3–15, 1998.

10 M.F. Cohen, D.P. Greenberg: The hemi-cube: a radiosity solution for complex environments. In: Proceedings of the 12th annual conference on Computer graphics and interactive techniques, S. 31–40, ACM Press, New York 1985, ISBN 0-89791-166-0

11 Sillion, Puech: A General Two-Pass-Method Integrating Specular and Diffuse Reflection, Computer Graphics 23(3) (1939)

12 M.F. Cohen et al.: A progressive refinement approach to fast radiosity image generation. In: Proceedings of the 15th annual conference on Computer graphics and interactive techniques, S. 75–84, ACM Press, New York 1988

13 M. Alexa: Computer Graphik I, Globale Beleuchtung – Ray Tracing (http://www.cg.tu-berlin.de/uploads/media/cg1-ray-ws09.pdf)

14 Raytracing (www.iwr.uni-heidelberg.de/groups/ngg/CG200910/Txt/Kapitel7.pdf)

15 Robert Cook et al.: Distributed ray tracing. ACM SIGGRAPH Computer Graphics 18, 3 (July 1984), S. 137–145, ISSN 0097-8930

16 James Kajiya: The Rendering Equation. ACM SIGGRAPH Computer Graphics 20, 4 (Aug. 1986), S. 143–150, ISSN 0097-8930

17 E. Veach, L.J. Guibas: Metropolis Light Transport. In SIGGRAPH '97 Proceedings. S. 65–76. ACM Press, New York 1997, ISBN 0-89791-896-7 (Online)

18 Möller, Haines: Real-Time Rendering 2. Ausgabe, A.K. Peters, Ltd. 2002

Weiterführende Literatur

http://de.wikipedia.org/wiki/Sichtbarkeitsproblem (letzter Zugriff 6.02.2012)
http://de.wikipedia.org/wiki/Phong-Beleuchtungsmodell (letzter Zugriff 6.02.2012)
http://de.wikipedia.org/wiki/REYES_%28Computergrafik%29
    (letzter Zugriff 6.02.2012)
http://de.wikipedia.org/wiki/Raytracing (letzter Zugriff 6.02.2012)

*Erscheinungsbild einer Körperoberfläche, die eine mehr oder weniger unregelmä-
ßige Anordnung von miteinander vernetzten Elementen (z. B. Fasern, Schuppen)
darstellt.* [Lexi]

Die Oberflächenstrukturen vieler Materialien sind so komplex, dass ihre Modellierung durch polygonale Facetten zu aufwendig oder auch gar nicht möglich
ist. Man belässt es deshalb bei der Modellierung der geometrischen Formen einer
Szene, berechnet dieses 3D-Modell und bringt seine Oberflächendetails – wenn nötig – erst nachträglich auf. Dieses Verfahren wird als **Textur Mapping** bezeichnet
und dient dazu, die Oberflächen dreidimensionaler Oberflächenmodelle mit zweidimensionalen Bildern – sogenannten **Texturen** – zu überziehen. Damit lässt sich
das visuelle Erscheinungsbild detailreicher gestalten, ohne den Detailgrad des 3D-
Modells und ohne die Rechenzeit wesentlich zu erhöhen.

10.1 Allgemeines

Die Oberflächen der Materialien haben normalerweise regelmäßige oder unregelmäßige Muster (**Pattern**), von einfacher Rauheit (Raufasertapete) bis zur Maserung
von Holz oder Marmorplatten. Ein Muster, z. B. eine Tapete, ist zunächst nur ein eigenständiges, zweidimensionales Objekt. Erst wenn man die Tapete auf eine Wand
klebt, also befestigt, wird sie zur Textur, und damit zum Bestandteil dieser Wand
und bewegt sich ggf. zusammen mit dieser. Ist das Muster der Tapete regelmäßig, kann man es beliebig oft nahtlos an sich selbst anfügen, ohne dass Übergänge
erkennbar sind. Solche **Pattern-Texturen** werden **kachelbar** genannt. Aber auch
ganze Fassadenflächen in der Architektur lassen sich als Texturen nachbilden. In
beiden Fällen ist ihre direkte Einbindung in das 3D-Modell, etwa als weitere „Materialkonstante", nicht möglich.

H.-G. Schiele, *Computergrafik für Ingenieure*,
DOI 10.1007/978-3-642-23843-7_10, © Springer-Verlag Berlin Heidelberg 2012

10.1.1 Diskrete und prozedurale Texturen

Nachfolgend wird nur noch von Textur gesprochen, auch wenn zunächst Muster gemeint sind. Geeignete Muster zur Verwendung als Textur zu finden ist recht einfach bis sehr schwierig. Prinzipiell gibt es zwei Möglichkeiten:

- **Diskrete Texturen** sind Bitmaps. Diese lassen sich beispielsweise direkt von einer Digitalkamera als Foto oder vom Scanner als Farbbild leicht beschaffen. Diese Bilder haben eine Farbtiefe von 24 Bit und sind meist in einem der beiden Dateiformate ***.jpg** oder ***.bmp** gespeichert. Zur Verwendung als Textur ist die Bilddatei zu entschlüsseln und ihr Inhalt in ein Color-Array umzusetzen, z. B. als:

  ```
  Dim Tx(800,600) As Color
  ```

  Der Nachteil dieser **2D-Texturen** besteht in ihrem großen Speicherbedarf. Eine Textur in der Größe von 800×600 Pixel belegt fast 2 MB Speicherkapazität. Auch ist das Vergrößern einer Bitmap problematisch, weil häufig unliebsame Artefakte auftreten. Das „Kacheln" solcher Texturen kann ebenfalls zu Problemen führen, wenn Kanten nicht exakt aufeinander passen.
- **Prozedurale Texturen** werden durch mathematische Funktionen definiert. Für einfache Muster lassen sich leicht mathematische Funktionen finden, jedoch ist eine Funktionsangabe für komplexere Muster – beispielsweise einer Marmorierung – schwierig bis unmöglich.
  Jedes (**Tex**tur)-**El**ement der Color-Matrix enthält ein RGB-Farbwert und wird als **Texel** bezeichnet. Die Beschreibung von Texturen erfolgt in einem eigenen zwei- oder dreidimensionalen Textur-Koordinatensystem (u, v, w).

10.1.2 Beleuchtungsrechnung und Texturierung

Überzieht man eine Facette mit einer Textur, wird im einfachsten Fall die Facettenfarbe durch die Farbe der Textur ersetzt. Damit wären dann alle zuvor berechneten Beleuchtungseffekte überschrieben, was nicht Sinn und Zweck der Texturierung ist. Vielmehr muss die in der Beleuchtungsrechnung ermittelte Lichtverteilung auch auf der Textur erhalten bleiben. So darf beispielsweise ein Glanzlicht auf einer Facette nicht durch eine Textur überschrieben werden.

Texturierung – oder **Mapping** – bedeutet das Aufbringen von Texturen auf die Oberflächen eines 3D-Modells. Das Mapping auf die ebenen Facetten eines reinen Oberflächenmodells ist noch recht einfach. Hierzu werden die Texel aus dem Textur-Koordinatensystem in die Pixelkoordinaten der Facetten transformiert. Doch die Schwierigkeiten häufen sich bei komplexen dreidimensionalen Körpern. Diese werden entweder von 2D-Texturen „überzogen" oder es werden sogar 3D-Texturen verwendet, die auf das 3D-Modell zu übertragen sind.

10.1.3 Oberflächeneigenschaften

Einige Oberflächeneigenschaften können mithilfe von Texturen beeinflusst werden, um einen bestimmten Oberflächeneindruck zu erreichen. Je nach dem welche Eigenschaft man beeinflusst, haben die speziellen Verfahren daraus abgeleitete Bezeichnungen:

- Farbe: durch Modulation des diffusen Reflektionskoeffizienten für einzelne Facetten; in Verbindung mit einem einfachen Beleuchtungsmodell.
- Normalenvektor: Durch Manipulieren seiner Richtung wird der Eindruck eines 3D-Reliefs auf der Oberfläche erzeugt (**Bump Mapping).**
- Knoten: durch Verschieben in Richtung der Normalen auf Basis der Textur (**Displacement Mapping).**
- Transparenz: Steuerung der „Durchsichtigkeit" einer Oberfläche auf Basis der Textur (**Opacity Mapping).**
- Reflexion: erzeugt den Anschein, als ob das Objekt die Umgebung spiegelt (**Environment Mapping).**

10.2 Verbindung Textur mit Objekt

Ganz unabhängig von der Art der Textur besteht die Aufgabe darin, einen bestimmten Texturwert einem bestimmten Punkt einer Facette zuzuordnen. Erschwerend kommt hinzu, dass so gut wie niemals das Raster der Textur mit dem der projizierten Facette übereinstimmt. Auf der linken Seite von Abb. 10.1 ist erkennbar, dass sich die Texturfarbe durch interpolieren einem Pixel zuordnen lässt. Bei dem sehr viel kleineren Muster rechts in Abb. 10.1 kommen Zufallsergebnisse für die Pixelfarbe zustande. Diese Problematik wird im Abschn. 10.3 nochmals aufgegriffen.

10.2.1 Texturkoordinaten

Mit einer der Projektionen ist die Ansicht der Szene durch die Lage ihrer Knoten in xyz-Koordinaten des Globalsystems gegeben. Zur Auswahl der Texturregion, die auf eine Facette projiziert werden soll, sind für jeden Knoten dieser Facette zusätzliche Koordinaten erforderlich, die den Ausschnitt in der 2D-Textur festgelegen Texturen werden mit einem eigenen uvw-Koordinatensystem beschrieben. Verwendet man eine zweidimensionale Bitmap-Textur, so genügen die u- und v-Koordinaten, um damit den Bildausschnitt festzulegen. Bei prozeduralen Texturen wird die w-Koordinate gelegentlich, bei 3D-Texturen immer benötigt.

Abb. 10.1 Die Texturfarbe lässt sich durch Interpolieren einem Pixel zuordnen (*links*). Bei dem sehr viel kleineren Muster kommen Zufallsergebnisse für die Pixelfarbe zustande (*rechts*)

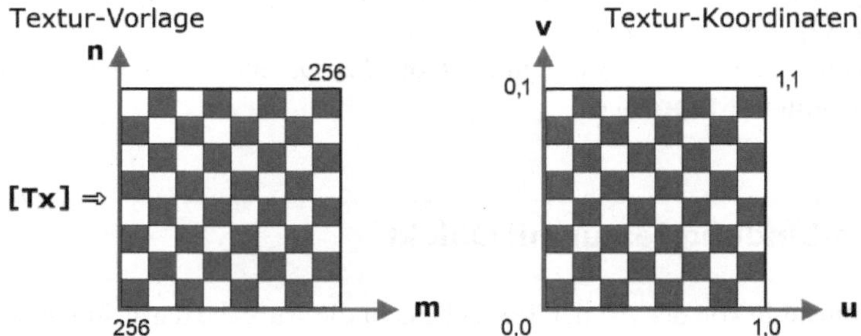

Abb. 10.2 Schachbrettmuster als diskrete Textur

In Abb. 10.2 ist ein Schachbrettmuster in der Größe von 256×256 Texel als diskrete Textur dargestellt. Darin sind von Texel zu Texel immer nur ganzzahlige Schritte möglich. Spätestens beim Interpolieren von Farbwerten aus mehreren Texel treten Kommawerte auf. Deshalb verwendet man als Texturkoordinatensystem von vornherein ein Einheitsquadrat mit einer Kantenlänge von 1 in den u, v-Achsen. Die Textur ist also im Bereich zwischen [0,1] zu skalieren. Für jeden Knoten wird mit den u, v-Koordinaten ($0 \leq u, v \leq 1$) seine relative Position in der 2D-Textur festgelegt. In der Regel sind diese Werte bereits bei der Modellierung vorgegeben.

Die u,v-Koordinate $(0, 0)$ entspricht der unteren linken Ecke des Bildes, die u, v-Koordinate $(1, 1)$ der oberen rechten Ecke. Allerdings sind auch u,v-Werte größer $1, 0$ und kleiner $0, 0$ möglich. Durch Definieren von Texturkoordinaten über diese Grenzen hinaus lässt sich ein Bild auch kacheln oder spiegeln.

Abbildung 10.3 zeigt eine vorgefertigte Textur für einen Golfball. Ihre Übertragung auf den Ball erfolgt zumeist mit dem S- und O-Mapping.

In 3D-Modellen verwendet man oft eine einzige Textur für das ganze Modell. Werden mehrere Texturen verwendet, ist zusätzlich eine Kennung nötig, die

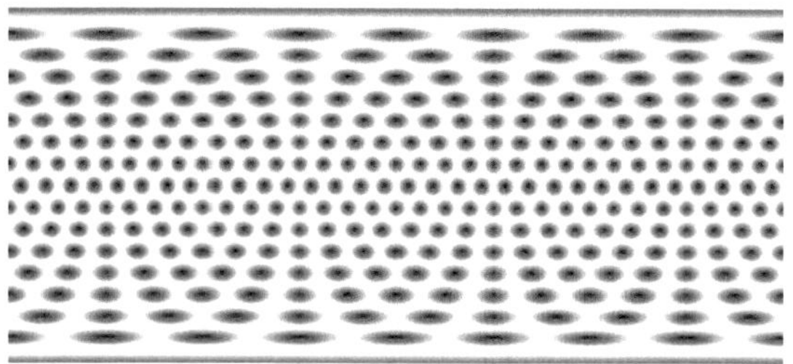

Abb. 10.3 Vorgefertigte Textur für einen Golfball

die *uvw*-Koordinaten an die zugehörige Textur bindet. Weitergehend sind animierte Texturen möglich, bei denen zwischen zwei (oder mehreren Texturen) wechselweise hin und her geschaltet wird. Dies erfordert die Nutzung mehrerer uvw-Koordinaten mit Kennung an jedem Knoten. Die Datenstruktur könnte folgendermaßen aussehen (als Ausschnitt):

```
Public Structure Corners
    Dim x As Single            '           x-
    Dim y As Single            ' Globale y-Koordinaten
    Dim z As Single            '           z-
    Dim w As Single            ' homogene Koordinate w
    Dim TexBez As String       ' Textur-Bezeichnung (Kennung)
    Dim u As Single            '     "  -Koordinate u
    Dim v As Single            '     "  -    "     v
    Dim hG As Short            ' Geräte-
    Dim vG As Short            ' Koordinaten für Bild
    ...
End Structure
```

Eine geeignete Textur zu finden ist manchmal nicht ganz einfach. Eine Auswahl der möglicherweise auftretenden Probleme sind diese:

- Texturen mit hoher Auflösung (n, m) haben einen hohen Speicherbedarf.
- Bei ihrer Vergrößerung treten Artefakte auf (Pixeleffekte).
- Beim Mapping auf beliebige Flächen treten Verzerrungen und infolgedessen Abtastprobleme auf.
- Das Kacheln von Texturen ist oft problematisch.
- Der in den Bildern dargestellte Kontext (Sonnenstand, Schattenwurf, ...) stimmt häufig nicht mit anderen Parametern der Szene überein.
- Die Suche nach geeigneten Vorlagen kann dann sehr aufwendig sein.

10.2.2 2D-Texturen

Zweidimensionale Texturen können mit relativ einfachen Mitteln nur dann auf eine dreidimensionale Szene aufgebracht werden, wenn diese aus planaren Oberflächen

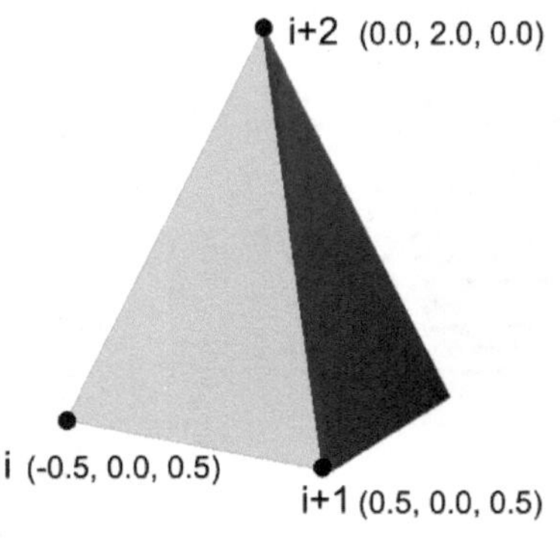

Objektraum

Das 3D-Modell wird mit einer der Projektionen projiziert. Für jeden Knoten i einer Facette sind damit seine Koordinaten (x_i, y_i, z_i) im Objektraum bekannt und auch seine Gerätekoordinaten (h_i, v_i) im Projektionssystem. Zusätzlich sind für jeden Knoten uv-Texturkoordinaten erforderlich, mit denen die Verbindung vom Knoten zum Texel hergestellt wird.

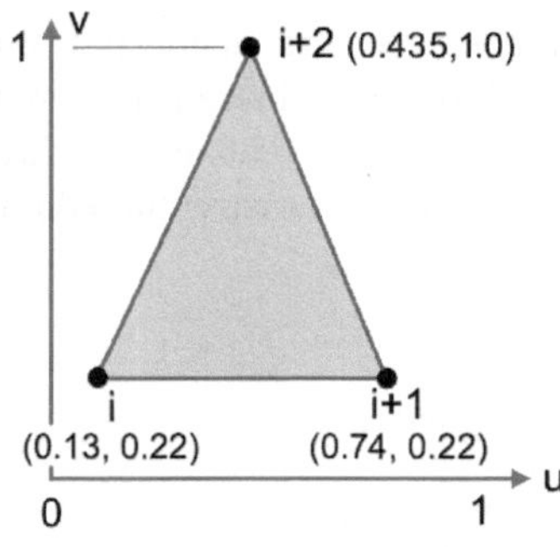

Parameterraum

Die Koordinaten der drei Facettenknoten werden in 2D-Koordinaten des Parameterraums überführt

$$(x_i, y_i, z_i) \Rightarrow (u_i, v_i)$$

und im Bereich [0,1] skaliert. Die Parameterkoordinaten (u_i, v_i) geben jetzt die relative Position des Knotens i in der Textur an.

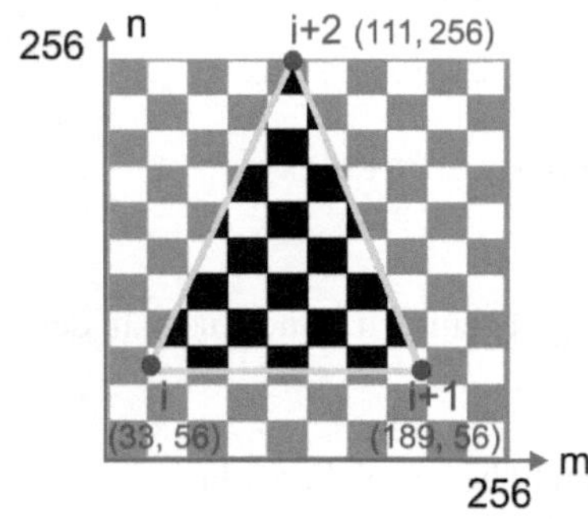

Texturraum

Hier erfolgt der Übergang vom Parameter- in den Texturraum. Den relativen Parameterkoordinaten (u_i, v_i) werden ganzzahlige Texturkoordinaten (m_i, n_i) der Texel zugewiesen.

$$(u_i, v_i) \Rightarrow (m_i, n_i)$$

Für eine Texturgröße von 256×256 ergeben sich die Texturkoordinaten im Beispiel zu $(m_i, n_i) = 256 \cdot (u_i, v_i)$.

Bildraum

Infolge der räumlichen Darstellung ist die von den Pixelkoordinaten (h_i, v_i) gebildete Facette nicht affin mit derjenigen aus den (m_i, n_i)-Koordinaten des Texturausschnitts. Deshalb werden die Texturkoordinaten zunächst entlang der Facettenkanten, dann in ihrem Inneren linear interpoliert. Hierbei sind schräge auf gerade Linien (oder umgekehrt) abzubilden.

Abb. 10.4 *Von oben nach unten*: Objektraum, Parameterraum, Texturraum und Bildraum

Abb. 10.5 Mit Schachbretttextur überzogene Perspektivprojektion

besteht. Das ist bei Oberflächenmodellen aus (dreieckigen) ebenen Facetten immer
der Fall. Sehr viel schwieriger sind die Verhältnisse bei gekrümmten Oberflächen
wie z. B. Zylinder und Kugeln, die allerdings in Oberflächenmodellen als Primitiv
nicht vorkommen.

Am Beispiel sei die Textur-Pipeline für eine Facette erläutert, wobei davon ausgegangen wird, dass auf die xy-Ebene projiziert wird (und z in die Tiefe zeigt).

Die Farbe am Pixel (h_i, v_i) kann nun entweder ersetzt werden durch die Farbe
der Textur von (m_i, n_i) oder auch gemischt mit der **Originalfarbe**:

$$\{\mathbf{Farbe}\}_{\mathbf{RGB}} = (1 - k) \cdot \{\mathbf{O}\} + k \cdot \{\mathbf{T}\}$$

mit $0 \leq k \leq 1$. Hierin sind die Farben separat nach RGB-Komponenten zu verarbeiten.

10.2.3   Perspektivkorrektur

Parallelprojektionen lassen sich mit dem oben beschriebenen Verfahren leicht tex-
turieren. Die Probleme beginnen bei perspektivischen Projektionen, bei denen die
Facetten scheinbar auf Fluchtpunkte zulaufen und in der Tiefe immer kleiner werden. Die Texturierung mit einer konstant großen Textur führt dann zwangläufig zu
Fehlern.

In Abb. 10.5 wird ein Quadrat, bestehend aus zwei dreieckigen Facetten als Teile einer Perspektivprojektion, mit einer Schachbretttextur überzogen. Das mittlere
Bild zeigt deutlich den Fehler, der durch einfache affine Transformation der Textur
auf die Pixelkoordinaten entsteht; rechts die korrekte Darstellung.

Die Schwierigkeiten resultieren aus der vorgelagerten Perspektivtransformation, die jeden Knoten unter Verwendung seiner homogenen Koordinate individuell
transformiert, weswegen der lineare Zusammenhang zwischen allen Knotenkoordinaten verloren geht. Dies verdeutlicht nochmals z. B. eine der Transformationsmatrizen aus den Abschn. 8.3 ff., hier für nur einen Knoten:

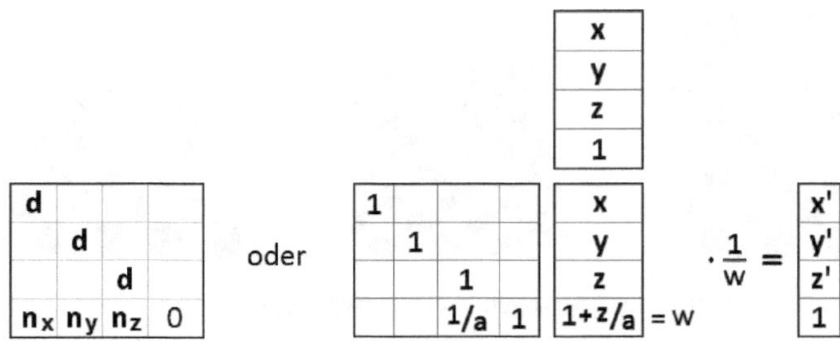

Es ist naheliegend, die Textur (zwischen den drei Knoten einer Facette) in gleicher Weise zu verzerren wie die Facette selbst. Hierzu werden allerdings die homogenen Koordinaten der beteiligten Knoten gebraucht, d. h., man arbeitet wieder im Objektraum. Zweckmäßigerweise werden diese also zusammen mit den Koordinaten als 4er-Tupel x, y, z, w gleich bei der Darstellungstransformation mit gespeichert. Die Rücktransformation zu den ursprünglichen Koordinaten ist damit einfach:

$$(x, y, z) = w \cdot (x', y', z')$$

Mit diesen „Original"-Koordinaten erfolgt die Transformation in den Parameterraum $(x_i, y_i, z_i) \Rightarrow (u_i, v_i)$ und Skalierung im Bereich $[0,1]$. Mit der Texturgröße werden die ganzzahligen Texturkoordinaten (m_i, n_i) der Texel bestimmt $(u_i, v_i) \Rightarrow (m_i, n_i)$. Diese sind nun mit den gleichen homogenen Koordinaten zu verzerren wie die Facette:

$$\frac{1}{w} \cdot \begin{bmatrix} m \\ n \end{bmatrix} \Rightarrow \begin{bmatrix} m' \\ n' \end{bmatrix}$$

Zwischen den (m_i', n_i')-Koordinaten und der homogenen Koordinate w kann jetzt linear interpoliert werden. Da beim Shading die gesamte Facettenfläche – also jedes Pixel darin – in dieser Weise zu bearbeiten ist, ist der Rechenaufwand ganz erheblich.

10.2.4 Bump Mapping

Bump Mapping wird auch – sehr viel zutreffender – als Reliefzuordnung bezeichnet, denn es werden Oberflächenunebenheiten – **bumps** – simuliert, die in der Geometrie des Modells gar nicht vorhanden sind. Dieser Effekt täuscht also nur vermeintliche Unebenheiten in der Oberfläche vor. Hierzu lässt man den Normalenvektor am Punkt P um seinen Ist-Wert „wackeln", wie in Abb. 10.6 angedeutet. Die gegebene Facettenfarbe wird nun durch die veränderte Richtung des Normalenvektors $\{n\}$ moduliert. Dieses Wackeln lässt sich mit mehreren Ansätzen erreichen; mit ganz einfachen und – die Rechenzeit betreffend – mit recht teuren.

Mit diesem Hinweis ist schon klar, dass Bump Mapping nur in Verbindung mit einem effektiven Schattierungsverfahren verwendet werden kann, das eine explizite

Abb. 10.6 Bump Mapping

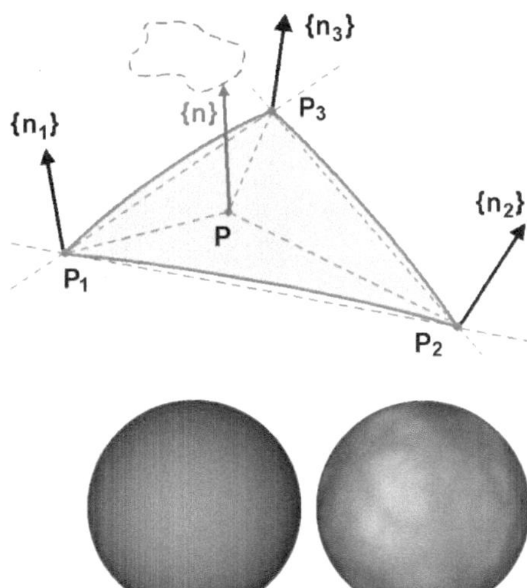

Abb. 10.7 Phong-Shading

Beleuchtungsrechnung in jedem Flächenpunkt durchführt. Hierfür geeignet sind das Schattierungsmodell von Phong oder das Raytracing-Verfahren, jedoch nicht das Flat- und das Gouraud-Shading.

Im einfachsten Falle, wenn es nur darum geht, etwas Unruhe in die monotone Oberflächenfarbe zu bekommen, funktioniert folgende simple Methode: Die dominante Komponente des Normalvektors $\{\mathbf{n}\}$ sei z. B. n_z. Nun verändert man einfach die beiden anderen Komponenten mit Zufallszahlen in den Grenzen von $\pm\frac{1}{2}\cdot n_z$, wobei der Faktor $\frac{1}{2}$ ganz willkürlich gewählt ist. Mit diesem neuen (normierten) Vektor erfolgt das Phong-Shading (Abb. 10.7). Ein Oberflächenrelief wird sich damit allerdings nicht einstellen.

Um eine reliefartige Oberfläche zu erzeugen, benötigt man ein Relief. Analog zum Textur-Mapping verwendet man anstatt einer Textur jetzt ein zweidimensionales Höhenfeld – die Bump Map – in den $\mathbf{u},\mathbf{v}$-Koordinaten.

Im Eindimensionalen stellt sich der Ablauf wie in Abb. 10.8 gezeigt dar.

In der Bump Map wird ein willkürliches (eindimensionales) Höhenprofil $h(u)$ hinterlegt. Der Wert $h(u)$ ist ein Faktor, mit dem die Länge der Normalen $N(u)$ verändert wird. Die Offsetkurve ergibt sich damit zu $P'(u) = P(u) + h(u)\cdot N(u)$. Die neuen Normalen $N'(u)$ werden für diese Offsetkurve berechnet.

Im zweidimensionalen ist die Sache nicht ganz so einfach.

Eine zweidimensionale Bump Map $h(u,v)$ ist normalerweise als diskretes Zahlenfeld gegeben oder ist prozedural definiert als eine Funktion von u und v. Da für das Phong-Shading die exakten geometrischen $\mathbf{u},\mathbf{v}$-Positionen der Flächenpunkte gar nicht gebraucht werden, geht es nur noch um die „gestörten" Flächennormalen $N'(u, v)$. Geht man von kleinen Unebenheiten aus, kann die Visualisierung mit der Originalgeometrie $P(u,v)$ durchgeführt werden. Nur das Phong-Shading erfolgt mit den neuen Normalen $N'(u, v)$ der Offsetfläche.

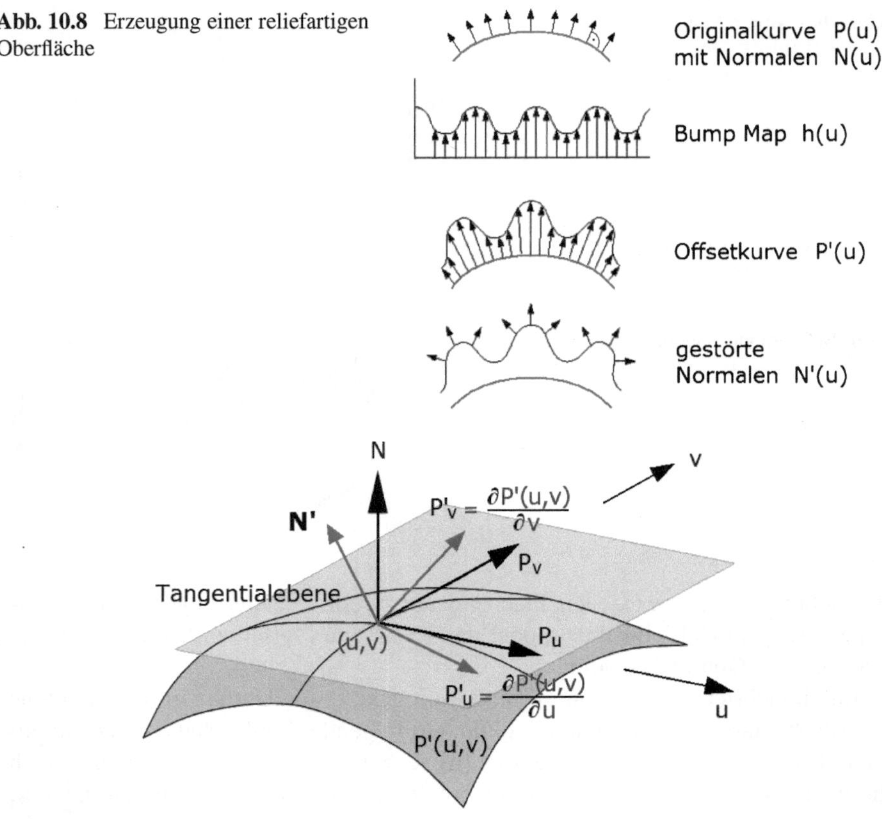

Abb. 10.8 Erzeugung einer reliefartigen Oberfläche

Abb. 10.9 Offsetfläche am Punkt (u, v)

Zu der gegebenen Originalfläche P(u,v) addiert man die mit den Werten des Höhenfeldes veränderten Längen der Normalen und erhält so eine Offsetfläche:

$$P'(u, v) = P(u, v) + h(u, v) \cdot N(u, v)$$

In der Tangentialebene am Punkt (u, v) liegen zwei Vektoren P_u und P_v in u- und v-Richtung und ihr Vektorprodukt $P_u \times P_v$ ergibt natürlich die ursprünglichen Normale N(u, v). Die Ableitungen dieser beiden Vektoren nach u bzw. v stellen die Neigung der Offsetfläche am Punkt (u, v) dar (Abb. 10.9) und das Vektorprodukt daraus ist die gesuchte neue Normale:

$$N'_{uv} = P'_u \times P'_v$$

Die beiden Richtungsableitungen nach u bzw. v erhält man mit den Summen- und Kettenregeln. Da sich alles weitere am Punkt (u, v) abspielt, wird dieser Index

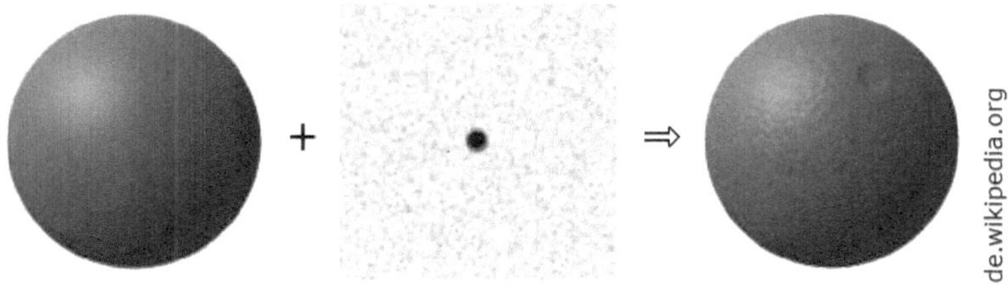

Abb. 10.10 Von der glatten Kugel zur Orange

nachfolgend weggelassen:

$$P'_u = P_u + h_u \cdot n + h \cdot n_u \qquad\qquad n = \left\{ \frac{N}{|N|} \right\}$$
$$P'_v = P_v + h_v \cdot n + h \cdot n_v$$

Für kleine Werte $h(u,v)$ kann der jeweils letzte Term ignoriert werden. Das Vektorprodukt aus $P'_u \times P'_v$ liefert die gesuchte Normale N' zu:

$$N' = P_u \times P_v + n_u \cdot (n \times P_v) + h_v \cdot (P_u \times n) + h_u h_v \cdot (n \times n)$$
$$= \quad N \quad + h_u \cdot (n \times P_v) - h_v \cdot (n \times P_u) + 0$$

Die Ableitungen der Richtungen h_u und h_v erfolgt einfach durch Differenzbildung:

$$h_u(u,v) = \frac{h(u + \Delta u, v) - h(u,v)}{\Delta u}$$
$$h_v(u,v) = \frac{h(u, v + \Delta v) - h(u,v)}{\Delta v}$$

Diese Gleichungen verschlingen eine Menge Rechenzeit beim Phong-Shading. Für viele Anwendungen immer noch ausreichend ist die Vereinfachung zu

$$N' = N + \Delta u \cdot P_u + \Delta v \cdot P_v$$

Die Normale N' ist noch zu normieren. Mit den beiden skalaren Feldern Δu und Δv wird die Bump Map gebildet. Für jeden Punkt (u,v) lässt sich damit ein h-Wert angeben. Natürlich lässt sich auch ein Array $[u, v]$ definieren, in das man ein vorgefertigtes Höhenfeld einliest. Und schließlich kann eine Funktion $F(u, v)$ geeignete Höhendaten liefern.

In Abb. 10.10 wird auf die glatte orangene Kugel eine Textur aufgebracht, sodass der Eindruck einer detaillierten Oberfläche einer Orange entsteht.

Das Einsatzgebiet von Bump Mapping ist nicht nur auf Schattierungen begrenzt. Mit dieser Technik können ebenfalls Reflexionen „gebumpt" werden. Wenn das Objekt Teil einer animierten Sequenz ist, muss darauf geachtet werden, dass die Störungen immer an denselben Stellen auftreten, sonst würde sich die Oberflächenstruktur während der Animation ändern. Um dies zu vermeiden, muss man die einmal berechneten Normalen für jedes Pixel speichern.

10.2.5   Spezielle Mapping-Verfahren

Ohne auf Details einzugehen, werden einige spezielle Mapping-Verfahren vorgestellt.

Manchmal ist es vorteilhaft, den eigentlichen Mapping-Vorgang in zwei Schritten durchzuführen. Diese Technik wird als S-Mapping und O-Mapping bezeichnet;
S steht dabei für Surface, O für Objekt.

S-Mapping Im ersten Schritt wird die 2D-Textur dem Objekt grob angepasst und
auf eine einfache 3D-Fläche (intermediate surface) als Zwischenablage projiziert.
Geeignete Zwischenablagen sind gedrehte, beliebig orientierte Ebenen, Quader, Zylinder oder Kugeln.

$$T(u, v) \implies T'(x_i, y_i, z_i)$$

O-Mapping Im zweiten Schritt wird die Textur von der Zwischenablage auf das
wirklich zu texturierende Objekt (mit einer allgemeinen Fläche) übertragen.

$$T'(x_i, y_i, z_i) \implies O(x_G, y_G, z_G)$$

Hierzu projiziert man entweder senkrecht zur Zwischenablage im Punkt (x_i, y_i, z_i)
oder senkrecht zum Objekt in (x_G, y_G, z_G). Der erste Schnittpunkt des Projektions-
strahls mit dem Objekt ordnet die Farbe des Texels den Objektkoordinaten zu.

Heightmapping Für die Textur liegen relative Höhendaten in Form von Graustufen
vor. Jeder Grauwert repräsentiert eine bestimmte Höhe. Normalerweise ist Schwarz
(Farbwert 0) die „tiefste" Stelle und Weiß (Farbwert 255) die „höchste". Diese Form
der Datenspeicherung ist nicht nur auf Bump Mapping beschränkt, viel öfter kommt
sie bei der Generierung von großen Terrains zum Einsatz.

Da Höhenunterschiede nur durch verschiedene Graustufen auf der Textur vorge-
gaukelt werden, die Flächen aber glatt bleiben, treten einige sichtbare Fehler auf:

- Bei flachem Betrachtungswinkel wirkt die Struktur stark verzerrt.
- Die Silhouette bleibt so eben wie beim ursprünglichen Objekt.
- Deshalb wird ein glatter Schatten geworfen, d. h., es gibt keine Bumps an den
  Kanten.
- Bumps werfen keine Schatten aufeinander.

Normal-Mapping In einer Normal-Map werden anstatt der Höheninformationen
Vektoren in ein RGB-Farbentripel konvertiert. Diese drei Farben werden als X-, Y-
und Z-Komponenten des Vektors mit Werten zwischen 0 und 255 interpretiert. Der
Vektor wird nur noch normalisiert, um daraus den Helligkeitsfaktor am betreffenden
Punkt zu berechnen.

Displacement Mapping Im Unterschied zum Bump Mapping wird beim Displace-
cement Mapping auch die Objektgeometrie entsprechend dem Oberflächenprofil
verändert. Die Knoten werden entsprechend der Texturinformationen entlang ihrer

Normalen verschoben, also senkrecht zu ihrer Oberfläche. So ist es beispielsweise möglich, ein Höhenrelief durch das Anwenden einer Displacement Map auf eine planare Oberfläche zu übertragen und dieser damit eine *raue* Struktur zu verleihen. Betrachtet man eine Oberfläche aus der Nähe in einem flachen Winkel, so behält sie trotzdem ihre Struktur. Im Gegensatz dazu bleiben die Oberflächen nach anderen Verfahren absolut planar, sobald man sie „seitlich" betrachtet, und die Effekte, die durch bloße Farbänderungen eine Struktur simulieren, gehen so verloren.

Auch im Zusammenhang mit Lichtquellen und Schatten ist Displacement Mapping vorteilhaft, da die veränderte Geometrie natürlich auch hier größeren Realismus bringt. Dies erfordert einen wesentlich größeren Rechenaufwand. Neuere Grafikprozessoren sind bereits in der Lage, Displacement Mapping vorzugaukeln: Über Modifikationen der Texturkoordinaten auf Per-Pixel-Basis werden Effekte simuliert, die die (nicht existenten, nur beleuchteten) Unebenheiten plastisch wirken lassen.

Environment Mapping Ziel des Environment Mapping (auch Reflektions-Mapping) ist die Nachbildung eines ideal spiegelnden Objekts, auf dessen Oberfläche seine Umgebung erkennbar ist. Dazu wird das Objekt von einer virtuellen Kugel bzw. einem virtuellen Würfel umgeben, auf dessen Innenseite die Szenenumgebung als zweidimensionale Textur sichtbar ist. Aus der Richtung der Kamera und der Normale des Punkts können die Texturkoordinaten errechnet werden. Das Environment Mapping liefert realistische Ergebnisse und ist dabei schnell und einfach zu berechnen. Ein Nachteil des Environment Mapping besteht darin, dass nur dann eine korrekte Reflektionsberechnung erfolgt, wenn sich der Objektpunkt im Mittelpunkt des umgebenden Körpers befindet.

MIP-Mapping Diese Techniken werden angewandt, solange der Rasterabstand der Pixel kleiner als jener der Texel ist, einem beliebigen Pixel also höchstens ein Texel zugeordnet wird. Ist der Rasterabstand der Pixel jedoch größer als jener der Texel, so entspricht einem Pixel gleich ein ganzer Bereich der Textur. Es ist nicht weiter schwierig, aber sehr aufwendig, den Farbwert als Mittelwert sämtlicher Texel des Bereichs zu bilden (Abschn. 10.3).

Stattdessen verwendet man *MIP-Maps*. Diese enthalten neben der Originaltextur Kopien derselben mit abnehmender (meist halber) Größe, sogenannte „Detailstufen" (*level of detail*, LOD), die kleinste Map entspricht einem Texel. Man wählt daraus die größte Detailstufe aus, die den gewöhnlichen Zustand „Pixel kleiner als Texel" wieder herstellt, und arbeitet darauf wie auf der Originaltextur (Abb. 10.11).

10.2.6 3D-Texturen

Bisher bestand die Texturierung hauptsächlich aus dem „Tapezieren" einer zweidimensionalen Fläche. Die vorgestellten Methoden scheitern jedoch alle, wenn bestimmte Eigenschaften einer Texturoberfläche mit denen einer anderen zusammenpassen müssen. Dies wird an einem Holzwürfel deutlich: Die Maserung auf einer

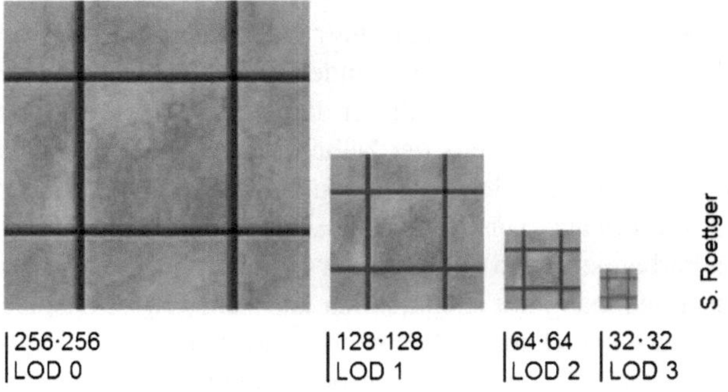

Abb. 10.11 MIP-Maps

Seite sollte in die auf den angrenzenden Seiten kontinuierlich übergehen. Ebenso
die Adern eines Marmorblockes, denn Holzmaserungen und Marmoradern sind in
ihrem Inneren dreidimensional strukturiert; Holz einigermaßen regelmäßig, Mar-
mor zumeist chaotisch. Dreidimensionale Texturen – auch als Festkörpertexturen
bezeichnet – stellen also ganze Blöcke aus äquidistanten Farbinformationen in alle
drei Raumrichtungen dar.

In Verbindung mit dreidimensionalen Texturen ergeben sich zwei Probleme: das
ihrer Beschaffung und ihre Speicherung in einem dreidimensionalen Array. Schon
für eine kleine Bildfläche von 512×512 Pixel mit gleicher Größe in die Tiefe ist
ein Array

```
Dim 3DTextur(512, 512, 512) As Single
```

von 512 MB erforderlich. Eine Textur in dieser Größe zu speichern erfordert schon
einige organisatorischen Überlegungen. Will man den Speicherplatz geringer halten, muss die Textur entsprechend skaliert werden, was nicht immer möglich ist.
Um dreidimensionale Texturen zu verwenden, gibt es deshalb nur zwei praktikable
Möglichkeiten:

- sie werden prozedural – also durch ein Programm – erzeugt oder
- sie werden als Einzelbilder gescannt und aufeinander geschichtet.

In beiden Fällen muss man aus der dreidimensionalen Textur das ganze Objekt extrahieren. Das geschieht durch Anwendung der Identitätsabbildung $T(x, y, z) =
O(u, v, w)$ auf die Oberflächenkoordinaten des Objekts. Auf diese Weise sind Form
und Textur voneinander unabhängig.

Das beliebteste Beispiel einer prozeduraler Textur erzeugt eine Holzmaserung:
leicht exzentrisch ineinander geschachtelte Zylinder in abwechselnd hellen und
dunklen Brauntönen können eine beliebig große Textur erzeugen. Wird ein Objekt – beispielsweise ein Quader – in das Texturfeld eingefügt, schneidet es die
Zylinder und auf den Oberflächen des Quaders entstehen zunächst regelmäßige
Schnittmuster. Wenn zusätzlich seine Mittelachse leicht gegen die Längsachse der

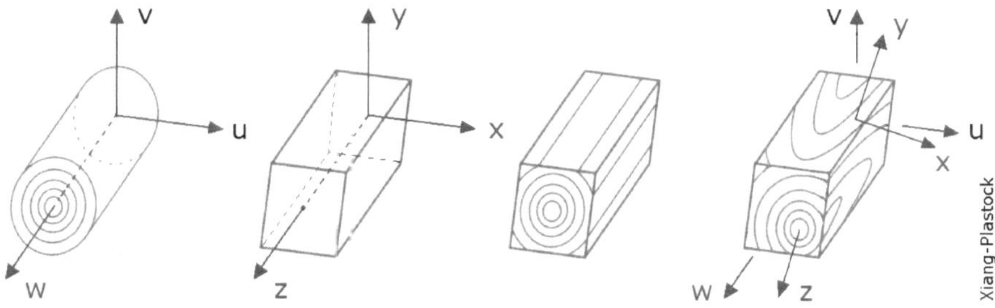

Abb. 10.12 Mittels prozeduraler Textur erzeugte Holzmaserung

Textur geneigt und ein wenig gedreht ist, entstehen auf den Quaderoberflächen unterschiedliche Muster aus konzentrischen Kreisen oder parabelähnlichen Streifen (Abb. 10.12).

Die folgende Funktion (nach einem Vorschlag von Milbradt, auf VisualBasic umgestellt) ermittelt für beliebige Koordinaten u, v, w die Holzfarbe an dieser Stelle:

```
Private Function HolzFarbe(ByVal u As Single,
                           ByVal v As Single,
                           ByVal w As Single) As Color
    Dim grain As Integer
    Dim Radius, Winkel As Single
    '
    Radius = Sqrt(u * u + v * v)
    Winkel = IIf(w = 0.0, 1.570796, Atan2(u, w))
    Radius += 2.0 * Sin(20.0 * Winkel + 0.0067 * v)
    grain = Radius Mod 60
    HolzFarbe = IIf(grain < 40, Color.White, Color.Brown)
End Function
```

Die Vorteile prozeduraler Texturen sind:

- Ihr Speicheraufwand ist minimal, es ist kein Array erforderlich.
- Die Texturwerte können an jeder Stelle (u, v) bzw. (u, v, w) berechnet werden.
- Sie erreichen optimale Genauigkeit, da Runden und Interpolationen nicht erforderlich sind.
- Sie gelten im gesamten Definitionsraum.

Ihre Nachteile sind:

- Sie sind selbst für Experten schwer zu erzeugen.
- Die mehr oder weniger „manuelle" Konstruktion komplexer Texturen ist nur mit sehr viel Aufwand oder gar nicht möglich.

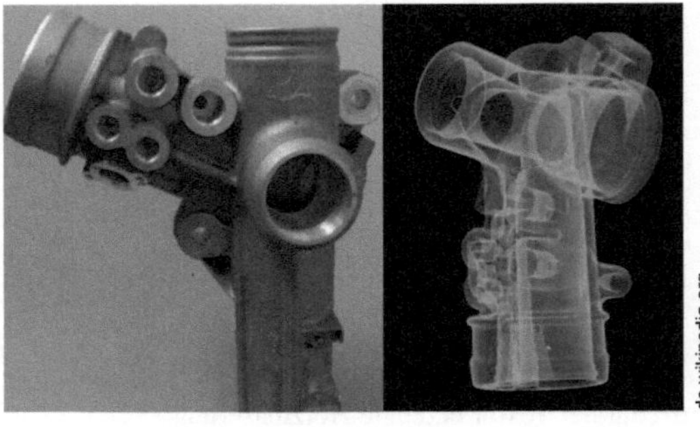

Abb. 10.13 Mittels industrieller Computertomografie festgestellte Fabrikationsfehler

Die andere Variante von Festkörpertexturen wird hauptsächlich in der Medizintechnik genutzt. Hier werden mittels Computertomografie (CT) oder Magnetresonanztomografie (MRT) gescannte Schnittbilder zu dreidimensionalen Texturen zusammengesetzt. In beiden Verfahren sind die Abtastraster äquidistant, d. h., alle Voxel (siehe Abschn. 5.2.3) haben das Volumen 1. Der gesamte Datenraum wird mit einer großen Anzahl solcher Voxel ausgefüllt. Vorteilhaft ist, dass zu jedem Voxel nur ein Knotenpunkt – seine Mitte – gespeichert werden muss. Die Position dieses Punkts im 3D-Raum ist durch ein x, y, z-Tupel festgelegt.

Die Computertomografie wird nicht nur in der Medizin eingesetzt, sondern auch in anderen Fachgebieten, etwa zur zerstörungsfreien Untersuchung von archäologischen Funden wie z. B. Mumien oder auch zur Materialprüfung in der Industrie etc.

Bei der modernen Spiralcomputertomografie rotiert eine Röntgenröhre um den Untersuchungstisch, auf dem das Objekt platziert ist. Der Untersuchungstisch wird mit konstanter Geschwindigkeit entlang seiner Längsachse vorgeschoben, während die Strahlungsquelle und die Detektoreinheit mit konstanter Winkelgeschwindigkeit um den Tisch rotieren. Der Strahlungsquelle gegenüber liegen die Detektoren. Die Differenz zwischen ausgesandter und empfangener Strahlung ist ein Maß für die Absorption der Strahlung durch das Objekt im 3D-Punkt. Liefern zwei Bildpunkte den gleichen Absorptionsgrad, sind sie Teil des gleichen Objekts. Die gesammelten Messwerte – weit über 100 000 – werden zu einem Volumendatensatz zusammengefügt.

Im Beispiel der Holzmaserung hat ein Programm – die Funktion „HolzFarbe" – die innere Struktur des Holzes festgelegt. Bei einer CT-Aufnahme sammelt der Tomograf die inneren Daten, die dann durch Software mit der für die Objekte passenden Oberflächenstruktur zu einer 3D-Textur zusammengesetzt werden. Damit kann man Schnittbilder in beliebigen Ebenen und Ansichten aus der 3D-Textur extrahieren und einzeln darstellen.

Abbildung 10.13 ist ein Beispiel aus der industriellen Computertomografie und zeigt ein Lenkgehäuse aus Aluminiumguss, rechts im CT-Bild sind Poren und Einschlüsse (rot markiert) als Fabrikationsfehler zu erkennen.

10.3 Interpolation bei Texturen

Ausgehend von diskreten Texturen – also Bildern – ist nicht zu erwarten, dass jedes Texel genau einem Pixel der Grafik zugeordnet werden kann. Nun kann man sowohl für die Texel als auch für die Pixel endliche Größe annehmen (im Raster ihrer jeweiligen Auflösung Dots/inch), sodass Über- oder Unterschneidungen der Normalfall sind. Um aus den Farbwerten der angrenzenden Texel einen Farbwert für den Pixel zu bestimmen, muss ggf. zwischen mehreren Texel-Farben interpoliert werden. Geordnet nach zunehmendem Rechenaufwand kommt hierfür infrage:

- Den Farbwert des nächstliegenden Texels zu verwenden. Dies ist die simpelste Methode, sie wird als *nearest neighbor* oder auch *point sampling* bezeichnet.
- Den Farbwert aus den vier angrenzenden Texeln durch *bilineares Filtern* zu interpolieren (abhängig von der Auflösung Dots/inch).
- Mittels *Gauß-Filter* weitere Texel in die Berechnung unter Wichtung ihrer Entfernung zum Pixel mit einbeziehen.

Beim Interpolieren ist Vorsicht geboten! Unerwünschte Alias-Effekte stehen meist in Zusammenhang mit der Interpolation von Texturwerten. Aufwendige Interpolationen vermindern in der Regel übermäßige Artefaktbildung, können sie aber nicht ganz verhindern.

Den nächstgelegenen Nachbarn zu finden erfordert auch schon eine Reihe von Abfragen zwischen den Textur- und Pixelkoordinaten. Die „richtige" Texel-Farbe dem Pixel zuzuordnen bleibt mit dieser Methode problematisch. Bei der bilinearen Interpolation ist zwar der Rechenaufwand etwas größer, aber sie liefert bessere Bilder und wird deshalb meist angewandt und funktioniert wie folgt:

Ein Pixel P liegt im Normalfall inmitten eines Texel $T_{u,v}$ bis $T_{u+1,v+1}$. Der Texturwert für P wird durch lineare Interpolation in u- und v-Richtung wie in Abb. 10.14 dargestellt ermittelt.

Das Ergebnis der Texturierung ist stark abhängig vom Rasterabstand der Pixel bzgl. der Textur. Wenn ein Texel mehrere Pixel überdeckt, ist die Farbzuordnung problemlos, jedes überdeckte Pixel bekommt die Farbe des Texel; siehe Abb. 10.15 links. Im umgekehrten Fall, wenn ein Pixel mehrere Texel überdeckt, kann man nur die „mittlere" Farbe aller überdeckten Texel für das Pixel verwenden. Das Ganze

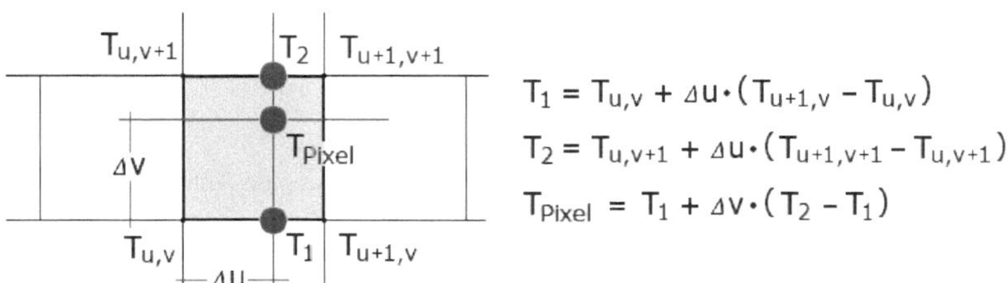

Abb. 10.14 Ermittlung des Texturwerts durch lineare Interpolation

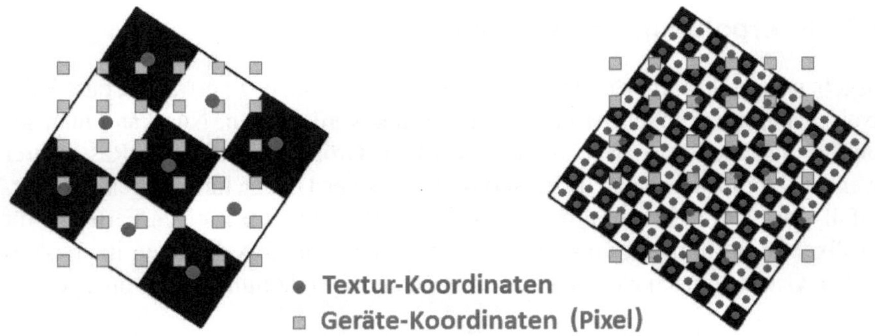

Abb. 10.15   Probleme bei der Texturierung

Abb. 10.16   Texturproblem bei Schachbrettmuster

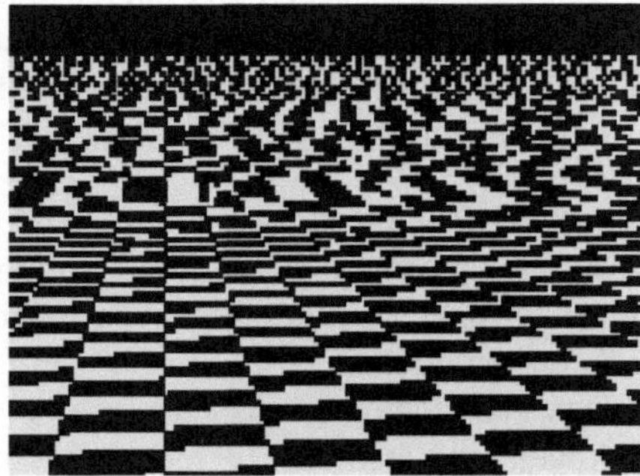

ist mit weiterem Rechenaufwand verbunden, weil alle betroffenen Texel erst zusammengesucht und deren Farben nach RGB-Komponenten gemittelt werden müssen.
Diese gemittelten Farbkomponenten werden dann zur neuen Pixelfarbe zusammengesetzt.

Die ganze Problematik wird in Abb. 10.16 deutlich. Die Fläche ist mit einem
Schachbrettmuster überzogen und mittels einer Zentralprojektion projiziert. Für die
großen Felder im Vordergrund gilt: viele Pixel auf einem Texel, Farbzuordnung
einfach. Bei den kleinen Feldern im Hintergrund dreht sich das Verhältnis um, eine
sichere Farbzuordnung ist nicht mehr möglich, dadurch verschmiert das Muster zu
einem chaotischen Farbcocktail mit erheblichen Aliasing-Effekten.

Weiterführende Literatur

S. Schlechtweg: „Computergraphik Grundlagen", Vorlesung Hochschule Anhalt
M. Alexa: „Computer Graphik I, Texturierung", Vorlesung TU Berlin
W.D. Fellner: „Graphische Datenverarbeitung I" WS 2009/2010
        (www.gris.informatik.tu-darmstadt.de/teaching/.../cg1_10-texture.pdf)
Xiang, Plastok: „Computergrafik", mitp-Verlag 2003, ISBN 3-8266-0908-5
S. Krömker: „Computergrafik I", Skript zur Vorlesung WS 2009/10, Uni Heidelberg

Von den Daten der Szenerie bis zur fertigen Grafik ist eine Vielzahl von Transformationen der Ausgangsdaten erforderlich, bis der Bildschirm oder Drucker mit Gerätekoordinaten gefüttert werden kann und eine Grafik entsteht. Diese Transformationen – Ausschnitte, Verschiebungen, Drehungen, usw. – werden mittels Vektorrechnung und im Matrizencode beschrieben. Die wichtigsten Rechenregeln mit Vektoren (auch als 1-zeilige oder 1-spaltige Matrix) und Matrizen sind nachfolgend zusammengefasst, gefolgt von einigen speziellen Aufgaben ihrer Anwendung in der Computergrafik.

11.1 Vektoren

Ein Vektor $\{a\}$ ist eine Größe, die durch ihre Länge, Richtung und ihre Orientierung gegeben ist. Ein Vektor wird als gerichtete Strecke mit einem Orientierungspfeil dargestellt und ist an keine bestimmte Position gebunden (Abb. 11.1).

Zwei Vektoren sind *parallel*, wenn sie gleichgerichtet sind und sie sind *antiparallel*, wenn sie entgegengesetzt gerichtet sind. Die Größe des Vektors (seine Länge) spielt keine Rolle. Zwei Vektoren sind *kollinear*, wenn gilt $\{b\} = f \cdot \{a\}$ mit einem beliebigen Faktor f.

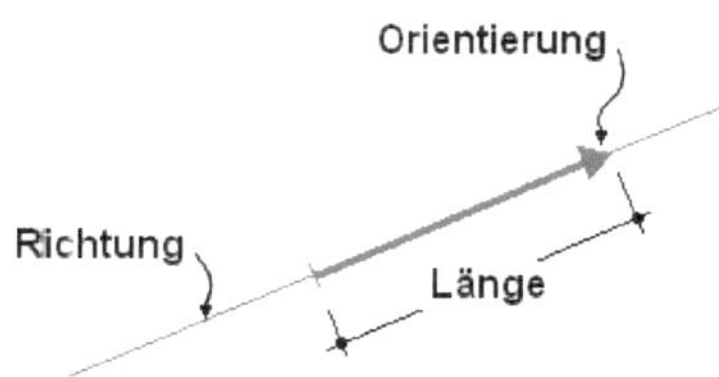

Abb. 11.1 Ein Vektor

H.-G. Schiele, *Computergrafik für Ingenieure*,
DOI 10.1007/978-3-642-23843-7_11, © Springer-Verlag Berlin Heidelberg 2012

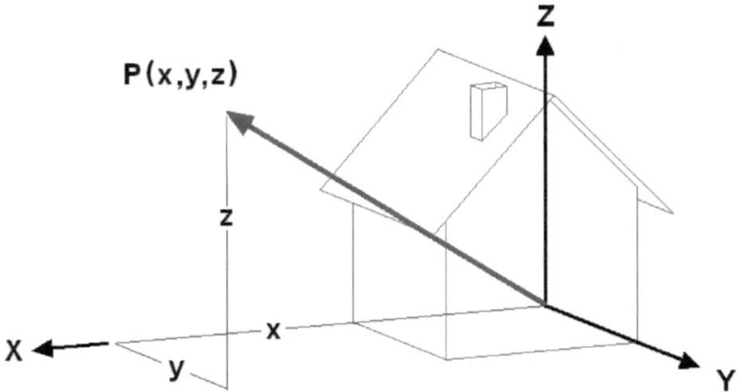

Abb. 11.2 Ortsvektor zum Punkt P(x, y, z)

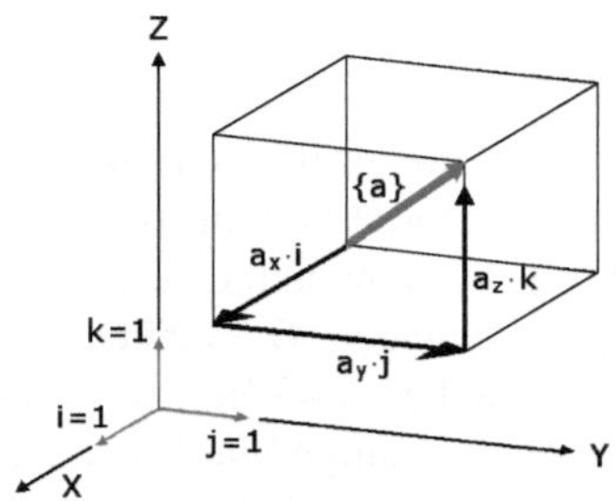

Abb. 11.3 Basisvektoren

In der Computergrafik werden neben Vektoren auch Strahlen verwendet. Ein Vektor wird über seine Richtung und seinen Betrag, ein Strahl dagegen über seine Richtung und seinen Ursprung definiert.

Ortsvektoren haben zusätzlich eine feste Position, da sie im Koordinatenursprung beginnen. Sie werden meist als Koordinaten von Knoten verwendet; in Abb. 11.2 der Ortsvektor zum Punkt P(x, y, z).

Alles Folgende bezieht sich auf ein rechtsorientiertes kartesisches Koordinatensystem . Die Einheitsvektoren in Richtung der positiven x-, y-, z-Achsen bezeichnet man mit i, j, k, sie heißen *Grund- oder Basisvektoren* (Abb. 11.3).

Projiziert man einen Vektor {a} auf die Achsen eines solchen Koordinatensystems, so erhält man wiederum Vektoren. Sie werden vektorielle Komponenten des Vektors {a} genannt. Ihre senkrechten Projektionen a_x, a_y, a_z lassen sich als Vielfaches der zugehörigen Einheitsvektoren auffassen; $a_z = a_z \cdot i$; $a_y = a_y \cdot j$; $a_z = a_z \cdot k$. Die skalare Größe $\mathbf{a_i}$ ist die **i**-te vorzeichenbehaftete Länge einer vektoriellen Komponente von {a}. Sie ist positiv, wenn sie mit der entsprechenden Achse gleichgerichtet ist. Ein Vektor {a} wird in folgender Weise notiert:

$$\{\mathbf{a}\} \to (a_1, a_2, \dots a_n)$$

Die Anzahl **n** der Komponenten eines Vektors wird seine *Ordnung* genannt. Die
Länge (der Betrag) |a| des Vektors {**a**} ist:

$$|a| = \sqrt{(a_1^2 + a_2^2 + \ldots + a_n^2)}$$

Der Vektor {**a**} wird zum *Einheitsvektor* mit der Länge $= 1$ normiert, indem jede
Komponente durch |a| dividiert wird. Der *Nullvektor* ist ein Vektor der Länge 0.

11.1.1 Entgegengesetzter Vektor

Zu jedem Vektor {**a**} gibt es genau einen Vektor {$-$**a**}, mit der Eigenschaft:

$$\{\mathbf{a}\} + \{-\mathbf{a}\} = \{\mathbf{0}\}$$
$$\{-\mathbf{a}\} \to (-a_1, -a_2, \ldots - a_n)$$

11.1.2 Parallelität und Vektoren

Das Vielfache eines Vektors liegt parallel zu diesem und unterscheidet sich nur
durch seinen Betrag.

$$\{\mathbf{b}\} = z \cdot \{\mathbf{a}\}$$

Hierin ist z eine rationale Zahl. Man kann die Umkehrung benutzen und folgern:
Wenn einer der beiden Vektoren als Vielfaches vom anderen dargestellt werden
kann, sind sie parallel.

11.1.3 Summe und Differenz

Unter der Summe bzw. Differenz zweier Vektoren versteht man:

$$\{\mathbf{a}\} \pm \{\mathbf{b}\} = (a_1 \pm b_1, a_2 \pm b_2, \ldots a_n \pm b_n)$$

Die Addition ist vertauschbar:

$$\{\mathbf{a}\} \pm \{\mathbf{b}\} = \{\mathbf{b}\} \pm \{\mathbf{a}\}$$

11.1.4 Multiplikation Zahl mit Vektor

Für die Multiplikation eines Vektors mit einer reellen Zahl (u, v) wird festgelegt,
dass jedes Element des Vektors (seine Komponenten) mit dieser Zahl zu multipli-
zieren ist.

$$\{\mathbf{b}\} = u \cdot \{\mathbf{a}\}$$
$$= (u \cdot a_1, u \cdot a_2, \ldots u \cdot a_n)$$

Es gelten folgende Rechengesetze:

$$u \cdot (\{\mathbf{a}\} + \{\mathbf{b}\}) = u \cdot \{\mathbf{a}\} + u \cdot \{\mathbf{b}\}$$
$$(u + v) \cdot \{\mathbf{a}\} = u \cdot \{\mathbf{a}\} + v \cdot \{\mathbf{a}\}$$

11.1.5 Skalarprodukt

Für die Multiplikation zweier Vektoren miteinander gibt es zwei Möglichkeiten: Beim Skalarprodukt ist das Ergebnis eine Zahl, beim Vektorprodukt dagegen wieder ein Vektor. Das Skalarprodukt der beiden Vektoren

$$\{\mathbf{a}\} = (a_1, a_2, a_3) \quad \text{und} \quad \{\mathbf{b}\} = (b_1, b_2, b_3)$$

berechnet sich durch Multiplikation der Komponenten mit gleichem Index und addiert danach alle Komponentenprodukte (bzgl. der Schreibweise siehe Abschn. 11.2):

$$(\mathbf{a}) \cdot \{\mathbf{b}\} = a_1 \cdot b_1 + a_2 \cdot b_2 + a_3 \cdot b_3.$$

Man bezeichnet diese reelle Zahl als Skalarprodukt der Vektoren $\{\mathbf{a}\}$ und $\{\mathbf{b}\}$. Hier wird sofort deutlich, dass beide Vektoren die gleiche Ordnung haben müssen, d. h., sie haben gleich viele Komponenten. In gleicher Weise wird das Skalarprodukt für zwei Vektoren mit jeweils n Komponenten berechnet. Ist das Skalarprodukt $= 0$, steht ein Vektor senkrecht auf dem anderen.

Mit dem Skalarprodukt lässt sich der von beiden Vektoren eingeschlossene Winkel φ berechnen:

$$\frac{\{\mathbf{a}\} \cdot \{\mathbf{b}\}}{|a| \cdot |b|} = \cos \varphi$$

Für den Fall, dass beide Vektoren normiert sind, gilt $\cos \varphi = (\mathbf{a}) \cdot \{\mathbf{b}\}$. Es gelten folgende Rechengesetze:

$$\{\mathbf{a}\} \cdot \{\mathbf{b}\} = \{\mathbf{b}\} \cdot \{\mathbf{a}\}$$
$$(u \cdot \{\mathbf{a}\}) \cdot \{\mathbf{b}\} = u \cdot (\{\mathbf{b}\} \cdot \{\mathbf{a}\})$$
$$\{\mathbf{c}\} \cdot (\{\mathbf{a}\} + \{\mathbf{b}\}) = \{\mathbf{c}\} \cdot \{\mathbf{a}\} + \{\mathbf{c}\} \cdot \{\mathbf{b}\}$$
$$\{\mathbf{c}\} \cdot (\{\mathbf{a}\} \cdot \{\mathbf{b}\}) \neq (\{\mathbf{c}\} \cdot \{\mathbf{a}\}) \cdot \{\mathbf{b}\} \quad \text{Reihenfolge beachten!!}$$

Abb. 11.4 „Rechts"system der rechten Hand

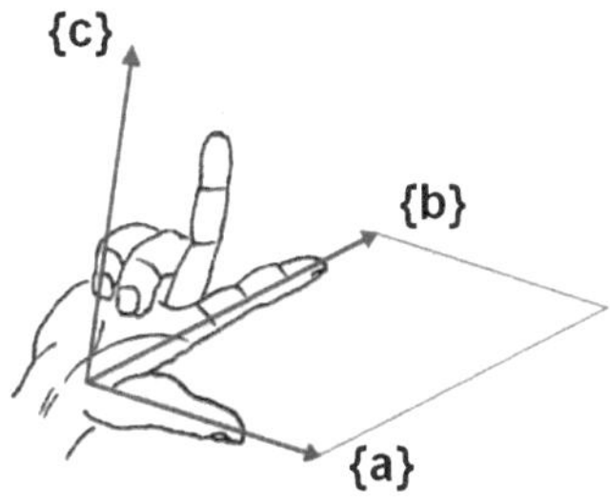

11.1.6 Vektorprodukt

Das vektorielle Produkt $\{\mathbf{a}\} \times \{\mathbf{b}\}$ zweier Vektoren $\{\mathbf{a}\} = (a_x, a_y, a_z)$ und $\{\mathbf{b}\} = (b_x, b_y, b_z)$ ist definiert als ein Vektor $\{\mathbf{c}\}$ mit folgenden Komponenten:

$$\{\mathbf{a}\} \times \{\mathbf{b}\} = \{\mathbf{c}\} \rightarrow \begin{array}{l} c_x = a_y \cdot b_z - a_z \cdot b_y \\ c_y = a_z \cdot b_x - a_x \cdot b_z \\ c_z = a_x \cdot b_y - a_y \cdot b_x \end{array}$$

Die Länge $|c|$ des Ergebnisvektors $\{\mathbf{c}\}$ entspricht dem Flächeninhalt des von $\{\mathbf{a}\}$ und $\{\mathbf{b}\}$ gebildeten Parallelogramms. Des Weiteren ist $\{\mathbf{c}\}$ ein *Normalen*vektor, der auf der von $\{\mathbf{a}\}$ und $\{\mathbf{b}\}$ aufgespannten Ebene senkrecht steht. Seine Orientierung ist dadurch festgelegt, dass die drei Vektoren ein „Rechts"system wie die drei Finger der rechten Hand bilden (Abb. 11.4).

Normiert man die Komponenten c_k mit der Länge $|c|$, dann erhält man einen auf der Ebene senkrecht stehenden Einheitsvektor. Hiervon wird in der Grafikprogrammierung häufig Gebrauch gemacht.

Es gelten folgende Rechengesetze:

$$\{\mathbf{a}\} \times \{\mathbf{b}\} = -\{\mathbf{b}\} \times \{\mathbf{a}\}$$
$$(u \cdot \{\mathbf{a}\}) \times \{\mathbf{b}\} = u \cdot (\{\mathbf{a}\} \times \{\mathbf{b}\})$$
$$\{\mathbf{c}\} \times (\{\mathbf{a}\} + \{\mathbf{b}\}) = \{\mathbf{c}\} \times \{\mathbf{a}\} + \{\mathbf{c}\} \times \{\mathbf{b}\}$$
$$\{\mathbf{a}\} \times \{\mathbf{a}\} = \{\mathbf{0}\}$$
$$\{\mathbf{a}\} \times \{\mathbf{b}\} = \{\mathbf{0}\} \quad \text{falls } \{\mathbf{b}\} \text{ zu } \{\mathbf{a}\} \text{ parallel/antiparallel.}$$

Das $\{\mathbf{0}\}$-Ergebnis ist ebenfalls in der Grafikprogrammierung interessant, um parallele Vektoren zu finden. Das Vektorprodukt gilt nur im 3-dimensionalen, das Skalarprodukt jedoch im n-dimensionalen Raum.

Im Vorgriff auf die Arbeit mit Matrizen wird das Vektorprodukt alternativ als Matrixmultiplikation dargestellt. Hierzu wird mit dem Vektor $\{\mathbf{a}\}$ eine schief-symmetrische Matrix wie folgt aufgebaut und diese mit dem Vektor $\{\mathbf{b}\}$ multipliziert. Der Ergebnisvektor ist das Vektorprodukt:

$$\{a\} \times \{b\} = \begin{array}{|c|c|c|} 0 & -a_z & a_y \\ a_z & 0 & -a_x \\ -a_y & a_x & 0 \end{array} \cdot \{b\} = \left\{ \begin{array}{c} a_y \cdot b_z - a_z \cdot b_y \\ a_z \cdot b_x - a_x \cdot b_z \\ a_x \cdot b_y - a_y \cdot b_x \end{array} \right\}$$

11.1.7 Spatprodukt

Die drei Vektoren $\{a\}$, $\{b\}$ und $\{c\}$ lassen sich auch mit einem Vektor- und einem Skalarprodukt verknüpfen gemäß:

$$(\{\mathbf{a}\} \times \{\mathbf{b}\}) \cdot \{\mathbf{c}\}$$

Das Ergebnis ist eine Zahl (aus dem Skalarprodukt), die dem Betrag nach das Volumen des von $\{a\}$, $\{b\}$ und $\{c\}$ aufgespannten Spats ist (= Parallelepiped; ein Körper, der von sechs Parallelogrammen begrenzt wird). Wenn das Spatvolumen $\neq 0$ ist, bilden die drei Vektoren tatsächlich ein Spat und das Ergebnis ist nicht weiter von Belang. Liefert das Produkt allerdings den Wert 0, dann liegt einer der drei Vektoren in der von den beiden anderen Vektoren aufgespannten Ebene. In der Programmierung wird dieser Sachverhalt gelegentlich genutzt, um die Unabhängigkeit dreier Vektoren zu prüfen.

11.1.8 Linearkombination von Vektoren

Ein Vektor $\{\mathbf{b}\}$, der sich als Summe aus mehreren Vektoren

$$\{\mathbf{v_1}\}, \{\mathbf{v_2}\}, \ldots, \{\mathbf{v_n}\}$$

gleicher Ordnung $\mathbf{n}$ mit den Konstanten $a_1 \neq 0$, $a_2 \neq 0$, $a_n \neq 0$ gemäß

$$\{\mathbf{b}\} = a_1 \cdot \{\mathbf{v_1}\} + a_2 x \cdot \{\mathbf{v_2}\} + \ldots + a_n \cdot \{\mathbf{v_n}\}$$

darstellen lässt, heißt Linearkombination der Vektoren $\{\mathbf{v}\}$. Von linearer Unabhängigkeit spricht man, wenn die Gleichung

$$a_1 \cdot \{\mathbf{v_1}\} + a_2 \cdot \{\mathbf{v_2}\} + \ldots + a_n \cdot \{\mathbf{v_n}\} = \{\mathbf{0}\}$$

genau dann gilt, wenn $a_1 = a_2 = \ldots a_n = 0$ ist. Beispiel: Zwei senkrecht aufeinander stehende Vektoren sind linear unabhängig. Zueinander parallele Vektoren (auch unterschiedlicher Größe) sind linear abhängig.

11.2 Matrizen

Allgemein verknüpfen Matrizen lineare Beziehungen zwischen verschiedenen Größensystemen. Es ist deshalb zweckmäßig, die Matrix als selbständige mathematische Größe aufzufassen. Um Matrizen und Vektoren gegenüber einfachen Zahlengrößen hervorzuheben, verwenden wir für sie folgende Schreibweise:

$[\mathbf{A}]_{m,n}$ rechteckige Matrix der Ordnung m · n

$[\mathbf{A}]_{m,m}$ quadratische Matrix der Ordnung m

$\mathbf{a}_{i,k}$ Element in Zeile i und Spalte k der Matrix $[\mathbf{A}]$

$\{\mathbf{a}\}_m$ 1-spaltige Matrix → Vektor, Ordnung m

$\{\mathbf{a}\}^t$ transponierter Spaltenvektor, wird Zeilenvektor $(\mathbf{a})$

$(\mathbf{n})$ Zeilenvektor

$[\,]^t$ transponierte Matrix

$[\,]^{-1}$ inverse Matrix

Das Skalarprodukt in Matrizenschreibweise ist z. B. $\{\mathbf{n}\}^t \cdot \{\mathbf{a}\}$, der transponierte Spaltenvektor $\{\mathbf{n}\}$ wird zum Zeilenvektor $(\mathbf{n})$ und damit das Skalarprodukt zu $(\mathbf{n}) \cdot \{\mathbf{a}\}$.

Das Koeffizientenschema einer Matrix $[\mathbf{A}]$ von der Ordnung m · n, also m Zeilen und n Spalten, sieht folgendermaßen aus:

$$\begin{array}{|c|c|c|c|c|} \hline a_{11} & a_{12} & a_{13} & \cdots & a_{1n} \\ \hline a_{21} & a_{22} & a_{23} & \cdots & a_{2n} \\ \hline a_{31} & a_{32} & a_{33} & \cdots & a_{3n} \\ \hline \vdots & \vdots & \vdots & & \vdots \\ \hline a_{m1} & a_{m2} & a_{m3} & \cdots & a_{mn} \\ \hline \end{array} = [\mathbf{A}]_{m,n}$$

Die Größen a_{ik} sind die Elemente der Matrix. Außer dem Koeffizienten a_{ik} ist seine durch den Doppelindex i,k festgelegte Stellung im Schema wesentlich, wobei stets der erste Index die Zeile, der zweite die Spalte kennzeichnet.

Zwei Matrizen $[\mathbf{A}_{m,n}]$ und $[\mathbf{B}_{m,n}]$ sind dann und nur dann gleich, wenn sie im Typ übereinstimmen und wenn alle Elemente $a_{i,k} = b_{i,k}$ sind für alle i und k.

Wir kommen zurück auf das Skalarprodukt der beiden Vektoren $\{\mathbf{a}\}$ und $\{\mathbf{b}\}$. Jeden Vektor kann man auch als einspaltige Matrix $[m,1]$, oder als einzeilige Matrix $[1,n]$ auffassen. Das Skalarprodukt $\mathbf{SP}$ berechnet sich nun als Matrizenmultiplikation mit folgendem Schema:

$$\begin{array}{ccc|c} & & & b_1 \\ & & & b_2 \\ & & & b_3 \\ \hline a_1 & a_2 & a_3 & SP \end{array}$$

Der Vektor $\{a\}$ steht hier als einzeilige, der Vektor $\{b\}$ als einspaltige Matrix. Das Skalarprodukt berechnet sich aus den Teilprodukten der Matrixkomponenten zu

$$SP = a_1 \cdot b_1 + a_2 \cdot b_2 + a_3 \cdot b_3$$

Neben dieser skalaren Multiplikation der beiden Vektoren $\{a\}$ und $\{b\}$ gibt es eine zweite Multiplikationsmöglichkeit, indem man $\{a\}$ und $\{b\}$ vertauscht:

	a_1	a_2	a_3
b_1	$b_1 \cdot a_1$	$b_1 \cdot a_2$	$b_1 \cdot a_3$
b_2	$b_2 \cdot a_1$	$b_2 \cdot a_2$	$b_2 \cdot a_3$
b_3	$b_3 \cdot a_1$	$b_3 \cdot a_2$	$b_3 \cdot a_3$

Diese Multiplikation wird als „dyadisches Produkt", die Ergebnismatrix als „dyadische Matrix" bezeichnet. Es ist offensichtlich, dass eine Ergebnisspalte sich aus jeder anderen mittels eines Faktors a_k, jede Ergebniszeile sich aus jeder anderen mittels eines Faktors b_i entwickeln lässt. In der Ergebnismatrix gibt es nur eine aussagefähige Multiplikation an einer beliebigen Matrixposition, alle anderen Ergebnisse sind dazu proportional. Insofern hat eine dyadische Matrix nur einen sehr geringen Informationsgehalt (sie hat den kleinsten überhaupt nur möglichen Rang $r = 1$). Beim Skalarprodukt muss die Ordnung der beiden Vektoren $\{a\}$ und $\{b\}$ stets gleich, beim dyadischen Produkt kann sie auch unterschiedlich sein.

11.2.1 Spezielle Matrizen

$$\begin{bmatrix} 1 & 0 & 0 & 0 & 0 \\ 0 & 1 & 0 & 0 & 0 \\ 0 & 0 & 1 & 0 & 0 \\ 0 & 0 & 0 & 1 & 0 \\ 0 & 0 & 0 & 0 & 1 \end{bmatrix} \quad \text{Ordnung } n = 5 \qquad = [\mathbf{I}] \text{ oder } [\mathbf{E}], \text{ Einheitsmatrix}$$

$$\begin{bmatrix} 0 & 0 & 0 \\ 0 & 0 & 0 \\ 0 & 0 & 0 \end{bmatrix} \quad n = 3 \qquad \text{Nullmatrix}$$

$$\begin{bmatrix} a & 0 & 0 & 0 \\ 0 & b & 0 & 0 \\ 0 & 0 & c & 0 \\ 0 & 0 & 0 & d \end{bmatrix} \quad n = 4 \qquad \text{Diagonalmatrix}$$

$$\begin{bmatrix} 7 & 0 & -2 & 1 \\ 0 & 4 & 9 & 5 \\ -2 & 9 & 3 & -1 \\ 1 & 5 & -1 & 8 \end{bmatrix} \quad n = 4 \qquad \text{symmetrische Matrix}$$

$$\begin{bmatrix} 7 & 0 & -2 & 1 \\ 0 & 4 & 9 & 5 \\ 0 & 0 & 3 & -1 \\ 0 & 0 & 0 & 8 \end{bmatrix} \quad \begin{bmatrix} 4 & 0 & 0 & 0 \\ -2 & 9 & 0 & 0 \\ 3 & 7 & 6 & 0 \\ 1 & 0 & 5 & 11 \end{bmatrix} \quad n = 4 \qquad \text{Rechts- und Links-Dreiecksmatrizen}$$

Ein Vektor $\{a\}$ mit den drei Komponenten a_1, a_2, a_3 repräsentiert in der 3-dimensionalen Geometrie im Allgemeinen Vektorkomponenten oder Punktkoordinaten. Die in der Matrizenrechnung verwendeten Transformationen sind allerdings von der Dimension (der Ordnung $\mathbf{n}$) ganz unabhängig. Für die überschaubaren Fälle ist

$\mathbf{n} = 3$ der gesamte Raum,

$\mathbf{n} = 2$ eine Ebene und

$\mathbf{n} = 1$ eine Gerade.

11.2.2 Transponierte Matrix

Vertauscht man von einer Matrix $[A]_{m,n}$ die Zeilen mit den entsprechenden Spalten, dann entsteht die zur Ausgangsmatrix transponierte Matrix $[A]^t_{n,m}$. Bei quadratischen Matrizen entspricht dies einer Spiegelung an der Hauptdiagonalen. Bei einer symmetrischen Matrix ist das Transponieren wirkungslos, weil die die k-te Zeile mit der k-ten Spalte identisch ist.

$$[A]$$

7	0	-2	1
2	4	9	5
6	3	3	-1

$$[A]^t$$

7	2	6
0	4	3
-2	9	3
1	5	-1

$$([A]^t)^t = [A]$$

$$(s \cdot [A])^t = s \cdot [A]^t$$

$$([A] + [B])^t = [A]^t + [B]^t$$

11.2.3 Summe und Differenz von Matrizen

Die Summe oder Differenz zweier Matrizen kann nur mit typgleichen Matrizen gebildet werden, d. h., beide Matrizen müssen gleiche Anzahl Zeilen und Spalten haben.

$$[C] = [A] \pm [B]$$

$$c_{i,k} = a_{i,k} \pm b_{i,k} \quad \text{für alle i und k}$$

$$[A] + [B] = [B] + [A]$$

$$([A] + [B]) + [C] = [A] + ([B] + [C])$$

$$[A] + 0 = [A]$$

$$[A] - [A] = [0]$$

11.2.4   Multiplikation Matrix mal Skalar

Auch hier erfolgt die Multiplikation elementweise. Summe und Differenz sowie die Skalarmultiplikation sind vertauschbar.

$$[\mathbf{B}] = s \cdot [\mathbf{A}]$$

$$b_{i,k} = s \cdot a_{i,k} \quad \text{für alle i und k}$$

$$(s + t) \cdot [\mathbf{A}] = s \cdot [\mathbf{A}] + t \cdot [\mathbf{A}]$$

$$s \cdot ([\mathbf{B}] + [\mathbf{A}]) = s \cdot [\mathbf{B}] + s \cdot [\mathbf{A}]$$

$$s \cdot (t \cdot [\mathbf{A}]) = (s \cdot t) \cdot [\mathbf{A}]$$

11.2.5   Matrix mal Vektor

Dies ist der einfache Fall, dass eine der beiden Matrizen ein 1-spaltiger oder 1-zeiliger Vektor ist. Bei der zuvor dargestellten dyadischen Multiplikation waren stets nur jeweils ein Element von Zeile und Spalte am Ergebnis beteiligt. Hier wird jedes Ergebniselement c_i aus einem Skalarprodukt der Ordnung 4 ermittelt, wie in den Beispielen gezeigt:

$$[\mathbf{A}] \cdot \{\mathbf{b}\} = \{\mathbf{c}\}$$

			2		
			-1		
			3		
			4		
7	0	-2	1	12	$= 1 \cdot 2 - 4 \cdot 1 + 9 \cdot 3 - 5 \cdot 4$
1	4	9	-5	5	
-5	6	3	-1	-11	
2	-3	1	2	18	

$$\{\mathbf{b}\}^t \cdot [\mathbf{A}] \neq \{\mathbf{c}\}^t \qquad\qquad \{\mathbf{b}\}^t \cdot [\mathbf{A}]^t = \{\mathbf{c}\}^t$$

7	0	-2	1
1	4	9	-5
-5	6	3	-1
2	-3	1	2

2	-1	3	4	6	2	0	12

7	1	-5	2
0	4	6	-3
-2	9	3	1
1	-5	-1	2

2	-1	3	4	12	5	-11	18

$$= -2 \cdot 2 - 1 \cdot 9 + 3 \cdot 3 + 4 \cdot 1$$

Der Fall „Vektor mal Matrix" ergibt sich einfach durch transponieren:

$$[\mathbf{A}] \cdot \{\mathbf{b}\} = \{\mathbf{c}\}$$

$$\{\mathbf{c}\}^t = \{\mathbf{b}\}^t \cdot [\mathbf{A}]^t$$

11.2.6 Matrix mal Matrix

Das Produkt zweier Matrizen kann nur ermittelt werden, wenn die Spaltenanzahl der ersten Matrix mit der Zeilenanzahl der zweiten Matrix übereinstimmt. Diese Notwendigkeit wird als Verkettung bezeichnet. Zwei Matrizen müssen verkettbar sein, damit eine Multiplikation – in der vorgesehenen Reihenfolge – überhaupt möglich ist. Die Beispiele oben zeigen, dass

- beide Matrizen $[A]$ und $\{b\}$ bzw. $\{b\}^t$ und $[A]$ zueinander passen müssen, damit die Multiplikation möglich ist und
- die Vertauschung beider Matrizen offensichtlich ein anderes Ergebnis liefert.

Wir erinnern uns an das eingangs erläuterte Skalarprodukt und erkennen an den farbig hinterlegten Spalten/Zeilen, dass z. B. das Element $c_{1,3}$ der Ergebnismatrix ein Skalarprodukt ist; in diesem Falle mit der Verkettungsordnung $n = 4$. Dies gilt auch für alle anderen $c_{,k}$ der Ergebnismatrix.

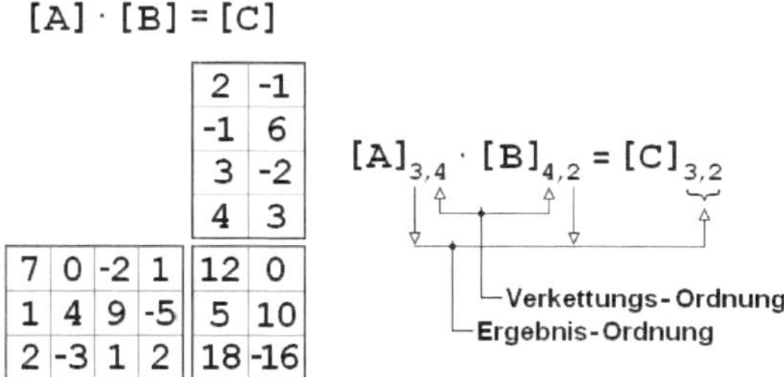

Die beiden Matrizen $[A]$ und $[B]$ kann man zwar vertauschen, aber eine Matrizenmultiplikation $[B] \cdot [A]$ ist nicht möglich. Bezüglich einer Multiplikation (und jeder anderen Matrizenoperation) „passen" die vertauschten Matrizen nicht zueinander, denn die Verkettungsordnung von $[B]$ ist 2, die von $[A]$ jedoch 3, sodass folglich korrekte Skalarprodukte nicht gebildet werden können:

Das Ergebnis einer Matrizenmultiplikation ist wieder eine Matrix; ggf. die Nullmatrix. *Dies auch dann*, wenn beide Multiplikanden keine Nullmatrizen sind, z. B.:

$$[A] \cdot [B] = [0] \qquad\qquad [B] \cdot [A] \neq [A] \cdot [B] \neq [0]$$

			2	4
			3	6
			1	2
1	-2	4	0	0
-2	3	-5	0	0

			1	-2	4
			-2	3	-5
2	4		-6	8	-12
3	6		-9	12	-18
1	2		-3	4	-6

Ganz allgemein berechnet sich das Produkt einer Matrix $[A]_{m,n}$ mit einer Matrix $[B]_{n,p}$ zur Matrix $[C]_{m,p}$ elementweise zu

$$c_{i,k} = \sum_{j=1}^{n} a_{i,j} \cdot b_{j,k} \qquad \left|\begin{array}{l} i = 1,2, \dots m \\ k = 1,2, \dots p \end{array}\right.$$

Der Rechenaufwand für obige Matrizenmultiplikation setzt sich aus $m \cdot p$ Skalarprodukten und darin je n Multiplikationen und Additionen zusammen. Wegen der dreifachen Produkte sind Matrizenmultiplikationen rechenintensiv und mit Sorgfalt zu programmieren.

$$[A] \cdot [B] \neq [B] \cdot [A]$$
$$s \cdot ([A] \cdot [B]) = (s \cdot [A]) \cdot [B]$$
$$([A] + [B]) \cdot [C] = [A] \cdot [C] + [B] \cdot [C]$$
$$([A] \cdot [B]) \cdot [C] = [A] \cdot ([B] \cdot [C])$$
$$([A] \cdot [B] \cdot [C]) = [C] \cdot [B]^t \cdot [A]^t$$

11.2.7 Inverse Matrix

Die Matrix $[A]^{-1}$ ist die inverse Matrix – auch Kehrmatrix genannt – zu $[A]$, wenn sie miteinander multipliziert die Einheitsmatrix ergibt: $[A] \cdot [A]^{-1} = [E]$. Beide Matrizen sind stets quadratisch.

Beispiel:

			9	6	11	$[A]^{-1}$
	$\frac{1}{50} \cdot$		3	2	-13	
$[A]$			-10	10	10	
3	1	-2	1	0	0	
2	4	3	0	1	0	
1	-3	0	0	0	1	

Die Kehrmatrix der Transponierten ist gleich der Transponierten der Kehrmatrix. Bei symmetrischer Matrix $[A]$ bleibt die Symmetrie auch in der Kehrmatrix $[A]^{-1}$ erhalten.

$$[\mathbf{A}^t]^{-1} = [\mathbf{A}^{-1}]^t$$

$$([\mathbf{A}] \cdot [\mathbf{B}] \cdot [\mathbf{C}])^{-1} = [\mathbf{C}]^{-1} \cdot [\mathbf{B}]^{-1} \cdot [\mathbf{A}]^{-1}$$

Auf die numerische Ermittlung der Kehrmatrix wird nicht weiter eingegangen, sondern auf die einschlägige Fachliteratur verwiesen.

11.2.8 Orthogonale Matrix

Eine besondere Klasse von Matrizen in der Computergrafik sind orthogonale Matrizen, die zur Drehung und/oder Spiegelung von Objekten verwendet werden. Wie in Abschn. 11.2.5/6 schon erwähnt, werden die Elemente einer Ergebnismatrix aus Skalarprodukten gebildet. Das Skalarprodukt zweier Spaltenvektoren einer orthogonalen Matrix $[\mathbf{A}]$ liefert

$$\{\mathbf{a_j}\}^t \cdot \{\mathbf{a_k}\} = 0 \quad \text{für} \quad j \neq k, = 1 \quad \text{für} \quad j = k.$$

Für die ganze Matrix gilt also

$$[\mathbf{A}]^t \cdot [\mathbf{A}] = [\mathbf{E}]$$

Mit einer der Drehmatrizen von Kap. 7 sieht beispielsweise die Multiplikation wie folgt aus und das Ergebnis ist leicht nachvollziehbar die Einheitsmatrix $[\mathbf{E}]$:

$[\mathbf{A}]$

$\cos(\gamma)$	$\sin(\gamma)$	0	0
$-\sin(\gamma)$	$\cos(\gamma)$	0	0
0	0	1	0
0	0	0	1

$[\mathbf{A}]^t$

$\cos(\gamma)$	$-\sin(\gamma)$	0	0		1	0	0	0
$\sin(\gamma)$	$\cos(\gamma)$	0	0		0	1	0	0
0	0	1	0		0	0	1	0
0	0	0	1		0	0	0	1

Die formale Nachmultiplikation mit $[\mathbf{A}]^{-1}$ führt dann zu dem einfachen Zusammenhang

$$[\mathbf{A}]^t = [\mathbf{A}]^{-1}$$

der besagt, dass die Transponierte von $[\mathbf{A}]$ zugleich auch ihre Inverse ist. Anstatt orthogonale 4*4-Transformationsmatrizen zu invertieren, verwendet man einfach deren Transponierte.

In MS-Visual-Studio ist die .NET Framework-Klassenbibliothek verfügbar. Die Matrixklasse enthält neben anderen Matrizenoperationen auch die Methode .Invert(), die eine Matrix invertiert. Die Methoden der Computergrafik kommen allerdings ohne Inversion von Matrizen aus.

Ergänzend sei noch auf eine Klippe in Zusammenhang mit der Matrizen-Algebra hingewiesen. Bei der Umformung von Matrizen-Termen wie etwa

$$[\mathbf{A}] \cdot [\mathbf{B}] = [\mathbf{A}] \cdot [\mathbf{C}]$$

darf man nicht der Versuchung erliegen, kurzerhand bei quadratischer Matrix [**A**] beiderseits zu „kürzen" bzw. formal mit der Inversen $[\mathbf{A}]^{-1}$ vorzumultiplizieren

$$[\mathbf{A}]^{-1} \cdot [\mathbf{A}] \cdot [\mathbf{B}] = [\mathbf{A}]^{-1} \cdot [\mathbf{A}] \cdot [\mathbf{C}]$$

und dann wegen $[\mathbf{A}]^{-1} \cdot [\mathbf{A}] = [\dot{\mathbf{E}}]$ zu folgern, dass [**B**] = [**C**] ist. Das folgende Beispiel zeigt, dass sowohl [**A**] · [**B**] als auch [**A**] · [**C**] das gleiche Ergebnis liefert, obwohl [**B**] $\neq$ [**C**] ist.

[A]·[B]

1	4	2
-6	5	-9
-3	6	-5

1	-2	2	7	6	10
3	1	-2	3	5	7
5	-3	2	17	17	27

[A]·[C]

3	2	6
2	-3	7
4	-1	9

1	-2	2	7	6	10
3	1	-2	3	5	7
5	-3	2	17	17	27

Die Vormultiplikation mit $[\mathbf{A}]^{-1}$ funktioniert hier schon deshalb nicht, weil [**A**] eine singuläre Matrix ist, und folglich wegen $\mathrm{Det}([\mathbf{A}]) = 0$ die Inverse gar nicht existiert. Im Beispiel ist eine Identität [**B**] = [**C**] nur mit einer nichtsingulären Matrix [**A**] möglich. Beim Rechnen mit Matrizen hat man also auch darauf zu achten, dass die Struktur der Matrix die gewünschte Transformation zulässt.

11.2.9   Multiplikationsschema für Matrizen

Die anschauliche Darstellung der Matrizenmultiplikation in den vorstehenden Beispielen sollte auch für hintereinander geschaltete Multiplikanden beibehalten werden, sie erhöht die Übersichtlichkeit und vermeidet Unverträglichkeiten bei der Verkettung.

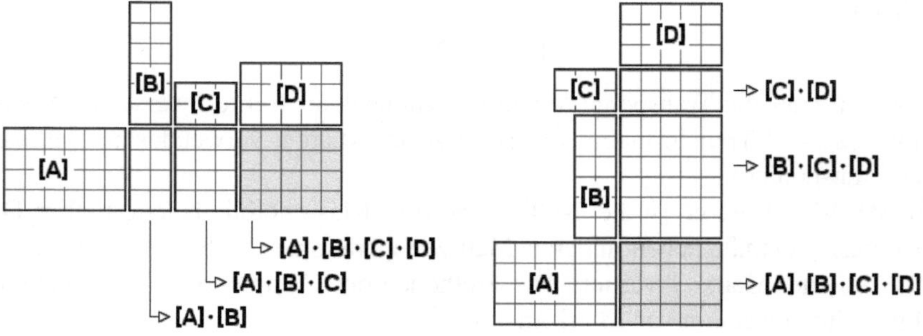

Beginnt man die Multiplikation mit der ersten Matrix [A], dann entwickelt sich das Schema nach rechts, man sagt die Matrizen werden „nachmultipliziert"; beginnt man mit der letzten Matrix [D], dann entwickelt sich das Schema nach unten und die Matrizen werden „vormultipliziert" (engl.: post- and pre-multiplication). Das Ergebnis ist natürlich in beiden Fällen gleich, obwohl völlig andere Zwischenergebnisse anfallen.

11.3 Spezielle Aufgaben

Diese Sammlung spezieller Aufgaben wird in der Computergrafik in vielerlei Abwandlung gebraucht, erhebt aber keinen Anspruch auf Vollständigkeit. Wir konzentrieren uns dabei hauptsächlich auf die Darstellung in 3-dimensionalen kartesischen Koordinaten. Bei Betrachtungen über Ebenen verwenden wir Dreiecke (was Polygone nicht ausschließt) und bleiben bei der einfachen Mathematik.

11.3.1 Gerade durch zwei Punkte

Die Gleichung einer Gerade durch die Punkten P_0 und P_1 (Abb. 11.5) lautet:

$$x = x_0 + (x_1 - x_0) \cdot t = x_0 + t \cdot g_x$$
$$y = y_0 + (y_1 - y_0) \cdot t = y_0 + t \cdot g_y$$
$$z = z_0 + (z_1 - z_0) \cdot t = z_0 + t \cdot g_z$$

Hierin legt der Parameter t die Länge der Geraden fest und es ist ganz offensichtlich, wohin diese führt

$$
\begin{aligned}
\text{bei } t = 0 \rightarrow (x, y, z) \quad &= (x_0, y_0, z_0) \rightarrow P_0 \\
t = 1 \rightarrow \quad &= (x_1, y_1, z_1) \rightarrow P_1 \\
t = \infty \rightarrow \quad &\text{Gerade führt ins Unendliche,} \\
t < 0 \quad &\text{in die Gegenrichtung.}
\end{aligned}
$$

Abb. 11.5 Gerade durch zwei Punkte

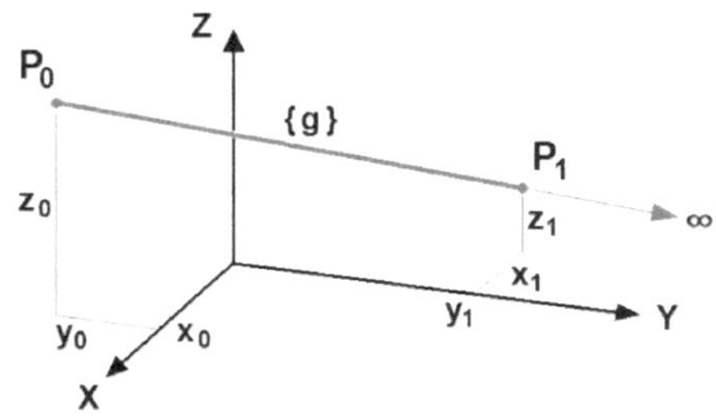

Verzichtet man auf die Anbindung an einen bestimmten Punkt, beispielsweise P_0, dann gibt es beliebig viele parallele Geraden $\{g\}$, beispielsweise in einer Parallelprojektion.

11.3.2 Abstand Punkt–Gerade

Unter „Abstand" ist immer der senkrechte Abstand zur Gerade|Ebene zu verstehen. Im 2-dimensionalen ist die Senkrechte zu einer Geraden leicht anzugeben, ist doch die wesentliche Bedingung in der Ebene durch diese selbst gegeben. Im Raum gibt es dagegen beliebig viele Senkrechte auf einer Geraden, die allesamt in *der* Ebene liegen, deren Normalenvektor die Gerade ist und deren zugehörige Ebene durch den Punkt **P** geht (Abb. 11.6).

Auf die Gerade $\{g\}$ wird ein Einheitsvektor $\{n\}$ gelegt aus $\{n\} = \{g\}/|g|$ und ein beliebiger Hilfspunkt H. Das Vektorprodukt $\{s\} = \{h\} \times \{n\}$ liefert mit $|s|$ die Fläche des skizzierten Parallelogramms. Andrerseits ist diese Fläche schlicht Länge Höhe, hier wegen $|n| = 1$ folglich $e = |s| = \sqrt{(s_x^2 + s_y^2 + s_z^2)}$.
Beispiel:

$$\{g\} = \begin{Bmatrix} 1 \\ 1 \\ 1 \end{Bmatrix} + \lambda \cdot \begin{Bmatrix} 2 \\ 1 \\ 1 \end{Bmatrix} \quad \text{mit} \quad \{H\} = \begin{Bmatrix} 1 \\ 1 \\ 1 \end{Bmatrix} \quad \{P\} = \begin{Bmatrix} 5 \\ 0 \\ 0 \end{Bmatrix}$$

$$\{n\} = \frac{1}{\sqrt{6}} \cdot \begin{Bmatrix} 2 \\ 1 \\ 1 \end{Bmatrix} \qquad \{h\} = \{P\} - \{H\} = \begin{Bmatrix} 4 \\ -1 \\ -1 \end{Bmatrix}$$

$$\{s\} = \{n\} \times \{h\} = \frac{1}{\sqrt{6}} \cdot \begin{Bmatrix} 2 \\ 1 \\ 1 \end{Bmatrix} \times \begin{Bmatrix} 4 \\ -1 \\ -1 \end{Bmatrix} = \frac{1}{\sqrt{6}} \cdot \begin{Bmatrix} 0 \\ 6 \\ -6 \end{Bmatrix} \qquad e = \frac{1}{\sqrt{6}} \cdot \sqrt{(36 + 36)} = 2 \cdot \sqrt{3}$$

Gelegentlich ist der Abstand einer Geraden vom Ursprung gefragt. Der Punkt P hat dann die Koordinaten $P(0, 0, 0)$ und der Hilfsvektor $\{h\}$ ist einfach $\{-H\}$. Der Abstand ergibt sich aus $\{s\} = \{n\} \times \{-H\}$ und schließlich wieder $e = |s| = \sqrt{(s_x^2 + s_y^2 + s_z^2)}$. Mit den Komponenten von $\{s\}$ lässt sich die Gerade in den Ursprung verschieben.

Abb. 11.6 Abstand Punkt–Gerade

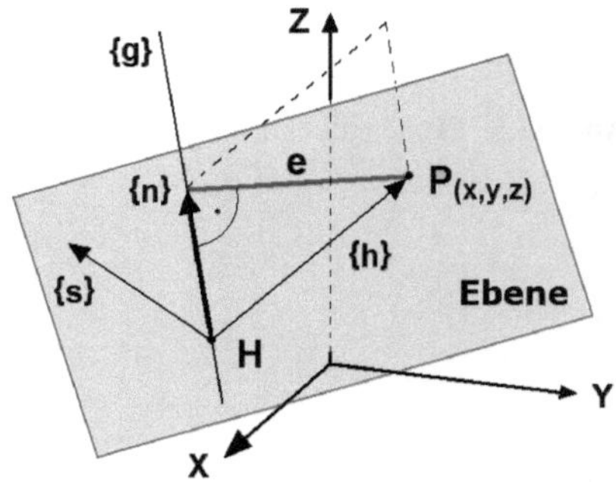

11.3.3 Schnitte zweier Kanten

Diese Aufgabe ist zu lösen für zwei Facetten auf der Projektionsebene, wobei jede Kante der einen mit jeder Kante der anderen Facette auf Schnitte zu untersuchen ist.

Die Gleichung einer Geraden $\mathbf{g_0}$ in der Ebene mit den Punkten A_0 und A_1 lautet in Komponenten:

$$x = A_{x0} + (A_{x1} - A_{x0}) \cdot s = A_{x0} + a_x \cdot s$$
$$y = A_{y0} + (A_{y1} - A_{y0}) \cdot s = A_{y0} + a_y \cdot s$$

Hierin legt der Parameter $\mathbf{s}$ die Länge der Geraden fest und es ist

$$s = 0 \rightarrow A_0$$
$$s = 1 \rightarrow A_1$$
$$s > 1 \rightarrow \text{über } A_1 \text{ hinaus,}$$
$$s < 0 \rightarrow \text{in Gegenrichtung über } A_0 \text{ hinaus.}$$

Die Gleichung einer zweiten Geraden $\mathbf{g_1}$ sei:

$$x = B_{x0} + (B_{x1} - B_{x0}) \cdot t = B_{x0} + b_x \cdot t$$
$$y = B_{y0} + (B_{y1} - B_{y0}) \cdot t = B_{y0} + b_y \cdot t$$

Die Koordinaten des Schnittpunkts dieser beiden Geraden sind x und y (sofern die Geraden nicht parallel sind) Damit haben wir zwei Gleichungen mit den beiden Unbekannten $\mathbf{s}$ und $\mathbf{t}$:

$$A_{x0} + a_x \cdot s = B_{x0} + b_x \cdot t$$
$$A_{y0} + a_y \cdot s = B_{y0} + b_y \cdot t$$

Hieraus die Geradenparameter:

$$s = b_x \cdot (B_{y0} - A_{y0}) - b_y \cdot (B_{x0} - A_{x0})/(a_y \cdot b_x - b_y \cdot a_x)$$
$$t = a_x \cdot (B_{y0} - A_{y0}) - a_y \cdot (B_{x0} - A_{x0})/(a_y \cdot b_x - b_y \cdot a_x)$$

In Abb. 11.7 schneiden sich zwar die Geraden g_0 mit g_1, aber wirklich von Interesse ist nur der Fall, dass sich die Facettenkanten $A_0 \rightarrow A_1$ mit $B_0 \rightarrow B_1$ schneiden, das ist nicht der Fall. Folgende Konstellationen sind zu unterscheiden, wobei beide Bedingungen erfüllt sein müssen:

Die Kanten schneiden sich wenn $0 < s < 1$ und $0 < t < 1$.

Kontakt eines Knotens mit einer Kante z. B.: $0 < s < 1$ und $t = 0|1$.

Kein Schnitt $s < 0 | s > 1$ oder $t < 0 | t > 1$

Abb. 11.7 Schnitt zweier Kanten

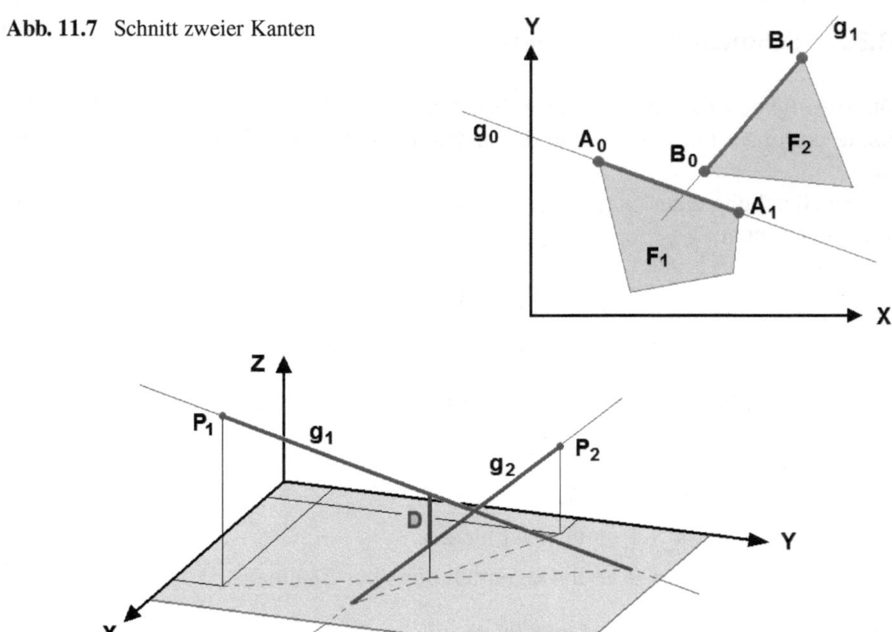

Abb. 11.8 Windschiefe Geraden

11.3.4 Windschiefe Geraden

Wenn die beiden Richtungsvektoren zweier Geraden linear unabhängig sind, schneiden sich die beiden Geraden oder sie sind windschief. Es gibt keine Ebene, die beide Geraden enthält (Abb. 11.8).

Ausgehend von den beiden Geraden $\{\mathbf{P_1}\} + \lambda \cdot \{\mathbf{g_1}\}$ und $\{\mathbf{P_2}\} + \mu \cdot \{\mathbf{g_2}\}$ geht es um drei Fragen:

- Sind die beiden Geraden parallel?
  Das ist der Fall wenn gilt: $\{\mathbf{g_1}\} = \mathrm{f} \cdot \{\mathbf{g_2}\}$ mit einem beliebigen Faktor f; siehe Abschn. 11.1.
- Schneiden sich die Geraden?
  Wenn dies der Fall ist, gibt es einen gemeinsamen Schnittpunkt $\{\mathbf{S}\}$, der beide Gleichungen befriedigt:

$$\{\mathbf{P_1}\} + \lambda_S \cdot \{\mathbf{g_1}\} = \{\mathbf{P_2} + \mu_S \cdot \{\mathbf{g_2}\}$$
$$\lambda_S \cdot \{\mathbf{g_1}\} - \mu_S \cdot \{\mathbf{g_2}\} = \{\mathbf{P_2}\} - \{\mathbf{P_1}\}$$

Geht man zu Koordinatengleichungen über, so erhält man ein Gleichungssystem mit drei Gleichungen für zwei Unbekannte λ_S und μ_S.

Beispiel:

$$\mathbf{G_1}: \ \{P_1\} + \lambda_S \cdot \{g_1\} \ \Rightarrow \ \begin{Bmatrix} 3 \\ 1 \\ 3 \end{Bmatrix} + \lambda_S \cdot \begin{Bmatrix} 1 \\ -2 \\ -1 \end{Bmatrix}$$

$$\mathbf{G_2}: \ \{P_2\} + \mu_S \cdot \{g_2\} \ \Rightarrow \ \begin{Bmatrix} 2 \\ 1 \\ 0 \end{Bmatrix} + \mu_S \cdot \begin{Bmatrix} 3 \\ -2 \\ 2 \end{Bmatrix}$$

$$\lambda_S \cdot \begin{Bmatrix} 1 \\ -2 \\ -1 \end{Bmatrix} - \mu_S \cdot \begin{Bmatrix} 3 \\ -2 \\ 2 \end{Bmatrix} = \begin{Bmatrix} 2 \\ 1 \\ 0 \end{Bmatrix} - \begin{Bmatrix} 3 \\ 1 \\ 3 \end{Bmatrix} = \begin{Bmatrix} -1 \\ 0 \\ -3 \end{Bmatrix}$$

Das zugehörige Gleichungssystem ist:

$$x)\,\lambda_S - 3 \cdot \mu_S = -1$$
$$y)\, -2 \cdot \lambda_S + 2 \cdot \mu_S = 0$$
$$z)\, -\lambda_S - 2 \cdot \mu_S = -3$$

Aus der zweiten Gleichung folgt $\lambda_S = \mu_S$. Dies in die dritte Gleichung eingesetzt liefert $\mu_S = 1$ und damit $\lambda_S = 1$. Die nicht verwendete erste Gleichung wird mit diesen Werten nicht erfüllt und folglich haben die beiden Geraden keinen Schnittpunkt, sondern sind windschief.

Löst man die ersten beiden Gleichungen nach λ_S und $\cdot\mu_S$ auf, erhält man Informationen über die Projektion beider Geraden auf die X-Y-Ebene. Selbst wenn sich die *projizierten* Geraden schneiden, ist das kein Hinweis, dass sie sich auch in natura schneiden. Erst wenn die berechneten Werte auch die dritte Gleichung erfüllen, schneiden sich die Geraden und die Distanz D verschwindet. Lassen sich *nicht* zwei von den drei Gleichungen auflösen, dann gibt es keinen Schnittpunkt.

- Wie groß ist ggf. ihr Abstand?
Der Abstand von zwei windschiefen Geraden ist die kürzest mögliche Verbindung beider Geraden, wobei die Verbindungsgerade auf beiden Geraden senkrecht steht. Ist der Abstand $= 0$ so schneiden sich beide Geraden; siehe oben. Die Reihenfolge ist also erst *Schnittpunkt*, dann ggf. *Abstand* (Abb. 11.9). Zur Berechnung des Abstands legt man z. B. durch die Gerade $\mathbf{g_2}$ eine Ebene und dreht diese um $\mathbf{g_2}$, bis sie parallel zur Geraden $\mathbf{g_1}$ liegt. Jeder beliebige Punkt auf $\mathbf{g_1}$ hat nun den gleichen Abstand zu dieser Ebene. Von dieser kennen wir bereits zwei Richtungen: $\mathbf{g_2}$ in der Ebene und $\mathbf{g_1}$ parallel dazu, und damit ist auch die Ebene selbst definiert als Vektorprodukt $\{\mathbf{s}\} = \{\mathbf{g_1}\} \times \{\mathbf{g_2}\}$. Diese drei Vektoren bilden wieder ein Rechtssystem in der Reihenfolge $\mathbf{g_1}$, $\mathbf{g_2}$, $\mathbf{s}$. Um den Abstand berechnen zu können, ist $\{\mathbf{s}\}$ noch zu normieren gemäß $\{\mathbf{s}\} = \{\mathbf{s}\}/|\mathbf{s}|$. Der Abstand D – sein zugehöriger Vektor – ist die Projektion des Differenzvektors $\{\mathbf{h}\} = \{P_2\} - \{P_1\}$ auf das normierte $\{\mathbf{s}\}$ und ergibt sich als Skalarprodukt zu

$$D = (\mathbf{h}) \cdot \{\mathbf{s}\}/|\mathbf{s}|$$

Das Vorzeichen von D ist hier nicht weiter von Belang. Der ganze Ablauf ist wie beim *Abstand Punkt–Gerade* nahezu identisch; siehe Abschn. 11.3.2. Mit den

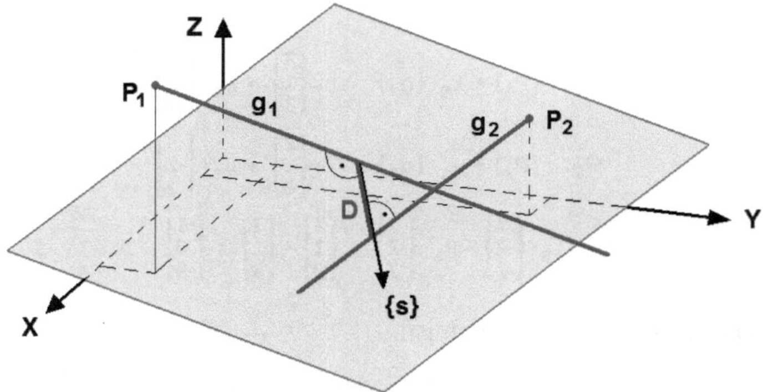

Abb. 11.9 Abstand zweier windschiefer Geraden

oben schon verwendeten Geraden berechnet sich deren Abstand zu:

$$G_1:\ \{P_1\} + \lambda_s \cdot \{g_1\} \;\Rightarrow\; \begin{Bmatrix}3\\1\\3\end{Bmatrix} + \lambda_s \cdot \begin{Bmatrix}1\\-2\\-1\end{Bmatrix}$$

$$G_2:\ \{P_2\} + \mu_s \cdot \{g_2\} \;\Rightarrow\; \begin{Bmatrix}2\\1\\0\end{Bmatrix} + \mu_s \cdot \begin{Bmatrix}3\\-2\\2\end{Bmatrix}$$

$$\{h\} = \{P_2\} - \{P_1\} = \begin{Bmatrix}-1\\0\\-3\end{Bmatrix}$$

$$\{s\} = \{g_1\} \times \{g_2\} = \begin{Bmatrix}1\\-2\\-1\end{Bmatrix} \times \begin{Bmatrix}3\\-2\\2\end{Bmatrix} = \begin{Bmatrix}-6\\-5\\4\end{Bmatrix} \;\Rightarrow\; |s| = \sqrt{77}$$

$$D = \frac{1}{\sqrt{77}} \cdot (-6,-5,4) \cdot \begin{Bmatrix}-1\\0\\-3\end{Bmatrix} = -0{,}684$$

Für die Berechnung des Abstands ist es also weder nötig, eine Ebene anzugeben, noch die Koordinaten der Verbindungspunkte auf g_1 und g_2 zu berechnen.

11.3.5 Ebenengleichungen

Es hat sich als zweckmäßig erwiesen, die Indizes von Knoten und Seiten an einem Dreieck aufeinander abzustimmen: Die Seite S_k liegt dem Knoten P_k gegenüber wie in der Skizze verwendet.

Ebenengleichungen lassen sich auf unterschiedliche Weise bestimmen. Eine Möglichkeit versteckte sich bereits im Vektorprodukt in Abschn. 11.1.6.

- *Aus Vektorprodukt*
  Der Normalenvektor $\{n\}$ eines Dreiecks zeigt an jedem Knoten und an jedem Punkt der Ebene in die gleiche Richtung (Abb. 11.10) und wird bestimmt als Vektorprodukt der Vektoren der beiden anliegenden Dreiecksseiten:

$$\{n\} = \{v_3\} \times \{v_2\}$$
$$= -\{v_2\} \times \{v_3\}$$

Abb. 11.10 Normalenvektor

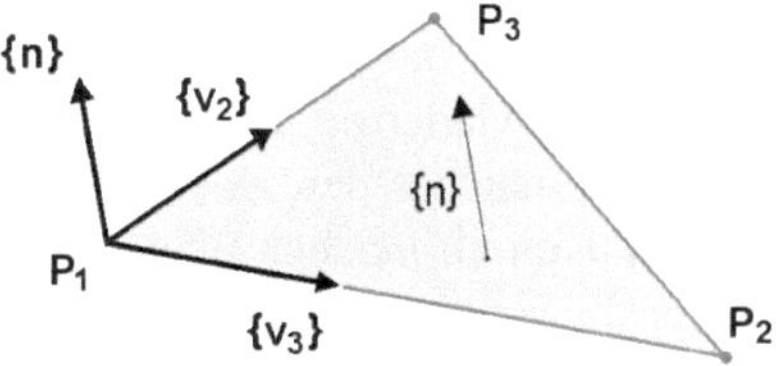

$\{\mathbf{n}\}$ ist der nicht normierte Normalenvektor des Dreiecks. Seine Länge N entspricht der doppelten Dreiecksfläche:

$$N = 2F = \sqrt{(n_x^2 + n_y^2 + n_z^2)}$$

Das Vektorprodukt liefert einen Nullvektor, falls die drei Eckpunkte auf einer Geraden liegen, damit ist auch die Fläche $2F = 0$ (ggf. als Prüfkriterium zu verwenden). Mit seiner Länge N wird $\{\mathbf{n}\}$ zu einem Einheitsvektor normiert:

$$\{\mathbf{n}\} = 1/N \cdot \{\mathbf{n}\}$$

Die Ebenengleichung ist allgemein:

$$A \cdot x + B \cdot y + C \cdot z + D = 0$$

Die Koeffizienten (A, B, C) entsprechen den drei Komponenten des Normalenvektors $\{\mathbf{n}\}$ der Ebene. Die Konstante D ermittelt man wie bei der Determinantenvariante.

- *Aus Determinante*
Eine Ebene durch drei Punkte kann mit einer Determinante wie folgt definiert werden:

$$\text{Det} \begin{vmatrix} x - x_1 & y - y_1 & z - z_1 \\ x_2 - x_1 & y_2 - y_1 & z_2 - z_1 \\ x_3 - x_1 & y_3 - y_1 & z_3 - z_1 \end{vmatrix} = 0$$

Diese Determinante aufgelöst und ein wenig umgestellt führt ebenfalls zur Ebenengleichung; hier durch den Punkt P_1:

$$(x - x_1) \cdot [(y_2 - y_1) \cdot (z_3 - z_1) - (y_3 - y_1) \cdot (z_2 - z_1)]$$
$$+ (y - y_1) \cdot [(z_2 - z_1) \cdot (x_3 - x_1) - (z_3 - z_1) \cdot (x_2 - x_1)]$$
$$+ (z - z_1) \cdot [(x_2 - x_1) \cdot (y_3 - y_1) - (x_3 - x_1) \cdot (y_2 - y_1)] = 0$$

bzw.

$$(x - x_1) \cdot A + (y - y_1) \cdot B + (z - z_1) \cdot C = 0$$

Die Ebenenkonstanten A, B, C sind hier die Terme in den eckigen Klammern und zugleich wieder die Komponenten des Normalenvektors $\{\mathbf{n}\}_{(A,B,C)}$. Sie können unmittelbar aus den Koordinaten von drei Knoten ermittelt werden, ohne sich Gedanken zu machen über die Multiplikationsreihenfolge mit Vektoren. Auch hier dürfen die Knoten nicht auf einer Geraden liegen.

In beiden Varianten fehlt noch die Konstante D in der Ebenengleichung, der senkrechte Abstand der Ebene zum Ursprung. **D** findet man einfach, indem man die Koordinaten eines Knotens dieser Ebene in die Ebenengleichung einsetzt, z. B. $P_1(x, y, z)$:

$$A \cdot (x - P_{1x}) + B \cdot (y - P_{1y}) + C \cdot (z - P_{1z}) = 0$$

ausmultipliziert

$$A \cdot x + B \cdot y + C \cdot z - (A \cdot P_{1x} + B \cdot P_{1y} + C \cdot P_{1z}) = 0$$

folglich Konstante

$$D = -(A \cdot P_{1x} + B \cdot P_{1y} + C \cdot P_{1z}) = -(\mathbf{P_1}) \cdot \{\mathbf{n}\}$$

Damit ist die Ebenengleichung vollständig:

$$A \cdot x + B \cdot y + C \cdot z + D = 0$$

11.3.6 Schnittpunkt Gerade mit Ebene

Der einfache Fall ist der, dass der Schnittpunkt einer Geraden mit einer der Koordinatenebenen zu bestimmen ist. Eine beliebige Gerade hat die Gleichung

$$\{\mathbf{M}\} + t \cdot \{\mathbf{d}\} \qquad \text{mit} \quad \{\mathbf{M}\}(M_x, M_y, M_z)$$
$$\{\mathbf{d}\}(d_x, d_y, d_z)$$

Die Komponenten ihres Schnittpunkts z. B. mit der XY-Ebene sind x_e und y_e mit $z_e = 0$:

$$M_x + t \cdot d_x = x_e$$
$$M_y + t \cdot d_y = y_e$$
$$M_z + t \cdot d_z = 0$$

Der Parameter t ergibt sich in diesem Fall aus der dritten Gleichung zu:

$$t = -M_z / d_z$$

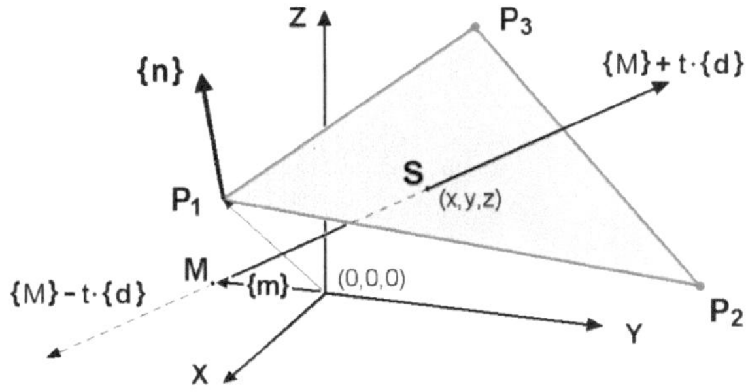

Abb. 11.11 Schnittpunkt mit Dreiecksebene

Hier sind zwei Sonderfälle zu beachten, bei denen es keinen Schnittpunkt gibt:

$$d_z = 0, \quad \text{die Gerade liegt parallel zur XY-Ebene}$$
$$M_z = 0, \quad \text{die XY-Ebene liegt in der Geraden.}$$

Für $t < 0$ wird die XY-Ebene von der negativen Verlängerung der Geraden geschnitten. Für $t > 0$ schneidet die Gerade wie definiert und ihre Schnittkoordinaten werden aus den beiden bisher nicht verwendeten Gleichungen ermittelt.

Liegt eine Ebene parallel zur XY-Ebene jedoch um $\pm z_e$ verschoben, ergibt sich $t = (\pm z_e - M_z)/d_z$. Für $d_z = 0$ liegt die Gerade parallel zur Ebene.

Im Normalfall wird der Schnittpunkt **S** einer Geraden mit einer beliebigen Ebene gesucht. In einer größeren Szenerie wird eine Gerade (ein Strahl) nahezu jede Ebene schneiden. Ausgenommen die wenigen Fälle, bei der die Ebenennormale senkrecht auf der Geraden steht. Deren Skalarprodukt ist dann $= 0$ und die Ebene liegt parallel zur Geraden. Das Kernproblem liegt allerdings in der Frage, ob der Schnittpunkt mit der Dreiecks*ebene* innerhalb des Dreiecks – der Facette – liegt (Abb. 11.11).

Variante 1

Wir verwenden die Ebenengleichung durch den Knoten P_1 (x, y, z)

$$A \cdot (x - P_{1x}) + B \cdot (y - P_{1y}) + C \cdot (z - P_{1z}) = 0$$

Mit der Geradengleichung wie zuvor:

$$\{M\} + t \cdot \{d\} \quad \text{mit} \quad \{M\}(M_x, M_y, M_z)$$
$$\{d\}(d_x, d_y, d_z)$$

Wenn (x, y, z) der Schnittpunkt ist, gilt dieser auch für die Geradenkoordinaten; diese in die Ebenengleichung eingesetzt

$$A \cdot (M_x + t \cdot d_x - P_{1x}) + B \cdot (M_y + t \cdot d_y - P_{1y}) + C \cdot (M_z + t \cdot d_z - P_{1z}) = 0$$

oder auch

$$n_x \cdot (M_x + t \cdot d_x - P_{1x}) + n_y \cdot (M_y + t \cdot d_y - P_{1y}) + n_z \cdot (M_z + t \cdot d_z - P_{1z}) = 0$$

wenn der Normalenvektor $\{\mathbf{n}\}$ (A, B, C) verwendet wird. Diese Gleichung aufgelöst nach t

$$t = -\frac{n_x \cdot (M_x - P_{1x}) + n_y \cdot (M_y - P_{1y}) + n_z \cdot (M_z - P_{1z})}{n_x \cdot d_x + n_y \cdot d_y + n_z \cdot d_z}$$

$$t = -\frac{(\mathbf{M} - \mathbf{P_1}) \cdot \{\mathbf{n}\}}{(\mathbf{d}) \cdot \{\mathbf{n}\}}$$

liefert den Längenfaktor $\mathbf{t}$ für die Gerade $\{\mathbf{d}\}$, womit dann die Schnittpunktkoordinaten $\{\mathbf{S}\} = \{\mathbf{M}\} + t \cdot \{\mathbf{d}\}$ bestimmt werden können. Das Skalarprodukt des Nenners lässt einige Rückschlüsse zu:

$$(\mathbf{d}) \cdot \{\mathbf{n}\} = 0, \quad \text{die Gerade liegt parallel zur Ebene, kein Schnittpunkt,}$$
$$< 0, \quad \text{Schnitt auf der Vorderseite,}$$
$$> 0, \quad \text{Schnitt auf der Rückseite der Ebene.}$$

Für t sind folgende Ergebnisse möglich, sofern $(\mathbf{d}) \cdot \{\mathbf{n}\} \neq 0$:

$$t = 0, \quad \text{die Gerade liegt in der Ebene}$$
$$< 0, \quad \text{die Gerade } \{\mathbf{M}\} - t \cdot \{\mathbf{d}\} \text{ schneidet die Ebene von der Rückseite,}$$
$$> 0, \quad \text{die Gerade } \{\mathbf{M}\} + t \cdot \{\mathbf{d}\} \text{ schneidet die Ebene von der Vorderseite,}$$

Vorder- und Rückseite einer Ebene beziehen sich auf positive oder negative Werte von $f(x, y, z)$.

Beispiel: Ebene durch drei Punkte P1–P3, geschnitten von Gerade $\mathbf{g}$ mit folgenden Daten.

$$\mathbf{E:} \quad \{\mathbf{P_1}\} = \begin{Bmatrix} 5 \\ 0 \\ 10 \end{Bmatrix} \quad \{\mathbf{P_2}\} = \begin{Bmatrix} -4 \\ 21 \\ 4 \end{Bmatrix} \quad \{\mathbf{P_3}\} = \begin{Bmatrix} 2 \\ 21 \\ 10 \end{Bmatrix} \qquad \mathbf{g:} \quad \{\mathbf{M}\} + t \cdot \{\mathbf{d}\} = \begin{Bmatrix} 2 \\ -6 \\ 1 \end{Bmatrix} + t \cdot \begin{Bmatrix} 3 \\ 1 \\ 4 \end{Bmatrix}$$

Ebene durch drei Punkte:

$$A = (y_2 - y_1)(z_3 - z_1) - (y_3 - y_1)(z_2 - z_1) =$$
$$= (21 - 0)(10 - 10) - (21 - 0)(4 - 10) = 126$$
$$B = (z_2 - z_1)(x_3 - x_1) - (z_3 - z_1)(x_2 - x_1) = 18$$
$$C = (x_2 - x_1)(y_3 - y_1) - (x_3 - x_1)(y_2 - y_1) = -126$$

Hierin kann man den konstanten Faktor 18 eliminieren und erhält die Ebenengleichung

$$7 \cdot x + y - 7 \cdot z + D = 0$$

Die Konstante D ergibt sich als Skalarprodukt aus $-(\mathbf{P_1}) \cdot \{\mathbf{n}\} = -(5, 0, 10) \cdot \{7, 1, -7\} = +35$.

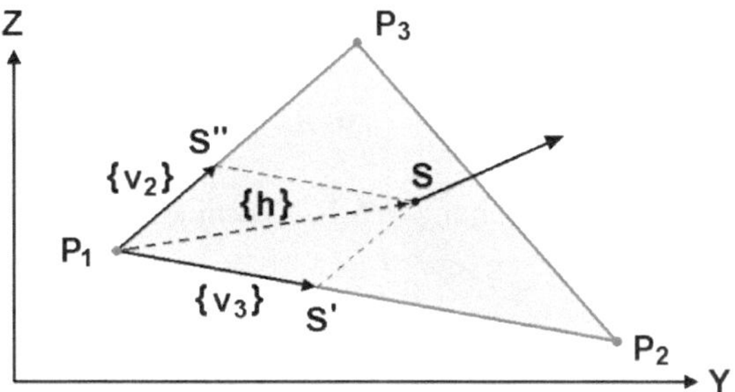

Abb. 11.12 Schnittpunkt in der Ebene

Die Länge der Geraden, ausgehend von $\mathbf{M}$ bis zum Schnittpunkt $\mathbf{S}$, wird bestimmt vom Faktor $\mathbf{t}$ der Geradengleichung; dieser berechnet sich zu:

$$t = -\frac{(\mathbf{M}-\mathbf{P_1})\cdot\{\mathbf{n}\}}{(\mathbf{d})\cdot\{\mathbf{n}\}} = -\frac{\left(\begin{Bmatrix}2\\-6\\1\end{Bmatrix}-\begin{Bmatrix}5\\0\\10\end{Bmatrix}\right)\cdot\begin{Bmatrix}7\\1\\-7\end{Bmatrix}}{(3,1,4)\cdot\begin{Bmatrix}7\\1\\-7\end{Bmatrix}} = -\frac{36}{-6} = 6$$

Die Koordinaten des Schnittpunktes S ermitteln wir aus der Geradengleichung:

$$S = \begin{Bmatrix}2\\-6\\1\end{Bmatrix} + 6\cdot\begin{Bmatrix}3\\1\\4\end{Bmatrix} = \begin{Bmatrix}20\\0\\25\end{Bmatrix}$$

Bleibt also noch zu klären, ob der Schnittpunkt mit der Dreiecks*ebene* innerhalb des Dreiecks liegt. Um dies festzustellen, projiziert man sowohl das Dreieck als auch den Schnittpunkt auf eine der Koordinatenebenen. Man wählt zweckmäßig die Ebene zur Projektion, die am ehesten parallel zum Dreieck liegt. Die zugehörige Projektionsrichtung entspricht der betragsgrößten Komponente des Normalenvektors $\{\mathbf{n}\}$ der Ebene. Wenn z. B. $|n_x|$ dies ist, projiziert man in X-Richtung auf die YZ-Ebene, setzt die X-Koordinaten $= 0$ und hat damit ein ebenes Problem.

Diese Situation ist in Abb. 11.12 dargestellt. Der Hilfsvektor $\{\mathbf{h}\}$ (den wir eigentlich gar nicht benötigen) geht vom Knoten P_1 zum Schnittpunkt S und ist zusammengesetzt aus

$$\{\mathbf{h}\} = \{\mathbf{v_2}\} + \{\mathbf{v_3}\}$$

mit

$$\{\mathbf{v_2}\} = \lambda\cdot\{P_3 - P_1\} = \lambda\cdot\{\mathbf{d_2}\}$$
$$\{\mathbf{v_3}\} = \mu\cdot\{P_2 - P_1\} = \mu\cdot\{\mathbf{d_3}\}$$

Die Längen der Vektoren $\{\mathbf{v_j}\}$ bis zu den Schnittpunkten S' bzw. S'' werden als Schnittpunkt zweier Geraden wie folgt ermittelt, z. B. für S':

$$g1 = (\mathbf{P_1}) + \mu\cdot\{\mathbf{d_3}\}$$
$$g2 = (\mathbf{S}) - \lambda\cdot\{\mathbf{d_2}\} \qquad (\text{entgegen } \{\mathbf{d_2}\}!!)$$

für die Schnittkoordinaten

$$(\mathbf{P_1}) + \mu \cdot \{\mathbf{d_3}\} = (\mathbf{S}) - \lambda \cdot \{\mathbf{d_2}\}$$

diese Vektorgleichung in Y-Z-Koordinaten

$$\text{I.} \qquad P_{1y} + \mu \cdot d_{3y} = S_y - \lambda \cdot d_{2y}$$
$$\text{II.} \qquad P_{1z} + \mu \cdot d_{3z} = S_z - \lambda \cdot d_{2z}$$

aufgelöst nach μ und λ

$$\mu = [d_{2z} \cdot (S_y - P_{1y}) - d_{2y} \cdot (S_z - P_{1z})]/2F$$
$$\lambda = [d_{3y} \cdot (S_z - P_{1z}) - d_{3z} \cdot (S_y - P_{1y})]/2F$$

Der Nenner 2F ist die doppelte Dreiecksfläche, siehe Abschn. 11.3.5. Die beiden Faktoren λ und μ legen die Längen der Vektoren $\{\mathbf{v_j}\}$ fest, die zum Schnittpunkt **S** führen. Zugleich geben sie Auskunft über die Lage des Schnittpunkts auf der Dreiecksebene:

$$\lambda > 0, \qquad \text{S liegt rechts von Vektor} \qquad \{\mathbf{d_2}\} = P_1 \rightarrow P_3$$
$$\mu > 0, \qquad \text{S liegt oberhalb von Vektor} \quad \{\mathbf{d_3}\} = P_1 \rightarrow P_2$$
$$\lambda + \mu \leq 1, \quad \text{S liegt links von} \qquad\qquad P_2 \rightarrow P_3$$

Sind alle drei Bedingungen erfüllt, liegt S innerhalb des Dreiecks. Bei $\lambda = 0$ oder $\mu = 0$ liegt der Schnittpunkt in P_1, $\lambda = 1$ Schnittpunkt in P_3, $\mu = 1$ Schnittpunkt in P_2.

Variante 2

Eine Ebene ist ebenfalls eindeutig bestimmt durch zwei unabhängige Richtungen und ein Punkt, hier z. B. $\mathbf{P_1}$, der auf der Ebene liegt $\rightarrow$ Punkt-Richtungsgleichung:

$$\{\mathbf{s}\} = \{\mathbf{P_1}\} + \mu \cdot \{\mathbf{P_2} - \mathbf{P_1}\} + \lambda \cdot \{\mathbf{P_3} - \mathbf{P_1}\}$$

Anstatt der allgemeinen Koordinaten setzen wir gleich die Schnittkoordinaten $\{\mathbf{s}\}$ für den Schnittpunkt **S** an. Die zwei noch unbekannten Konstanten μ und λ sind jeweils Vielfache der Steigungen in den beiden Richtungen.

Die Gleichung der Geraden hat die gleichen Schnittkoordinaten

$$\{\mathbf{s}\} = \{\mathbf{M}\} + t \cdot \{\mathbf{d}\}$$

Der Faktor t bestimmt wieder die Länge der Geraden. Beide Schnittkoordinaten gleichgesetzt und die Gleichung ein wenig umgestellt führt zu

$$\{\mathbf{P_2} - \mathbf{P_1}\}\cdot\mu + \{\mathbf{P_3} - \mathbf{P_1}\}\cdot\lambda - \{\mathbf{d}\}\cdot t = \{\mathbf{M}\} - \{\mathbf{P_1}\}$$

Diese Vektorgleichung aufgelöst in Komponenten ergibt ein lineares Gleichungssystem mit den drei Unbekannten μ, λ, t, die man nach Vormultiplikation mit der inversen $3 \cdot 3$-Matrix bestimmt. (Die Inverse beschafft man sich mit der Methode **Invert**() der Matrixklasse.)

$$\begin{bmatrix} P_{2x}-P_{1x} & P_{3x}-P_{1x} & -d_x \\ P_{2y}-P_{1y} & P_{3y}-P_{1y} & -d_y \\ P_{2z}-P_{1z} & P_{3z}-P_{1z} & -d_z \end{bmatrix} \cdot \begin{Bmatrix} \mu \\ \lambda \\ t \end{Bmatrix} = \begin{Bmatrix} M_x-P_{1x} \\ M_y-P_{1y} \\ M_z-P_{1z} \end{Bmatrix}$$

Wir rechnen das gleiche Beispiel durch: Ebene durch drei Punkte P_1, P_2, P_3 geschnitten von Gerade **g** mit folgenden Daten:

$$E: \quad \{P_1\} = \begin{Bmatrix} 5 \\ 0 \\ 10 \end{Bmatrix} \quad \{P_2\} = \begin{Bmatrix} -4 \\ 21 \\ 4 \end{Bmatrix} \quad \{P_3\} = \begin{Bmatrix} 2 \\ 21 \\ 10 \end{Bmatrix} \qquad g: \quad \{M\} + t \cdot \{d\} = \begin{Bmatrix} 2 \\ -6 \\ 1 \end{Bmatrix} + t \cdot \begin{Bmatrix} 3 \\ 1 \\ 4 \end{Bmatrix}$$

Mit diesen Zahlen sieht das Gleichungssystem folgendermaßen aus:

$$\begin{bmatrix} -9 & -3 & -3 \\ 21 & 21 & -1 \\ -6 & 0 & -4 \end{bmatrix} \cdot \begin{Bmatrix} \mu \\ \lambda \\ t \end{Bmatrix} = \begin{Bmatrix} -3 \\ -6 \\ -9 \end{Bmatrix}$$

Die Vormultiplikation mit der Inversen (Faktor **1/18** ist vorgezogen) liefert die gesuchten Konstanten:

$$1/18 \cdot \begin{bmatrix} -14 & -2 & 1 \\ 15 & 3 & -12 \\ 21 & 3 & -21 \end{bmatrix} \cdot \begin{Bmatrix} -3 \\ -6 \\ -9 \end{Bmatrix} = \begin{Bmatrix} -2{,}5 \\ 2{,}5 \\ 6{,}0 \end{Bmatrix} \begin{matrix} \mu \\ \lambda \\ t \end{matrix}$$

Nun lassen sich die Koordinaten des Schnittpunktes S bestimmen, entweder mit der Ebenen- oder der Geradengleichung:

$$\text{Ebene:} \quad \{S\} = \begin{Bmatrix} 5 \\ 0 \\ 10 \end{Bmatrix} - 2{,}5 \cdot \begin{Bmatrix} -9 \\ 21 \\ -6 \end{Bmatrix} + 2{,}5 \cdot \begin{Bmatrix} -3 \\ 21 \\ 0 \end{Bmatrix} = \begin{Bmatrix} 20 \\ 0 \\ 25 \end{Bmatrix}$$

$$\text{Gerade:} \quad \{S\} = \begin{Bmatrix} 2 \\ -6 \\ 1 \end{Bmatrix} + 6{,}0 \cdot \begin{Bmatrix} 3 \\ 1 \\ 4 \end{Bmatrix} = \begin{Bmatrix} 20 \\ 0 \\ 25 \end{Bmatrix}$$

Die Konstante t in der Geradengleichung wird für das Weitere nicht gebraucht. Anhand der Ebenenkonstanten μ und λ lässt sich die Lage des Schnittpunkts – innerhalb oder außerhalb des Dreiecks – leicht angeben.

Aus der Punkt-Richtungsgleichung der Ebene ist ersichtlich, dass z. B. der Richtungsvektor $\{P_2 - P_1\}$ nicht durch einen Faktor $\mu > 1$ verlängert werden darf, sonst läge der Schnittpunkt schon jenseits von P_2 und damit außerhalb des Dreiecks. Auch negative Werte für μ sind nicht zulässig, wenn der Schnittpunkt zwischen P_2 und

P_1 liegen soll. Das Gleiche gilt analog für die Richtung $\{P_3-P_1\}$ und Faktor λ. Der Schnittpunkt S liegt also nur dann innerhalb des Dreiecks, wenn gilt:

$$\mu + \lambda \leq 1 \quad \text{und} \quad 0 \leq \mu \leq 1 \quad \text{und} \quad 0 \leq \lambda \leq 1$$

Im obigen Beispiel mit $\mu = -2{,}5$ und $\lambda = +2{,}5$ liegt der Schnittpunkt mit der Dreiecks*ebene* außerhalb des Dreiecks.

Zur Lösung des Gleichungssystems ist nicht unbedingt die Inverse vonnöten, sondern es kann auch mit der Cramer'schen Regel berechnet werden. Hier entspricht $v_3 = P_2 - P_1$, $v_2 = P_3 - P_1$ und $s = M - P_1$, wobei alle Variablen 3-dimensionale Vektoren sind (die bei der Berechnung ohnehin gebraucht werden):

$$\left\{ \begin{matrix} \mu \\ \lambda \\ \hline t \end{matrix} \right\} = \frac{1}{\det(-d,v_3,v_2)} \left\{ \begin{matrix} \det(-d,\ s,v_2) \\ \hline \det(-d,v_3,\ s) \\ \hline \det(\ s,v_3,v_2) \end{matrix} \right\}$$

Noch effizienter kommt man zu einem Ergebnis, wenn man die Determinanten der Matrizen durch eine Kombination von Vektor- und Skalarprodukt schreibt

$$\det(a, b, c) = (a \times b) \cdot c = -(a \times c) \cdot b$$

und effizient umformt um möglichst wenig verschiedene Faktoren berechnen zu müssen:

$$\left\{ \begin{matrix} \mu \\ \lambda \\ \hline t \end{matrix} \right\} = \frac{1}{p \cdot v_3} \left\{ \begin{matrix} p \cdot s \\ \hline q \cdot d \\ \hline q \cdot v_2 \end{matrix} \right\}$$

mit $p = d \times v_2$ und $q = s \times v_3$. Mit den Daten des oben durchgerechneten Beispiels ergeben sich natürlich die gleichen Werte:

$$\left\{ \begin{matrix} \mu \\ \lambda \\ \hline t \end{matrix} \right\} = \frac{1}{p \cdot v_3} \left\{ \begin{matrix} p \cdot s \\ \hline q \cdot d \\ \hline q \cdot v_2 \end{matrix} \right\} = \frac{1}{108} \left\{ \begin{matrix} -270 \\ \hline 270 \\ \hline 648 \end{matrix} \right\} \begin{matrix} -2{,}5 \\ 2{,}5 \\ 6{,}0 \end{matrix}$$

Auch hier liegt der Schnittpunkt nur dann innerhalb des Dreiecks, wenn gilt: $\mu + \lambda \leq 1$, sowie $0 \leq \mu \leq 1$ und $0 \leq \lambda \leq 1$.

11.3.7   Winkel zwischen Gerade und Ebene

Den Winkel ϕ zwischen einer Geraden $\{a\}$ und dem Normalenvektor $\{n\}$ einer Ebene bestimmt man einfach mit dem Skalarprodukt wie in Abschn. 11.1.5 angegeben. Da $\{n\}$ senkrecht auf der Ebene steht, ergibt sich der gesuchte Winkel zu $\alpha = 90° - \phi$, bei normierten Vektoren also zu $\sin\alpha = (n) \cdot \{a\}$.

Abb. 11.13 Abstand Punkt–Ebene

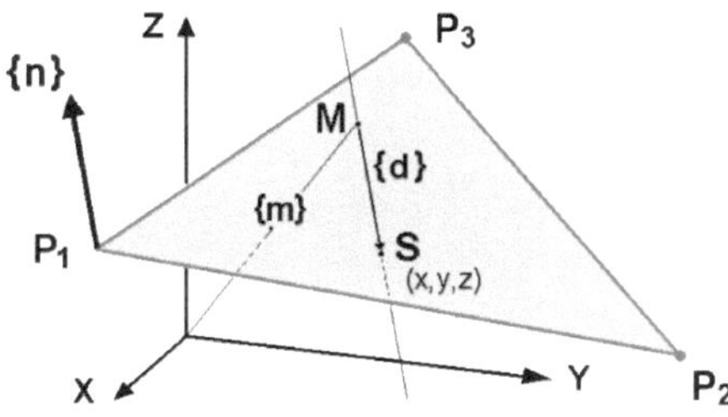

11.3.8 Abstand Punkt zur Ebene

Legt man in Abschn. 11.3.6 die Gerade $\{d\}$ parallel zur Normalen $\{n\}$, dann steht natürlich auch $\{d\}$ senkrecht auf der Ebene und entspricht der Strecke $M \to S$. $\{d\}$ ist der senkrechte (kürzeste) Abstand von M zur Ebene. Der weitere Ablauf ist analog wie in Abschn. 11.3.6. Hier sei der Vektor $\{d\} = t \cdot \{n\}$ ein Vielfaches von $\{n\}$, wobei $\{n\}$ bereits normiert ist (Abb. 11.13).

Wir verwenden wieder die Ebenengleichung durch den Knoten P_1

$$n_x \cdot (x - P_{1x}) - n_y \cdot (y - P_{1y}) + n_z \cdot (z - P_{1z}) = 0$$

Die Koordinaten von $\{S\}$ sind $\{M\} + \{d\}$, diese eingesetzt

$$n_x \cdot (M_x + d_x - P_{1x}) + n_y \cdot (M_y + d_y - P_{1y}) + n_z \cdot (M_z + d_z - P_{1z}) = 0$$

$$n_x \cdot d_x + n_y \cdot d_y + n_z \cdot d_z = -n_x \cdot (M_x - P_{1x}) - n_y \cdot (M_y - P_{1y}) - n_z \cdot (M_z - P_{1z})$$

$$(\mathbf{n}) \cdot \{\mathbf{d}\} = -(\mathbf{M} - \mathbf{P_1}) \cdot \{\mathbf{n}\} \quad \text{(als Skalarprodukt)}$$

Bei $\{d\} = t \cdot \{n\}$:

$$t \cdot (\mathbf{n}) \cdot \{\mathbf{n}\} = -(\mathbf{M} - \mathbf{P_1}) \cdot \{\mathbf{n}\}$$

Das Skalarprodukt des Normalenvektors mit sich selbst ist $= 1$ und folglich ist $t = D$:

$$D = -(\mathbf{M} - \mathbf{P_1}) \cdot \{\mathbf{n}\}$$

Der Abstand D ist die Projektion des Differenzvektors $\{M\} - \{P_1\}$ auf die Normale $\{n\}$. D ist positiv, wenn Ursprung und M auf verschiedenen Seiten der Ebene liegen, andernfalls ist D negativ.

Mit den gleichen Daten wie im vorigen Beispiel ist $\{n\}$ mit dem Faktor $1/\sqrt{99}$ zu normieren. Damit berechnet sich der Abstand von **M** zur Ebene zu:

$$D = -(M - P_1) \cdot \{n\} = -\left(\begin{bmatrix} 2 \\ -6 \\ 1 \end{bmatrix} - \begin{bmatrix} 5 \\ 0 \\ 10 \end{bmatrix} \right) \cdot \begin{bmatrix} 7 \\ 1 \\ -7 \end{bmatrix} \cdot \frac{1}{\sqrt{99}} = 3{,}618$$

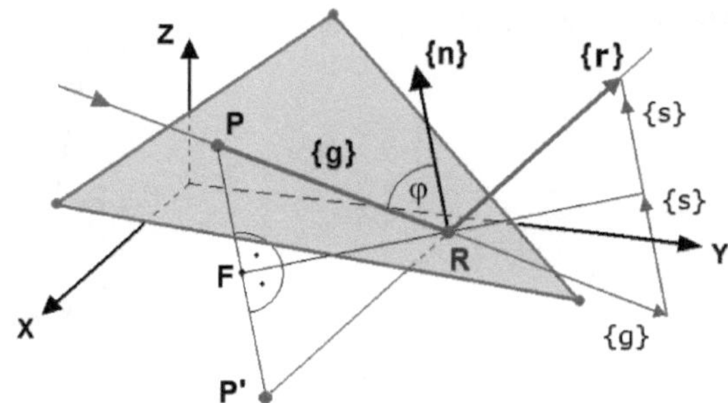

Abb. 11.14 An einer Facette reflektierte Gerade

11.3.9 Reflektierte Gerade an einer Facette

Diese Aufgabe tritt auf bei der Verfolgung von an Facetten reflektierten Strahlen. Diese werden wie beliebig lange Vektoren behandelt, die ihren Ursprung auf der Facette haben, gleichbedeutend mit dem Schnittpunkt des ankommenden Strahls mit der Facettenebene (Abb. 11.14).

Zuerst ist abzuklären, ob der Strahl die Facettenebene überhaupt trifft – in allgemeiner Lage wird das immer der Fall sein – und ggf. interessiert weiter, ob der Schnittpunkt innerhalb der Facette liegt; siehe Abschn. 11.3.6.

Die Normale, der ankommende und der reflektierte Strahl liegen in einer Ebene. Diese wird gebildet aus dem Vektor $\{g\}$ des Strahls und dem Normalenvektor $\{n\}$ der Facette, geht durch den Reflektionspunkt R und steht damit senkrecht auf der Ebene. Den Fußpunkt F findet man als Senkrechte von P auf die Facettenebene (ggf. auch außerhalb der Facette). Die Abstände $P \to F$ bzw. $F \to P'$ zum Spiegelbild von P sind gleich. Der Schnittpunkt der Geraden $\{g\}$ mit der Facette ist der Reflexionspunkt R. Die reflektierte Gerade $\{r\}$ wird gebildet von P' nach R und hat ihren Ursprung in R. Beispiel:

$$g: \begin{Bmatrix} -1 \\ -1 \\ 1 \end{Bmatrix} + t \cdot \begin{Bmatrix} -3 \\ 4 \\ 3 \end{Bmatrix}$$

$$\{n\} = \begin{Bmatrix} 1 \\ -3 \\ -2 \end{Bmatrix}$$

$$E: \; x - 3y - 2z + 42 = 0$$

Die Gleichung der Senkrechten $P \to F$ ist mit dem Normalenvektor $\{n\}$:

$$\begin{Bmatrix} x \\ y \\ z \end{Bmatrix} = \begin{Bmatrix} -1 \\ -1 \\ 1 \end{Bmatrix} + t \cdot \begin{Bmatrix} 1 \\ -3 \\ -2 \end{Bmatrix}$$

Dies in die Ebenengleichung eingesetzt und nach t aufgelöst liefert $t = -3$ für den Fußpunkt F. Um die Senkrechte bis P' zu verlängern, sind $2 \cdot t$ in die Geradengleichung einzusetzen, also $t = -6$. Damit sind die Koordinaten von P' $(-7, 17, 13)$.

Der Reflexionspunkt R ist der Schnittpunkt von $\{g\}$ mit der Ebene. Die Koordinaten von $\{g\}$ in die Ebenengleichung eingesetzt liefert $t = 2$, und damit die

Koordinaten von $\mathbf{R}$ $(-7, 7, 7)$. Die reflektierte Gerade $\{\mathbf{P}' \to \mathbf{R}\}$ hat damit die Gleichung

$$\{r\} = \begin{Bmatrix} -7 \\ 7 \\ 7 \end{Bmatrix} + t \cdot \begin{Bmatrix} -7+7 = 0 \\ 17-7 = 10 \\ 13-7 = 6 \end{Bmatrix} = \{R\} + t \cdot \begin{Bmatrix} 0 \\ 5 \\ 3 \end{Bmatrix}$$

Wenn es nur auf die *Richtung* des an der Ebene reflektierten Strahls ankommt, so lässt sich diese an der Skizze ablesen:

$$\{\mathbf{r}\} = \{\mathbf{g}\} - 2 \cdot \{\mathbf{s}\}$$

mit

$$\{\mathbf{s}\} = \{\mathbf{n}\} \cdot \cos(\varphi)$$

Für $\cos(\varphi)$ verwenden wir das Skalarprodukt aus $(\mathbf{n}) \cdot \{\mathbf{g}\}$ und setzen ein:

$$\{\mathbf{r}\} = \{\mathbf{g}\} - 2 \cdot \{\mathbf{n}\} \cdot ((\mathbf{n}) \cdot \{\mathbf{g}\})$$

Die Zahlenrechnung liefert mit den gleichen Daten wie oben und normierten Vektoren für

$$\{\mathbf{n}\} = (1, -3, -2) \to (0{,}26726 \quad -0{,}80178 \quad -0{,}53452)$$
$$\{\mathbf{g}\} = (-3, 4, 3) \to (-0{,}51450 \quad 0{,}68600 \quad 0{,}51450)$$

das Skalarprodukt zu $-0{,}962534$ und damit die Richtung des reflektierten Strahls

$$\{r\} = \begin{Bmatrix} -0{,}5145 \\ 0{,}6860 \\ 0{,}5145 \end{Bmatrix} + 1{,}92507 \cdot \begin{Bmatrix} 0{,}26726 \\ -0{,}80178 \\ -0{,}53452 \end{Bmatrix} = \begin{Bmatrix} 0 \\ 0{,}8575 \\ 0{,}5145 \end{Bmatrix} \triangleq \begin{Bmatrix} 0 \\ 5 \\ 3 \end{Bmatrix}$$

11.3.10 Interpolationen am Dreieck

Bei einer zusammenhängenden gekrümmten Fläche, die in Dreiecke aufgelöst ist, existiert an jedem Knoten für jedes angrenzende Dreieck ein anderer Normalenvektor. Abhängig von der Krümmung sind deren Richtungsunterschiede mehr oder weniger groß (Abb. 11.15).

Bei Freiformflächen dagegen kann man für jede Stützstelle (jeder Knoten einer Facette) den Normalenvektor der Tangentialebene bestimmen und erhält so drei zwar „exakte", aber unterschiedliche Normalenvektoren für jeden Knoten einer Facette (Abb. 11.16).

Wenn Daten der Tangentialebene nicht verfügbar sind, werden alle an einem Knoten angrenzenden Normalenvektoren gemittelt, auch dies führt zu drei unterschiedlichen Vektoren an einem Dreieck. Programmtechnisch speichert man bei den „einfachen" Verfahren nur einen Normalenvektor pro Facette, bei den leistungsfähigen jedoch einen für jeden Knoten als Mittelwert aus den angrenzenden Facetten.

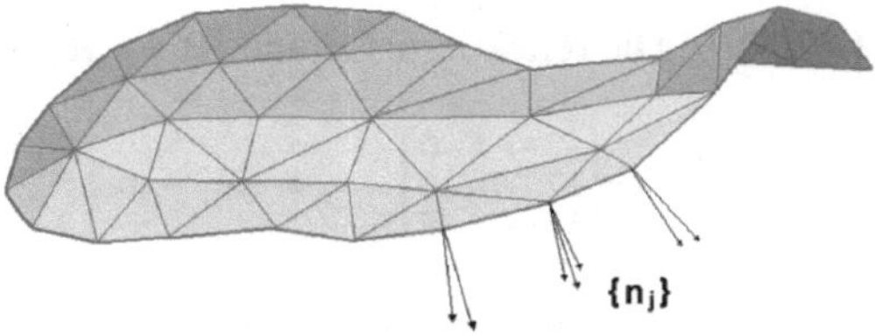

Abb. 11.15　Zusammenhängende gekrümmte Fläche

Abb. 11.16　Facette einer Freiformfläche

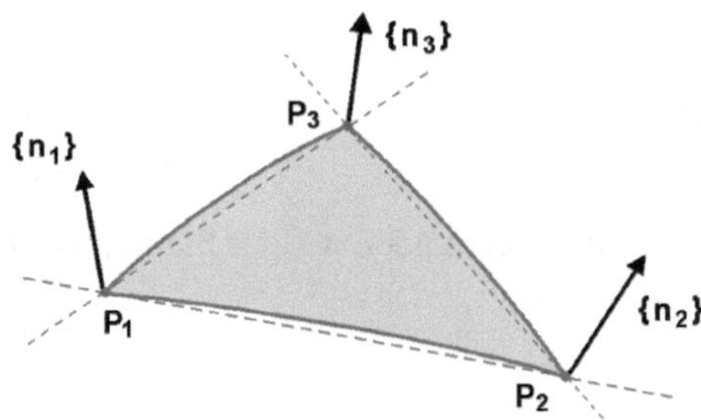

Abb. 11.17　Natürliche Dreieckskoordinaten

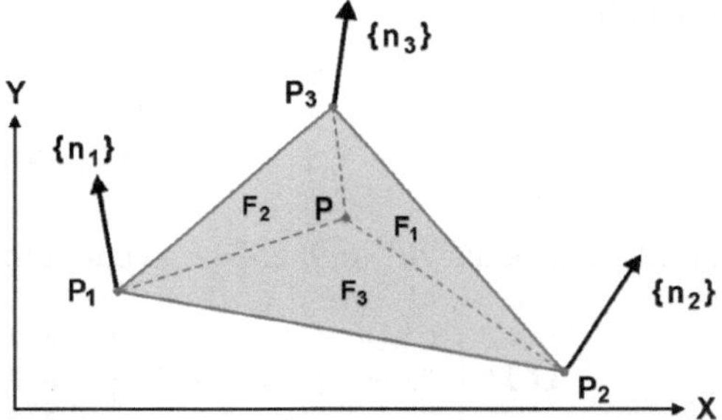

Für jeden (Bild-)Punkt eines Dreiecks ist deshalb die Interpolation der drei unterschiedlichen Normalenvektoren erforderlich. Besonders hilfreich sind dabei „natürliche" Dreieckskoordinaten (gleichbedeutend mit „baryzentrischen" Koordinaten), mit denen das Dreieck beschrieben wird (Abb. 11.17).

Ein beliebiger Punkt P innerhalb des Dreiecks teilt dessen Gesamtfläche auf in drei Teilflächen F_k wie dargestellt. Die Quotienten der Teilflächen zur Gesamtfläche

$$\delta_k = F_k/F$$

sind die natürlichen Koordinaten δ_k und es gilt $\Sigma\delta_k = 1$. Ein Wertetripel $(\delta_1, \delta_2, \delta_3)$ mit Summe $= 1$ bestimmt die Lage eines Punkts P im Dreieck eindeutig. Die drei Knoten des Dreiecks haben damit die natürlichen Koordinaten $P_1(1, 0, 0)$, $P_2(0, 1, 0)$ und $P_3(0, 0, 1)$.

Den Zusammenhang zwischen den kartesischen Koordinaten x, y des Punkts P mit seinen natürlichen Dreieckskoordinaten $\delta_1, \delta_2, \delta_3$ lässt sich über die Flächenberechnung der Teildreiecke herstellen:

$$2\,F_1 = \begin{vmatrix} 1 & x & y \\ 1 & x_2 & y_2 \\ 1 & x_3 & y_3 \end{vmatrix} \qquad 2\,F_2 = \begin{vmatrix} 1 & x & y \\ 1 & x_3 & y_3 \\ 1 & x_1 & y_1 \end{vmatrix} \qquad 2\,F_3 = \begin{vmatrix} 1 & x & y \\ 1 & x_1 & y_1 \\ 1 & x_2 & y_2 \end{vmatrix}$$

Entwickelt man die Determinanten jeweils nach der ersten Zeile, so ergeben sich die Teilflächen und damit auch die natürlichen Koordinaten zu

$$\delta_1 = [(x_2 y_3 - x_3 y_2) + x(y_2 - y_3) + y(x_3 - x_2)]/2F$$
$$\delta_2 = [(x_3 y_1 - x_1 y_3) + x(y_3 - y_1) + y(x_1 - x_3)]/2F$$
$$\delta_3 = [(x_1 y_2 - x_2 y_1) + x(y_1 - y_2) + y(x_2 - x_1)]/2F$$

2F ist hierin die doppelte Dreiecksfläche, wie wir sie schon zuvor verwendet haben. Aus zwei beliebigen dieser drei Gleichungen unter Beachtung von $\Sigma \delta_k = 1$ lassen sich rückwärts wieder die x-y-Koordinaten bestimmen zu

$$x = x_1 \delta_1 + x_2 \delta_2 + x_3 \delta_3$$
$$y = y_1 \delta_1 + y_2 \delta_2 + y_3 \delta_3$$

Für einen beliebigen Punkt $P(x, y)$ innerhalb des Dreiecks erhält man dessen Normalenvektor, indem man die drei Normalenvektoren der Dreiecksknoten im Verhältnis der natürlichen Koordinaten gewichtet

$$\{n_P\} = \delta_1 \{n_1\} + \delta_2 \{n_2\} + \delta_3 \{n_3\}$$

Für Schattierungs- und Beleuchtungseffekte ermöglicht diese Methode, den Eindruck einer gekrümmten Fläche näherungsweise auch mit einem ebenen Dreieck darzustellen.

Die Aufgabe „Schnittpunkt innerhalb Dreieck" in Abschn. 11.3.6 kann vorteilhaft auch mit den natürlichen Dreieckskoordinaten bearbeitet werden. Man projiziert wieder sowohl Dreieck als auch Schnittpunkt auf eine der Koordinatenebenen, die am ehesten parallel zum Dreieck liegt, und ermittelt die Gesamtfläche $\mathbf{F}$ des Dreiecks und die Flächen $\mathbf{F_i}$ der Teildreiecke.

Je nachdem wie die Flächen ermittelt werden, sind zwei Möglichkeiten gegeben:

- Werden die Flächen über die Seitenlängen ermittelt, dann sind alle (Teil)-Flächen positiv. Der Schnittpunkt S liegt nur dann im Dreieck, wenn gilt $\Sigma F_k = F$ oder damit gleichbedeutend $\Sigma \delta_k = 1$.
- Durchläuft man die Ermittlung der Teilflächen zyklisch und berechnet die Flächen nach einer der obigen Formeln, z. B.

$$2 \cdot F_1 = (x_2 y_3 - x_3 y_2) + x(y_2 - y_3) + y(x_3 - x_2),$$

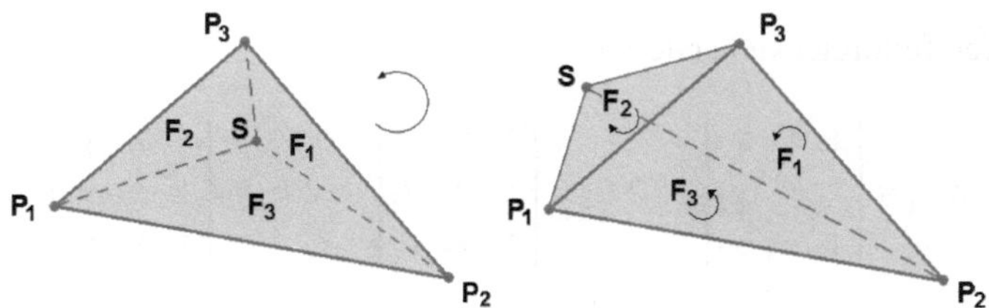

Abb. 11.18 Umfahrungssinn und Schnittpunkt S

dann ergibt sich für die Teilflächen Folgendes:

Fläche	S *liegt innerhalb*	*außerhalb Dreieck:*
F3	1–2–S → }	1–2–S → } positive
F1	2–3–S → } positive Teilflächen	2–3–S → } positive
F2	3–1–S → }	3–1–S → } negative Teilfläche

Links in Abb. 11.18 ist der Umfahrungssinn bei allen drei Teildreiecken gleich, und es gilt hier wie zuvor $\Sigma F_k = F$ mit S im Inneren. Rechts in Abb. 11.18 liegt S außerhalb und es ändert sich für ein Dreieck der Umfahrungssinn gegenüber den beiden anderen Dreiecken mit der Folge, dass sich das Vorzeichen von F_2 ändert. Verschiedenes Vorzeichen der Teilflächen ist ein erster Schalter dafür, dass S außerhalb liegt. Da die Vorzeichen der Teilflächen aber nicht weiter von Belang sind, bildet man die natürlichen Koordinaten wie angegeben zu $\delta_k = F_k/F$. Bei $\Sigma\delta_k > 1$ liegt der Punkt S außerhalb, bei $\Sigma\delta_k = 1$ innerhalb des Dreiecks. Ist ein $\delta_k = 0$, liegt S auf einer Kante und die Teilung entspricht einer linearen Interpolation entlang der Kante. Bei zwei $\delta_k = 0$ liegt S in einem Knoten, trotzdem ist in beiden Fällen $\Sigma\delta_k = 1$.

11.3.11 Transformation von Normalenvektoren {n}

Die Szenerie wird normalerweise in einer Reihe von unterschiedlichen Viewpositionen betrachtet. Die zugehörigen Transformationen bearbeiten dabei nur die Knoten. Die Facetten bleiben unverändert und werden sozusagen in die neuen Positionen der Knoten eingehängt. Die schon berechneten Normalenvektoren sind danach nicht mehr gültig und müssen neu berechnet werden.

Die aufwendige Variante berechnet die Normalenvektoren völlig neu aus den neuen Knotenkoordinaten der Facetten. Es lässt sich aber auch eine Transformationsmatrix [M] finden, mit der die Normalenvektoren in die neue Projektion umgerechnet werden und dann wieder zu den Facetten „passen".

Ausgangspunkt ist hier das Skalarprodukt eines beliebigen Vektors {v} in der Ebene und des Normalenvektors {n}. Das Skalarprodukt ist dann für die Ausgangsvektoren

$$(\mathbf{v}) \cdot \{\mathbf{n}\} = 0 \quad \text{und} \quad (\mathbf{v}') \cdot \{\mathbf{n}'\} = 0$$

für die transformierten Vektoren/Matrizen $\{\mathbf{v}'\}$ und $\{\mathbf{n}'\}$. Der neue Vektor $(\mathbf{v}')$ ist das Ergebnis der Projektion mit $[\mathbf{T_{GV}}]$

$$(\mathbf{v}') = (\mathbf{v}) \cdot [\mathbf{T_{GV}}] \rightarrow (\mathbf{v}') \cdot [\mathbf{T_{GV}}]^{-1} = (\mathbf{v})$$

Gesucht ist die Matrix $[\mathbf{M}]$ die $\{\mathbf{n}\}$ nach $\{\mathbf{n}'\}$ transformiert

$$(\mathbf{n}') = (\mathbf{n}) \cdot [\mathbf{M}] \rightarrow (\mathbf{n}') \cdot [\mathbf{M}]^{-1} = (\mathbf{n})$$

transponiert

$$[\mathbf{M}^{-1}]^{\mathbf{t}} \cdot (\mathbf{n}')^{\mathbf{t}} = (\mathbf{n})^{\mathbf{t}} = \{\mathbf{n}\}$$

Wir bilden abermals das Skalarprodukt mit $(\mathbf{v})$ und $\{\mathbf{n}\}$

$$(\mathbf{v}') \cdot [\mathbf{T_{GV}}]^{-1} \cdot [\mathbf{M}^{-1}]^{\mathbf{t}} \cdot (\mathbf{n}')^{\mathbf{t}} = 0$$

Dies ist schon das Skalarprodukt der transformierten Vektoren $(\mathbf{v}') \cdot (\mathbf{n}')^{\mathbf{t}}$, wobei das Matrizenprodukt im Mittelteil dieses Ausdrucks die Einheitsmatrix ist, also

$$[\mathbf{E}] = [\mathbf{T_{GV}}]^{-1} \cdot [\mathbf{M}^{-1}]^{\mathbf{t}}$$

transponiert

$$= [\mathbf{M}^{-1}] \cdot [\mathbf{T_{GV}^{-1}}]^{\mathbf{t}}$$

Die gesuchte Transformationsmatrix, die Normalenvektoren in den zu $[\mathbf{T_{GV}}]$ zugehörigen Vektorraum transformiert, ist damit

$$[\mathbf{M}] = [\mathbf{T_{GV}^{-1}}]^{\mathbf{t}} = [\mathbf{T_{GV}^{t}}]^{-1}$$

Wenn die Normalenvektoren bei den Knotendaten gespeichert sind, kann deren Transformation unmittelbar im Programmteil für die Projektion erfolgen. Sind sie bei den Facetten gespeichert, hat man zwar weniger Transformationen, aber einen zusätzlichen Programmteil.

Weiterführende Literatur

Zurmühl, Falk: „Matrizen und ihre Anwendungen", 7. Aufl., Springer 1997
Gellrich, Gellrich: „Mathematik – Ein Lehr- und Übungsbuch" Bd. 2, Harri Deutsch 2006
Julius, Lohmann: „Mathematische Grundlagen, Seminar 3D-Computergrafik", Humboldt-Universität Berlin, PDF-Datei
A. Filler: „3D-Computergrafik … und die Mathematik dahinter"
    (www.mathematik.hu-berlin.de/~filler/3D/)
H. Klemenz: „Merkwürdiges im Dreieck" (www.vsmp.ch/de/bulletins/no91/klemenz.pdf)

Hinweise für Programmierer 12

Die nachfolgend beschriebenen Codierungs- und Programmiertechniken stellen keinen starren Standard dar. Vielmehr mögen Sie als Leitfaden für die Entwicklung eines eigenen Standards dienen, denn fortgeschrittene Codierungsverfahren und Programmiermethoden sind die Visitenkarte eines guten Programmierers. Dieses Kapitel basiert weitgehend auf Empfehlungen von *MicroSoft* , die in den Hilfen von VB6.0 und VB.Net zu finden sind.

Die Hauptarbeit des Programmierers setzt sich aus einer Vielzahl von Einzelentscheidungen zusammen. Ihre Qualität hängt stark von seinen Fähigkeiten und Fachkenntnissen ab. Codierungstechniken haben in der Regel keine Auswirkung auf die Funktion der Anwendung, sie tragen aber zu einer besseren Übersichtlichkeit des Quellcodes bei.

12.1 Benennungsschema

Für das Programm dient ein eindeutiger Name lediglich zur Unterscheidung der einzelnen Elemente. Für den Leser aber sind aussagekräftige Namen sehr hilfreich. Wählen Sie deshalb Namen, die leicht verständlich sind. Schwierigkeiten bei der Namensfindung deuten möglicherweise auf eine unzureichende Definition ihres Zwecks hin.

Das Benennungsschema ist eines der wichtigsten Hilfsmittel für die Lesbarkeit und zum Verständnis des logischen Ablaufs eines Programms. Die verwendeten Namen sollten eher Aufschluss über das „Was" als über das „Wie" geben. Beispielsweise sollten *GetNextFacette( )* anstelle von *GetNextArrayElement( )* verwendet werden. Im ersten Fall ist sofort klar, dass Facetten verarbeitet werden. Der zweite Fall lebt von der Hoffnung, dass sich in den Array-Elementen tatsächlich Facettendaten befinden.

H.-G. Schiele, *Computergrafik für Ingenieure*,
DOI 10.1007/978-3-642-23843-7_12, © Springer-Verlag Berlin Heidelberg 2012

Im Folgenden werden Benennungsmethoden empfohlen.

- **Kommentare**

  Softwaredokumentation liegt in zwei Formen vor: extern und intern. Die externe Dokumentation wie Spezifikationen, Hilfedateien und Entwurfsdokumente wird außerhalb des Quellcodes verwaltet; auf diese wird hier nicht eingegangen. Die interne Dokumentation besteht aus Kommentaren, die schon zur Entwurfszeit in den Quellcode geschrieben werden.

  Bei der internen Softwaredokumentation muss sichergestellt werden, dass die Kommentare parallel zum Quellcode verwaltet und aktualisiert werden. Die ordnungsgemäße Kommentierung des Quellcodes ist außerordentlich wertvoll für die Softwarewartung.

  - Kommentieren Sie alles, was nicht sofort aus dem Code ersichtlich ist.
  - Halten Sie beim Ändern von Code die entsprechenden Kommentare auf dem aktuellen Stand.
  - Erstellen Sie Kommentare in einheitlichem Format und mit einheitlicher Interpunktion und Struktur.
  - Schreiben Sie Kommentare in Form von vollständigen Sätzen. Kommentare sollen den Code erläutern und nicht seine Verständlichkeit erschweren.
  - Umgeben Sie einen Blockkommentar nicht mit einem typografischen Rahmen. Dieser mag attraktiv aussehen, erschwert jedoch die Verwaltung.
  - Erstellen Sie Kommentare während des Codierens, da Sie später keine Zeit dafür haben. Außerdem werden Sie bei einer erneuten Überprüfung des Codes (möglicherweise ihres eigenen) feststellen, dass der zum Zeitpunkt der Erstellung leicht verständliche Code sechs Wochen später Rätsel aufgibt.
  - Erklären Sie in standardisierten Kommentaren den Zweck, die Voraussetzungen, die Einschränkungen sowie die Leistungsfähigkeit gleich am Anfang einer Routine.
  - Kommentieren Sie Code, der aus Schleifen und logischen Verzweigungen besteht. Dies sind Schlüsselbereiche, in denen Leser des Quellcodes unterstützt werden müssen.
  - Fügen Sie keine langatmigen Kommentare am Ende einer Codezeile hinzu; sie verschlechtern die Lesbarkeit des Codes. Kommentare am Ende von Zeilen eignen sich nur für Anmerkungen zu Variablen-Deklarationen. Richten Sie in diesem Fall alle Zeilenendkommentare an einem gemeinsamen Tabstop aus.
  - Vermeiden Sie überflüssige Kommentare, z. B. eine ganze Zeile mit Sternchen. Trennen Sie stattdessen Kommentare und Code durch Leerraum.
  - Entfernen Sie vor der Weitergabe alle temporären oder überzähligen Kommentare aus der Entwicklungsphase, um Verwirrung bei der zukünftigen Verwaltung zu vermeiden.

- **Variablen**
  - Das erste Zeichen eines Namens muss ein alphabetisches Zeichen, eine Ziffer oder ein Unterstrich sein; besser:
  - Beginnen Sie jedes einzelne Wort in einem Namen mit einem Großbuchstaben, wie in `FindLastRecord` oder `RedrawMyForm`.
  - Da die meisten Namen durch Verketten mehrerer Wörter gebildet werden, verbessern Sie die Lesbarkeit durch eine gemischte Groß- und Kleinschreibung. Verwenden Sie deshalb für Variablennamen diese Höckerschreibweise wie oben.
  - Verwenden Sie für lange oder oft verwendete Ausdrücke Abkürzungen, um die Namen möglichst kurz zu halten, z. B. „HTML" statt „Hypertext Markup Language". Aber: Sehr lange Variablennamen sind auf einem Bildschirm mit niedriger Auflösung schwer zu lesen.
  - Verwenden Sie in Variablennamen komplementäre Paare, z. B. Min/Max, Anfang/Ende und Öffnen/Schließen.
  - Boolesche Variablennamen sollen `Is` enthalten, was die Werte *Ja/Nein* oder `True/False` impliziert, z. B. fileIsFound.
  - Verwenden Sie selbst für kurzlebige Variablen, die nur in wenigen Codezeilen enthalten sind, einen sinnvollen Namen.
  - Verwenden Sie Variablennamen aus einem Buchstaben wie **i**, **j** oder **k** (**l** überhaupt nicht; Verwechselungsgefahr mit 1), ausschließlich für Indizes von Schleifen.
  - Verwenden Sie keine Literal-Zahlen oder Literal-Zeichenfolgen wie etwa `For i = 1 To 7`. Verwenden Sie stattdessen benannte Konstanten wie z. B. `For i = 1 To Anz_WoTage`, um Verständnis und Wartung zu erleichtern.
  - Vermeiden Sie missverständliche Namen, die Raum für subjektive Interpretationen lassen, z. B. `AnalyzeThis()` für eine Routine oder xxK8 für eine Variable. Solche Namen tragen eher zu Missverständnissen als zur Abstraktion bei.
  - Verwenden Sie in einem inneren Gültigkeitsbereich nicht die gleichen Namen wie in einem äußeren Gültigkeitsbereich. Wenn auf die falsche Variable zugegriffen wird, treten Fehler auf. Im Falle eines Konflikts zwischen einer Variablen und dem Schlüsselwort gleichen Namens müssen Sie das Schlüsselwort identifizieren, indem Sie davor die entsprechende Typbibliothek angeben. Wenn Sie eine Variable beispielsweise *Date* genannt haben, können Sie die systemeigene Funktion *Date* nur noch mithilfe von `System.Date` aufrufen.
- **Tabellen**
  - Wiederholen Sie beim Benennen von Spalten nicht den Tabellennamen; vermeiden Sie z. B. in der Tabelle `Ansicht` die Feldbenennung `Ansicht Vollbild`. Aber: bei Verwendung von mehreren Tabellen ist eine Ken-

nung wünschenswert. Alle Spalten der Tabelle **Ansicht** könnten dann mit **A_** beginnen, also z. B. **A_VollBild**.

– Binden Sie den Datentyp nicht in den Namen einer Spalte ein. Dadurch sinkt der Arbeitsaufwand, wenn Sie den Datentyp später ändern müssen.

- **Arrays**
  – Definieren Sie Arrays nicht größer als nötig; ggf. ändern Sie die Größe im Programmablauf auf aktuelle Werte mit der **ReDim**-Anweisung. Aber: Da z. B. die Arraygröße von 0 bis (Anzahl-1) festgelegt wird, der Schleifenindex bequemerweise von `1 To Anzahl` läuft, definieren Sie besser `ReDim Array(Anzahl)` und verwenden das 0-te Element gar nicht, das erspart irgendwo immer die Addition von ± 1.
  – Verwenden Sie den passenden Datentyp für den Array. Es macht keinen Sinn, ganzzahlige Daten in einem Array vom Typ **Single** zu speichern.
  – Wenn eine der Array-Größen unveränderlich ist, z. B. 3-dimensionale Koordinaten, dann definieren Sie zuerst die konstante Array-Größe, z. B. `Koord(2, AnzPunkte)`. Dieses Array enthält 3 Zeilen $(0, 1, 2)$ und `AnzPunkte` Spalten. Noch besser verwenden Sie hierfür eine Struktur (Kap. 6):

```
Public Structure Node     ' beliebiger Struktur-Name
   Dim X As Single        '          X-
   Dim Y As Single        ' globale Y-Koordinaten
   Dim Z As Single        '          Z-
End Structure
ReDim Koord(4711) As Node
   ...
Koord(123).X = 12.75
```

- **Routinen**
  – Verwenden Sie die Verb-Substantiv-Methode für die Benennung von Routinen, die eine Operation für ein angegebenes Objekt ausführen, z. B. `CalculateItemsTotal()`.
  – In Sprachen, die ein Überladen von Funktionen zulassen, müssen alle Überladungen eine ähnliche Funktion ausführen. Richten Sie für Sprachen, die keine Überladung von Funktionen zulassen, einen Benennungsstandard ein, mit dem ähnliche Funktionen zueinander in Beziehung gesetzt werden können.
  – Beginnen Sie Funktions- und Methodennamen mit einem Verb, wie in `InitNameArray` oder `CloseDialog`.
  – Beginnen Sie Klassen- und Eigenschaftennamen mit einem Substantiv, wie in `EmployeeName` oder `CarAccessory`.
  – Beginnen Sie die Namen von Ereignishandlern mit einem Substantiv, das den Typ des Ereignisses beschreibt, auf das das Suffix EventHandler folgt, wie in `MouseEventHandler`.
  – Verwenden Sie für die Namen von Ereignisargumentklassen das Suffix EventArgs.

- Wenn ein Ereignis ein Konzept von „davor" oder „danach" aufweist, verwenden Sie ein Präfix im Präsens oder in der Vergangenheit, wie in `ControlAdd` oder `ControlAdded`.

- **Verschiedenes**
  - Verwenden Sie möglichst wenige Abkürzungen, und verwenden Sie die erstellten Abkürzungen konsistent. Eine Abkürzung darf nur eine Bedeutung haben, und für jedes abgekürzte Wort darf nur eine Abkürzung vorhanden sein. Wenn Sie z. B. **Minimum** mit **min** abkürzen, müssen Sie durchgängig so vorgehen und dürfen nicht auch **Minute** mit **min** abkürzen.
  - Schließen Sie beim Benennen von Funktionen eine Beschreibung des zurückgegebenen Wertes ein, z. B. `GetCurrentWindowName()`.
  - Namen von Ordnern und Dateien, z. B. Prozedurnamen, sollten genau ihren Zweck wiedergeben.
  - Vermeiden Sie, den gleichen Namen für verschiedene Elemente zu verwenden, z. B. eine Routine mit dem Namen `ProcessStatus()` und eine Variable mit dem Namen `iProcessStatus`.

- **Codeformat**
  Die Formatierung verdeutlicht die logische Gliederung des Codes. Wenn Sie den Quellcode auf einheitliche und logische Weise formatieren, erleichtert dies Ihnen und anderen Entwicklern die Arbeit beim Aufschlüsseln des Quellcodes. Im Folgenden werden empfohlene Formatierungsmethoden aufgeführt.
  - Verwenden Sie eine Schriftart mit fester Breite, wenn Sie ausgedruckte Versionen des Quellcodes veröffentlichen.
  - Legen Sie eine Standardgröße für einen Einzug fest, z. B. 2, höchstens 3 Leerzeichen, und verwenden Sie diese durchgängig. Richten Sie Codeabschnitte mithilfe des vorgeschriebenen Einzugs aus. Wenn Sie mehr Zeichen einziehen, läuft der Code bei stark strukturierten Programmen schnell aus dem rechten Bildfenster und auch die gedruckte Dokumentation hat Platzprobleme. Wenn Sie sich für ein Format entschieden haben, verwenden Sie dieses in allen Modulen. Ohne Einzüge wird Code schwer verständlich, z. B.:

```
If ... Then
IF ... Then
...
Else
...
End If
Else
...
End If
```

Wenn Sie Code mit Einzügen versehen, ist er leichter lesbar, z. B.:

```
If ... Then
   If ... Then
      ...
   Else
      ...
```

```
     End If
   Else
     ...
   End If
```

- Fügen Sie vor und nach den meisten Operatoren Leerzeichen ein, wenn dadurch der Zweck des Codes nicht geändert wird. *Eine Ausnahme ist z. B. die Zeigernotation in C++.*
- Verdeutlichen Sie mithilfe von Leerraum die Gliederung des Quellcodes. Dadurch werden „Absätze" im Code geschaffen, die dem Leser das Verständnis der logischen Segmentierung der Software erleichtern.
- Wenn eine Zeile auf mehrere Zeilen aufgeteilt wird, müssen Sie deutlich darauf hinweisen, dass diese Zeile ohne die folgende Zeile unvollständig ist. Dazu setzen Sie den Verkettungsoperator statt an den Anfang der jeweiligen Zeile an das Ende.
- Verwenden Sie mehrere Anweisungen pro Zeile nur im einheitlichen Kontext.
- Unterteilen Sie große, komplexe Codeabschnitte in kleinere, leichter erfassbare Module.

12.2 Programmoptimierung

Die Optimierung von Programmen ist sowohl Wissenschaft als auch als Kunst. Die Wissenschaft besteht in der Beherrschung der Optimierungsverfahren und die Kunst im sinnvollen Einsatz dieser Verfahren. Per Definition ist Optimierung „ein Prozess, bei dem Datenstrukturen, Algorithmen und Anweisungssequenzen gezielt ausgewählt und verbessert werden, um effizientere (kleinere und/oder schnellere) Programme zu erstellen".

12.2.1 Grundsätzliche Überlegungen

Der erste Schritt des Optimierungsprozesses besteht in der Definition der Zielsetzungen. Viele Programmierer gehen fälschlicherweise davon aus, dass die Optimierung erst am Ende eines Entwicklungszyklus vorgenommen wird. Um eine wahrhaft optimierte Anwendung zu erstellen, müssen Sie jedoch bereits während der Entwicklung an ihrer Optimierung arbeiten. Das bedeutet, dass Sie Algorithmen mit Bedacht auswählen und dabei Größe gegen Geschwindigkeit und andere Restriktionen abwägen, dass Sie Hypothesen darüber aufstellen, welche Komponenten Ihrer Anwendung schnell oder langsam und groß oder klein sein werden, und dass Sie Ihre Anwendung im Laufe der Entwicklung testen, um Ihre Hypothesen zu überprüfen. Es können viele verschiedene Merkmale eines Programms optimiert werden:

- Reale Geschwindigkeit: wie schnell Ihre Anwendung Berechnungen oder andere Operationen tatsächlich ausführt.

- Anzeigegeschwindigkeit: wie schnell der Bildaufbau vonstatten geht.
- Subjektive Geschwindigkeit: wie schnell Ihre Anwendung wirkt; dies hängt oft mit der Anzeigegeschwindigkeit zusammen, aber nicht immer mit der realen Geschwindigkeit.
- Speicherbedarf.
- Speicherbedarf für Grafiken: Dies wirkt sich direkt auf den gesamten Speicherbedarf aus, hat unter Windows aber häufig noch zusätzliche Auswirkungen.

Es ist allerdings selten möglich, gleichzeitig mehrere Merkmale einer Anwendung zu optimieren. Bei der Optimierung einer Größe muss man Abstriche machen, was ihre Geschwindigkeit angeht und umgekehrt. Aus diesem Grund kann es vorkommen, dass die empfohlenen Optimierungsverfahren in einem Bereich in direktem Widerspruch zu den Vorschlägen in einem anderen Bereich stehen.

Das Optimieren erweist sich auf lange Sicht nicht immer als Vorteil. Manchmal bewirken die Änderungen, die Sie zum Beschleunigen oder Verkleinern einer Anwendung durchführen, dass der Code schwieriger zu verwalten, zu testen oder zu erweitern ist. Einige Optimierungsverfahren stehen im Widerspruch zu den gängigen Codierungstechniken, was zu Problemen führen kann, wenn Sie Ihre Anwendung später erweitern oder in andere Programme integrieren wollen. Bei der Entwicklung einer Optimierungsstrategie müssen Sie drei Dinge beachten:

- **Was man optimieren sollte:** Analyse des realen Problems.
  Wenn Sie zu Beginn des Optimierungsprozesses kein klares Ziel vor Augen haben, können Sie viel Zeit damit vergeuden, die falschen Komponenten zu optimieren. Ihre Zielsetzung sollte sich nach den Anforderungen und Erwartungen der Benutzer richten. Die Ausführungsgeschwindigkeit könnte z. B. ein Hauptkriterium sein. Die Größe steht dagegen im Vordergrund, wenn es sich um eine Anwendung handelt, die über das Internet heruntergeladen wird.

  > Der Schlüssel zur Entwicklung einer guten Optimierungsstrategie
  > liegt im Verständnis des realen Problems, das Sie optimieren wollen.

  Auch wenn Sie mit Ihrer Optimierungsstrategie ein bestimmtes Ziel verfolgen, hilft es, wenn Sie sich während des gesamten Entwicklungsprozesses Gedanken über mögliche Verbesserungen machen. Während Sie den Code schreiben, können Sie viel über dessen Verhalten in Erfahrung bringen, indem Sie ihn schrittweise ausführen und beobachten, was dabei tatsächlich passiert. Sie könnten z. B. beim Festlegen von Eigenschaften nicht daran gedacht haben, dass dadurch Ereignisse eintreten. Wenn in diesen Ereignisprozeduren viel Code enthalten ist, kann eine harmlose Codezeile Ihr Programm beträchtlich verlangsamen. Selbst wenn Kompaktheit Ihr Hauptziel für Ihre Anwendung ist, können Sie sie manchmal beschleunigen, ohne dass Ihr Code dadurch umfangreicher wird.

- **Wo man optimieren sollte:** Abwägen des Nutzens gegen den Aufwand.
  Meistens haben Programmierer gar nicht die Zeit, alles in ihren Anwendungen zu optimieren. Bei der Entwicklung einer Optimierungsstrategie ist es hilf-

reich, sich ein „Optimierungsbudget" vorzustellen, dass man zur Verfügung hat. Schließlich entstehen höhere Kosten, wenn Sie mehr Zeit aufwenden. Die Frage ist also: Wo können Sie mit möglichst geringem Zeitaufwand den größten Nutzen erzielen? Es ist offensichtlich, dass man sein Augenmerk auf Codeabschnitte richten sollte, die am langsamsten oder am größten zu sein scheinen, aber um den größten Nutzen aus der Optimierung zu ziehen, ist es sinnvoll, sich auf Code zu konzentrieren, der mit wenig Aufwand erheblich verbessert werden kann.

Wenn Ihr Hauptziel z. B. darin besteht, Ihre Anwendung zu beschleunigen, ist es vorteilhaft, mit den Schleifenrümpfen anzufangen. Immer wenn Sie die Operationen innerhalb einer Schleife beschleunigen, multipliziert sich der Effekt dieser Verbesserung mit jedem Schleifendurchlauf. Bei Schleifen mit vielen Iterationen kann es einen großen Unterschied machen, wenn eine Operation weniger vorhanden ist. Das gleiche Prinzip gilt für häufig aufgerufene Unterroutinen.

- **Wann man aufhören sollte:** Einschätzen der zu erzielenden Vorteile.

  Manchmal lohnt es nicht, etwas zu optimieren. Es ist z. B. verlorene Liebesmüh, eine komplizierte, aber schnelle Sortierroutine zu schreiben, wenn nur ein Dutzend Elemente sortiert werden müssen. Man kann Elemente sortieren, indem man sie zu einem sortierten Listenfeld hinzufügt und sie dann in der richtigen Reihenfolge zurückliest. Bei vielen Elementen ist dieses Verfahren äußerst ineffizient, aber zum Sortieren von einigen wenigen Elementen ist es so schnell wie jedes andere Verfahren, und der Code dafür ist bemerkenswert einfach.

Es gibt noch weitere Situationen, in denen eine Optimierung nutzlos wäre. Wenn die Zugriffsgeschwindigkeit der Festplatte oder die Übertragungsgeschwindigkeit im Netzwerk letzten Endes die beschränkenden Faktoren für die Ausführungsgeschwindigkeit Ihrer Anwendung sind, bleibt Ihnen innerhalb des Codes wenig Handlungsspielraum zur Beschleunigung Ihrer Anwendung. Untersuchen Sie dann vor allem die Datenmengen, die über das Netz transportiert werden. Häufig gibt es Möglichkeiten, globale Parameter nur einmal am Anfang zu übertragen und diese aus jedem einzelnen Datensatz zu entfernen.

Auch sollten Sie sich darüber Gedanken machen, was Sie tun können, um zeitliche Verzögerungen weniger problematisch für die Benutzer zu machen: Sie können Fortschrittsleisten verwenden, um den Benutzern zu vermitteln, dass das Programm sich nicht aufgehängt hat, Daten puffern, um Zeitverzögerungen zu verringern und die Ausführung im Hintergrund ermöglichen.

Bei der Planung neuer Projekte kann man Vorkehrungen treffen, um sich Informationen über die Programmnutzung zu beschaffen. Hierzu wird eine weitere Tabelle angelegt, in die man z. B. die Verweildauer für jeden genutzten Menüpunkt einträgt. Das erfordert nur geringen Programmieraufwand, ist aber bei der späteren Optimierung sehr hilfreich. Wertet man diese Tabelle aus, so erkennt man sehr schnell, wie lange und wie häufig die einzelnen Menüpunkte genutzt wurden. Mit diesen Informationen lassen sich sehr gut Optimierungsforderungen der Nutzer abgleichen. Der finanzielle Aufwand zur Optimierung eines häufig genutzten Menüpunktes wird eher akzeptiert als für einen selten genutzten.

12.2.2 Der richtige Datentyp

Die Verwendung des richtigen Datentyps für die Daten hat wesentlichen Einfluss auf die Ausführungsgeschwindigkeit. Nicht deklarierten Variablen und Variablen, die ohne Datentyp deklariert sind, wird der Datentyp `Object` zugewiesen. Programme lassen sich dadurch zwar schneller programmieren, werden jedoch auch langsamer ausgeführt.

Für Variablen, die generell keine Nachkommastellen enthalten, sind Ganzzahldatentypen effizienter. Verwenden Sie deshalb `Integer`-Variablen, wo immer es möglich ist, besonders in Schleifen. Dieser Datentyp ist der systemeigene Datentyp von 32-Bit-CPUs, d. h., Operationen mit `Integer`-Variablen werden am schnellsten ausgeführt. Die nächstbesten Möglichkeiten sind Variablen vom Datentyp `Short` oder `Byte`. Verwenden Sie zum Ausführen von Divisionen den Operator für die Ganzzahldivision (\), wenn Sie kein Dezimalergebnis benötigen. Berechnungen mit Ganzzahlen werden immer schneller ausgeführt als solche mit Gleitkommazahlen, weil es nicht nötig ist, die Operation an einen Arithmetik-Coprozessor weiterzuleiten.

Bei Bruchzahlen ist `Double` der effizienteste Datentyp, weil die Prozessoren auf die Verwendung von 64-Bit-Arithmetik ausgelegt sind und folglich Gleitkommaoperationen mit doppelter Genauigkeit ausführen. Allerdings werden Gleitkommaoperationen mit `Double` oder `Single` wesentlich langsamer ausgeführt als Ganzzahloperationen vom Typ `Integer`, `Long` oder `Short`.

In der Tab. 12.1 sind die numerischen Datentypen in absteigender Reihenfolge ihrer Berechnungsgeschwindigkeit aufgelistet.

Die Auswahl des richtigen Datentyps – besonders in Verbindung mit Arrays – ist auch immer ein Kompromiss: Der schnellstmögliche Datentyp belegt möglicherweise zuviel Speicherplatz für ein umfangreiches Datenpaket. So ist es wenig sinnvoll, auf höchstens 4 Stellen genaue Koordinaten in 15-stelligen Double-Variablen zu speichern.

Tab. 12.1 Berechnungsgeschwindigkeit numerischer Datentypen in absteigender Reihenfolge

Datentyp	Länge [Bit]	Geschwindigkeit
Integer	32	Am höchsten
Long	64	
Short	16	
Byte	8	
Single	32	
Double	64	Am niedrigsten

12.2.3 Optimieren des Codes

Wenn Sie nicht gerade mit Grafik-Fraktalen arbeiten, ist es unwahrscheinlich, dass Ihre Anwendungen durch die tatsächliche Verarbeitungsgeschwindigkeit Ihres Codes verlangsamt werden. Gewöhnlich sind andere Faktoren – z. B. die Videogeschwindigkeit, Verzögerungen bei der Datenübertragung im Netzwerk oder Festplattenaktivitäten – für Geschwindigkeitsverringerungen bei Anwendungen verantwortlich. Wenn ein Formular z. B. langsam geladen wird, könnte es eher daran liegen, dass viele Steuerelemente und Grafiken im Formular enthalten sind, als an langsam ausgeführtem Code im `Form_Load`-Ereignis. Es kann jedoch Stellen in Programmen geben, bei denen die Geschwindigkeit, mit der der Code ausgeführt wird, der ausschlaggebende Faktor ist, besonders bei Routinen, die häufig aufgerufen werden. Wenn dies der Fall ist, stehen mehrere Verfahren zur Verfügung, die Sie zur Erhöhung der realen Geschwindigkeit Ihrer Anwendungen einsetzen können:

- Verwenden Sie Long-Variablen für mathematische Berechnungen mit Ganzzahlen.
- Speichern Sie häufig verwendete Eigenschaften in Variablen.
- Verwenden Sie Variablen auf Modulebene anstelle statischer Variablen – ersetzen Sie Prozeduraufrufe durch Inline-Prozeduren.
- Verwenden Sie nach Möglichkeit immer Konstanten.
- Übergeben Sie Argumente als Wert (`ByVal`) und nicht als Referenz (`ByRef`).
- Verwenden Sie spezifische Datentypen für optionale Argumente.
- Nutzen Sie die Vorteile von Auflistungen.

Selbst wenn Sie nicht darauf abzielen, Ihren Code zu beschleunigen, hilft es, wenn Sie diese Verfahren und die ihnen zugrunde liegenden Prinzipien im Hinterkopf behalten. Wenn Sie sich angewöhnen, beim Codieren effizientere Algorithmen zu verwenden, können sich die schrittweisen Verbesserungen summieren und insgesamt zu einer Beschleunigung der Anwendung führen.

12.2.4 Verkleinern des Codes

Wenn es wichtig ist, die Größe einer Anwendung in Grenzen zu halten, steht eine Reihe von Verfahren zum Schreiben von kompakterem Code zur Verfügung. Durch die meisten dieser Optimierungsverfahren wird sowohl der Speicherbedarf der Anwendung verringert als auch die ***.exe**-Datei verkleinert. Ein zusätzlicher Vorteil ist, dass eine kleinere Anwendung schneller geladen wird.

Die meisten Optimierungsverfahren bestehen darin, unnötige Elemente aus dem Code zu entfernen. Visual Basic entfernt bestimmte Elemente automatisch, wenn Sie Ihre Anwendung kompilieren. Es gibt keinen Grund, die Länge oder Anzahl von Kommentaren oder Leerzeilen zu beschränken. Keines dieser Elemente hat einen Einfluss auf den Speicherbedarf, wenn sie als ***.exe**-Datei ausgeführt wird.

Andere Elemente einer Anwendung (z.B. Variablen, Formulare und Prozeduren) beanspruchen dagegen Speicher. In der Regel sollten diese Elemente deshalb so rationell wie möglich eingesetzt werden. Es gibt verschiedene Möglichkeiten, den Speicherbedarf einer Anwendung zu verringern, wenn sie als *.exe-Datei ausgeführt wird. Mithilfe der folgenden Verfahren können Sie Ihren Code kompakter gestalten:

- Reduzieren der geladenen Formulare.
- Reduzieren der Steuerelemente.
- Verwenden von Bezeichnungsfeldern anstelle von Textfeldern.
- Speichern von selten genutzten Daten in Dateien oder Ressourcen, diese nur bei Bedarf laden.
- Organisieren von Code in Module.
- Verwenden von dynamischen Datenfeldern, um Speicher wieder freizugeben.
- Freigeben des von Zeichenfolgen- und Objektvariablen beanspruchten Speichers.
- Entfernen von nicht ausgeführtem Code und ungenutzter Variablen.

12.2.5 Rekursive Prozeduren

Rekursive Prozeduren und Funktionen können sich selbst aufrufen. Dies ist zwar die effizienteste Art und Weise, (Visual Basic-)Code zu schreiben, aber sie produziert nicht den leistungsfähigsten Code. Rechenintensive Programme hinsichtlich der Programmgröße zu optimieren ist der falsche Weg. Die meiste Rechenzeit lässt sich im Allgemeinen sparen, indem man Adressberechnungen durch detaillierte Programmierung ersetzt, was in der Regel allerdings zu etwas mehr Programmcode führt. Die Problematik liegt in der:

- **Speichernutzung**.
  Rechner verfügen nur beschränkt über Speicherplatz für Programme und lokale Variablen. Jedes Mal, wenn eine Prozedur sich selbst aufruft, verbraucht sie mehr von diesem Platz für zusätzliche Kopien ihrer lokalen Variablen. Wenn sich dieser Vorgang zu oft wiederholt, wird letztendlich ein StackOverflow-Fehler ausgelöst. Dies kann auch passieren, wenn Prozeduren nicht planmäßig beendet und die Kopien ihrer lokalen Variablen nicht gelöscht werden.
- **Effizienz**.
  Rekursion lässt sich fast immer durch eine Schleife ersetzen. Eine Schleife erfordert weniger Verwaltungsaufwand, denn das Initialisieren von zusätzlichem Speicher, das Übergeben von Argumenten und das Zurückgeben von Werten ist bedeutend einfacher und übersichtlicher. Die Rechenleistung wird ohne rekursive Aufrufe normalerweise besser sein.

- **Gegenseitige Rekursion**.
  Sie werden ein sehr schlechtes Leistungsverhalten feststellen oder sogar eine
  Endlosschleife finden, wenn zwei Prozeduren sich gegenseitig aufrufen. Eine
  solche Konstellation verursacht die gleichen Probleme wie eine einzelne rekursive Prozedur, ist aber meist schwerer zu erkennen.

12.3   Spezielle Empfehlungen

Die nachfolgend aufgeführten Programmierelemente sind nicht in allen Sprachen
gängig. Man wird sie trotzdem in der ein oder anderen Modifikation auch in anderen
Sprachen finden.

12.3.1   Speichern Sie häufig verwendete Eigenschaften in Variablen

Sie können auf die Werte von Variablen schneller zugreifen, als auf die Werte von
Eigenschaften. Wenn Sie den Wert einer Eigenschaft häufig verwenden (z. B. in
einer Schleife), wird Ihr Code schneller ausgeführt, wenn Sie die Eigenschaft au-
ßerhalb der Schleife einer Variablen zuweisen und diese Variable dann anstelle der
Eigenschaft verwenden. Variablen sind im allgemeinen 10- bis 20-mal schneller als
Eigenschaften des gleichen Typs. Der folgende Code ist z. B. sehr langsam:

```
For i = 0 To 10
  picIcon(i).Left = picPallete.Left
Next i
```

Wenn Sie den Code folgendermaßen umschreiben, ist er deutlich schneller:

```
picLeft = picPallete.Left
For i = 0 To 10
  picIcon(i).Left = picLeft
Next i
```

Genauso ist der folgende Code

```
Do Until EOF(F)
  Line Input #F, nextLine
  Text1.Text = Text1.Text & nextLine & vbCrLf
Loop
```

sehr viel langsamer als dieser:

```
Do Until EOF(F)
  Line Input #F, nextLine
  bufferVar = bufferVar + nextLine
Loop
Text1.Text = bufferVar
```

Der folgende Code erfüllt dagegen die gleiche Funktion und ist noch schneller:

```
Text1.Text = Input(F, LOF(F))
```

Es gibt also mehrere Verfahren zur Ausführung der gleichen Operation; die beste Optimierung erzielt man mit dem besten Algorithmus.

Mit demselben Verfahren können Werte von Funktionen zurückgegeben werden. Durch Zwischenspeichern der Rückgabewerte von Funktionen wird vermieden, dass die Funktionen der Laufzeit-DLL häufig aufgerufen werden müssen.

12.3.2 Verwenden Sie Variablen auf Modulebene statt statischer Variablen

Als **Static** deklarierte Variablen sind zwar nützlich zum Speichern eines Wertes über das mehrmalige Ausführen einer Prozedur, aber sie sind langsamer als lokale Variablen. Durch Speichern desselben Wertes in einer Variablen auf Modulebene wird Ihre Prozedur schneller ausgeführt. Sie müssen allerdings dafür sorgen, dass nur eine Prozedur berechtigt ist, die auf Modulebene deklarierte Variable zu ändern. Nachteilig ist, dass der Code schwieriger nachzuvollziehen und zu pflegen ist.

12.3.3 Ersetzen Sie Prozeduraufrufe durch Inline-Prozeduren

Ihr Code wird zwar modularer, wenn Sie Prozeduren verwenden, aber jeder Prozeduraufruf führt immer zu zusätzlichem Verarbeitungs- und Zeitaufwand. Wenn Sie eine Prozedur häufig aus einer Schleife heraus aufrufen, können Sie diesen Verwaltungsaufwand vermeiden, indem Sie den Prozeduraufruf entfernen und den Rumpf der Prozedur direkt in die Schleife einfügen. Wenn Sie denselben Code jedoch in mehrere Schleifen einfügen, wird Ihre Anwendung dadurch größer. Außerdem erhöht sich die Wahrscheinlichkeit, dass Sie bei Änderungen nicht alle Abschnitte des mehrfach vorhandenen Codes aktualisieren.

Genauso ist das Aufrufen einer Prozedur im selben Modul schneller als das Aufrufen derselben Prozedur aus einem separaten ***.vb**-Modul. Wenn dieselbe Prozedur von mehreren Modulen aufgerufen werden muss, wird dieser Vorteil zunichte gemacht.

12.3.4 Verwenden Sie nach Möglichkeit Konstanten

Wenn Ihr Code Zeichenfolgen oder Zahlen enthält, die sich nicht ändern, sollten Sie sie als Konstanten deklarieren. Konstanten werden einmal beim Kompilieren des Codes aufgelöst, wobei ihr Wert fest in den Code einprogrammiert wird. Bei Variablen muss die Anwendung dagegen jedes Mal den aktuellen Wert abrufen, wenn sie bei der Ausführung auf eine Variable trifft. Außerdem wird der Code dadurch leichter lesbar und leichter zu warten.

Anstatt eigene Konstanten zu erstellen, sollten Sie nach Möglichkeit die integrierten Konstanten verwenden, die im Objektkatalog aufgeführt sind. Sie brauchen sich dann keine Gedanken über Module zu machen, die nicht verwendete Konstanten enthalten: Bei der Erstellung der ***.exe**-Datei werden nicht verwendete Konstanten entfernt.

12.3.5 Übergeben Sie unmodifizierte Argumente als Wert, nicht als Referenz

Beim Schreiben von Sub- oder Function-Prozeduren, die unmodifizierte Argumente enthalten, wird der Code schneller, wenn Sie die Argumente mit dem Schlüsselwort `ByVal` als Wert übergeben und nicht als Referenz (`ByRef`). Argumente werden in Visual Basic standardmäßig als Referenz übergeben, aber relativ wenige Prozeduren ändern die Werte ihrer Argumente tatsächlich. Wenn Sie die Argumente innerhalb der Prozedur nicht ändern müssen, sollten Sie sie, wie in dem folgenden Beispiel, mit dem Schlüsselwort `ByVal` definieren:

```
Private Sub MyProg(ByVal strName As String,
                   ByVal intAge As Integer)
```

12.3.6 Nutzen Sie die Vorteile von Auflistungen

Eine der Stärken von Visual Basic sind Auflistungen von Objekten. Solche Auflistungen können sehr hilfreich sein, wenn sie richtig verwendet werden.

- Verwenden Sie bevorzugt `For Each...Next` anstelle von `For...Next`.
- Vermeiden Sie die benannten Argumente `before` und `after`, wenn Sie Objekte zu einer Auflistung hinzufügen. Diese Argumente zwingen VisualBasic, erst ein anderes Objekt in der Auflistung zu finden, ehe das Programm das neue Objekt hinzufügen kann.
- Verwenden Sie bevorzugt Auflistungen mit Schlüsseln anstelle von Datenfeldern für Gruppen von Objekten des gleichen Typs.

Sie können Auflistungen mithilfe einer `For...Next`-Schleife und einer ganzzahligen Zählervariablen mehrmals durchlaufen. `For Each...Next` ist jedoch lesbarer und in vielen Fällen schneller. Die `For Each...Next`-Iteration wird durch das Modul implementiert, das die Auflistung erzeugt, sodass sich die tatsächliche Geschwindigkeit von einem Auflistungsobjekt zum anderen unterscheidet. `For Each...Next` ist jedoch selten langsamer als `For...Next`, da die einfachste Implementierung eine lineare Iteration im Stil von `For...Next` ist. Und falls eine komplexere Iteration als eine lineare Iteration implementiert wurde, kann `For Each...Next` deutlich schneller sein.

Wenn Sie über eine Gruppe von Objekten des gleichen Typs verfügen, haben Sie gewöhnlich die Wahl, sie in einer Auflistung oder in einem Datenfeld zu verwalten (wenn die Objekte unterschiedlichen Typs sind, können Sie sowieso nur eine Auflistung dafür verwenden). Welcher Ansatz von der Geschwindigkeitsverbesserung her der geeignetere ist, hängt davon ab, wie der Zugriff auf die Objekte erfolgen soll. Wenn Sie jedem Objekt einen eindeutigen Schlüssel zuweisen können, ist eine Auflistung die schnellere Lösung. Es geht schneller, ein Objekt mithilfe eines Schlüssels aus einer Auflistung abzurufen, als ein Datenfeld zum Auffinden eines Objekts sequenziell zu durchsuchen. Wenn Sie jedoch über keine Schlüssel verfügen und die Objekte deshalb immer sequenziell suchen müssen, sind Sie besser mit einem Datenfeld bedient. Datenfelder lassen sich besser durchsuchen als Auflistungen.

Wenn nur wenige Objekte vorhanden sind, benötigen Datenfelder weniger Arbeitsspeicher und können oft schneller durchsucht werden. Ab etwa 100 Objekten werden Auflistungen effizienter als Datenfelder. Diese Zahl ist jedoch abhängig von der Geschwindigkeit des Prozessors und dem verfügbaren Arbeitsspeicher.

Sachverzeichnis

H.-G. Schiele, *Computergrafik für Ingenieure*,
DOI 10.1007/978-3-642-23843-7, © Springer-Verlag Berlin Heidelberg 2012